"十二五"职业教育国家规划教材

经全国职业教育教材审定委员会审定

高职高专电力技术类专业系列教材

电力系统分析

第 2 版

主　　编　张家安

副主编　王美仙　刘光明

参　　编　何　续　黄　蕾　钱　龙　吴　悠

主　　审　王少荣　黄　静

U0171805

机 械 工 业 出 版 社

本书共分八个单元模块，第一单元介绍电力系统的基本知识；第二单元介绍电力系统各元件的数学模型，第三单元介绍电力系统的潮流计算，第四单元介绍电力系统对称短路的分析计算，第五单元介绍电力系统不对称短路的分析计算，从第二到第五单元主要介绍了电力系统的基本计算知识，即潮流计算和短路电流计算；第六单元介绍电力系统频率电压调整，属于电力系统电能优质运行的最主要内容，即频率和电压质量问题；第七单元介绍电力系统经济运行，主要分析的是电力网的经济运行和发电厂的经济运行问题；第八单元介绍电力系统稳定运行，主要分析电力系统静态稳定和暂态稳定问题。书中还附有电力系统主要元件常用电气参数和短路电流运算曲线等，这些内容可供电力工程技术人员在生产实践中参考使用。

本书可作为高职高专院校电力技术类专业的教学用书，也可作为电力工程技术人员的参考用书。

为方便教学，本书备有免费电子课件，凡选用本书作为授课教材的教师均可来电索取，咨询电话：010-88379375。

图书在版编目（CIP）数据

电力系统分析 / 张家安主编 . —2 版 . —北京：机械工业出版社，2019. 9
"十二五"职业教育国家规划教材　经全国职业教育教材审定委员会审定　国家级精品资源共享课配套教材　高职高专电力技术类专业规划教材
ISBN 978-7-111-63901-5

Ⅰ. ①电…　Ⅱ. ①张…　Ⅲ. ①电力系统-系统分析-高等职业教育-教材
Ⅳ. ①TM711

中国版本图书馆 CIP 数据核字（2019）第 214622 号

机械工业出版社（北京市百万庄大街22号　邮政编码100037）
策划编辑：王宗锋　责任编辑：王宗锋　苑文环
责任校对：王明欣　封面设计：陈　沛
责任印制：常天培
北京虎彩文化传播有限公司印刷
2021 年 1 月第 2 版第 1 次印刷
184mm×260mm · 15. 5 印张 · 434 千字
标准书号：ISBN 978-7-111-63901-5
定价：49. 80 元

电话服务　　　　　　　　网络服务
客服电话：010-88361066　机　工　官　网：www.cmpbook.com
　　　　　010-88379833　机　工　官　博：weibo.com/cmp1952
　　　　　010-68326294　金　书　网：www.golden-book.com
封底无防伪标均为盗版　机工教育服务网：www.cmpedu.com

前　言

电力系统分析是高职高专电力技术类专业学生必修的一门专业核心课程。为了适应当前形势下高职高专职业教育的特点，根据"电力系统分析"新课程标准的教学要求，对本书部分内容做了订正和重新编写。书中带有"＊"的章节，可作为选学或自学内容。

本书有如下特点：

1. 本书力争做到内容结构合理、与时俱进、联系生产实践。

根据专业的培养目标，对职业能力进行分析、分解。以职业能力培养为主线，注重教学过程的实践性和职业性，加强学生的实践能力、创新能力和就业、创业能力的培养，形成各知识模块相互独立而又相互关联的课程体系。根据教材使用几年来的反馈意见，对本书一些错误做了更正，对一些不完整、不好理解的内容做了修正，增加了一些新内容。近年来，电力工业的国家标准、行业标准、企业标准都有很大变化，本次编写全部做了更新。

2. 本书打造体现"互联网＋"新形态的开放式学习平台，立体化资源丰富。

配有课程标准、课程设计方案、自学指南、教学案例分析、电子课件、教学录像、顶岗实习指导、课程考核评价等资源包，书中植入二维码，方便教师教学、拓展学生的知识面、提高学生的自学能力。

3. 本书由高职院校与企业共同开发编写，突出职业能力训练与职业素质的培养。

根据行业对应用型人才的需求，课程设计按照岗位核心能力要求，参照国家相关工种的职业标准，构建合理的知识、能力、素质结构，建立有效的理论和实践相融合的教学体系，培养面向生产第一线，具有本专业相适应的理论知识，具备综合职业技术应用能力，具有从事发电厂、变电站运行管理，发电厂、变电站继电保护维护调试，电气部分局部设计等综合职业能力的高素质技能型人才。

本书根据对电力系统的基本要求，即电力系统稳定运行、优质运行和经济运行来确定内容，根据人们认知事物和探索事物的规律对内容进行编排。全书共分八个单元。

本书第一、六、八单元由武汉电力职业技术学院张家安编写；第二、四、五单元由昆明冶金高等专科学校王美仙编写；第三、七单元由国网江西省电力公司经济技术研究院刘光明编写；武汉电力职业技术学院何续参与第一单元课题一、第五单元课题五和课题七的编写；武汉电力职业技术学院黄蕾参与第二单元课题一、第八单元课题四的编写；国网湖北省咸宁供电公司钱龙参与第四单元课题三、第五单元课题六及附录A和D的整理编写工作；国网湖北省黄冈供电公司吴悠参与第三单元课题二、第七单元课题二及附录B和C的整理编写工作。本书各单元后习题和微课皆由何续和黄蕾编写、编制。本书由张家安担任主编，并对全书进行了统稿。

本书由华中科技大学王少荣教授和国网浙江省电力公司高级工程师黄静担任主审，他们对本书提出了很多宝贵意见，在此表示衷心的感谢！

由于编者水平有限，本书难免有错误和不足之处，敬请批评指正，不胜感激！

编　者

二维码清单

名称	图形	名称	图形
±1100kV 特高压直流输电线路简介		电力系统概述	
电力系统特点和要求		额定电压	
变压器中性点接地装置		电力线路的基本结构	
架空线路的数学模型		变压器的铭牌及短路、空载实验	
潮流计算		短路的基本概念	
冲击电流		电力变压器铁心结构对零序励磁电抗的影响	
零序网络的绘制		电能质量标准	
电力电容器简介		变压器分接头简介	

名称	图形	名称	图形
提高功率因数降低线损		静态稳定性分析	
振荡特征		提高静态稳定性的措施	
提高电力系统暂态稳定性的措施		采用强行串联电容器补偿	

目　　录

第一单元 电力系统的基本知识

🔍 **学习内容**

本单元主要介绍电力系统的基本概念、发展现状、运行特点、额定电压、中性点接地方式以及电力系统负荷和电力线路的结构等内容。

🔍 **学习目标**

- 理解电力系统的基本概念，了解电力系统的发展现状。
- 了解电力系统的运行特点和基本要求。
- 掌握电力系统额定电压、中性点接地方式和负荷表示方法。
- 了解电力线路的结构和各组成部分的作用。

课题一 电力系统概述

一、电力系统及相关概念

电力系统概述

电力工业是关系国计民生的基础产业。无论工业、农业、交通、通信还是日常生活，都离不开电能。因为电能易于转换成其他形式的能量，所以电力工程列于 20 世纪对人类生活影响最大的工程之一。

将自然能源转变为电能的过程称为发电。自然能源又称为一次能源，目前用于发电的一次能源有煤炭、水力、核能、风力、太阳能、潮汐及地热等。利用这些能源发电的电厂分别称为火电厂、水电厂、核电厂、风力发电厂、太阳能发电厂、潮汐发电厂及地热发电厂等。

一般情况下，发电厂远离负荷中心。为了将发电厂的电能送到负荷中心，就要使用电力线路进行传输。通常将发电厂的电能送到变电站（或一个变电站的电能送到另一个变电站）的电力线路称为输电线路；将变电站的电能送到负荷中心的电力线路称为配电线路。输电线路一般传输的电能较大、距离较远，所以电压等级较高；配电线路一般传输的电能较小、距离较近，所以电压等级较低。

为了减少电力传输中的电能损耗，常采用高电压输送电能。而负荷中心一般由低压用电设备组成，因此需要将电压升高或降低，称为变电，它是通过变压器完成的。用于升高电压的变电站（所）称为升压变电站（所）；用于降低电压的变电站（所）称为降压变电站（所）。

发电、变电、输配电和用电的各种装置和设备组成的统一体，以及用于监视、控制和调整这些设备的二次设备，称为电力系统。

电力系统加上各类发电厂的动力部分（例如，火电厂的热力部分、水电厂的水动部分、核电厂的核反应堆部分），统称为动力系统。因此，发电厂的动力部分和动力系统的概念有很大区别，要注意区分。

电力系统中各种电压等级的变电站和输配电线路组成的统一体，称为电力网，习惯简称电网。电网的任务是输送与分配电能，并根据需要改变电压。

图 1-1 所示为用单线图表示的动力系统、电力系统和电力网示意图。

对于"电力系统分析"课程，电力网是分析的重点和难点，应该重点掌握。从不同的角度

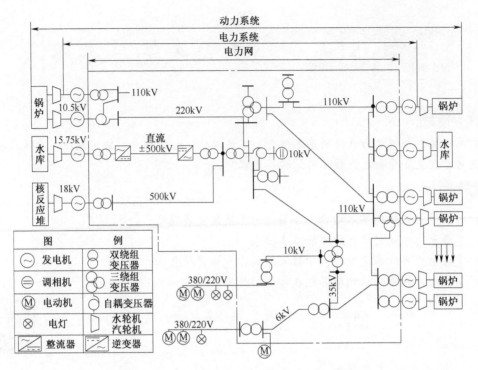

图 1-1 动力系统、电力系统和电力网示意图

来看，电力网有多种分类，现主要介绍以下几种分类。

1）从输送距离与电压等级方面综合考虑，可将电力网分为地方网、区域网和远距离输电网。

电压为 110kV 以下的电力网，电压等级较低、输送功率较小、线路距离较短，主要供电给地方负荷，称为地方网，其等效电路可以忽略导纳支路。电压为 110~330kV 的电力网，电压等级较高、输送功率较大、线路距离较长，主要供电给区域变电站，称为区域网，其等效电路要考虑导纳支路。输电距离超过 300km、电压为 330kV 及以上的电力网称为远距离输电网，其等效电路不能用集中参数表示。

2）按供电可靠性分类，可将电力网分为一端电源供电的电力网和两端电源供电的电力网。

如果电力网中的负荷只能从一个方面获得电能，则称为一端电源供电的电力网，又称为开式网；如果电力网中的负荷能从两个方面（或者两个以上）获得电能，则称为两端电源供电的电力网，又称为闭式网。显然，单电源环网也是闭式网。图 1-2 所示为开式网和闭式网示意图。

3）按电压的高低分类，可将电力网分为低压网、中压网、高压网、超高压网和特高压网。

电压等级在 1kV 以下的电力网称为低压网，低压网主要供电给低压用户，又称为低压配电网。电压等级在 1~20kV 的电力网称为中压网，中压网又称为中压配电网。我国中压配电以 10kV 为主；6kV 和 3kV 的中压配电网使用越来越少，趋于淘汰；20kV 的中压配电网目前在部分地区使用，有推广的趋势。电压等级为 35~220kV 的电力网称为高压网，高压网主要用于高压配电用户和区域网电能传输。电压等级为 330~750kV 的电力网称为超高压电力网，我国西北部地区的超高压等级有 330kV 和 750kV，其他地区的超高压等级有直流（DC）±500kV 和交流（AC）500kV。

我国电力工业发展迅速，根据特殊条件相继开建了青海格尔木—西藏拉萨 ±400kV 直流输电网，宁夏银川—山东青岛的 ±660kV 直流输电网。

我国把电压等级超过 750kV 的电力网称为特高压电力网。当今世界上真正运行的特高压等级有直流 ±800kV、±1100kV 和交流 1000kV，例如，云南—广东 ±800kV 直流试验示范工程，

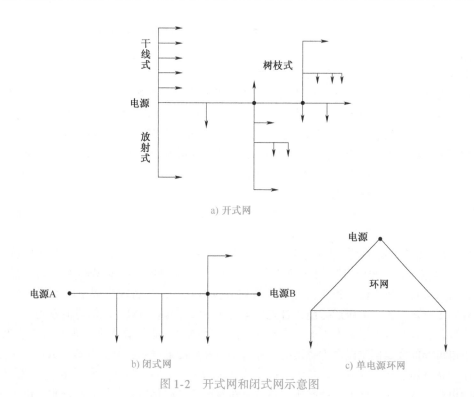

图 1-2 开式网和闭式网示意图

晋东南—南阳—荆门 1000kV 特高压交流试验示范工程，昌吉—古泉 ±1100kV 特
高压直流输电工程。

超高压和特高压电力网主要用于跨区域、大功率及远距离电能的传输。例如，
葛洲坝—上海直流 ±500kV 电网，传输距离为 1047km，将华中的电能输送给华东；
哈密南—郑州直流 ±800kV 电网，传输距离为 2210km，将新疆的电能输送到中原
大地。

±1100kV 特高
压直流输电线
路简介

二、我国电力工业的发展现状

我国电力工业的发展速度很快，特别是改革开放以后，随着国民经济的快速发展，人们对电
能的需求越来越大，电力工业进入了飞速发展时期。

1987 年，全国电力装机容量为 1 亿 kW，1995 年达到 2 亿 kW，增加 1 亿 kW 用了 8 年时间；
2000 年，全国电力装机容量达到 3 亿 kW，增加 1 亿 kW 用了 5 年时间；2007 年，全国电力装机
容量达到 7 亿 kW；到 2009 年 4 月，全国电力装机容量突破了 8 亿 kW；2010 年，再次迈上新台
阶，2010 年 9 月 20 日，我国电力装机容量突破了 9 亿 kW，并确定以中国广东核电集团有限公司
岭澳核电站二期工程一号机组为突破 9 亿 kW 标志性机组。2013 年底，全国发电装机容量达到
12.5 亿 kW，首次超越美国位居世界第一位。截至 2018 年底，全国全口径发电装机容量为
19 亿kW。

我国电力网的发展更是取得了举世瞩目的成就。国家电网已成为全球并网规模最大、电压
等级最高、资源配置能力最强的电力网之一，也是过去 20 年来全球唯一没有发生大面积停电事
故的特大型电力网。2019 年 1 月 6 日，晋东南—南阳—荆门 1000kV 特高压交流试验示范工程运
行 10 年。这是世界首条商业化运营的特高压交流输电工程。该工程的投运，标志着我国电力网
电压等级一举跃升到特高压 1000kV。10 年来，从西南群山到江南水乡，从西部戈壁到中部平原，
从东北雪原到渤海之滨，"八交十直"特高压串珠成线、连线成网，逐步形成"西电东送、北电

南供、水火互济、风光互补"的能源互联网新格局。我国在世界上率先建立了由 168 项国家标准和行业标准组成的特高压输电技术标准体系，成功推动国际电工委员会成立特高压直流和交流输电技术委员会，委员会和秘书处均设在中国。

　　回顾电力网的发展史，可以看到我国电力网从低到高的发展轨迹：1952 年建设了 110kV 输电线路，逐步形成了京津唐 110kV 输电网；1954 年建成丰满—李石寨 220kV 输电线路，逐步形成东北 220kV 骨干网架；1981 年建成姚孟—武昌 500kV 输电线路，1983 年又建了葛洲坝—武昌和葛洲坝—双河两回 500kV 线路，逐步形成了华中电网 500kV 骨干网架；1989 年建成葛洲坝—上海 ±500kV 超高压直流输电线路，实现了华中和华东两大区域的联网；2005 年 9 月 26 日建成投产官亭—兰州东 750kV 输变电示范工程，是我国首个 750kV 电压等级的超高压输变电工程；2009 年 1 月 6 日，具有自主知识产权的世界运行的最高电压等级晋东南—南阳—荆门 1000kV 特高压交流试验示范工程投入运行；2009 年单极投运、2010 年双极投运的云南—广东 ±800kV 特高压直流输电工程是世界上第一个 ±800kV 特高压直流输电工程，也是我国特高压直流输电自主示范工程；2019 年 7 月 1 日上午 5 时 43 分，新疆准东—安徽皖南（即"昌吉—古泉"）±1100kV 特高压直流工程双极低端系统转入投运状态，是目前世界上技术水平最先进的特高压输电工程之一，在全压运行前，首先投运电压为 ±550kV 的双极低端直流系统。

　　电力装备工业是电力行业发展的有力支撑，同时受电力行业发展水平与现状的影响也很大。因此，发电市场的大规模建设成为我国电力装备工业发展的最强劲引擎。改革开放后，中国电力工业呈阶梯状飞速发展，为电力装备工业提供了更大的市场空间。目前，我国电力工业已经步入建设大煤电、大水电、大核电、特高压、高可靠性及高度自动化的新阶段，相应地，电力装备制造业也体现出上述特点。水电领域，掌握了世界领先的百万千瓦巨型水轮发电机组制造技术，奠定了中国水电技术的世界领导者地位；火电领域，百万千瓦超超临界二次再热发电机组示范工程全面投产，机组发电效率达到了 45%，达到国际先进水平；核电领域，以 CAP1400 和"华龙一号"为标志，中国核电已达到三代核电技术的先进水平，并拥有完整的自主知识产权和核心制造能力；新能源发电领域，风电技术水平明显提升，关键零部件基本国产化，5 ~ 6MW 大型风电设备已经试运行，特别是低风速风电技术取得突破性进展，并广泛应用于中东部和南方地区，陆上风电机组降至 3700 ~ 3800 元/kW；光伏电池技术创新能力大幅提升，创造了晶硅等新型电池技术转换效率的世界纪录，建立了具有国际竞争力的光伏发电全产业链，突破了多晶硅生产技术封锁，光伏组件产量连续多年全球总产量第一，组件价格降至 2.7 ~ 3.11 元/W；电力网领域，我国已攻克了复杂电力网自动电压控制的世界性难题，全面攻克 ±1100kV 特高压直流输电等关键核心技术。

　　综上所述，我国电力工业已进入飞速发展的轨道，不断刷新世界电力发展各方面的记录，为世界电力发展注入了新的活力。

三、电力系统的运行特点

　　电力系统是由发电、变电、输配电到用电的各种装置和设备组成的一个统一体。与其他工业系统相比，电力系统的运行有以下特点。

电力系统
特点和要求

1. 同时性

　　电能不能大量储存，当前还没有一种技术能够把今天发的电能大量储存到明天使用。电力系统从发电、变电、输配电到用电各个环节必须同时完成。电力系统的同时性是电力系统最显著的特性，从发电到用电各环节是相互影响的，也决定了电能生产、控制和调整的复杂性。

2. 短暂性

　　电力系统在正常操作、负荷变化或者短路故障时，引起系统各环节电量（电压、电流及频率等）变化非常短暂，几乎同时进行。因此，电力系统的运行和调整要非常迅速，必须采用综合自动化系统才能实现。这也意味着电力系统的调度和事故处理要准确、迅速。

3. 密切性

电力工业与国民经济和人们的生活息息相关。工农业生产和人们的衣食住行、娱乐休闲一刻也离不开电能。所以电力系统已成为社会关注的焦点，这也进一步说明了电力系统的重要性。

四、对电力系统的基本要求

电是一种看不见、摸不得的特殊商品，电力行业是我国的特种行业之一，根据电力系统运行的特点，人们对电力系统的基本要求概括起来有三个方面。

1. 保证电力系统安全可靠

保证安全可靠地发电、变电、送电和用电是对电力系统运行的首要要求。电力生产是高危行业之一，"安全生产、人人有责"是电力安全的第一个口号，也是从业者和使用者必须遵守的准则。若电力系统的某一环节发生故障，就会影响整个系统，一旦停电，还会影响工农业生产和人们的生活。因而供电的连续性是整个社会对电力系统的最基本要求。

2. 保证电能质量优质

电是一种特殊的商品，国家对电能质量制定了多个标准，常用的指标有三个，即电压、频率和波形。分别在 GB/T 12325—2008《电能质量 供电电压偏差》、GB/T 15945—2008《电能质量 电力系统频率偏差》和 GB/T 14549—1993《电能质量 公用电网谐波》中对三者的变化范围做出了明确规定。优质的电能会使用电设备和发电、供电设备具有最佳的技术性和经济性；反之，将会对电力系统各环节产生一定的危害。

3. 保证电力系统的经济性

任何产品都要讲究经济性，都要最大限度地降低生产成本。电力生产的成本降低了，用电成本才可能降低。保证电力系统的经济性是电力生产企业和用户共同追求的目标。

所以，对电力系统的基本要求可以简单地概括为"安全、优质、经济"，这些要求既相互联系，又相互矛盾，是辩证统一的。

课题二 电力系统的额定电压

额定电压

一、规定额定电压的必要性

为了使电气设备的制造、运行和维护标准化、系列化，也为了使电力系统各类元件合理配合，电力系统中的发电机、变压器、线路和用电设备等都规定了额定电压。额定电压是国家有关部门根据电力系统技术性和经济性比较后确定的一系列标准电压。额定电压是描述电气设备的参数中最能反映设备特性的参数之一。电气设备在额定电压下运行，其技术性和经济性可达到最佳状态。国家标准 GB/T 156—2017《标准电压》中对电力系统各等级的额定电压有明确规定。

1. 220～1000V 交流系统及相关设备的标准电压

220～1000V 交流系统及相关设备的标准电压见表 1-1。

表 1-1 中是三相四线制或三相三线制交流系统及相关设备的标准电压，同一组数据中较低的数值是相电

表 1-1 220～1000V 交流系统及相关设备的标准电压 （单位：V）

三相四线制或三相三线制系统的标称电压
220/380
380/660
1000（1140）

注：1140V 仅限于某些应用领域的系统使用。

压，较高的数值是线电压；只有一个数值者是指三相三线制系统的线电压。

2. 交流和直流牵引系统的标准电压

交流和直流牵引系统的标准电压见表1-2。

表1-2　交流和直流牵引系统的标准电压　　　　　　　　　　（单位：V）

系统类型	系统最低电压	系统标称电压	系统最高电压
直流系统	（400） 500 1000	（600） 750 1500	（720） 900 1800
单相交流系统	19000	25000	27500

注：括号中给出的是非优选数值，建议在未来新建系统中不采用这些数值。

3. 1~35kV 三相交流系统及相关设备的标准电压

1~35kV 三相交流系统及相关设备的标准电压见表1-3。

表1-3　1~35kV 三相交流系统及相关设备的标准电压　　　　（单位：kV）

系统标称电压	设备最高电压	系统标称电压	设备最高电压
3（3.3）	3.6	20	24
6	7.2	35	40.5
10	12		

注：1. 括号中的数值为用户有要求时使用。
　　2. 表中前两组数值不得用于公共配电系统。

4. 35~220kV 三相交流系统及相关设备的标准电压

35~220kV 三相交流系统及相关设备的标准电压见表1-4。

5. 标称电压 220kV 以上三相交流系统及相关设备的标准电压

220kV 以上三相交流系统及相关设备的标准电压见表1-5。

表1-4　35~220kV 三相交流系统及相关设备的标准电压　（单位：kV）

系统标称电压	设备最高电压
66	72.5
110	126
220	252

表1-5　220kV 以上三相交流系统及相关设备的标准电压　（单位：kV）

系统标称电压	设备最高电压
330	363
500	550
750	800
1000	1100

6. 高压直流输电系统的标准电压

高压直流输电系统的标准电压宜从表1-6中选取。

表1-6　高压直流输电系统的标准电压　　　　　　　　　　（单位：kV）

系统标称电压	系统标称电压
±160	±500
（±200）	（±660）
±320	±800
（±400）	±1100

注：圆括号中给出的是非优选数值。

二、电力系统各元件额定电压的规定

由于电流通过各元件时，各元件都会产生电压降，因此即使连接于同一标准电压等级的电气设备，实际电压也不尽相同。电气设备额定电压的规定，原则上应使设备在正常运行时电压在规定的允许范围内。

1. 线路和用电设备额定电压的规定

目前，我国电力系统的线路和用电设备的额定电压实际上采用较广泛的标准电压，有 220/380V、3kV、6kV、10kV、20kV、35kV、66kV、110kV、220kV、330kV、±500kV、750kV、±800kV、1000kV 和 ±1100kV。

习惯上，常用电力网中电力线路最高额定电压表示某一电力网的额定电压。例如，某电力网降压变压器将 110kV 电压变为 10kV，则此电力网的额定电压为 110kV。

2. 发电机额定电压的规定

发电机一般接在线路的首端，因此，发电机的额定电压应比相连线路的额定电压高。一般受电设备的允许电压偏差为 ±5%，线路的电压损耗一般为 10%。所以，规定发电机的额定电压应比与之相连线路的额定电压高 5%，即

$$U_{GN} = 1.05 U_N \tag{1-1}$$

式中，U_{GN} 为发电机的额定电压；U_N 为线路的额定电压。

例如，发电机出线额定电压为 6kV 或者 10kV，则发电机额定电压应为 6.3kV 或 10.5kV。

对于容量较大、额定电压超过 10kV 的发电机组，其额定电压应按技术经济条件确定，一般通过升压变压器与系统相连，其额定电压规定见表 1-7。

例如，容量为 125～150MW 国产发电机的额定电压一般为 13.8kV；200MW 左右的发电机的额定电压一般为 15.75kV；300MW 左右的发电机的额定电压一般为 18kV；600MW 及以上发电机组的额定电压一般为 20kV 及以上。例如，三峡电站水轮发电机的单机容量为 700MW，额定电压为 20kV；金沙江下游白鹤滩水电站发电机的单机容量为 1000MW，额定电压为 24kV；湖北能源集团鄂州电厂汽轮发电机的单机容量为 1000MW，额定电压为 27kV。

表 1-7　发电机的额定电压　（单位：V）

交流发电机的额定电压	直流发电机的额定电压
115	115
230	230
400	460
690	
3150	
6300	
10500	
13800	
15750	
18000	
20000	
22000	
24000	
26000	

注：1. 与发电机出线端配套的电气设备额定电压可采用发电机的额定电压，并应在产品标准中加以具体规定。

2. 引进国外机组的额定电压不受本表规定的限制。

3. 变压器额定电压的规定

变压器每个绕组都有额定电压，各绕组额定电压的规定都应与相连设备的额定电压相匹配。

1）一次侧的额定电压。变压器一次侧通常又称为电源侧或原边，一次侧额定电压应和与之相连设备的额定电压相同。若一次侧与发电机相连，则其应与发电机的额定电压相等，若一次侧与线路相连，则其应与线路的额定电压相等。

2）二次侧的额定电压。变压器二次侧通常又称为负荷侧或副边。变压器额定电压是指变压器空载时的规定值，当变压器带负载后，由于变压器绕组阻抗的电压损耗，实际电压要

比额定电压低。因此，二次侧的额定电压应比与之相连设备的额定电压高。根据变压器容量和阻抗大小、相连设备距离的远近，规定：变压器二次侧的额定电压比相连设备的额定电压高 10% 或 5%。

当变压器高压侧不大于 35kV 且阻抗电压的百分数（$U_k\%$）不大于 7.5，或者二次侧所连线路较短时，规定变压器二次侧的额定电压比相连线路的额定电压高 5%。除此之外，规定变压器二次侧的额定电压比相连线路的额定电压高 10%。

【例1-1】 在图 1-3 所示电力系统中，线路额定电压已知，试确定发电机、变压器的额定电压。

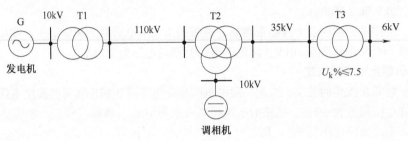

图 1-3 例 1-1 图

解： 1）发电机的额定电压为 10.5kV。

2）调相机的额定电压为 10.5kV。

3）变压器 T1 一次侧与发电机相连，则其额定电压为 10.5kV，二次侧与 110kV 线路相连，则其额定电压为 121kV。

4）变压器 T2 为三绕组变压器，一次侧与 110kV 线路相连，其额定电压为 110kV；二次侧与 35kV 线路相连，其额定电压为 38.5kV；与调相机相连侧的额定电压为 10.5kV。

5）变压器 T3 一次侧与 35kV 线路相连，其额定电压为 35kV；二次侧与 6kV 线路相连，变压器高压侧电压不大于 35kV 且阻抗电压百分数≤7.5，所以其二次侧额定电压为 6.3kV。

三、电力线路的平均额定电压

在图 1-3 所示系统中，110kV 线路首端变压器 T1 高压侧额定电压为 121kV，线路末端变压器 T2 高压侧额定电压为 110kV，同一条线路所连设备的额定电压不同。为了简化计算，在近似计算中引入平均额定电压的概念，即电力线路首、末两端所连电气设备额定电压的平均值，即

$$U_{av} = (1.1U_N + U_N)/2 = 1.05U_N$$

式中，U_N 为电力线路的额定电压（kV）。

显然，与这条线路相连的所有设备都使用平均额定电压后，计算得到了简化。

常用电力线路的平均额定电压见表 1-8。

表 1-8 常用电力线路的平均额定电压 （单位：kV）

电力线路 U_N	0.38/0.22	3	6	10	20	35	110	220	330	500
电力线路 U_{av}	0.4/0.23	3.15	6.3	10.5	21	37	115	230	345	525

四、各等级额定电压电力网的适用范围

若电力网额定电压等级选择过高，则会增加建设和运行、维护成本；若电力网额定电压等级选择过低，电压损耗和电能损耗增加，则会影响电力网的供电质量，增加线损率。因此，对应一

定输电距离和输送功率的电力网，必然有一个技术上和经济上合理的额定电压。各等级额定电压电力网的输送容量及输送距离见表1-9。

表1-9 各等级额定电压电力网的输送容量及输送距离

额定电压/kV	输送容量/MW	输送距离/km
0.38	<0.1	<0.6
3	0.1 ~ 1.0	1 ~ 3
6	0.1 ~ 1.2	4 ~ 15
10	0.2 ~ 2.0	6 ~ 20
35	2.0 ~ 10	20 ~ 50
110	10 ~ 50	50 ~ 150
220	100 ~ 500	100 ~ 300
330	200 ~ 1000	200 ~ 600
500	600 ~ 1500	400 ~ 850

课题三 电力系统负荷

一、电力系统负荷的描述

在某一时刻，电力系统所有用电设备向系统取用电功率的总和称为综合负荷，通常用功率表示负荷的大小，也可用阻抗或导纳表示。图1-4为电力系统负荷的表示方法。

电力系统的主要用电设备有异步电动机、同步电动机、电热设备、整流设备和照明设备等。根据用户的性质，负荷可分为工业负荷、农业负荷、交通负荷和生活用电负荷等。在不同性质的用户中，各种负荷的比例不同，即使同一种性质的用户，在不同时期，各种负荷的比例也不同。某系统中不同性质的工业企业用电设备比例见表1-10。

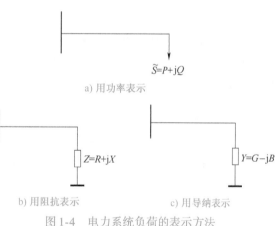

a) 用功率表示

$\tilde{S}=P+jQ$

b) 用阻抗表示 $Z=R+jX$

c) 用导纳表示 $Y=G-jB$

图1-4 电力系统负荷的表示方法

表1-10 不同性质的工业企业用电设备比例统计

用电设备	综合性中小工业	纺织工业	化学工业（化肥厂、焦化厂）	化学工业（电化厂）	大型机械加工厂	钢铁工业
异步电动机（%）	79.1	99.8	56.6	13.0	82.5	20.0
同步电动机（%）	3.2		43.4		1.3	10.0
电热设备（%）	17.7	0.2			15.0	70.0
整流设备（%）				87.0	1.2	
合计（%）	100.0	100.0	100.0	100.0	100.0	100.0

由表1-10可知，在电力系统中，异步电动机占综合负荷的绝大部分。所以综合负荷的特性可近似地用异步电动机来描述。

根据用户对供电可靠性的要求，目前我国将电力系统的负荷分为以下三级。

1. 一级负荷

符合下列情况之一时，应视为一级负荷。

1）中断供电将造成人身伤害时。

2）中断供电将在经济上造成重大损失时。

3）中断供电将影响重要用电单位的正常工作。

在一级负荷中，当中断供电将造成人员伤亡或重大设备损坏或发生中毒、爆炸和火灾等情况的负荷，以及特别重要场所的不允许中断供电的负荷，应视为一级负荷中特别重要的负荷。

2. 二级负荷

符合下列情况之一时，应视为二级负荷。

1）中断供电将在经济上造成较大损失时。

2）中断供电将影响较重要用电单位的正常工作。

3. 三级负荷

不属于一、二级负荷者应为三级负荷。

对于三级负荷，对供电网不做特殊要求。

二、负荷曲线

用户的用电量是随时间变化的，负荷变化的最大特点即随机性较强，所以系统的综合负荷是随机变化的。所谓负荷曲线，即负荷功率随时间变化的函数曲线。负荷曲线按功率不同可分为视在功率、有功功率和无功功率负荷曲线；按时间不同可分为日负荷曲线、年负荷曲线等。在工程中，使用较多的是日负荷曲线、年最大负荷曲线和年持续负荷曲线。

1. 日负荷曲线

日负荷曲线用于描述24h负荷功率变化的情况。如图1-5a所示，曲线中的最大值称为最大负荷，又称峰荷；最小值称为最小负荷，又称谷荷。为了便于工程中近似计算，常把连续变化的曲线绘制成阶梯形，如图1-5b所示。

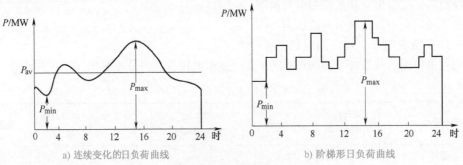

a) 连续变化的日负荷曲线　　　　　　b) 阶梯形日负荷曲线

图1-5　日负荷曲线

为了描述负荷曲线的变化特性，常用负荷率和最小负荷系数表示。负荷率为

$$K_{\mathrm{L}} = \frac{P_{\mathrm{av}}}{P_{\mathrm{max}}}$$

式中，P_{av}表示负荷平均功率（MW）；P_{max}表示负荷最大功率（MW）。

显然，负荷率$K_{\mathrm{L}} \leqslant 1$，$K_{\mathrm{L}}$越大说明负荷变化越平稳。通过电能损耗的计算可知，用户消耗相同电能，负荷率越大，线路损耗越小。所以，电力系统运行时，要通过各种措施提高用户负荷率，从而降低线路损耗。

最小负荷系数为

$$\alpha = \frac{P_{\min}}{P_{\max}}$$

最小负荷系数反映了负荷变化的幅度。

日负荷曲线对电力系统的运行有很重要的意义，它是安排日发电计划和确定系统运行方式的主要依据。

2. 年最大负荷曲线

在电力系统的规划设计中，不仅要知道一天内负荷的变化规律，而且要知道一年之内负荷的变化情况。年最大负荷曲线是描述一年内每月（或者每日）最大有功功率负荷的变化曲线，如图 1-6 所示。

年最大负荷曲线主要用来安排发电设备的检修计划，同时也可以用来为发电厂或者发电机组的新建或者扩建计划提供依据。

由图 1-6 可知，3、4 月负荷最小，可以安排部分机组进行检修；最大负荷发生在 7、8 月，最大负荷与系统装机容量相差不多，系统备用容量太小，需要扩建机组或者新建电厂。图 1-6 中带斜线小方块的面积 A 表示系统计划检修机组容量与检修时间的乘积之和，B 表示需要新装的机组容量。

3. 年持续负荷曲线

在电力系统的分析计算中，还常常用到年持续负荷曲线，它是根据全年负荷的变化，绘制出的一年（8760h）中系统负荷功率的大小与累计时间关系的曲线，如图 1-7 所示。曲线中，B 点表示在一年中负荷功率超过 P_B 的累计时间为 t_B。

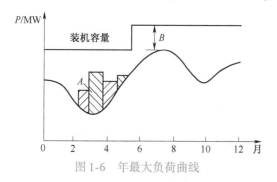

图 1-6　年最大负荷曲线

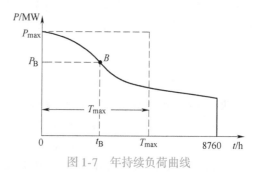

图 1-7　年持续负荷曲线

根据年持续负荷曲线可以计算出全年负荷所消耗的电能 A 为

$$A = \int_0^{8760} P(t)\,\mathrm{d}t \tag{1-2}$$

式中，$P(t)$ 表示年持续负荷。

A 等于年持续负荷曲线与坐标轴所围成的面积。

假设负荷总以最大功率运行，经过一定时间后所消耗的电能与实际一年所消耗的电能相等，此时间称为年最大负荷利用时间，用 $T_{\max}$ 表示。

显然，$P_{\max}T_{\max} = A = \int_0^{8760} P(t)\,\mathrm{d}t$，所以

$$T_{\max} = \frac{A}{P_{\max}} = \frac{\int_0^{8760} P(t)\,\mathrm{d}t}{P_{\max}} \tag{1-3}$$

在电力系统的规划设计中，根据负荷性质可知 $T_{\max}$，预测负荷的最大功率 $P_{\max}$，就可以估算

用户一年的用电量。**各种负荷的年最大负荷利用时间 T_{max} 见表 1-11。**

根据负荷性质，由表 1-11 得出适当的年最大负荷利用时间 T_{max}，预测负荷的最大功率 P_{max}，则可近似估算用户的全年用电量 $P_{max}T_{max}$。例如，某新建居民小区估计最大负荷为 800kW，根据表 1-11，若 T_{max} 取 2500h，则估算该小区全年用电量为

$$A = 800\text{kW} \times 2500\text{h} = 2 \times 10^6 \text{kW·h}$$

表 1-11　各种负荷的年最大负荷利用时间 T_{max}

负荷类型	年最大负荷利用时间/h
户内照明及生活用电	2000～3000
单班制企业用电	1500～2200
两班制企业用电	2000～4500
三班制企业用电	6000～7000
农业用电	2500～3000

课题四　电力系统的中性点接地方式

变压器中性点
接地装置

一、电力系统中性点接地方式的重要性

所谓电力系统中性点的接地方式，是指三相交流电力系统中性点与大地之间的电气连接方式，即星形联结的变压器或发电机中性点与大地之间的电气连接方式。中性点接地方式关系到系统的可靠性、经济性，同时直接影响电气设备绝缘水平的选择、过电压水平、继电保护及通信干扰等。因此，在进行变电所的规划、设计时，对变压器中性点接地方式的选择应具体分析、全面考虑。

电力系统中性点的接地方式可分为中性点有效接地方式和中性点非有效接地方式。

我国 110kV 及以上电力网一般采用中性点有效接地方式，即中性点直接接地（或经小电阻或小电抗接地）方式。110kV 以下配电网一般采用中性点非有效接地方式。根据电力网实际情况的不同，中性点非有效接地方式又可采用中性点不接地方式和中性点经消弧线圈接地方式。

二、中性点直接接地方式

电力系统中性点直接接地方式即星形联结变压器中性点直接与大地相连，如图 1-8 所示。当系统发生单相接地短路时，短路电流很大，所以又称为大接地电流方式。

当系统采用中性点直接接地方式时，无论是正常运行，还是系统发生单相接地短路时，中性点对地电压 U_N 始终为零，非故障相电压不会升高，仍为相电压。因此，电气设备各相的绝缘按相电压考虑，设备造价相对低一些，电力网建设造价经济性较好。这对于高电压等级的电力网来说非常重要，所以，我国 110kV 及以上电力网均采用中性点直接接地方式。

当系统发生单相接地时，通过接地点、大地、中性点构成短路回路，短路电流很大，为了防止损坏设备，必须迅速断开断路器，切除故障。若系统采用中性点非有效接地方式，当发生单相接地时，可以不必立即切除故障线路。所以，系统采用中性点直接接地方式时，供电可靠性相对较低。

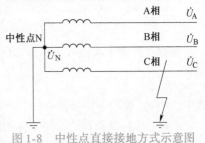

图 1-8　中性点直接接地方式示意图

三、中性点不接地方式

电力系统中性点不接地方式即星形联结变压器或发电机中性点与大地不直接相连。当系统发生单相接地时，接地电流很小，所以又称为小接地电流方式。

图 1-9 所示为中性点不接地方式示意图。三相线路的对地分布电容分别用集中等效电容 C_A、C_B、C_C 表示，中性点对地电压为 U_N。

正常运行时，三相线路电压 $\dot U_A$、$\dot U_B$ 和 $\dot U_C$ 对称，三相线路对地电容电流分别为 $\dot I_{C.A}$、$\dot I_{C.B}$、$\dot I_{C.C}$。由于三相线路对地等效电容相等，所以，三相线路对地电容电流也对称，有 $\dot I_{C.A}+\dot I_{C.B}+\dot I_{C.C}=0$，地中没有电流，中性点对地电压 $\dot U_N=0$。

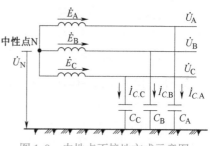

图 1-9　中性点不接地方式示意图

当线路发生 C 相单相接地故障时，如图 1-10 所示，C 相对地电压 $\dot U_C'=0$，中性点对地电压 $\dot U_N=-\dot U_C$，则中性点 N 对地电压由零升高为相电压，其相量关系如图 1-10b 所示。非故障相（A 相、B 相）对地电压分别为

$$\dot U_A'=\dot E_A+\dot U_N=\dot U_A+\dot U_N=\dot U_A-\dot U_C=\dot U_{AC}=\sqrt3\,\dot U_C\mathrm{e}^{\mathrm{j}150°} \tag{1-4}$$

$$\dot U_B'=\dot E_B+\dot U_N=\dot U_B+\dot U_N=\dot U_B-\dot U_C=\dot U_{BC}=\sqrt3\,\dot U_C\mathrm{e}^{\mathrm{j}150°} \tag{1-5}$$

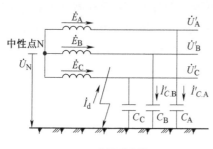

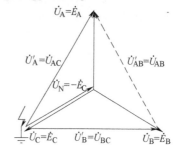

a) 接线示意图　　　　　　　　　　　　　　　　b) 相量图

图 1-10　中性点不接地系统的单相接地故障

则 A、B 两相的对地电容电流分别为

$$\dot I_{C.A}'=\frac{\dot U_A'}{-\mathrm{j}X_C}=(\mathrm{j}\omega C)(\sqrt3\,\dot U_C\mathrm{e}^{\mathrm{j}150°})=\sqrt3\,\omega C\dot U_C\mathrm{e}^{-\mathrm{j}60°} \tag{1-6}$$

$$\dot I_{C.B}'=\frac{\dot U_B'}{-\mathrm{j}X_C}=(\mathrm{j}\omega C)(\sqrt3\,\dot U_C\mathrm{e}^{\mathrm{j}150°})=\sqrt3\,\omega C\dot U_C\mathrm{e}^{-\mathrm{j}120°} \tag{1-7}$$

式中，C 为线路对地等效电容；ω 为交流电角频率。

C 相发生单相接地故障时，接地点的接地电容电流 $\dot I_d$ 为

$$\dot I_d=\dot I_{C.A}'+\dot I_{C.B}'=\sqrt3\,\omega C\dot U_C(\mathrm{e}^{-\mathrm{j}60°}+\mathrm{e}^{-\mathrm{j}120°})=-\mathrm{j}3\omega C\dot U_C \tag{1-8}$$

由图 1-10b、式(1-4) 和式(1-5) 可知，非故障相线路对地电压升高为线电压，中性点电压升高为相电压。但此时三相线电压 $\dot U_{AB}'$、$\dot U_{BC}'$、$\dot U_{CA}'$ 仍然三相对称、大小与故障前一样，对连接在线路上的三相负荷没有影响。由式(1-8) 可知，接地点流过的是一个电容电流，而非短路电流，其值不大。因此，DL/T 620—1997《交流电气装置的过电压保护和绝缘配合》规定：当发生单相接地故障时，中性点不接地系统一般可以继续运行 2h，若运行人员在此时间内不能排除故障，则停电检修。

由上面的分析可知，当系统发生单相接地故障时，中性点不接地方式的电力系统可以继续运行，这显然提高了供电的可靠性，但此时非故障相线路对地电压升高为线电压，这就要求整个系统电气设备的绝缘水平要按线电压考虑，增加了建设成本。电压等级越高，满足绝缘要求的投资越大，因此110kV及以上电压等级的系统不宜采用中性点不接地方式。

当配电网母线上连接线路较多、线路较长，电力网发生单相接地故障时，接地点的接地电流 $\dot{I}_d$ 可能较大。DL/T 620—1997《交流电气装置的过电压保护和绝缘配合》有下列规定：

3～10kV 不直接连接发电机的系统和35kV、66kV 系统，当单相接地故障电容电流超过下列数值又需在接地故障条件下运行时，应采用消弧线圈接地方式：

1）3～10kV 钢筋混凝土或金属杆塔的架空线路构成的系统和所有35kV、66kV 系统，故障电容电流限值为10A。

2）3～10kV 非钢筋混凝土或非金属杆塔的架空线路构成的系统，当电压为3kV 和6kV 时，故障电容电流限值为30A；当电压为10kV 时，故障电容电流限值为20A。

3）3～10kV 电缆线路构成的系统，故障电容电流限值为30A。

四、中性点经消弧线圈接地方式

中性点不接地系统发生单相接地故障时，若接地点接地电流较大，则可能损害设备或者接地点的间歇电弧引起系统的安全问题。对此，可以采用中性点经消弧线圈接地来消除其影响。所谓消弧线圈，实质就是一个具有空气间隙铁心的电感线圈。线圈的电阻很小、电抗很大，且具有很好的线性特性。图1-11所示为中性点经消弧线圈接地方式示意图。

系统正常运行时，三相电路对称，中性点对地电压 $\dot{U}_N = 0$，流过消弧线圈的电流 $\dot{I}_L = 0$。

当C相发生单相接地故障时，则中性点对地电压 $\dot{U}_N = -\dot{U}_C$，消弧线圈通过的电流 $\dot{I}_{EL}$ 为

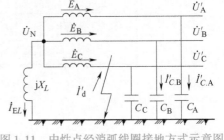

图1-11　中性点经消弧线圈接地方式示意图

$$\dot{I}_{EL} = -\frac{\dot{U}_C}{jX_L} = -\frac{\dot{U}_C}{j\omega L} = j\frac{\dot{U}_C}{\omega L} \qquad (1-9)$$

式中，X_L 为消弧线圈感抗；L 为消弧线圈电感。

接地点电容电流 $\dot{I}_{EC}$ 与式(1-8) 的 $\dot{I}_d$ 相等，即

$$\dot{I}_{EC} = \dot{I}_d = -j3\omega C\dot{U}_C \qquad (1-10)$$

所以，接地点电流 $\dot{I}'_d$ 为

$$\dot{I}'_d = \dot{I}_{EL} + \dot{I}_{EC} = j\frac{\dot{U}_C}{\omega L} - j3\omega C\dot{U}_C = j\left(\frac{1}{\omega L} - 3\omega C\right)\dot{U}_C \qquad (1-11)$$

由式(1-11) 可知，因为容性电流与感性电流方向相反，所以总接地电流减小。中性点加装电感线圈，有效地减小了接地电容电流，使接地点的电弧减弱，消弧线圈因此而得名。

衡量消弧线圈补偿度的大小用补偿系数 ρ 描述，定义补偿系数 $\rho = \dfrac{I_L - I_C}{I_C}$。当 $I_L < I_C$ 时，称为欠补偿；当 $I_L = I_C$ 时，称为全补偿；当 $I_L > I_C$ 时，称为过补偿。全补偿时，系统会产生谐振过电压，这是不允许的；欠补偿时，因为线路的切换或者频率的下降，使 I_C 减小，可能会出现全补偿情况；因此消弧线圈的补偿一般采用过补偿。

课题五 电力线路的基本结构

电力线路按结构不同可分为架空线路和电缆线路两大类。相对来说，架空线路具有投资小，施工、维护和检修方便等优点，所以电力网中绝大部分线路都采用架空线路。但是，架空线路有容易受有害气体腐蚀，不能跨越大江、河流、山谷和海域，影响城市美化等缺点，所以在一些特殊的地方常采用电缆线路。

电力线路的
基本结构

架空线路主要由导线、避雷线、杆塔、绝缘子和金具组成。电缆线路则主要由电缆本体、电缆接头及电缆终端等组成。

一、架空线路

架空线路各元件都有其作用。导线用来传导电流，输送电能；避雷线用来将雷电流引入大地，使电力线路免遭雷电波的侵袭；杆塔用来支撑导线和避雷线；绝缘子用来使导线与杆塔保持绝缘；金具是用来固定、悬挂、连接和保护架空线路的主要元件。

1. 导线和避雷线

架空线路的导线和避雷线都架设在空中，会受到自重、风压、覆冰和温度变化等的作用和空气中有害物质的侵蚀。所以导线和避雷线应具有较高的机械强度和抗化学腐蚀的能力。此外，导线还应具有良好的导电性能。

导线主要由铜、铝、钢及铝合金等材料制成，避雷线则一般由钢或者铝等材料制成。四种材料的物理性能见表1-12。

表1-12 导线及避雷线材料的物理性能

材料	20℃时的电阻率/ $(\Omega \cdot mm^2/m)$	密度/ (g/cm^3)	抗拉强度/ (kg/mm)	其 他 特 点
铜	0.0182	8.9	39	抗腐蚀能力力强，价格高
铝	0.029	2.7	16	抗一般化学腐蚀性能好，但易受酸、碱、盐的腐蚀，价格低
钢	0.103	7.85	120	易生锈，镀锌后不易生锈
铝合金	0.0339	2.7	30	抗腐蚀性能好，受振动时易损坏

由表1-12可知，虽然铜的导电性能好、抗腐蚀能力强，但因价格贵，除特殊需要外，架空线路一般不采用铜导线。钢的导电率低、趋肤效应显著，不宜用做导线。但钢的机械强度高，可用做避雷线。铝的导电性能虽比铜差一些，但因质轻价廉，广泛用于10kV及以下的线路。由于铝的机械强度低，所以35kV及以上的线路广泛应用钢芯铝绞线。钢芯铝绞线是充分利用铝的导电性能和钢的机械强度制成的导线，它是将铝线绕在单股或多股钢线外层作为主要载流部分，机械荷载则由钢线和铝线共同承担。

在GB/T 1179—2017《圆线同心绞架空导线》中，用汉语拼音字母表示的常用圆线同心绞架空导线的型号和名称见表1-13。

表1-13 常用圆线同心绞架空导线的型号和名称

名称	现用型号	老型号
铝绞线	JL	LJ
钢芯铝绞线	JL/G1A、JL/G1B、JL/G2A、JL/G2B、JL/G3A	LGJ
防腐钢芯铝绞线	JL/G1AF、JL/G2AF、JL/G3AF	LGJF

为了防止电晕及减小线路的感抗，超高压和特高压线路的导线一般都采用分裂导线、空心导线及扩径导线等。分裂导线是将每相导线分成若干根，相互之间保持一定距离。分裂导线的排列如图 1-12 所示。扩径导线是人为地扩大导线直径，但又不增大载流部分截面积的导线。

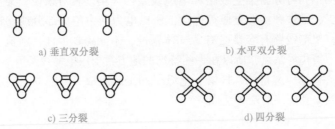

a) 垂直双分裂   b) 水平双分裂

c) 三分裂   d) 四分裂

图 1-12　分裂导线排列

配电线路的避雷线以前均用钢绞线，现在也有用良导体避雷线的趋势。它可用做载波通信的通道和减小潜供电流等。

各种型号的导线技术参数见附录 A。

2. 杆塔

架空线路的杆塔形式很多，可按不同的方法分类，如按材料不同可分为木杆、钢筋混凝土杆和铁塔。木杆的强度低、易腐朽，已逐渐被钢筋混凝土杆替代。为了防止钢筋混凝土杆产生裂缝，可采用预应力混凝土杆。铁塔主要用于超高压线路及高压线路的耐张、跨越杆塔。杆塔也可按导线在杆塔上排列方式的不同进行分类，如一般单回线路采用"上"字形、三角形和水平排列方式；双回线同杆架设时一般按伞形、倒伞形及鼓形等排列，如图 1-13 所示。

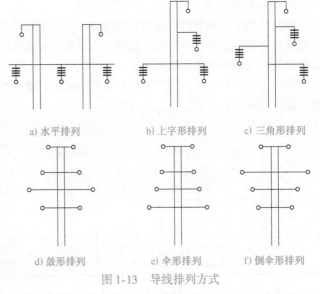

a) 水平排列   b) 上字形排列   c) 三角形排列

d) 鼓形排列   e) 伞形排列   f) 倒伞形排列

图 1-13　导线排列方式

下面按不同用途对杆塔进行分类介绍。

1) 直线杆塔。设计直线杆塔时，要求其能承受导线的自重、导线上覆冰的重量及导线所受的风压，不能承受沿线路方向的水平张力。由于其强度要求低，因而造价也较便宜。直线杆塔用于线路的直线走向处，约占杆塔总数的 80%。在直线杆塔上，绝缘子串和导线相互垂直。

2) 耐张杆塔。设计耐张杆塔时，要求其能承受两侧导线较大的拉力差，因而耐张杆塔又称为承力杆塔。由于其强度要求高，结构也较复杂，故造价也较贵。一般若干公里内需立一基耐张杆塔，相邻两基耐张杆塔之间的距离称为耐张段。耐张段内有若干基直线杆塔，相邻两基直线杆塔之间的水平距离称为档距，如图 1-14 所示。有了耐张杆塔便可把断线故障的影响范围限制在耐张段内。耐张杆塔上的绝缘子串和导线在同一曲线上，两侧导线用跳线相连接。

3) 转角杆塔。转角杆塔设置在线路转角处，由于两侧导线的张力不在一条线上，所以就产生了不平衡拉力。转角杆塔受力分布如图 1-15 所示。根据转角大小的不同可选用耐张型转角塔和直线型转角杆塔。

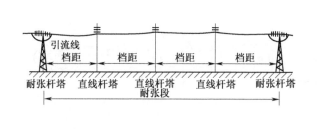

图 1-14　耐张段示意图　　　　　图 1-15　转角杆塔受力分布图

4）终端杆塔。终端杆塔设置在线路的首、末端，承受单侧张力的作用。

5）跨越杆塔。跨越杆塔设置在线路跨越河流、山谷、铁路及公路等地方。跨越杆塔的高度一般比普通杆塔高。根据跨越档距的大小也可选用耐张性跨越杆塔和直线型跨越杆塔。

6）换位杆塔。由导线在杆塔上的排列方式可知，除等边三角形外，均不能保证三相导线的线间距离相等。为了减小三相参数的不平衡，架空线路的三相导线应进行换位。在 GB 50545—2010《110kV～750kV 架空输电线路设计规范》规定："中性点直接接地的电力网，长度超过 100km 的输电线路宜换位。换位循环长度不宜大于 200km"。经过换位的线路，三相导线在空间每一位置的长度和相等时称为完全换位。进行一次完全换位则称为一个换位循环。换位循环示意图如图 1-16 所示。根据需要可采用直线换位杆塔和耐张换位杆塔。换位杆塔如图 1-17 所示。

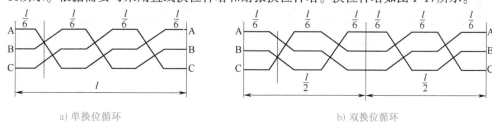

a) 单换位循环　　　　　　　b) 双换位循环

图 1-16　换位循环示意图

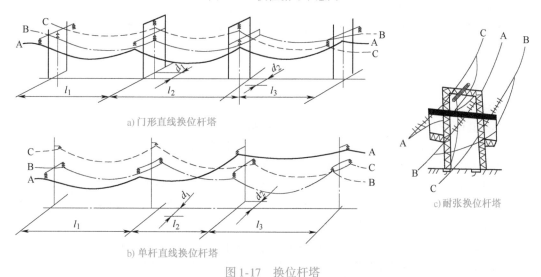

a)门形直线换位杆塔

b) 单杆直线换位杆塔

c)耐张换位杆塔

图 1-17　换位杆塔

3. 绝缘子

架空线路的绝缘子如图 1-18 所示。绝缘子按形状不同可分为针式绝缘子、悬式绝缘子、瓷横担绝缘子及棒式绝缘子。按材料不同可分为瓷绝缘子、钢化玻璃绝缘子和合成绝缘子等。

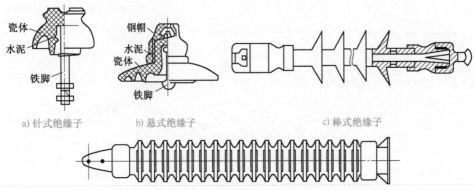

a) 针式绝缘子　　b) 悬式绝缘子　　c) 棒式绝缘子

d) 瓷横担绝缘子

图 1-18　架空线路的绝缘子

1）针式绝缘子价格低廉，但耐雷击水平不高，容易闪络，所以主要用于 35kV 以下、张力不大、档距不大的直线杆塔或小转角杆塔上。

2）悬式绝缘子广泛应用于 35kV 及以上的线路中，通常将它们组合成绝缘子串使用。绝缘子串中绝缘子的个数与电压有关。直线杆塔上悬式绝缘子串中的绝缘子数量见表 1-14。耐张杆塔上绝缘子串的个数比同级电压直线杆塔上的绝缘子串个数多 1~2 个。

表 1-14　直线杆塔上悬式绝缘子串中的绝缘子数量

额定电压/kV	35	66	110	220	330	500	750	1000	±500	±660	±800
每串绝缘子数量/个	3	5	7	13	19	28	29	54	37	50	58

3）瓷横担绝缘子起到了绝缘子和横担的双重作用，它有运行安全、维护简单及节约材料等优点，但同时也有机械抗弯强度低的缺点。目前在 6~35kV 线路上被广泛采用。

4）棒式绝缘子是用硬质材料做成的整体型绝缘子，它可代替悬式绝缘子串。

5）瓷绝缘子的绝缘件由电工陶瓷制成，使用最为普遍。

6）钢化玻璃绝缘子的绝缘件由经过钢化处理的玻璃制成，若发生裂纹或电击穿，玻璃绝缘子将自行破裂成小碎块。

7）合成绝缘子的绝缘件由环氧玻璃钢的芯棒与有机材料的护套和伞群组成，其特点是重量很轻、抗污秽闪络性能良好、抗拉强度高，但抗老化能力不如瓷绝缘子和钢化玻璃绝缘子。

4. 金具

金具按其用途大致可分为线夹、连接金具、接续金具及保护金具等几大类。

（1）线夹　线夹的作用是将导线和避雷线固定在绝缘子和杆塔上，用于直线杆塔和悬式绝缘子串上的线夹称为悬垂线夹。用于耐张杆塔和耐张绝缘子串上的线夹称为耐张线夹。耐张线夹又可分为倒装螺栓型耐张线夹、压接型耐张线夹和楔形耐张线夹等。常用的线夹如图 1-19 所示。

（2）连接金具　连接金具的作用是将绝缘子、悬垂线夹、耐张线夹及保护金具等连接组合在一起。常用的连接金具有延长拉杆型和球头挂环型，如图 1-20 所示。

（3）接续金具　接续金具的作用是将绝缘子连接成串，或将线夹、绝缘子串及杆塔横担相互连接起来，也常用于将两段导线或避雷线连接起来。常用的接续金具如图 1-21 所示。

（4）保护金具　保护金具具有防振保护金具和绝缘保护金具两大类。防振保护金具是用来保护导线或避雷线因风引起的周期性振动而造成的损坏。常用的防振保护金具有护线条、防振锤及阻尼线等。绝缘保护金具中的悬重锤可减小悬垂绝缘子串的偏移，防止其过分靠近杆塔，以保持导线和杆塔之间的绝缘。常用的保护金具如图 1-22 所示。

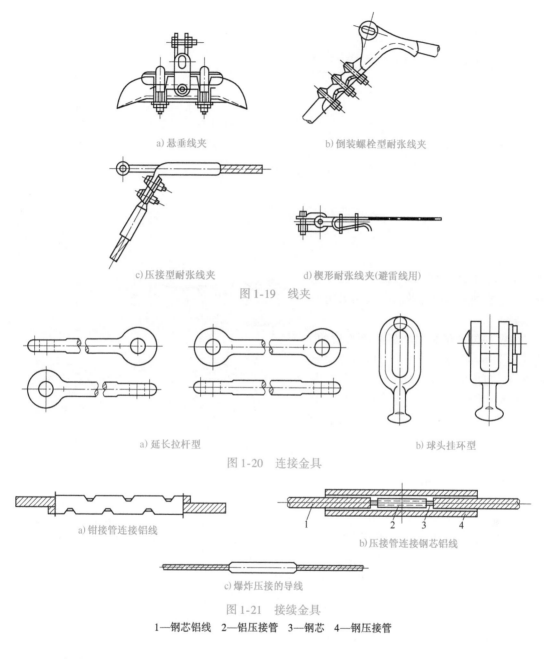

a) 悬垂线夹　　　　　　　b) 倒装螺栓型耐张线夹

c) 压接型耐张线夹　　　　　　d) 楔形耐张线夹(避雷线用)

图 1-19　线夹

a) 延长拉杆型　　　　　　　　　　b) 球头挂环型

图 1-20　连接金具

a) 钳接管连接铝线　　　　　　　　　b) 压接管连接钢芯铝线

c) 爆炸压接的导线

图 1-21　接续金具
1—钢芯铝线　2—铝压接管　3—钢芯　4—钢压接管

二、电缆线路

电缆线路虽然造价较高，且线路检修不方便，但由于它不需架设杆塔，基本不受外力破坏及气象条件的影响，在一些大城市、发电厂和变电所内部或附近，以及穿越大海、江河等情况下，往往被采用。

1. 电缆的构造

电缆主要包括导体、绝缘层和包护层三大部分。

电缆的导体是用来传导电流的，通常采用多股铜绞线或铝绞线，以增加电缆的柔性。根据电缆中导体数量的不同，可分为单芯电缆、三芯电缆和四芯电缆。

电缆的绝缘层是用来使各导体之间及导体与包护层之间绝缘的，使用的材料有橡胶、沥青、

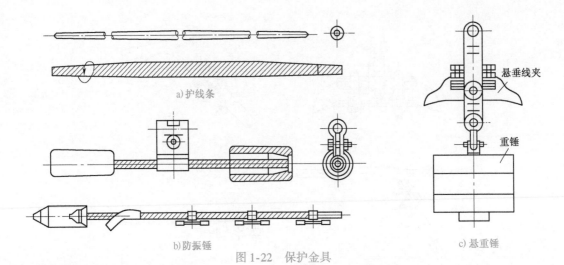

a)护线条

b)防振锤

悬垂线夹

重锤

c)悬重锤

图1-22 保护金具

聚乙烯、聚丁烯、棉、麻、绸缎、纸、浸渍纸、矿物油及植物油等，一般多采用油浸纸绝缘。

电缆的包护层是用来保护绝缘层的，使其不受外力损伤，防止水分侵入或浸渍剂外流。包护层分为内护层和外护层，内护层由铝或铅制成，外护层由内衬层、铠装层和外被层组成。电缆结构示意图如图1-23所示。

2. 电缆的附件

电缆的附件主要有连接头（盒）和终端头（盒）。对充油电缆还有一套供油系统。

电缆连接头是用来连接两段电缆的部件。电缆终端头则是电缆线路末端用以保护缆芯绝缘并将缆芯导体与其他电气设备相连的部件。

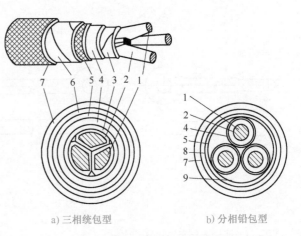

a)三相统包型　　　b)分相铅包型

图1-23 电缆结构示意图

1—导体 2—相绝缘 3—纸绝缘 4—铅包护层 5—麻衬
6—钢带铠装 7—麻被 8—钢丝铠装 9—填充物

习　题

1-1 什么是电力系统、电力网和动力系统，三者有何关系？

1-2 电力网的主要分类有哪些？

1-3 电力系统的运行有何特点及要求？

1-4 当前我国电力行业的主要额定电压等级有哪些？超高压和特高压是如何定义的？

1-5 图1-24所示的三绕组变压器中，哪些是升压变压器？哪些是降压变压器？

1-6 在图1-25所示的电力系统中，线路额定电压已知，试求发电机、变压器的

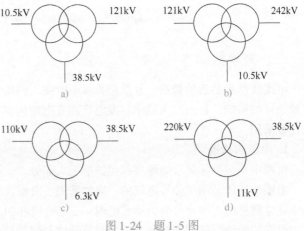

图1-24 题1-5图

额定电压。

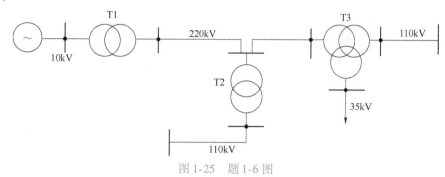

图 1-25　题 1-6 图

1-7　电力系统的中性点接地方式有哪几种？各有何优缺点？适用范围是怎样的？

1-8　中性点不直接接地系统发生单相接地短路时，哪些电量将发生变化？

1-9　试说明中性点经消弧线圈接地减小接地电流的原理。

1-10　试说明日负荷曲线、年最大负荷曲线和年持续负荷曲线的概念和用途。

1-11　何谓最大负荷利用时间？试分别说明其几何意义和物理意义。

1-12　架空线路由哪几部分组成，各部分的作用分别是什么？

1-13　架空线路和电缆线路各有什么特点，分别适用于什么场合？

1-14　选择题（将正确的选项填入括号中）

1. 电力系统是由（　　）和用电的各种装置和设备组成的统一体。

A. 输电、变电　　　　　　　　　　B. 发电、变电、输配电

C. 发电、输电　　　　　　　　　　D. 原动机、发电机

2. 某线路额定电压为 35kV，则其平均额定电压为（　　）。

A. 35kV　　　　B. 36.75kV　　　　C. 37kV　　　　D. 38.5kV

3. 中性点经消弧线圈接地的电力系统通常采用的补偿方式是（　　）。

A. 全补偿　　　　　　　　　　　　B. 欠补偿

C. 过补偿　　　　　　　　　　　　D. 过补偿、欠补偿均可

4. 变压器二次侧额定电压应较相连线路额定电压高（　　）。

A. 5%~10%　　　B. 5%　　　　C. 10%　　　　D. 5% 或者 10%

5. 中性点直接接地系统发生单相接地故障时，非故障相对地电压会（　　）。

A. 不变　　　　B. 升高　　　　C. 降低　　　　D. 升高到线电压

6. （　　）是我国电力网中现有运行电压等级。

A. 345kV　　　　B. ±660kV　　　　C. 220kV　　　　D. 1000kV

7. 输电线路采用分裂导线可以（　　）。

A. 减小电抗　　　B. 减小电阻　　　C. 防止电晕　　　D. 减小电纳

1-15　判断题（正确的在括号内打"√"，错误的打"×"）

1. 一般用户的有功负荷曲线和无功负荷曲线变化趋势相同。（　　）

2. 避雷线也称为架空地线，其主要作用是防止雷击线路。（　　）

3. 若负荷总以最大功率运行，经过一定时间后所消耗的电能与实际负荷一年所消耗的电能相等，此时间称为年最大负荷利用时间。（　　）

4. 电力系统的中性点是指星形联结变压器的中性点或发电机的中性点。（　　）

5. 110kV 及以上电力系统采用中性点直接接地运行方式是因为其运行可靠性高。（　　）

6. 消弧线圈补偿系数定义为电容电流与电感电流之差比电感电流。（　　）

7. 电能不能大量储存，电力系统从发电、变电、输配电到用电各个环节必须同时完成。（　　）

8. 交流电和直流电通过导体时都存在趋肤效应。（　　）

第二单元 电力系统各元件的数学模型

🔍 **学习内容**

本单元主要介绍电力系统正常运行状态下电力线路、变压器、发电机及负荷的数学模型和参数计算，并在此基础上讨论电力网等效电路的建立以及多电压等级电力网的标幺值表示方法。

🔍 **学习目标**

- 熟练掌握发电机、变压器、负荷、电力线路的参数计算和等效电路的画法。
- 掌握电力网模型的建立方法，会画电力网的等效电路。
- 熟练掌握各元件标幺值的计算方法。

课题一 电力线路的数学模型

一、电力线路的参数

描述电力线路的参数有电阻、电抗、电导和电纳。电力线路的这四个参数通常是沿线路全长均匀分布的，每单位长度的参数为电阻 r_1、电抗 x_1、电导 g_1 和电纳 b_1。电力线路可分为架空线路和电缆线路。电缆线路的参数计算较为复杂，可根据厂家提供的数据或通过试验实测求得，本单元不予讨论。这里着重介绍架空线路的参数计算和数学模型，电缆线路的数学模型与架空线路相同。

（一）架空线路的电阻

电阻反映线路通过电流时产生的有功功率损耗效应。电力线路一般以铜或铝为导体，单位长度导线的电阻为

$$r_1 = \frac{\rho}{S} \tag{2-1}$$

式中，r_1 为单位长度导线的电阻（Ω/km）；ρ 为导线的电阻率（$\Omega \cdot \text{mm}^2/\text{km}$）；$S$ 为导线载流部分的标称截面积（mm^2）。

在电力系统的计算中，导线材料电阻率的取值如下：铜的电阻率为 $18.8\Omega \cdot \text{mm}^2/\text{km}$，铝的电阻率为 $31.5\Omega \cdot \text{mm}^2/\text{km}$。铝、铜的交流电阻率略大于直流电阻率，有如下三个原因：

1）三相工频交流电流产生趋肤效应和邻近效应，使交流电阻比直流电阻略大。

2）由于多股绞线的扭绞，导体的实际长度比导线测量值长 2%~3%。

3）导线的实际截面积比标称截面积略小。

在工程计算中，各种型号导线的电阻值可以直接从相关手册中查到，查表 A-3~表 A-5 可得各种型号导线的电阻值。但应注意，按式(2-1) 计算所得或从手册中查得的电阻值都是指温度为 20℃ 时的数值。当计算精度要求较高时，则应根据实际温度按式(2-2) 进行修正，即

$$r_t = r_{20} \left[1 + \alpha \left(t - 20 \right) \right] \tag{2-2}$$

式中，t 为导线实际应用时的大气温度（℃）；r_t、r_{20} 分别为温度为 t 及 20℃ 时单位长度导线的电阻（Ω/km）；α 为电阻温度系数，对于铜，$\alpha = 0.00382/℃$，对于铝，$\alpha = 0.0036/℃$。

（二）架空线路的电抗

电抗反映了导线通过交流电流时，在导线周围产生的交变磁场效应。当三相架空线路导线

对称排列时，三相导线的电抗相等。当三相架空线路导线不对称排列时，可采用完全循环换位的方法使导线的三相电抗相等。

1. 每相单位长度单导线的电抗

在 50Hz 额定频率下，架空线路每相单位长度单导线的电抗为

$$x_1 = 0.1445 \lg \frac{D_m}{r} + 0.0157 \mu_r \tag{2-3}$$

式中，x_1 为单位长度单导线电抗（Ω/km）；r 为导线的计算半径（mm）；D_m 为三相导线的几何平均距离（mm）；μ_r 为导线的相对磁导率，对于铜和铝，$\mu_r = 1$。

对于铜和铝导线，式(2-3) 可写为

$$x_1 = 0.1445 \lg \frac{D_m}{r} + 0.0157 \tag{2-4}$$

当三相导线间的距离分别为 D_{ab}、D_{bc}、D_{ca} 时，三相导线的几何平均距离 D_m 可表示为

$$D_m = \sqrt[3]{D_{ab} D_{bc} D_{ca}}$$

图 2-1 所示为三相导线两种不同的排列方式，各自的几何平均距离 D_m 的计算如下：

1）当三相导线为正三角形排列时，若导线间距离为 D，即 $D_{ab} = D_{bc} = D_{ca} = D$，则

$$D_m = \sqrt[3]{D_{ab} D_{bc} D_{ca}} = D$$

2）当三相导线为水平排列时，若导线间距离为 D，即 $D_{ab} = D_{bc} = D$、$D_{ca} = 2D$ 则

$$D_m = \sqrt[3]{D_{ab} D_{bc} D_{ca}} = 1.26D$$

a) 正三角形排列　　　b) 水平排列

图 2-1　三相导线的排列

由式(2-4) 可知，电抗 x_1 与三相导线几何平均距离 D_m、导线半径 r 为对数关系，因而导线在杆塔上的布置和导线截面积的大小对线路电抗的影响不大。在工程计算中，对于高压架空线路，一般近似取 $x_1 = 0.4\Omega$/km。

2. 每相单位长度分裂导线的电抗

在高压和超高压架空线路中，为了防止在高压作用下导线周围空气的游离而发生电晕，常将输电线的每一相导线分裂成若干根，相互间保持一定距离，组成分裂导线架空线。分裂导线的分裂根数一般不超过 8，而且各导线布置在正多边形的顶点上。正多边形的边长 d 称为分裂间距，如图 2-2 所示。

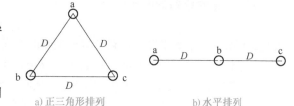

a) 一相分裂导线的布置

b) 三相分裂导线的布置

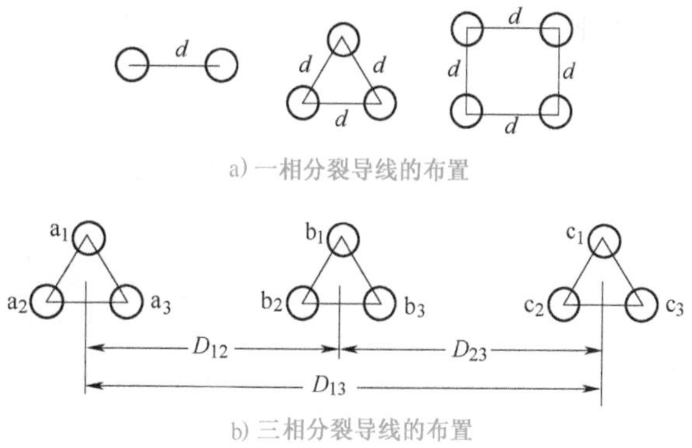

图 2-2　分裂导线的布置

分裂导线改变了导线周围的电场分布，等效地增大了导线的半径，从而可以减小导线表面的电场强度，避免正常运行时发生电晕。

每相单位长度分裂导线的电抗为

$$x_1 = 0.1445 \lg \frac{D_m}{r_{eq}} + \frac{0.0157}{n} \tag{2-5}$$

式中，r_{eq} 为分裂导线的等效半径（mm）；n 为每相分裂导线的根数。

分裂导线的等效半径可按下式求得：

$$r_{eq} = \sqrt[n]{r \prod_{i=2}^{n} d_{1i}} \tag{2-6}$$

式中，r 为每根导线的计算半径（mm）；d_{1i} 为第 1 根导线与第 i 根导线间的距离，$i = 2$，3，$\cdots$，n。

对于二分裂导线，其等效半径为 $r_{eq} = \sqrt{rd}$；对于三分裂导线，其等效半径为 $r_{eq} = \sqrt[3]{rd^2}$；对于四分裂导线，其等效半径为 $r_{eq} = \sqrt[4]{r\sqrt{2}d^3} = 1.09\sqrt[4]{rd^3}$。

分裂导线等效半径 r_{eq} 明显大于单根导线的半径，所以分裂导线的等效电抗 x_1 小于单根导线的电抗。分裂根数越多，x_1 越小。但分裂根数 $n > 3$ 以后，x_1 的减小就不明显了，如当分裂导线的根数为 2、3、4 时，每千米的电抗分别为 0.33Ω、0.30Ω 和 0.28Ω 左右，而导线的结构、线路的架设变得复杂很多，故实际应用中导线的分裂根数 n 一般不宜过多。

在工程中，已知导线型号和导线的几何平均距离，查相关手册可得单位长度线路的电抗值。例如，已知导线型号为 LGJ-185，导线几何平均距离为 5m，查表 A-4 可得，线路电抗 $x_1 = 0.409\Omega/\mathrm{km}$。

（三）架空线路的电导

电导用来反映绝缘介质中泄漏电流和电晕所引起的有功功率损耗。正常情况下，泄漏电流很小，可以忽略，因此架空线路的电导主要由导线电晕的有功功率损耗所决定。

所谓电晕现象，就是在架空线路带有高电压的情况下，当导线表面的电场强度超过空气中 O_2 分子的击穿场强时，O_2 分子发生游离，从而产生局部放电的现象。这时，在线路附近能听到"嗞嗞"放电声和闻到臭氧味，夜间还可看到紫色的晕光。

线路开始出现电晕的电压称为电晕临界电压，常用 U_{cr} 表示。三相导线三角形排列时，电晕临界电压的经验公式为

$$U_{cr} = 84 m_1 m_2 \sigma r \lg \frac{D_m}{r} \times 10^{-2} \tag{2-7}$$

式中，m_1 为导线表面光滑系数，对于光滑的单导线，$m_1 = 1$，对于绞线，$m_1 = 0.9$；m_2 为天气状况系数，对于干燥和晴朗的天气，$m_2 = 1$，对于雨、雾、雪等恶劣天气，$m_2 = 0.8 \sim 1$；r 为导线计算半径（mm）；D_m 为三相导线的几何平均距离（mm）；σ 为空气相对密度，$\sigma = 3.92p/(273 + t)$，其中 p 为大气压力（Pa），t 为空气温度（℃），当 $t = 25℃$、$p = 76\mathrm{Pa}$ 时，$\sigma = 1$。

三相导线水平排列时，边相导线的电晕临界电压比按式（2-7）求得的高 6%，中间相则低 4%。

在晴天运行的线路，相电压等于电晕临界电压时，电力线路不会出现电晕现象。而当运行电压过高或气象条件变坏时，运行电压将超过临界电压而产生电晕现象，从而产生电晕有功功率损耗 ΔP_g，与电晕相对应的导线单位长度的电导为

$$g_1 = \frac{\Delta P_g}{U^2} \times 10^{-3} \tag{2-8}$$

式中，g_1 为单位长度导线电导（S/km）；ΔP_g 为实测三相架空线路电晕损耗的总有功功率（MW/km）；U 为架空线路运行的线电压（kV）。

电晕放电不仅会产生有功功率损耗，而且会对无线电通信产生干扰。因此，在设计时，应该尽量避免线路在正常气象条件下发生全面电晕。由式（2-7）可知，三相导线几何平均距离 D_m 和导线计算半径 r 这些因素都能影响 U_{cr}。虽然增加三相导线的几何平均距离 D_m 也可提高 U_{cr}，但由于 D_m 在对数符号内，故对 U_{cr} 的影响不大，而且增大 D_m 会增加杆塔尺寸，从而大大增加线路

的造价；而 U_{cr} 却差不多与 r 成正比，所以，增大导线计算半径是防止和减小电晕损耗的有效措施。

为了限制和避免架空线路在运行中发生全面电晕现象，与临界电压对应的导线型号也有一个确定值。表 2-1 为可不必验算电晕的导线最小直径和相应的导线型号。

表 2-1 可不必验算电晕的导线最小直径和相应的导线型号

额定电压 /kV	110	220	330		500 (四分裂)
			单导线	双分裂	
导线外径/mm	9.6	21.4	33.1	—	—
相应型号	LGJ-50	LGJ-240	LGJ-600	2×LGJ-240	4×LGJQ-300

注：1. 对于 330kV 及以上电压的超高压线路，表中所列数据仅供参考。

2. 分裂导线次导线间距为 40cm。

由实验和运行经验可知，一般 110kV 以下的架空线路和 35kV 以下的电缆线路不发生全面电晕。110kV 及以上的架空线路和 35kV 及以上的电缆线路在电力系统的规划设计中，不允许线路发生全面电晕。综合考虑以上情况，在一般电力系统计算中，通常可忽略电晕损耗，即可令 $g_1 = 0$。

（四）架空线路的电纳

电纳反映了导线带电时，在其周围介质中建立的电场效应。由正常运行的三相电力线路导线之间的电容及导线与地之间的电容便组成一相等效电容，由此可决定三相电力线路的电纳。

1. 每相单位长度单导线的电纳

三相输电线路每相单位长度单导线等效对地电容可表示为

$$C_1 = \frac{0.0241}{\lg \dfrac{D_m}{r}} \times 10^{-6} \tag{2-9}$$

式中，C_1 为单位长度单导线电容（F/km）；r 为导线半径（mm）；D_m 为三相导线的几何平均距离（mm）。

在工频 50Hz 下，架空线路每相单位长度单导线的电纳为

$$b_1 = \frac{7.58}{\lg \dfrac{D_m}{r}} \times 10^{-6} \tag{2-10}$$

式中，b_1 为单位长度单导线电纳（S/km）。

2. 每相单位长度分裂导线的电纳

每相单位长度分裂导线的电纳为

$$b_1 = \frac{7.58}{\lg \dfrac{D_m}{r_{eq}}} \times 10^{-6} \tag{2-11}$$

式中，r_{eq} 为分裂导线的等效半径（mm）。

式（2-10）、式（2-11）中各符号的意义与电抗计算中的相同。由于分裂导线的分裂间距 d 比导线的半径 r 大得多，一相分裂导线组的等效半径 r_{eq} 也比单导线的半径 r 大得多，所以分裂导线的电纳比单导线的电纳大。

与电抗相似，影响 b_1 的参数 D_m 和 r_{eq} 均在对数符号内，故各种电压等级的架空线路电纳的变化范围也不大。在近似计算时，单导线线路的 b_1 一般取 2.85×10^{-6} S/km；分裂导线线路的电纳与分裂根数有关，当分裂根数为 2、3、4 时，b_1 分别取 3.4×10^{-6} S/km、3.6×10^{-6} S/km 和 4.1×10^{-6} S/km。

对于电缆线路的电纳，通常经过测量而得，也可从产品手册中直接查得典型参数。由于电缆的相间距离较小，且绝缘的介电常数较大，所以电缆线路的电纳比架空线路的电纳大得多。

在工程中，已知导线型号和导线几何平均距离，查相关手册便可得线路单位长度的电纳值。例如，已知导线型号为LGJ-185，导线几何平均距离为5m，查表A-6可得，线路电纳 $b_1 = 2.79 \times 10^{-6}\mathrm{S/km}$。

（五）电力线路全长的参数

当电力线路全长为 $l(\mathrm{km})$ 时，全线路每相的总电阻 $R(\Omega)$、总电抗 $X(\Omega)$、总电导 $G(\mathrm{S})$ 和总电纳 $B(\mathrm{S})$ 的计算公式如下：

$$R = r_1 l \qquad X = x_1 l \qquad G = g_1 l \qquad B = b_1 l$$

二、各种电力线路的数学模型

电力系统稳态分析中的电力线路数学模型就是以电阻、电抗、电导及电纳表示它们的等效电路。由于正常运行的电力系统三相是对称的，三相参数完全相同，三相电压、电流的有效值相同，所以可用单相等效电路来分析三相电路。严格地说，电力线路的参数是均匀分布的，即使是极短的一段线路，都有相应大小的电阻、电抗、电导和电纳。正是由于电力线路参数的分布特性，其精确的数学模型也应该是分布的，即分布参数。但多数电力线路一般不长，需分析的又往往只是它们的端点状况，如两端的电压、电流、功率，通常可不考虑线路的这种分布参数特性，故对于中等长度及以下的电力线路可按集中参数考虑。这样，就可使其等效电路大为简化。但对于长电力线路，则要考虑分布参数的特性。

对于中等长度及以下的电力线路（包括短电力线路、中等长度电力线路），可用集中参数模型表示其等效电路，即可不考虑它们的分布参数特性，而只用将线路参数简单地集中起来的电路表示。以 R、X、G、B 分别表示全线路每相的总电阻、总电抗、总电导和总电纳，用 Z、Y 分别表示全线路每相的总阻抗和总导纳，当电力线路全长为 l（km）时，有

$$\left.\begin{array}{l} Z = R + jX = r_1 l + jx_1 l \\ Y = G + jB = g_1 l + jb_1 l \end{array}\right\} \qquad (2\text{-}12)$$

1. 短电力线路

线路额定电压为110kV以下、长度不超过100km的架空线路，且电纳的影响不大时，可认为是短电力线路。

短电力线路由于电压不高，电导和电纳的影响一般不大，通常可略去（$G = 0$，$B = 0$）。因而这种线路的等效电路可用阻抗 $Z = R + jX = r_1 l + jx_1 l$ 表示，如图2-3所示。

2. 中等长度电力线路

线路的额定电压为 110～220kV、长度为 100～300km 的架空线路和不超过100km的电缆线路，可认为是中等长度电力线路。

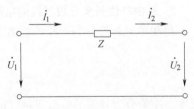

图2-3 短电力线路的等效电路

这种线路由于电压高，线路的电纳 B 一般不能略去，但电晕影响可不计，即 $G = 0$。线路用集中参数表示为

$$\left.\begin{array}{l} Z = R + jX = r_1 l + jx_1 l \\ Y = 0 + jB = jb_1 l \end{array}\right\} \qquad (2\text{-}13)$$

线路的等效电路有π形等效电路和T形等效电路两种，如图2-4所示。其中，常用的是π形等效电路。

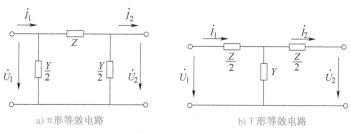

a) π形等效电路 b) T形等效电路

图2-4　中等长度电力线路的等效电路

3. 长电力线路

一般长度超过300km的架空线路和超过100km的电缆线路称为长电力线路。对于长电力线路，需考虑线路的分布参数特性。

图2-5为长电力线路均匀分布参数的等效电路。单位长度的阻抗和导纳分别为 $z_1 = r_1 + jx_1$、$y_1 = g_1 + jb_1$。设距离线路末端 x 处的电压和电流相量分别为 $\dot{U}$ 和 $\dot{I}$，dx 为长度微元，$x + dx$ 处的电压和电流相量分别为 $\dot{U} + d\dot{U}$ 和 $\dot{I} + d\dot{I}$，则 dx 段的电压降 $d\dot{U}$ 和 $d\dot{I}$ 可分别表示为

$$d\dot{U} = \dot{I} z_1 dx \tag{2-14}$$

$$d\dot{I} = \dot{U} y_1 dx \tag{2-15}$$

即

$$\frac{d\dot{U}}{dx} = \dot{I} z_1 \tag{2-16}$$

$$\frac{d\dot{I}}{dx} = \dot{U} y_1 \tag{2-17}$$

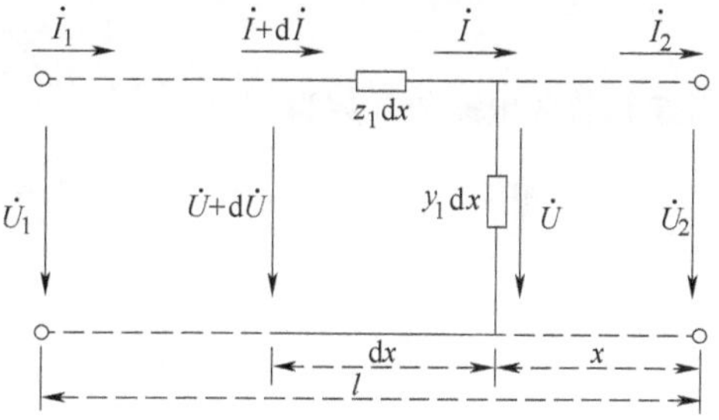

图2-5　长电力线路的均匀分布参数等效电路

将以上两式分别对 dx 求导，则得稳态时分布参数线路的微分方程式为

$$\frac{d^2\dot{U}}{dx^2} = z_1 \frac{d\dot{I}}{dx} = z_1 y_1 \dot{U} \tag{2-18}$$

$$\frac{d^2\dot{I}}{dx^2} = y_1 \frac{d\dot{U}}{dx} = z_1 y_1 \dot{I} \tag{2-19}$$

已知线路末端电压 $\dot{U}_2$ 和电流 $\dot{I}_2$ 时，式(2-18) 和式(2-19) 的解为

$$\dot{U} = \dot{U}_2 \cosh\gamma x + \dot{I}_2 Z_c \sinh\gamma x \tag{2-20}$$

$$\dot{I} = \frac{\dot{U}_2}{Z_c}\sinh\gamma x + \dot{I}_2 \cosh\gamma x \tag{2-21}$$

式中，$Z_c = \sqrt{\dfrac{z_1}{y_1}}$ 称为线路的特性阻抗或波阻抗（Ω）；$\gamma = \sqrt{z_1 y_1}$ 称为线路的传播系数。

在电力系统分析中，一般只考虑电力线路两侧端口的电压和电流，将电力线路作为无源端口网络来处理。将线路长度 $x = l$ 代入式(2-20) 和式(2-21) 即得到线路的二端口网络方程为

$$\left.\begin{aligned} \dot{U}_1 &= \dot{U}_2 \cosh\gamma l + \dot{I}_2 Z_c \sinh\gamma l \\ \dot{I}_1 &= \frac{\dot{U}_2}{Z_c}\sinh\gamma l + \dot{I}_2 \cosh\gamma l \end{aligned}\right\} \tag{2-22}$$

用二端口网络传输参数 A、B、C、D 表示时，可将以上两式写成二端口网络的通用方程式

$$\left.\begin{array}{l} \dot{U}_1 = A\,\dot{U}_2 + B\,\dot{I}_2 \\ \dot{I}_1 = C\,\dot{U}_2 + D\,\dot{I}_2 \end{array}\right\} \tag{2-23}$$

式中

$$\left.\begin{array}{l} A = \cosh\gamma l \\ B = Z_{\rm c}\sinh\gamma l \\ C = \dfrac{\sinh\gamma l}{Z_{\rm c}} \\ D = \cosh\gamma l \end{array}\right\} \tag{2-24}$$

比较式(2-23)和式(2-24)可知，输电线路是对称的无源二端口网络，可用图 2-6 所示的 π 形等效电路和 T 形等效电路表示。但其中的阻抗和导纳的数值需要修正，图中，分别以 Z'、Y' 表示修正后集中参数的阻抗、导纳。其值由式(2-22)可得：

π 形等效电路的参数为

$$\left.\begin{array}{l} Z' = Z_{\rm c}\sinh\gamma l \\ Y' = \dfrac{1}{Z_{\rm c}}\dfrac{2\,(\cosh\gamma l - 1)}{\sinh\gamma l} \end{array}\right\} \tag{2-25}$$

T 形等效电路的参数为

$$\left.\begin{array}{l} Z' = Z_{\rm c}\dfrac{2\,(\cosh\gamma l - 1)}{\sinh\gamma l} \\ Y' = \dfrac{1}{Z_{\rm c}}\sinh\gamma l \end{array}\right\} \tag{2-26}$$

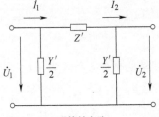

a) π 形等效电路

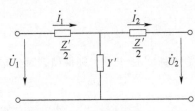

b) T 形等效电路

图 2-6　长电力线路的等效电路

实际计算中常用 π 形等效电路，但是由于复数双曲函数计算很不方便，需要做一些简化。实际计算中常略去电力线路的电导，将长线路的总电阻、总电抗和总电纳分别乘以适当的修正系数，就可得到简化 π 形电路的修正参数等效电路，如图 2-7 所示。

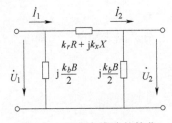

图 2-7　长电力线路的简化
π 形等效电路

简化公式计算参数为

$$\left.\begin{array}{l} Z' \approx k_r R + {\rm j}k_x X \\ Y' \approx {\rm j}k_b B \end{array}\right\} \tag{2-27}$$

式中的修正系数为

$$\left.\begin{array}{l} k_r = 1 - x_1 b_1\dfrac{l}{3} \\ k_x = 1 - \left(x_1 b_1 - \dfrac{r_1^2 b_1}{x_1}\right)\dfrac{l^2}{6} \\ k_b = 1 + x_1 b_1\dfrac{l^2}{12} \end{array}\right\} \tag{2-28}$$

【例2-1】　一条220kV的输电线路，长200km，导线型号为LGJ-300，直径为24.2mm，水平排列，相间距离为6m，求该线路参数 R、X、B，并画出等效电路图。

解：（1）计算线路的参数

1）计算线路的电阻 R，有

$$r_1 = \frac{\rho}{S} = \frac{31.5}{300}\Omega/\text{km} = 0.105\Omega/\text{km}$$

$$R = r_1 l = 0.105 \times 200\Omega = 21\Omega$$

2）计算线路的电抗 X，有

$$D_\text{m} = \sqrt[3]{D_\text{ab}D_\text{bc}D_\text{ca}} = \sqrt[3]{6 \times 6 \times 2 \times 6}\,\text{m} = 7560\text{mm}$$

$$x_1 = 0.1445\lg\frac{D_\text{m}}{r} + 0.0157 = \left(0.1445\lg\frac{7560}{24.2/2} + 0.0157\right)\Omega/\text{km} = 0.42\Omega/\text{km}$$

$$X = x_1 l = 0.42 \times 200\Omega = 84\Omega$$

3）计算线路的电纳 B，有

$$b_1 = \frac{7.58}{\lg\frac{D_\text{m}}{r}} \times 10^{-6}\text{S/km} = \frac{7.58}{\lg\frac{7560}{24.2/2}} \times 10^{-6}\text{S/km} = 2.7 \times 10^{-6}\text{S/km}$$

$$B = b_1 l = 2.7 \times 10^{-6} \times 200\text{S} = 5.4 \times 10^{-4}\text{S}$$

$$\frac{B}{2} = \frac{1}{2}b_1 l = \frac{1}{2} \times 2.7 \times 10^{-6} \times 200\text{S} = 2.7 \times 10^{-4}\text{S}$$

（2）作出线路的等效电路，如图2-8所示。

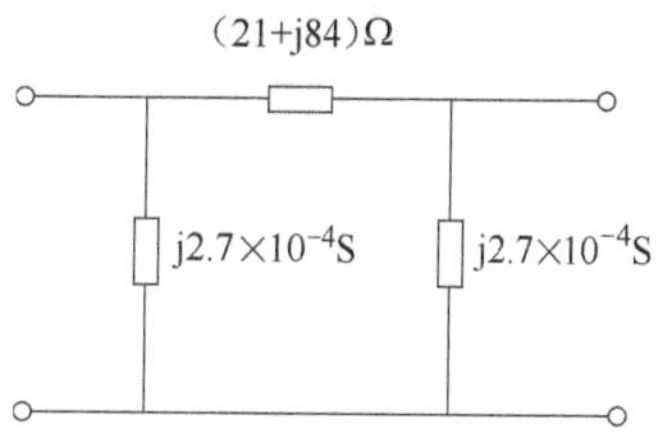

【例2-2】　有一条长度为250km的500kV架空线路，导线水平排列，相间距离为11m，采用型号为 $4 \times$ LGJQ-400的分裂导线，导线计算直径为27.2mm，分裂间距为400mm，试求线路参数。

解：1）计算线路的电阻 R，有

$$r_1 = \frac{\rho}{S} = \frac{31.5}{4 \times 400}\Omega/\text{km} = 0.02\Omega/\text{km}$$

$$R = r_1 l = 0.02 \times 250\Omega = 5\Omega$$

2）计算线路的电抗 X，有

$$r = \frac{27.2}{2}\text{mm} = 13.6\text{mm}$$

$$r_\text{eq} = \sqrt[4]{r\sqrt{2}d^3} = \sqrt[4]{13.6 \times \sqrt{2} \times 400^3}\,\text{mm} = 187.3\text{mm}$$

$$D_\text{m} = \sqrt[3]{D_\text{ab}D_\text{bc}D_\text{ca}} = \sqrt[3]{11 \times 11 \times 2 \times 11}\,\text{m} = 13860\text{mm}$$

$$x_1 = 0.1445\lg\frac{D_\text{m}}{r_\text{eq}} + \frac{0.0157}{n} = \left(0.1445\lg\frac{13860}{187.3} + \frac{0.0157}{4}\right)\Omega/\text{km} = 0.274\Omega/\text{km}$$

$$X = x_1 l = 0.274 \times 250\Omega = 68.5\Omega$$

3）计算线路的电纳 B，有

$$b_1 = \frac{7.58}{\lg\frac{D_\text{m}}{r_\text{eq}}} \times 10^{-6} = \left(\frac{7.58}{\lg\frac{13860}{187.3}} \times 10^{-6}\right)\text{S/km} = 4.06 \times 10^{-6}\text{S/km}$$

$$B = b_1 l = 4.06 \times 10^{-6} \times 250\text{S} = 1.015 \times 10^{-3}\text{S}$$

图2-8　例2-1线路等效电路

课题二　变压器的数学模型

一、双绕组变压器的数学模型

（一）双绕组变压器的等效电路

由电机学可知，双绕组变压器有 T 形等效电路和 Γ 形等效电路两种。两种电路的不同之处是：T 形等效电路多了一个中间节点。为了减少网络的节点数，从而简化计算，在电力系统计算中通常采用 Γ 形等效电路。将变压器励磁支路（一般用导纳 $Y_T = G_T - jB_T$ 表示）前移到电源侧，再将变压器二次绕组的电阻、电抗折算至一次绕组侧并与一次绕组的阻抗合并，用等效阻抗 $Z_T = R_T + jX_T$ 表示，如图2-9所示。

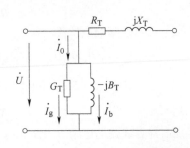

图2-9　双绕组变压器的 Γ 形等效电路

（二）双绕组变压器的参数计算

双绕组变压器的参数一般是指其等效电路中的电阻 R_T、电抗 X_T、电导 G_T 和电纳 B_T。这四个参数可由变压器铭牌上给出的代表电气特性的四个数据计算得到。这四个数据分别为短路损耗 ΔP_k、阻抗电压百分数 $U_k\%$、空载损耗 ΔP_0 和空载电流百分数 $I_0\%$。其中，前两个数据可由变压器短路试验得到，用来计算电阻 R_T 和电抗 X_T；后两个数据可由变压器空载试验得到，用来计算电导 G_T 和电纳 B_T。

变压器的铭牌及短路、空载试验

1. 电阻 R_T

电阻 R_T 是一个用来表示变压器绕组中铜耗的参数，可由短路损耗 ΔP_k 求得。在进行变压器短路试验时，将一侧绕组三相短接，在另一侧绕组上加可调的三相电压，逐渐增加电压使电流达到额定值。这时测出的三相变压器的总有功功率称为短路损耗 ΔP_k，同时测出的外加电压值称为阻抗电压 U_k，通常用阻抗电压百分数 $U_k\%$ 表示。

由于阻抗电压较低，相应的铁耗也较小，可忽略不计。因此可认为短路损耗 ΔP_k 近似等于额定电流流过变压器时高、低压绕组中的总铜耗，即 $\Delta P_k \approx P_{Cu}$。而铜耗与电阻之间有如下关系：

$$P_{Cu} = 3I_N^2 R_T = 3\left(\frac{S_N}{\sqrt{3}\,U_N}\right)^2 R_T = \frac{S_N^2}{U_N^2}R_T \tag{2-29}$$

可得

$$R_T = \Delta P_k \frac{U_N^2}{S_N^2} \tag{2-30}$$

式中，U_N、S_N 分别为变压器的额定电压和额定容量，单位分别为 kV 和 MV·A；ΔP_k 的单位为 MW。

2. 电抗 X_T

电抗 X_T 是一个用来表示变压器绕组中电压损耗的参数，可由阻抗电压百分数 $U_k\%$ 求得。变压器铭牌上给出的阻抗电压百分数 $U_k\%$ 是指变压器通过额定电流时在阻抗 Z_T 上产生的电压降占额定电压的百分数。因大容量变压器的电抗比电阻大得多，因此，可认为变压器的电抗和阻抗在数值上接近相等，则有

$$U_k\% \approx \frac{\sqrt{3}\,I_N X_T}{U_N} \times 100 \tag{2-31}$$

$$X_{\mathrm{T}} \approx \frac{U_{\mathrm{N}}}{\sqrt{3} I_{\mathrm{N}}} \frac{U_{\mathrm{k}}\%}{100} = \frac{U_{\mathrm{k}}\%}{100} \frac{U_{\mathrm{N}}^2}{S_{\mathrm{N}}} \tag{2-32}$$

式中，X_{T} 为变压器一相高、低压绕组总电抗（Ω）；S_{N} 为变压器的额定容量（MV·A）；U_{N} 为变压器绕组的额定电压（kV）。

3. 电导 G_{T}

电导 G_{T} 是用来表示变压器铁耗的参数，由空载损耗 ΔP_0 求得。在进行变压器空载试验时，将一侧绕组三相开路，在另一侧绕组上加三相对称的额定电压，即可测出三相有功空载损耗 ΔP_0 和空载电流 I_0。空载电流常用空载电流百分数 $I_0\%$ 表示。

由于空载电流很小，绕组中的铜耗也很小，可略去不计，因而认为变压器的铁耗近似等于变压器的空载损耗，即 $\Delta P_0 \approx P_{\mathrm{Fe}}$，有

$$\Delta P_0 \approx U_{\mathrm{N}}^2 G_{\mathrm{T}} \tag{2-33}$$

则变压器励磁支路的电导为

$$G_{\mathrm{T}} = \frac{\Delta P_0}{U_{\mathrm{N}}^2} \tag{2-34}$$

式中，G_{T} 为变压器励磁支路的电导（S）；ΔP_0 为变压器的空载损耗（MW）；U_{N} 为变压器绕组的额定电压（kV）。

4. 电纳 B_{T}

电纳 B_{T} 是用来表示变压器励磁功率的参数，由空载电流百分数 $I_0\%$ 求得。变压器空载电流包含有功分量 I_{g} 和无功分量 I_{b}，与励磁功率对应的电流分量是无功分量。由于电流有功分量很小，所以电流无功分量和空载电流在数值上接近相等，从而有

$$I_0\% = \frac{I_0}{I_{\mathrm{N}}} \times 100 = \frac{U_{\mathrm{N}} B_{\mathrm{T}}}{\sqrt{3} I_{\mathrm{N}}} \times 100 = \frac{U_{\mathrm{N}}^2 B_{\mathrm{T}}}{S_{\mathrm{N}}} \times 100 \tag{2-35}$$

由上式可得变压器励磁支路的电纳为

$$B_{\mathrm{T}} = \frac{I_0\% \, S_{\mathrm{N}}}{100 \, U_{\mathrm{N}}^2} \tag{2-36}$$

式中，B_{T} 为变压器励磁支路的电纳（S）；$I_0\%$ 为变压器空载电流百分数；U_{N} 为变压器绕组的额定电压（kV）；S_{N} 为变压器的额定容量（MV·A）。

值得注意的是：在使用上述计算公式时，用变压器哪一侧绕组的额定电压，就相当于将变压器参数归算到哪一侧。此外，在变压器等效电路中，变压器电纳取值正负与电力线路电纳取值正负相反，因为前者为感性而后者为容性。

【例 2-3】 三相双绕组降压变压器的型号为 SFL1-20000/110，电压为 110/11kV。变压器铭牌上给出的试验数据：空载损耗 $\Delta P_0 = 22\mathrm{kW}$，空载电流百分数 $I_0\% = 0.8$，短路损耗 $\Delta P_{\mathrm{k}} = 135\mathrm{kW}$，阻抗电压百分数 $U_{\mathrm{k}}\% = 10.5$。试求归算到变压器高压侧的参数，并画出等效电路图。

解：（1）计算参数。由变压器型号可知，$S_{\mathrm{N}} = 20000\mathrm{kV \cdot A} = 20\mathrm{MV \cdot A}$。

1）计算电阻 R_{T}

$$R_{\mathrm{T}} = \frac{\Delta P_{\mathrm{k}} U_{\mathrm{N}}^2}{1000 S_{\mathrm{N}}^2} = \frac{135}{1000} \times \frac{110^2}{20^2} \Omega = 4.08\Omega$$

2）计算电抗 X_{T}

$$X_{\mathrm{T}} = \frac{U_{\mathrm{k}}\% \, U_{\mathrm{N}}^2}{100 \, S_{\mathrm{N}}} = \frac{10.5}{100} \times \frac{110^2}{20} \Omega = 63.53\Omega$$

3）计算电导 G_{T}

$$G_{\mathrm{T}} = \frac{\Delta P_0}{U_{\mathrm{N}}^2} = \frac{22}{1000 \times 110^2}\mathrm{S} = 1.82 \times 10^{-6}\mathrm{S}$$

4）计算电纳 B_{T}

$$B_{\mathrm{T}} = \frac{I_0\% \, S_{\mathrm{N}}}{100 \, U_{\mathrm{N}}^2} = \frac{0.8}{100} \times \frac{20}{110^2}\mathrm{S} = 13.22 \times 10^{-6}\mathrm{S}$$

（2）等效电路如图2-10所示。

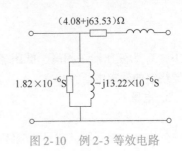

图2-10　例2-3等效电路

二、三绕组变压器的数学模型

（一）三绕组变压器的等效电路

三绕组变压器采用励磁支路前移到电源侧的星形等效电路，如图2-11所示。图中，R_{T1}、X_{T1} 为一次绕组的电阻和电抗，R_{T2}、X_{T2} 和 R_{T3}、X_{T3} 分别为二次绕组和三次绕组的电阻和电抗。

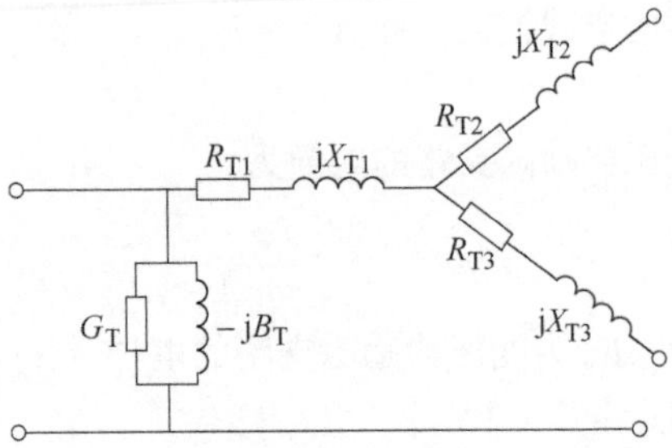

（二）三绕组变压器的参数计算

在三绕组变压器的等效电路中，励磁导纳支路的参数计算方法与双绕组变压器相同，而对于其阻抗参数的计算，由于三绕组变压器各绕组容量可能不同，其计算方法与双绕组也有所不同。

图2-11　三绕组变压器的等效电路

1. 电阻 R_{T1}、R_{T2}、R_{T3}

三绕组变压器按三个绕组容量比的不同有三种不同类型。第Ⅰ类为 100/100/100，即三个绕组容量都等于变压器的额定容量；第Ⅱ类为 100/100/50，即第三个绕组的容量仅为变压器额定容量的50%；第Ⅲ类为 100/50/100，即第二个绕组的容量仅为变压器额定容量的50%。

由于制造厂家对三绕组变压器短路损耗所给出的形式不同，其电阻的求解可由以下两种方法计算。

（1）按各对绕组间的短路损耗计算　变压器制造厂家给出的试验数据为三个绕组两两之间进行短路试验时测得的短路损耗，即进行变压器短路试验时，依次让一个绕组开路，另两个绕组按双绕组变压器的方法进行试验。通过试验可分别测出绕组间的短路损耗 $\Delta P_{\mathrm{k(1\text{-}2)}}$、$\Delta P_{\mathrm{k(2\text{-}3)}}$ 和 $\Delta P_{\mathrm{k(3\text{-}1)}}$。根据变压器的三种不同类型，下面分三种情况讨论变压器三个绕组电阻参数的计算方法。

1）容量比为 100/100/100 的第Ⅰ类变压器。若已知制造厂家提供的各对绕组间的短路损耗 $\Delta P_{\mathrm{k(1\text{-}2)}}$、$\Delta P_{\mathrm{k(2\text{-}3)}}$ 和 $\Delta P_{\mathrm{k(3\text{-}1)}}$，则可得

$$\left.\begin{aligned}
\Delta P_{\mathrm{k(1\text{-}2)}} &= 3I_{\mathrm{N}}^2 R_1 + 3I_{\mathrm{N}}^2 R_2 = \Delta P_{\mathrm{k1}} + \Delta P_{\mathrm{k2}} \\
\Delta P_{\mathrm{k(2\text{-}3)}} &= 3I_{\mathrm{N}}^2 R_2 + 3I_{\mathrm{N}}^2 R_3 = \Delta P_{\mathrm{k2}} + \Delta P_{\mathrm{k3}} \\
\Delta P_{\mathrm{k(3\text{-}1)}} &= 3I_{\mathrm{N}}^2 R_3 + 3I_{\mathrm{N}}^2 R_1 = \Delta P_{\mathrm{k3}} + \Delta P_{\mathrm{k1}}
\end{aligned}\right\} \qquad (2\text{-}37)$$

通过对式（2-37）进行变换，可得各绕组的短路损耗为

$$\left.\begin{aligned}
\Delta P_{\mathrm{k1}} &= \frac{1}{2}\left(\Delta P_{\mathrm{k(1\text{-}2)}} + \Delta P_{\mathrm{k(3\text{-}1)}} - \Delta P_{\mathrm{k(2\text{-}3)}}\right) \\
\Delta P_{\mathrm{k2}} &= \frac{1}{2}\left(\Delta P_{\mathrm{k(1\text{-}2)}} + \Delta P_{\mathrm{k(2\text{-}3)}} - \Delta P_{\mathrm{k(3\text{-}1)}}\right) \\
\Delta P_{\mathrm{k3}} &= \frac{1}{2}\left(\Delta P_{\mathrm{k(2\text{-}3)}} + \Delta P_{\mathrm{k(3\text{-}1)}} - \Delta P_{\mathrm{k(1\text{-}2)}}\right)
\end{aligned}\right\} \qquad (2\text{-}38)$$

求出各绕组的短路损耗后，便可根据双绕组变压器的电阻计算公式得到各绕组的电阻，计算公式为

$$
\left.
\begin{aligned}
R_{\mathrm{T1}} &= \frac{\Delta P_{\mathrm{k1}}}{1000}\frac{U_{\mathrm{N}}^{2}}{S_{\mathrm{N}}^{2}} \\[2mm]
R_{\mathrm{T2}} &= \frac{\Delta P_{\mathrm{k2}}}{1000}\frac{U_{\mathrm{N}}^{2}}{S_{\mathrm{N}}^{2}} \\[2mm]
R_{\mathrm{T3}} &= \frac{\Delta P_{\mathrm{k3}}}{1000}\frac{U_{\mathrm{N}}^{2}}{S_{\mathrm{N}}^{2}}
\end{aligned}
\right\}
\tag{2-39}
$$

式中，U_{N}、S_{N} 的单位分别为 kV、MV·A；ΔP_{k} 的单位为 kW。

2）容量比为 100/100/50 的第Ⅱ类变压器。对于容量比为 100/100/50 的变压器，制造厂家给出每对绕组间的短路损耗是 $\Delta P_{\mathrm{k(1-2)}}$ 为 3 绕组开路、1-2 绕组间进行短路试验时的额定损耗；而 $\Delta P'_{\mathrm{k(2-3)}}$、$\Delta P'_{\mathrm{k(3-1)}}$ 则为在 3 绕组流过它本身的额定电流（$I_{\mathrm{N3}}=0.5I_{\mathrm{N}}$）时的短路损耗。由于厂家给出的各绕组间的铜耗是指容量较小的绕组达到本身额定电流时的损耗，需归算到额定容量下，因为功率损耗与电流的二次方成正比，所以，归算后的有功损耗为

$$
\left.
\begin{aligned}
\Delta P_{\mathrm{k(2-3)}} &= \Delta P'_{\mathrm{k(2-3)}}\left(\frac{S_{\mathrm{N}}}{S_{\mathrm{N3}}}\right)^{2}=4\Delta P'_{\mathrm{k(2-3)}} \\[2mm]
\Delta P_{\mathrm{k(3-1)}} &= \Delta P'_{\mathrm{k(3-1)}}\left(\frac{S_{\mathrm{N}}}{S_{\mathrm{N3}}}\right)^{2}=4\Delta P'_{\mathrm{k(3-1)}}
\end{aligned}
\right\}
\tag{2-40}
$$

求出归算到额定容量下的短路损耗后，就可根据式(2-38)、式(2-39)求取三绕组变压器各绕组的电阻值。

3）容量比为 100/50/100 的第Ⅲ类变压器。如果绕组容量比为 100/50/100 时，仍需按 50% 额定容量给出的短路损耗归算至额定容量下，再计算各绕组的电阻，则有

$$
\left.
\begin{aligned}
\Delta P_{\mathrm{k(1-2)}} &= \Delta P'_{\mathrm{k(1-2)}}\left(\frac{S_{\mathrm{N}}}{S_{\mathrm{N2}}}\right)^{2}=4\Delta P'_{\mathrm{k(1-2)}} \\[2mm]
\Delta P_{\mathrm{k(2-3)}} &= \Delta P'_{\mathrm{k(2-3)}}\left(\frac{S_{\mathrm{N}}}{S_{\mathrm{N2}}}\right)^{2}=4\Delta P'_{\mathrm{k(2-3)}}
\end{aligned}
\right\}
\tag{2-41}
$$

（2）按变压器最大短路损耗计算　制造厂家对三绕组变压器只给出一个短路损耗——最大短路损耗 ΔP_{kmax}。所谓最大短路损耗 ΔP_{kmax}，是指两个 100% 额定容量的绕组通过额定电流，而另一个 100% 或 50% 额定容量的绕组空载时的有功损耗。当变压器的设计是按同一电流密度选择各绕组的导线截面积时，则容量相同绕组的电阻相等，容量为 50% 的绕组电阻为 100% 的绕组电阻的两倍，相应的计算公式为

$$
\left.
\begin{aligned}
R_{\mathrm{T(100\%)}} &= \frac{\Delta P_{\mathrm{k.\,max}}U_{\mathrm{N}}^{2}}{2000S_{\mathrm{N}}^{2}} \\[2mm]
R_{\mathrm{T(50\%)}} &= 2R_{\mathrm{T(100\%)}}
\end{aligned}
\right\}
\tag{2-42}
$$

2. 电抗 X_{T1}、X_{T2}、X_{T3}

三绕组变压器按其三个绕组排列方式的不同有升压结构和降压结构两种形式。高压绕组由于绝缘要求排在外层，中压和低压绕组均有可能排在中层。对于升压变压器，由于功率是从低压侧送往中、高压侧，要求低压绕组与高压和中压绕组都有紧密耦合，以减小电压降落，因此将低压绕组放在中层，即高、中压绕组之间。对于降压变压器，其功率流向是自高压至中、低压侧，一般中压侧负荷较大，故将中压绕组放在中层，使高、中压绕组有较强的磁耦合。因绕组排列方式的不同，绕组间漏抗不同，从而阻抗电压也就不同。

虽然三绕组变压器绕组结构有所不同，但其电抗的计算方法完全相同。首先，由已给出的各对绕组间阻抗电压的百分数求各绕组的阻抗电压百分数，计算公式如下：

$$U_{k1}\% = \frac{1}{2} \left(U_{k(1\text{-}2)}\% + U_{k(3\text{-}1)}\% - U_{k(2\text{-}3)}\% \right)$$
$$U_{k2}\% = \frac{1}{2} \left(U_{k(1\text{-}2)}\% + U_{k(2\text{-}3)}\% - U_{k(3\text{-}1)}\% \right) \tag{2-43}$$
$$U_{k3}\% = \frac{1}{2} \left(U_{k(3\text{-}1)}\% + U_{k(2\text{-}3)}\% - U_{k(1\text{-}2)}\% \right)$$

然后按与双绕组变压器相似的公式求各绕组电抗，可得

$$X_{T1} = \frac{U_{k1}\%}{100} \frac{U_N^2}{S_N}$$
$$X_{T2} = \frac{U_{k2}\%}{100} \frac{U_N^2}{S_N} \tag{2-44}$$
$$X_{T3} = \frac{U_{k3}\%}{100} \frac{U_N^2}{S_N}$$

应该指出的是：制造厂家给出的阻抗电压百分数已归算至变压器的额定容量，因此在计算电抗时，对于各种不同的绕组容量比，三绕组变压器的阻抗电压百分数不需要再归算。

3. 导纳（G_T 和 B_T）

三绕组变压器导纳的计算方法和公式与双绕组变压器完全相同。

三、自耦变压器

自耦变压器的等效电路及参数计算与三绕组变压器相同。通常，自耦变压器的高、中压绕组分别接成星形，连接两个中性点接地系统。低压绕组接成三角形，以消除由于铁心饱和引起的三次谐波，其容量小于变压器的额定容量。需要指出的是：在三绕组自耦变压器的短路试验中，短路损耗 ΔP_k 未归算，甚至阻抗电压百分数 $U_k\%$ 也未归算，因此需先将它们归算至额定容量下，再计算电阻和电抗。相应的归算公式为

$$\Delta P_{k(2\text{-}3)} = \Delta P'_{k(2\text{-}3)} \left(\frac{S_N}{S_{N3}} \right)^2$$
$$\Delta P_{k(3\text{-}1)} = \Delta P'_{k(3\text{-}1)} \left(\frac{S_N}{S_{N3}} \right)^2 \tag{2-45}$$

$$U_{k(3\text{-}1)}\% = U'_{k(3\text{-}1)}\% \frac{S_N}{S_{N3}}$$
$$U_{k(2\text{-}3)}\% = U'_{k(2\text{-}3)}\% \frac{S_N}{S_{N3}} \tag{2-46}$$

【例 2-4】　某变电所有一台型号为 QSFPSL2-90000/220 的三绕组自耦变压器，额定电压为 220/121/38.5kV，容量比为 100/100/50，实测的短路、空载试验数据为 $\Delta P_{k(1\text{-}2)} = 333\text{kW}$，$\Delta P'_{k(3\text{-}1)} = 265\text{kW}$，$\Delta P'_{k(2\text{-}3)} = 277\text{kW}$，$\Delta P_0 = 59\text{kW}$，$U_{k(1\text{-}2)}\% = 9.09$，$U'_{k(3\text{-}1)}\% = 16.45$，$U'_{k(2\text{-}3)}\% = 10.75$，$I_0\% = 0.332$。试求变压器归算到高压侧的参数，并画出等效电路图。

解：（1）计算参数

1）计算各绕组电阻。先归算有关的短路损耗，有

$$\Delta P_{k(2\text{-}3)} = \Delta P'_{k(2\text{-}3)} \left(\frac{S_N}{S_{N3}} \right)^2 = 4 \times 277\text{kW} = 1108\text{kW}$$

$$\Delta P_{k(3\text{-}1)} = \Delta P'_{k(3\text{-}1)} \left(\frac{S_N}{S_{N3}} \right)^2 = 4 \times 265\text{kW} = 1060\text{kW}$$

各绕组的短路损耗分别为

$$\Delta P_{k1} = \frac{1}{2}\left(\Delta P_{k(1-2)} + \Delta P_{k(3-1)} - \Delta P_{k(2-3)}\right) = \frac{1}{2} \times (333 + 1060 - 1108)\ \text{kW} = 142.5\text{kW}$$

$$\Delta P_{k2} = \frac{1}{2}\left(\Delta P_{k(1-2)} + \Delta P_{k(2-3)} - \Delta P_{k(3-1)}\right) = \frac{1}{2} \times (333 + 1108 - 1060)\ \text{kW} = 190.5\text{kW}$$

$$\Delta P_{k3} = \frac{1}{2}\left(\Delta P_{k(2-3)} + \Delta P_{k(3-1)} - \Delta P_{k(1-2)}\right) = \frac{1}{2} \times (1108 + 1060 - 333)\ \text{kW} = 917.5\text{kW}$$

各绕组的电阻分别为

$$R_{T1} = \frac{\Delta P_{k1}}{1000}\frac{U_N^2}{S_N^2} = \frac{142.5}{1000} \times \frac{220^2}{90^2}\Omega = 0.85\Omega$$

$$R_{T2} = \frac{\Delta P_{k2}}{1000}\frac{U_N^2}{S_N^2} = \frac{190.5}{1000} \times \frac{220^2}{90^2}\Omega = 1.14\Omega$$

$$R_{T3} = \frac{\Delta P_{k3}}{1000}\frac{U_N^2}{S_N^2} = \frac{917.5}{1000} \times \frac{220^2}{90^2}\Omega = 5.48\Omega$$

2）计算各绕组的电抗。先归算有关的阻抗电压百分数，有

$$U_{k(3-1)}\% = U'_{k(3-1)}\frac{S_N}{S_{N3}} = 2 \times 16.45 = 32.9$$

$$U_{k(2-3)}\% = U'_{k(2-3)}\frac{S_N}{S_{N3}} = 2 \times 10.75 = 21.5$$

各绕组的短路电压百分数为

$$U_{k1}\% = \frac{1}{2}\left(U_{k(1-2)}\% + U_{k(3-1)}\% - U_{k(2-3)}\%\right) = \frac{1}{2} \times (9.09 + 32.9 - 21.5) = 10.25$$

$$U_{k2}\% = \frac{1}{2}\left(U_{k(1-2)}\% + U_{k(2-3)}\% - U_{k(3-1)}\%\right) = \frac{1}{2} \times (9.09 + 21.5 - 32.9) = -1.16$$

$$U_{k3}\% = \frac{1}{2}\left(U_{k(3-1)}\% + U_{k(2-3)}\% - U_{k(1-2)}\%\right) = \frac{1}{2} \times (32.9 + 21.5 - 9.09) = 22.66$$

各绕组的电抗为

$$X_{T1} = \frac{U_{k1}\%}{100}\frac{U_N^2}{S_N} = \frac{10.25}{100} \times \frac{220^2}{90}\Omega = 55.12\Omega$$

$$X_{T2} = \frac{U_{k2}\%}{100}\frac{U_N^2}{S_N} = \frac{-1.16}{100} \times \frac{220^2}{90}\Omega = -6.24\Omega$$

$$X_{T3} = \frac{U_{k3}\%}{100}\frac{U_N^2}{S_N} = \frac{22.66}{100} \times \frac{220^2}{90}\Omega = 121.86\Omega$$

由计算可见，变压器中压侧的等效电抗很小，且为负值。这是因为该变压器为降压结构，中压绕组居中排列，高、低压绕组对它的互感由于本身的自感所致。在近似计算中，也可将小的负电抗视为零。

3）计算导纳

$$B_T = \frac{I_0\% S_N}{100 U_N^2} = \frac{0.332}{100} \times \frac{90}{220^2}\text{S} = 6.17 \times 10^{-6}\text{S}$$

$$G_T = \frac{\Delta P_0}{1000 U_N^2} = \frac{59}{1000 \times 220^2}\text{S} = 1.22 \times 10^{-6}\text{S}$$

（2）等效电路如图 2-12 所示。

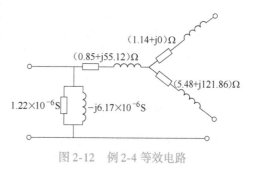

图 2-12 例 2-4 等效电路

课题三 发电机和负荷的数学模型

一、复数功率表示法

功率包括有功功率和无功功率两部分，在电力系统计算中常采用复数功率的表示方法。国际电工委员会推荐的表示方法为

$$\tilde{S} = \dot{U}\overset{*}{I} = UI\underline{/\varphi_u - \varphi_i} = UI\underline{/\varphi} = P + jQ \tag{2-47}$$

式中，$\tilde{S}$ 为复数功率；$\dot{U}$ 为电压相量，$\dot{U} = U\underline{/\varphi_u}$；$\overset{*}{I}$ 为电流相量的共轭值，$\overset{*}{I} = I\underline{/-\varphi_i}$；$\varphi$ 为功率因数角，$\varphi = \varphi_u - \varphi_i$。$\tilde{S}$、$P$、$Q$ 分别为视在功率、有功功率和无功功率。

当 $\varphi_u > \varphi_i$ 时，功率因数角 $\varphi = \varphi_u - \varphi_i > 0$，称为滞后功率因数；当 $\varphi_u < \varphi_i$ 时，则功率因数角 $\varphi = \varphi_u - \varphi_i < 0$，称为超前功率因数。

二、发电机的数学模型

1. 发电机的电抗

由于发电机定子绕组的电阻很小，在电力系统计算中，一般可不计发电机的电阻，因此，发电机参数只有一个电抗。一般在发电机出厂时，厂家提供的参数有发电机额定视在功率 S_N、额定有功功率 P_N、额定功率因数 $\cos\varphi_N$、额定电压 U_N 及电抗百分数 $X_G\%$ 等。据此，可求得发电机电抗 X_G。

按发电机电抗百分数的定义有

$$X_G\% = \frac{\sqrt{3}I_N X_G}{U_N} \times 100 \tag{2-48}$$

从而可得到发电机电抗为

$$X_G = \frac{X_G\%}{100}\frac{U_N^2}{S_N} \tag{2-49}$$

式中，X_G 为发电机电抗（Ω）；$X_G\%$ 为发电机电抗百分数；U_N 为发电机额定电压（kV），S_N 为发电机额定视在功率（MV·A）。

在电力系统稳态或暂态分析时，已知发电机的直轴稳态电抗 x_{d*} 或暂态电抗 x'_{d*}、次暂态电抗 x''_{d*}，其值实际为发电机额定参数下的标幺值，则其有名值为

$$x_d = \frac{x_{d*}U_N^2}{S_N} \text{或} \ x'_d = \frac{x'_{d*}U_N^2}{S_N} \text{或} \ x''_d = \frac{x''_{d*}U_N^2}{S_N}$$

式中，U_N 为发电机额定电压（kV），S_N 为发电机额定视在功率（MV·A）。

2. 发电机的电动势和等效电路

求出发电机电抗后，就可求发电机的电动势了，其表达式为

$$\dot{E}_G = \dot{U}_G + j\dot{I}_G X_G \tag{2-50}$$

式中，$\dot{E}_G$ 为发电机的相电动势（kV）；$\dot{U}_G$ 为发电机的相电压（kV）；$\dot{I}_G$ 为发电机定子的相电流（kA）。

发电机的等效电路如图 2-13 所示，可用电压源和电流源两种形式表示。

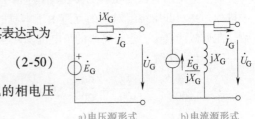

a) 电压源形式　　b) 电流源形式

图 2-13　发电机的等效电路

三、负荷的数学模型

电力系统中每一个变电所供电的众多用户常用一个等效负荷 $\widetilde{S}_L = P_L + jQ_L$ 表示，称之为综合负荷。综合负荷包括的范围根据所研究的问题而定，包含种类繁多的负荷成分，如照明设备、容量不同的异步电动机及同步电动机、电力电子设备（如整流器）、电热设备及电力网的有功和无功功率损耗等。由于每种负荷的特性有所不同，因而为电力系统每个节点建立精确的数学模型是有一定困难的。为此，在电力系统计算中，根据工程上对计算要求精度的不同，一般采用两种表示负荷的数学模型：用恒定功率表示负荷；用恒定阻抗表示负荷。

1. 用恒定功率表示负荷

用户所使用的有功功率和无功功率均用恒定值表示，即 P_L 和 Q_L 为恒定值，则视在功率也对应确定值，即

$$\widetilde{S}_L = \dot{U}_L \overset{*}{\dot{I}}_L = UI\underline{/\varphi_u - \varphi_i} = UI\underline{/\varphi_L} = S_L\left(\cos\varphi_L + j\sin\varphi_L\right) = P_L + jQ_L \tag{2-51}$$

负荷以恒定功率表示时，意味着忽略了电压和频率对负荷的影响。在下一单元介绍的静态潮流分析中，以恒定功率形式表示的负荷占绝大多数，其等效电路如图 2-14a 所示。

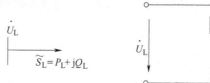

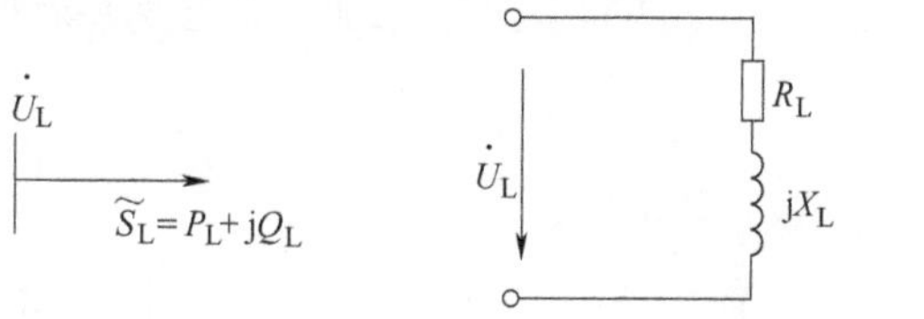

a)用恒定功率表示负荷　　b)用恒定阻抗（即导纳）表示负荷

图 2-14　负荷的等效电路

2. 用恒定阻抗表示负荷

负荷用恒定阻抗表示时，阻抗值与功率、电压的关系如下：

$$\widetilde{S}_L = \dot{U}_L \overset{*}{\dot{I}}_L = Z_L \dot{I} \overset{*}{\dot{I}} = Z_L I^2 \tag{2-52}$$

从而有

$$Z_L = \frac{U_L^2}{S_L^2}\widetilde{S}_L = \frac{U_L^2}{S_L^2}(P_L + jQ_L) = R_L + jX_L \tag{2-53}$$

可得

$$\begin{cases} R_L = \dfrac{U^2}{S_L^2}P_L \\[3mm] X_L = \dfrac{U^2}{S_L^2}Q_L \end{cases} \tag{2-54}$$

负荷以恒定阻抗表示时，就是将负荷转换成一个阻抗，用于稳态计算和实用故障分析中，其等效电路如图 2-14b 所示。

四、电抗器参数和数学模型

1. 等效电路

电力系统中，电抗器的作用是限制短路电流。它由电阻很小的电感线圈构成，因此其等效电路可用电抗来表示。普通电抗器每相用一个电抗表示即可，如图 2-15 所示。

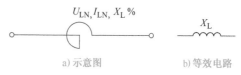

a)示意图　　　　　　b)等效电路

图 2-15　电抗器的表示

2. 参数计算

电抗器铭牌上的数据一般有额定电压 U_{LN}、额定电流 I_{LN} 和电抗百分数 $X_L\%$。

电抗百分数 $X_L\%$ 的计算方法为

$$X_L\% = \frac{X_L}{X_N} \times 100 \tag{2-55}$$

则可得电抗器的电抗值为

$$X_L = \frac{X_L\%}{100} \cdot \frac{U_{LN}}{\sqrt{3}\,I_{LN}}$$ (2-56)

式中，X_L 为电抗器的电抗（Ω）；$X_L\%$ 为电抗器的电抗百分数；U_{LN} 为电抗器的额定电压（kV）；I_{LN} 为电抗器的额定电流（kA）。

课题四 标幺制及电力网络的数学模型

建立了电力系统中各元件的数学模型后，对于一个电压等级的电力系统，可将各元件的数学模型按拓扑关系连接起来，即可得到电力网络的等效电路。但是，电力系统是由多个不同电压等级电磁耦合而成的系统，所以要对电力系统进行分析与计算，就必须将不同电压等级的各级参数全部归算至同一电压等级（基本级），才能得到网络中各元件之间只有电联系、没有磁联系的等效电路，从而应用电路定律进行分析与计算，这就是多电压等级网络中进行参数归算的根本意义所在。由于标幺制有很多优点，因此，在电力系统计算中，电力网络一般采用标幺制进行计算。

一、标幺制及应用

1. 标幺制的概念

在进行电力系统的分析计算时，采用有单位的阻抗、导纳、电压、电流及功率等进行运算的方法称为有名制。

采用没有单位的阻抗、导纳、电压、电流及功率等的相对值进行运算的方法称为标幺制。在标幺制中，各物理量都用标幺值表示。标幺值的定义为

$$标幺值 = \frac{实际有名值（单位）}{基准值（与有名值同单位）}$$ (2-57)

在电力系统中，阻抗、导纳、电压、电流及功率等有名制的单位分别为 Ω、S、kV、kA 及 MV·A。由式(2-57)可知，标幺值是一个没有量纲的数值，对于同一个实际有名值，基准值选得不同，其标幺值也就不同。因此，当我们说一个量的标幺值时，必须同时说明它的基准值，否则，标幺值的意义是不明确的。

若选电压、电流、功率和阻抗的基准值为 U_B、I_B、S_B 和 Z_B，相应的标幺值如下：

$$\left.\begin{array}{l} U_* = \dfrac{U}{U_B} \\[2mm] I_* = \dfrac{I}{I_B} \\[2mm] S_* = \dfrac{S}{S_B} = \dfrac{P+jQ}{S_B} = P_* + jQ_* \\[2mm] Z_* = \dfrac{Z}{Z_B} = \dfrac{R+jX}{Z_B} = R_* + jX_* \end{array}\right\}$$ (2-58)

2. 基准值的选择

选择基准值时，除了要求和有名值同单位外，原则上可以是任意值。另外，还要考虑采用标幺值计算的目的：一是便于简化计算；二是便于对结果进行分析比较。根据以上要求，基准值的选择原则为：1）全系统选择统一的基准值；2）阻抗、导纳、电压、电流及功率的基准值之间也应符合电路的基本关系（欧姆定律和功率方程式）。

对于单相电路，电压 U_p、电流 I、功率 S_p 和阻抗 Z 之间存在以下关系：

$$\left.\begin{array}{c} U_{\mathrm{p}} = ZI \\ S_{\mathrm{p}} = U_{\mathrm{p}}I \end{array}\right\} \tag{2-59}$$

选四个物理量，使它们满足

$$\left.\begin{array}{c} U_{\mathrm{pB}} = Z_{\mathrm{B}}I_{\mathrm{B}} \\ S_{\mathrm{pB}} = U_{\mathrm{pB}}I_{\mathrm{B}} \end{array}\right\} \tag{2-60}$$

则在标幺制中，可以得到

$$U_{\mathrm{p}*} = Z_*I_*$$
$$S_{\mathrm{p}*} = U_{\mathrm{p}*}I_* \tag{2-61}$$

由式（2-61）可知，若选择 U_{pB} 和 S_{pB} 为电路的两个基准值，只要基准值的选择满足式（2-61），那么，在标幺制中，电路中各物理量之间的关系与有名值相同，单相电路中有名值的相关公式可以直接应用于标幺制中。

在电力系统分析中，主要涉及对称三相电路的计算。进行三相电路计算时，多采用线电压 U、相电流 I、三相功率 S 和一相等效阻抗 Z，各物理量之间存在下列关系：

$$\left.\begin{array}{c} U = \sqrt{3}ZI = \sqrt{3}U_{\mathrm{p}} \\ S = \sqrt{3}UI = 3S_{\mathrm{p}} \end{array}\right\} \tag{2-62}$$

同单相电路一样，若选 U_{B} 和 S_{B} 为电路的基准值，并满足如下关系：

$$\left.\begin{array}{c} U_{\mathrm{B}} = \sqrt{3}Z_{\mathrm{B}}I_{\mathrm{B}} = \sqrt{3}U_{\mathrm{pB}} \\ S_{\mathrm{B}} = \sqrt{3}U_{\mathrm{B}}I_{\mathrm{B}} = 3U_{\mathrm{pB}}I_{\mathrm{B}} = 3S_{\mathrm{pB}} \end{array}\right\} \tag{2-63}$$

则得到标幺制中的计算公式为

$$\left.\begin{array}{c} U_* = Z_*I_* = U_{\mathrm{p}*} \\ S_* = U_*I_* = S_{\mathrm{p}*} \end{array}\right\} \tag{2-64}$$

在选择基准值时，习惯上只选定基准值 S_{B} 和 U_{B}，由此可得

$$\left.\begin{array}{c} I_{\mathrm{B}} = \dfrac{S_{\mathrm{B}}}{\sqrt{3}U_{\mathrm{B}}} \\[2mm] Z_{\mathrm{B}} = \dfrac{U_{\mathrm{B}}}{\sqrt{3}I_{\mathrm{B}}} = \dfrac{U_{\mathrm{B}}^2}{S_{\mathrm{B}}} \\[2mm] Y_{\mathrm{B}} = \dfrac{1}{Z_{\mathrm{B}}} = \dfrac{S_{\mathrm{B}}}{U_{\mathrm{B}}^2} \end{array}\right\} \tag{2-65}$$

式中，Z_{B}、Y_{B} 为每相阻抗、导纳的基准值；U_{B}、I_{B} 为线电压、相电流的基准值；S_{B} 为三相功率的基准值。

在式（2-65）中，功率的基准值往往选取系统中某一发电厂的总功率、系统的总功率，或者某发电机、变压器的额定功率，也可选定 $100\mathrm{MV \cdot A}$、$1000\mathrm{MV \cdot A}$ 等常数；而线电压的基准值一般选取作为基本级的额定电压或各级平均额定电压。

相应电流、阻抗和导纳的标幺值为

$$\left.\begin{array}{c} I_* = \dfrac{I}{I_{\mathrm{B}}} = I\dfrac{\sqrt{3}U_{\mathrm{B}}}{S_{\mathrm{B}}} \\[2mm] Z_* = \dfrac{Z}{Z_{\mathrm{B}}} = Z\dfrac{S_{\mathrm{B}}}{U_{\mathrm{B}}^2} \\[2mm] Y_* = \dfrac{Y}{Y_{\mathrm{B}}} = Y\dfrac{U_{\mathrm{B}}^2}{S_{\mathrm{B}}} \end{array}\right\} \tag{2-66}$$

由此可见，五个基准值中只有两个可以任意选择，其余三个必须根据上述关系求得。通常，先选定三相功率和线电压的基准值 S_B 和 U_B。然后求出每相阻抗、导纳和相电流的基准值。

采用标幺制计算时，标幺值结果还需换算成有名值，其换算公式为

$$
\left.
\begin{aligned}
U &= U_* U_B \\
I &= I_* I_B = I_* \frac{S_B}{\sqrt{3}\,U_B} \\
S &= S_* S_B \\
Z &= Z_* Z_B = Z_* \frac{U_B^2}{S_B}
\end{aligned}
\right\}
\tag{2-67}
$$

二、用标幺值表示电力网络

建立多电压等级网络的等效电路时，首先要选择基本级，确定基本级上的基准值参数，再将各元件的有名值参数归算至基本级上的标幺值。多电压等级网络中，标幺值归算法有精确计算法和近似计算法两种。

1. 精确计算法

在电力系统稳态计算时，采用各元件的额定电压和变压器的额定电压比计算得到的等效电路为精确计算的等效电路。在多电压等级网络中，标幺值的电压等级归算有两条不同的途径。

（1）方法一：先有名值归算，后取标幺值　先将电力系统元件的阻抗、导纳及系统中各点电压、电流的有名值都归算至同一电压等级（基本级），然后在基本级按选取的统一基准值 U_B 和 S_B 换算成标幺值，则阻抗、导纳、电压及电流的标幺值为

$$
\left.
\begin{aligned}
Z_* &= \frac{Z}{Z_B} = Z\frac{S_B}{U_B^2} \\
Y_* &= \frac{Y}{Y_B} = Y\frac{U_B^2}{S_B} \\
U_* &= \frac{U}{U_B} \\
I_* &= \frac{I}{I_B} = I\frac{\sqrt{3}\,U_B}{S_B}
\end{aligned}
\right\}
\tag{2-68}
$$

式中，Z_*、Y_*、U_*、I_* 为阻抗、导纳、电压及电流的标幺值；Z、Y、U、I 为按变压器实际电压比归算至基本级的阻抗、导纳、电压及电流的有名值；Z_B、Y_B、U_B、I_B、S_B 为与基本级相对应的阻抗、导纳、电压、电流及功率的基准值。

该方法的特点是：有统一的基准值，但众多参数归算复杂。另外，计算得到各支路电流、各节点电压的标幺值后，还须归算至原电压等级，故此方法不常用。

（2）方法二：先基准值归算，后取标幺值　先在基本级选定基准电压 U_B，将基准电压归算到各元件所在各电压等级，然后在各电压级将未归算的各元件参数的有名值换算成标幺值。

相应各元件参数的标幺值为

$$
\left.
\begin{aligned}
Z_* &= \frac{Z'}{Z_B'} = Z'\frac{S_B}{U_B'^2} \\
Y_* &= \frac{Y'}{Y_B'} = Y'\frac{U_B'^2}{S_B} \\
U_* &= \frac{U'}{U_B'} \\
I_* &= \frac{I'}{I_B'} = I'\frac{\sqrt{3}\,U_B'}{S_B}
\end{aligned}
\right\}
\tag{2-69}
$$

式中，Z'、Y'、U'、I'为未归算的阻抗、导纳、电压、电流的有名值；Z'_B、Y'_B、U'_B、I'_B为由基本级归算到Z'、Y'、U'、I'所在电压等级的各基准值。

这里基本级各基准值Z_B、Y_B、U_B、I_B与Z'_B、Y'_B、U'_B、I'_B的关系表达式为

$$\left. \begin{aligned} Z'_B &= Z_B \left(\frac{1}{k_1 k_2 \cdots k_n} \right)^2 \\ Y'_B &= Y_B \ (k_1 k_2 \cdots k_n)^2 \\ U'_B &= U_B \left(\frac{1}{k_1 k_2 \cdots k_n} \right) \\ I'_B &= I_B \ (k_1 k_2 \cdots k_n) \end{aligned} \right\} \tag{2-70}$$

其中，变压器电压比的方向是由基本级到待归算级，即

$$k = \frac{基本级侧的额定电压}{待归算级侧的额定电压}$$

这种方法的特点是：各电压级的基准电压值不同，但参数不必归算，计算结果化成有名值时，只需将标幺值乘以自身电压级的基准值即可，故此方法较常用。

其标幺值结果换算成有名值的表达式为

$$\left. \begin{aligned} U' &= U_* U'_B \\ I' &= I_* I'_B = I_* \frac{S_B}{\sqrt{3} \, U'_B} \\ S' &= S_* S_B \\ Z' &= Z_* \frac{U'^2_B}{S_B} \end{aligned} \right\} \tag{2-71}$$

这里还应说明的是：由式（2-68）和式（2-69）所求的各元件参数的标幺值相同。

2. 近似计算法

在电力系统故障计算中，为了简化计算，常常在满足工程精度要求的前提下，允许对各元件的参数和等效电路做某些简化。用平均额定电压之比代替变压器的实际电压比时，元件参数和变量标幺值的计算可大为简化，工程计算中常采用此方法，即将各个电压等级均以其平均额定电压U_{av}作为基准值，然后在各个电压等级将有名值换算成标幺值。

其标幺值表达式为

$$\left. \begin{aligned} Z_* &= Z' \frac{S_B}{U_{av}^2} \\ Y_* &= Y' \frac{U_{av}^2}{S_B} \\ U_* &= \frac{U'}{U_{av}} \\ I_* &= I' \frac{\sqrt{3} \, U_{av}}{S_B} \end{aligned} \right\} \tag{2-72}$$

式中，$U_{av} = U_B$，各级电压等级的U_B取对应的U_{av}；Z'、Y'、U'、I'为未经归算的参数和变量的有名值。

选取三相功率的基准值S_B，再选取元件所在电压等级的平均额定电压U_{av}为该电压等级的基准电压U_B，由式（2-72）就可以求得与各元件相关的标幺值。

【例2-5】　试分别用精确计算与近似计算两种方法计算图2-16所示简单电力系统各元件电

抗的标幺值。已知各元件的参数如下：发电机的 $S_{GN} = 30MV \cdot A$，$U_{GN} = 10.5kV$，$X_G\% = 26$；变压器 T1 的 $S_N = 31.5MV \cdot A$，$U_k\% = 10.5$，$k_{T1} = 10.5/121$；变压器 T2 的 $S_N = 15MV \cdot A$，$U_k\% = 10.5$，$k_{T2} = 110/6.6$；电抗器的 $U_{LN} = 6kV$，$I_{LN} = 0.3kA$，$X_L\% = 5$；架空线路 L 长 80km，每公里电抗为 0.4Ω；电缆线路 C 长 2.5km，每公里电抗为 0.08Ω。

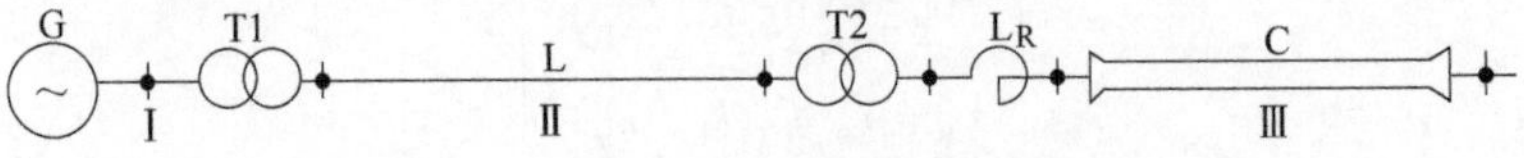

图 2-16　例 2-5 图

解：（1）精确计算法

选第 Ⅰ 段为基本级，并取 $U_{B(I)} = 10.5kV$，全系统的基准功率 $S_B = 100MV \cdot A$。采用先基准值归算，后取标幺值的方法进行归算，则其他两段的基准电压分别为

$$U_{B(\text{II})} = U_{B(I)} \cdot \frac{1}{k_{T1}} = 10.5 \times \frac{121}{10.5} kV = 121 kV$$

$$U_{B(\text{III})} = U_{B(I)} \cdot \frac{1}{k_{T1} k_{T2}} = 10.5 \times \frac{1}{\frac{10.5}{121} \times \frac{110}{6.6}} kV = 7.26 kV$$

各元件电抗的标幺值为

发电机：$X_{G*} = \dfrac{X_G\%}{100} \dfrac{U_N^2}{S_N} \dfrac{S_B}{U_{B(I)}^2} = \dfrac{X_G\%}{100} \dfrac{S_B}{S_N} = \dfrac{26}{100} \times \dfrac{100}{30} = 0.87$

变压器 T1：$X_{T1*} = \dfrac{U_k\%}{100} \dfrac{U_N^2}{S_N} \dfrac{S_B}{U_{B(I)}^2} = \dfrac{10.5}{100} \times \dfrac{10.5^2}{31.5} \times \dfrac{100}{10.5^2} = 0.33$

变压器 T2：$X_{T2*} = \dfrac{U_k\%}{100} \dfrac{U_N^2}{S_N} \dfrac{S_B}{U_{B(\text{II})}^2} = \dfrac{10.5}{100} \times \dfrac{110^2}{15} \times \dfrac{100}{121^2} = 0.58$

线路 L：$X_{L*} = x_L l_L \dfrac{S_B}{U_{B(\text{II})}^2} = 0.4 \times 80 \times \dfrac{100}{121^2} = 0.22$

电抗器 L_R：$X_{LR*} = \dfrac{X_L\%}{100} \dfrac{U_{LN}}{\sqrt{3} I_{LN}} \dfrac{S_B}{U_{B(\text{III})}^2} = \dfrac{5}{100} \times \dfrac{6}{\sqrt{3} \times 0.3} \times \dfrac{100}{7.26^2} = 1.09$

电缆 C：$X_{C*} = x_C l_C \dfrac{S_B}{U_{B(\text{III})}^2} = 0.08 \times 2.5 \times \dfrac{100}{7.26^2} = 0.38$

等效电路如图 2-17 所示。

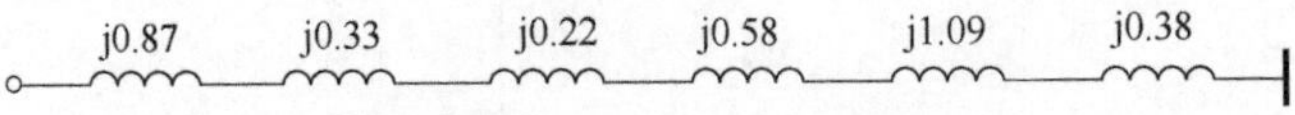

图 2-17　标幺值表示的电力系统等效电路

（2）近似计算法

选取全系统的基准功率 $S_B = 100MV \cdot A$，各级基准电压等于各级平均额定电压（$U_B' = U_{av}$），即各级基准电压为 $U_{B(I)} = U_{av} = 10.5kV$，$U_{B(\text{II})} = U_{av} = 115kV$，$U_{B(\text{III})} = U_{av} = 6.3kV$，则各元件电抗的标幺值为

发电机：

$$X_{G*} = \frac{X_G\%}{100} \frac{U_{av}^2}{S_N} \frac{S_B}{U_{av}^2} = \frac{X_G\% S_B}{100 S_N} = \frac{26}{100} \times \frac{100}{30} = 0.87$$

变压器 T1：$X_{T1*} = \dfrac{U_k\%}{100}\dfrac{U_{GN}^2}{S_N}\dfrac{S_B}{U_{av}^2} = \dfrac{10.5}{100} \times \dfrac{10.5^2}{31.5} \times \dfrac{100}{10.5^2} = 0.33$

变压器 T2：$X_{T2*} = \dfrac{U_k\%}{100}\dfrac{U_{av}^2}{S_N}\dfrac{S_B}{U_{av}^2} = \dfrac{10.5}{100} \times \dfrac{100}{15} = 0.7$

线路 L：$\quad X_{L*} = x_L l_L \dfrac{S_B}{U_{av}^2} = 0.4 \times 80 \times \dfrac{100}{115^2} = 0.24$

电抗器 L_R：$X_{LR*} = \dfrac{X_L\%}{100}\dfrac{U_{LN}}{\sqrt{3}I_{LN}}\dfrac{S_B}{U_{av}^2} = \dfrac{X_L\%}{100}\dfrac{U_{LN}}{\sqrt{3}I_{LN}}\dfrac{S_B}{U_{B(\mathrm{III})}^2} = \dfrac{5}{100} \times \dfrac{6}{\sqrt{3} \times 0.3} \times \dfrac{100}{6.3^2} = 1.45$

电缆 C：$\quad X_{C*} = x_C l_C \dfrac{S_B}{U_{av}^2} = x_C l_C \dfrac{S_B}{U_{B(\mathrm{III})}^2} = 0.08 \times 2.5 \times \dfrac{100}{6.3^2} = 0.50$

等效电路如图 2-18 所示。

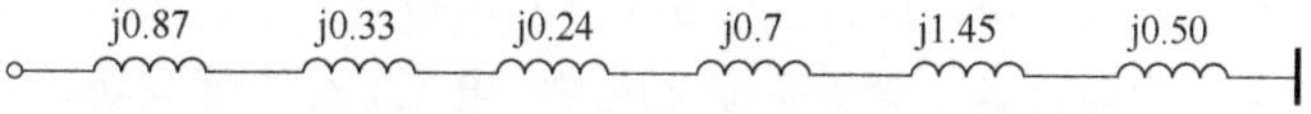

图 2-18　近似计算时标幺值表示的电力系统等效电路

由例 2-5 的求解可知，求取电力系统各元件电抗标幺值的计算公式可总结如下。

1）精确计算法：电力系统各元件（发电机 G、变压器 T、电力线路 L 及电抗器 L_R）电抗的标幺值为

$$\left.\begin{aligned} X_{G*} &= \frac{X_G\%}{100}\frac{U_N^2}{S_N}\frac{S_B}{U_B'^2} \\[4pt] X_{T*} &= \frac{U_k\%}{100}\frac{U_N^2}{S_N}\frac{S_B}{U_B'^2} \\[4pt] X_{L*} &= x_L l_L \frac{S_B}{U_B'^2} \\[4pt] X_{LR*} &= \frac{X_L\%}{100}\frac{U_N}{I_N}\frac{I_B'}{U_B'} \end{aligned}\right\} \tag{2-73}$$

2）近似计算法：由于各电压等级 $U_B = U_{av}$，且各元件的额定电压等于元件所在电压级的平均额定电压，则计算公式便简化为

$$\left.\begin{aligned} X_{G*} &= \frac{X_G\%}{100}\frac{S_B}{S_N} \\[4pt] X_{T*} &= \frac{U_k\%}{100}\frac{S_B}{S_N} \\[4pt] X_{L*} &= x_L l_L \frac{S_B}{U_{av}^2} \\[4pt] X_{LR*} &= \frac{X_L\%}{100}\frac{U_N}{\sqrt{3}I_N}\frac{S_B}{U_{av}^2} \end{aligned}\right\} \tag{2-74}$$

注意：因为电抗器的电抗值较大，所以为减小计算误差，电抗器的额定电压不用平均额定电压替代。

通过以上分析可知，选择合理的基准值，采用标幺制有如下特点：

1）采用标幺制，易于比较电力系统同类元件的特性及参数。

同一类电机、变压器，虽然它们的容量、额定电压不同，参数的有名值也不同，但是折算在各自额定电压和额定功率为基准值下的标幺值时，其值都有一定的范围。例如，隐极同步发电机

$x_{d*} = x_{q*} = 1.5 \sim 2.0$，凸极同步发电机 $x_{d*} = 0.7 \sim 1.0$；型号为 SFL1-20000/110 与 SFL1-31500/110 的两种不同容量的三相双绕组变压器，其阻抗电压的标幺值都为 0.105。

2）采用标幺制，能够简化计算公式。

合理选择基准值，能够简化某些计算公式。例如，用标幺值表示的电抗、磁链和电动势分别是 $X_* = \omega_* L_*$，$\psi_* = I_* L_*$，$E_* = \omega_* \psi_*$。当运行频率为额定值，基准值取额定频率时，$f_* = \omega_* = 1$，则有 $X_* = L_*$，$\Psi_* = I_* X_*$，$E_* = \psi_*$，这些标幺值可简化计算公式，使函数之间复杂的数学关系变得简单明了。

3）采用标幺制，能够简化计算工作量。

某些电气量有名值概念不同、单位不同、大小也不同，但采用标幺值时数值大小却相同。例如，选择发电机额定频率 $f_N = 50Hz$、额定转速 $\omega_N = 2\pi f_N$ 为基准值，则运行频率的标幺值和转速的标幺值相等，即 $f_* = f/f_N = \omega_* = \omega/\omega_N$，即发电机运行时转速的标幺值和频率的标幺值相等；在三相对称系统中，相电压与线电压的标幺值相等，相电流与线电流的标幺值相等，三相功率与单相功率的标幺值相等；当运行电压等于基准电压时，电流的标幺值与功率的标幺值相等。当各电压等级的基准电压都选择平均额定电压时，整个网络的参数不再需要归算。整个计算工作量得到极大简化。

习　题

2-1　架空线路与电缆线路各有什么特点？在超高压架空线路中为何采用分裂导线？

2-2　架空线路的电阻、电抗、电导和电纳等参数如何计算？电缆线路与架空线路的参数有什么不同？

2-3　影响电力线路电阻、电抗、电导和电纳大小的主要因素是什么？

2-4　电力线路的数学模型有哪几种形式？它们的适用条件分别是什么？

2-5　什么叫变压器短路试验和空载试验？如何用这两个试验的数据计算变压器等效电路中的参数？

2-6　变压器参数计算公式中的额定电压 U_N 用哪一侧的额定电压？有什么不同？

2-7　双绕组变压器和三绕组变压器一般用什么样的等效电路表示？

2-8　发电机的电抗百分数 $X_G\%$ 的含义是什么？发电机的等效电路有几种形式？它们是否等效？为什么？

2-9　什么叫电力系统负荷？电力系统负荷的等效电路有几种形式？

2-10　什么叫标幺制？电力系统采用标幺制有什么好处？基准值如何选取？

2-11　有一 220kV 架空线路，三相导线水平排列，相间距离为 7m，导线采用轻型钢芯铝绞线 LGJQ-500，直径为 30.16mm，试求线路单位长度的电阻、电抗和电纳。

2-12　有一 500kV 架空线路，采用型号为 LGJQ-4×400 的四分裂导线，长度为 250km，每一导线的计算外径为 27.2mm，分裂间距为 400mm。三相导线水平排列，线间距离为 11m，试求线路的参数，并画出其等效电路。

2-13　一台 SFL1-31500/35 型双绕组三相变压器，额定电压为 35/11kV，短路损耗 $\Delta P_k = 177.2kW$，阻抗电压百分数 $U_k\% = 8$，空载损耗 $\Delta P_0 = 30kW$，空载电流百分数 $I_0\% = 1.2$，试求变压器归算到低压侧的参数，并画出等效电路。

2-14　有一台型号为 SFSL-25000 的变压器，额定电压为 110/38.5/11kV，各绕组的容量比为 100/100/50，绕组间最大损耗 $\Delta P_{kmax} = 185kW$，空载损耗 $\Delta P_0 = 52.6kW$，阻抗电压百分数分别为 $U_{k(1-2)}\% = 10.5$，$U_{k(1-3)}\% = 17.5$，$U_{k(2-3)}\% = 6.5$，求变压器的参数，并画出等效电路。

2-15　某变电所装设一台 QSFPSL2-90000/220 型三相三绕组自耦变压器，额定电压为 220/121/38.5kV，容量比为 100/100/50，实测的短路及空载试验数据如下：$\Delta P_{k(1-2)} = 333kW$，$\Delta P'_{k(1-3)} = 265kW$，$\Delta P'_{k(2-3)} = 277kW$，$U_{k(1-2)}\% = 9.09$，$U'_{k(1-3)}\% = 16.45$，$U'_{k(2-3)}\% = 10.75$，$\Delta P_0 = 59kW$，$I_0\% = 0.332$。试求变压器的参数，并画出等效电路。

2-16　系统接线如图 2-19 所示，已知各元件参数如下。

发电机 G：$S_N = 30\text{MV} \cdot \text{A}$，$U_N = 10.5\text{kV}$，$X_G\% = 27$；变压器 T1：$S_N = 31.5\text{MV} \cdot \text{A}$，$U_k$（%）$= 10.5$，$k_1 = 10.5/121\text{kV}$；变压器 T2、T3：$S_N = 15\text{MV} \cdot \text{A}$，$U_k\% = 10.5$，$k_2 = k_3 = 110/6.6\text{kV}$；线路 L：$l = 100\text{km}$，$x_1 = 0.4\Omega/\text{km}$；电抗器 L_R；$U_N = 6\text{kV}$，$I_N = 1.5\text{kA}$，$X_L\% = 8$。试用标幺值精确计算法画出该系统的等效电路，忽略各元件的电阻、导纳。

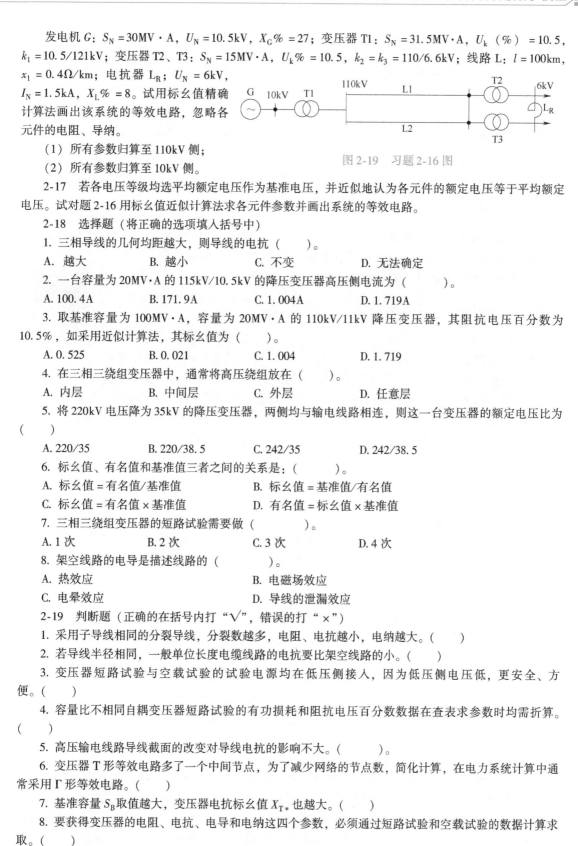

（1）所有参数归算至110kV侧；

（2）所有参数归算至10kV侧。

图 2-19　习题 2-16 图

2-17　若各电压等级均选平均额定电压作为基准电压，并近似地认为各元件的额定电压等于平均额定电压。试对题 2-16 用标幺值近似计算法求各元件参数并画出系统的等效电路。

2-18　选择题（将正确的选项填入括号中）

1．三相导线的几何均距越大，则导线的电抗（　　　）。

　　A．越大　　　　　　B．越小　　　　　　C．不变　　　　　　D．无法确定

2．一台容量为 20MV·A 的 115kV/10.5kV 的降压变压器高压侧电流为（　　　）。

　　A．100.4A　　　　　B．171.9A　　　　　C．1.004A　　　　　D．1.719A

3．取基准容量为 100MV·A，容量为 20MV·A 的 110kV/11kV 降压变压器，其阻抗电压百分数为 10.5%，如采用近似计算法，其标幺值为（　　　）。

　　A．0.525　　　　　　B．0.021　　　　　　C．1.004　　　　　　D．1.719

4．在三相三绕组变压器中，通常将高压绕组放在（　　　）。

　　A．内层　　　　　　B．中间层　　　　　　C．外层　　　　　　D．任意层

5．将 220kV 电压降为 35kV 的降压变压器，两侧均与输电线路相连，则这一台变压器的额定电压比为（　　　）

　　A．220/35　　　　　B．220/38.5　　　　　C．242/35　　　　　D．242/38.5

6．标幺值、有名值和基准值三者之间的关系是：（　　　）。

　　A．标幺值 = 有名值/基准值　　　　　　B．标幺值 = 基准值/有名值

　　C．标幺值 = 有名值×基准值　　　　　　D．有名值 = 标幺值×基准值

7．三相三绕组变压器的短路试验需要做（　　　）。

　　A．1 次　　　　　　B．2 次　　　　　　C．3 次　　　　　　D．4 次

8．架空线路的电导是描述线路的（　　　）。

　　A．热效应　　　　　　　　　　　　　　B．电磁场效应

　　C．电晕效应　　　　　　　　　　　　　D．导线的泄漏效应

2-19　判断题（正确的在括号内打"√"，错误的打"×"）

1．采用子导线相同的分裂导线，分裂数越多，电阻、电抗越小，电纳越大。（　　　）

2．若导线半径相同，一般单位长度电缆线路的电抗要比架空线路的小。（　　　）

3．变压器短路试验与空载试验的试验电源均在低压侧接入，因为低压侧电压低，更安全、方便。（　　　）

4．容量比不相同自耦变压器短路试验的有功损耗和阻抗电压百分数数据在查表求参数时均需折算。（　　　）

5．高压输电线路导线截面的改变对导线电抗的影响不大。（　　　）。

6．变压器 T 形等效电路多了一个中间节点，为了减少网络的节点数，简化计算，在电力系统计算中通常采用 Γ 形等效电路。（　　　）

7．基准容量 S_B 取值越大，变压器电抗标幺值 X_{T*} 也越大。（　　　）

8．要获得变压器的电阻、电抗、电导和电纳这四个参数，必须通过短路试验和空载试验的数据计算求取。（　　　）

第三单元 电力系统的潮流计算

🔍 **学习内容**

本单元主要介绍电力系统潮流计算的方法，要求掌握开式电力网和简单闭式电力网的潮流计算，了解潮流计算的目的及运用计算机计算潮流的算法。

🔍 **学习目标**

- 熟练掌握开式电力网潮流计算的方法。
- 掌握简单闭式电力网潮流计算的方法。
- 理解运用计算机计算潮流的算法。

课题一 概 述

潮流计算

电力系统在运行时，在电源电动势的激励下，电流或功率从电源通过系统各元件流入负荷，称为潮流分布。潮流计算是指在已知电力网的接线方式、参数和运行条件的情况下，求取电力系统各元件的运行状态参量的计算。通常，已知的运行条件有：电力系统中各电源和负荷节点的功率、电压中枢点的电压幅值、平衡节点的电压幅值和相角等。待求的运行状态参量有：各母线上的电压幅值和相角、流经各元件的功率及功率损耗等。

电力系统的潮流计算分为静态、动态和最佳潮流计算。静态潮流计算是指电力系统在稳态运行状态下的功率（电流）和电压的计算。动态潮流计算是指电力系统在改变运行方式、故障和振荡等动态过程中功率（电流）和电压的计算。最佳潮流计算是指电力系统有最小功率损耗的有功功率和无功功率的分布计算。

由于负荷的随机性，当电力网的接线方式和电源运行状态发生变化时，通过各元件的潮流也随之变化。计算电力系统在正常及各种可能的故障运行方式下各节点的电压及元件中的电流（功率），对于电力系统设计、运行都是十分必要的。

1. 潮流计算的内容

1）计算各节点的电压，即计算电力网各母线的电压。

2）计算各支路的电流（或者功率），即计算通过各元件的功率和功率损耗。

2. 潮流计算的目的

1）在电力系统规划、设计中，为选择接线方式、选择电气设备及导线截面积提供参考数据。

2）在电力系统运行时，为确定运行方式、制订检修计划提供参考数据。

3）为调压调频计算、经济运行计算及安全稳定运行计算提供数据。

4）为继电保护、自动装置的设计与整定提供数据。

3. 潮流计算的方法

电力系统潮流计算的方法有手算解析法和计算机算法。手算解析法是利用电路计算的基础知识，结合电力系统的专业知识进行计算的一种基本方法。这种计算方法比较原始、烦琐，只能针对简单的电力系统进行潮流计算，但它物理概念清晰，也是计算机算法的基础。对于复杂的电力系统，现已广泛采用计算机进行计算。本章主要介绍简单电力系统潮流的手算解析法，对计算机潮流计算只做简单地介绍。

课题二　开式电力网的潮流计算

一、网络元件的功率损耗

电力网在传输功率的过程中要产生功率损耗，功率损耗由两部分组成：一部分是产生在输电线路和变压器阻抗上的损耗，随传输负荷功率的变化而变化，一般称这部分损耗为变化损耗；另一部分是输电线路和变压器并联导纳上的损耗，可近似认为只与电压有关，而与传输的负荷功率无关，由于运行中电压变化的范围较小，由电压变化而引起的这部分损耗的变化可忽略不计，一般称这部分损耗为固定损耗。两部分损耗中，前一部分占的比重较大。

（一）电力线路中的功率损耗

1. 阻抗中的功率损耗

在图 3-1 所示的线路等效电路中，阻抗支路首端与末端功率的差值即为阻抗中产生的功率损耗。

以阻抗支路末端功率表示的功率损耗为

$$\Delta \widetilde{S}_1 = \Delta P_1 + j\Delta Q_1 = I_2^2\ (R + jX)\ = \frac{P_2^2 + Q_2^2}{U_2^2}\ (R + jX) \tag{3-1}$$

以阻抗支路首端功率表示的功率损耗为

$$\Delta \widetilde{S}_1 = I_1^2\ (R + jX)\ = \frac{P_1^2 + Q_1^2}{U_1^2}\ (R + jX) \tag{3-2}$$

上述公式都是按单相功率和相电压导出的，但电力网计算时习惯用三相功率和线电压计算，对此，上述公式也是适用的。

在应用式(3-1) 和式(3-2) 进行计算时，应注意以下几点：

1）以上两式对三相电路和单相电路均适用。计算三相功率损耗时，电压为线电压，功率为三相功率；计算单相功率损耗时，电压为相电压，功率为单相功率，阻抗均为一相参数。

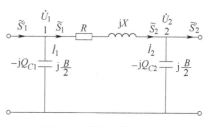

图 3-1　线路的等效电路

2）当公式中有功功率、无功功率、视在功率、电压及电阻和电抗的单位分别为 MW、Mvar、MV·A、kV、Ω 时，功率损耗的单位为 MW、Mvar；当公式中各量的单位分别为 kW、kvar、kV·A、kV、Ω 时，功率损耗的单位为 W、var。

3）为保证计算的精确度，公式中的功率和电压应采用同一端的数值，近似计算时可用额定电压代替实际电压。

2. 导纳中的功率损耗

由于电力线路的电导 $G \approx 0$，故并联支路的有功损耗忽略不计。线路电纳中的功率损耗为

$$\left. \begin{array}{l} \Delta Q_{C1} = \dfrac{1}{2}BU_1^2 \approx \dfrac{1}{2}BU_N^2 \\[2mm] \Delta Q_{C2} = \dfrac{1}{2}BU_2^2 \approx \dfrac{1}{2}BU_N^2 \end{array} \right\} \tag{3-3}$$

式中，U_1、U_2 分别为线路首、末端的线电压（kV），近似计算时，可用线路额定电压 U_N 代替；

B 为线路总电纳（S）。

由于线路电纳为容性，故此功率也为容性，用复功率表示时，j 前面应取负号；而线路电抗上的功率损耗为感性，j 前面应取正号。

3. 具有均匀分布负荷线路的功率损耗

在某些地方电力网中，有些地方的负荷（如平原地区的农村配电网及城市的路灯负荷等）分布较密且大致相等，可认为负荷沿线路是均匀分布的（简称匀布负荷）。

图 3-2 所示为一条匀布负荷的线路。设其总负荷功率对应的相电流为 I，线路长度为 l，则单位长度上的负荷电流为 $\dfrac{I}{l}$，距线路末端 l' 处的电流为 $\dfrac{I}{l}l'$。如果线路单位长度的电阻为 r_1，则线路总电阻为 $R = r_1 l$。线路三相总的有功功率损耗为

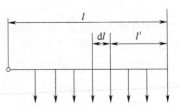

图 3-2　负荷均匀分布的线路

$$\Delta P = \int_0^l 3\left(\frac{I}{l}l'\right)^2 r_1 \mathrm{d}l = \int_0^l \frac{3I^2}{l^2}r_1 l'^2 \mathrm{d}l' = I^2 r_1 l = I^2 R \tag{3-4}$$

同理，匀布负荷线路的三相总无功功率损耗为

$$\Delta Q = I^2 X \tag{3-5}$$

式中，X 为匀布负荷线路的总电抗。

将式(3-4) 和式(3-5) 中的负荷电流用功率表示时，功率损耗的计算式变为

$$\left.\begin{aligned}
\Delta P &= I^2 R = \frac{1}{3}\frac{P^2 + Q^2}{U^2}R \\
\Delta Q &= I^2 X = \frac{1}{3}\frac{P^2 + Q^2}{U^2}X
\end{aligned}\right\} \tag{3-6}$$

式中，P、Q 为匀布负荷对应的三相有功功率和无功功率；U 为运行线电压。

（二）变压器中的功率损耗

变压器阻抗中的功率损耗与电力线路的计算方法相同。其导纳中的功率损耗，只与电压和变压器容量有关，因运行电压变化不大，所以基本上等于空载损耗。

1. 双绕组变压器的功率损耗

$$\left.\begin{aligned}
\Delta P_\mathrm{T} &= \Delta P_0 + \frac{P^2 + Q^2}{U^2}R_\mathrm{T} \\
\Delta Q_\mathrm{T} &= \Delta Q_0 + \frac{P^2 + Q^2}{U^2}X_\mathrm{T} = \frac{I_0\%}{100}S_\mathrm{N} + \frac{P^2 + Q^2}{U^2}X_\mathrm{T}
\end{aligned}\right\} \tag{3-7}$$

式中，ΔP_T 为变压器有功损耗（MW），ΔQ_T 为变压器无功损耗（Mvar）；ΔP_0 为变压器空载有功损耗（MW）；ΔQ_0 为变压器励磁无功损耗（Mvar）；$I_0\%$ 为变压器空载电流百分数；S_N 为变压器的额定容量（MV·A）；P 为通过变压器的有功负荷（MW）；Q 为通过变压器的无功负荷（Mvar）；U 为变压器运行线电压（kV）；R_T 为变压器每相电阻（Ω）；X_T 为变压器每相电抗（Ω）。

2. 三绕组变压器的功率损耗

有功损耗为

$$\Delta P_\mathrm{T} = \Delta P_0 + \frac{P_1^2 + Q_1^2}{U_1^2}R_\mathrm{T1} + \frac{P_2^2 + Q_2^2}{U_2^2}R_\mathrm{T2} + \frac{P_3^2 + Q_3^2}{U_3^2}R_\mathrm{T3}$$

无功损耗为

$$\Delta Q_\mathrm{T} = \frac{I_0\%}{100}S_\mathrm{N} + \frac{P_1^2 + Q_1^2}{U_1^2}X_\mathrm{T1} + \frac{P_2^2 + Q_2^2}{U_2^2}X_\mathrm{T2} + \frac{P_3^2 + Q_3^2}{U_3^2}X_\mathrm{T3} \tag{3-8}$$

式中，各量的意义与双绕组变压器的相同，下脚 1、2、3 分别表示变压器高压、中压、低压绕组

对应的量。

二、网络元件的电压降落

1. 电压降落

所谓电压降落，是指电力网元件首末两端电压的相量差。在图 3-3 所示的阻抗支路中，$\dot{U}_1$、$\dot{U}_2$ 为支路首、末端的线电压，$\dot{I}_1$、$\dot{I}_2$ 为支路首、末端的电流。该支路的电压降落为

$$\Delta \dot{U}_{12} = (\dot{U}_1 - \dot{U}_2)/\sqrt{3} = \dot{I}_1(R + jX) = \dot{I}_2(R + jX) \tag{3-9}$$

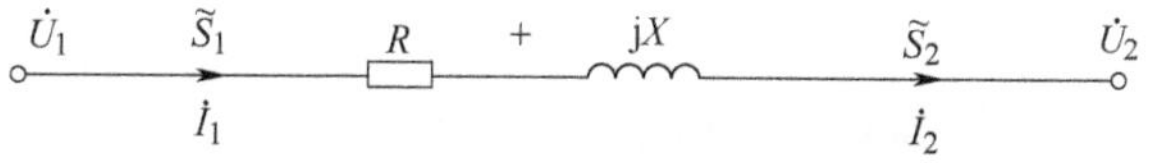

图 3-3　网络元件的串联阻抗支路

1) 已知末端电压 $\dot{U}_2$ 及末端功率 $\widetilde{S}_2$，求首端电压 $\dot{U}_1$。

由式(3-9) 可得

$$\dot{U}_1 = \dot{U}_2 + \sqrt{3}\ \dot{I}_2\ (R + jX) \tag{3-10}$$

以 $\dot{U}_2$ 为参考相量，则 $\dot{U}_2 = U_2 \underline{/0°}$。因为 $\widetilde{S}_2 = \sqrt{3}\ \dot{U}_2\ \overset{*}{\dot{I}}_2 = P_2 + jQ_2$，所以有

$$\dot{I}_2 = \left[\frac{P_2 + jQ_2}{\sqrt{3}\ \dot{U}_2}\right]^* = \frac{P_2 - jQ_2}{\sqrt{3}\ U_2} \tag{3-11}$$

将上式代入式(3-10)，得

$$\left.\begin{aligned}
\dot{U}_1 &= \dot{U}_2 + \sqrt{3}\frac{(P_2 - jQ_2)\ (R + jX)}{\sqrt{3}\ U_2} = U_2 + \frac{P_2R + Q_2X}{U_2} + j\frac{P_2X - Q_2R}{U_2} \\
&= U_2 + \Delta U_2 + j\delta U_2 = U_1 \underline{/\delta} \\
U_1 &= \sqrt{(U_2 + \Delta U_2)^2 + (\delta U_2)^2} \\
\delta &= \arctan \frac{\delta U_2}{U_2 + \Delta U_2}
\end{aligned}\right\} \tag{3-12}$$

式中，ΔU_2 为电压降落纵分量 $\Delta \dot{U}_2$ 的数值，$\Delta \dot{U}_2$ 与 $\dot{U}_2$ 同方向；δU_2 为电压降落的横分量 $\delta \dot{U}_2$ 的数值，$\delta \dot{U}_2 = j\delta U_2$，与 $\dot{U}_2$ 垂直；δ 为 $\dot{U}_1$ 与 $\dot{U}_2$ 的相角差。

$\Delta \dot{U}_2$、$\delta \dot{U}_2$ 的含义如图 3-4a 所示。

2) 已知首端电压 $\dot{U}_1$ 及首端功率 $\widetilde{S}_1$，求末端电压 $\dot{U}_2$。

以 $\dot{U}_1$ 为参考相量，参照以上推导，可得末端电压为

$$\left.\begin{aligned}
\dot{U}_2 &= U_1 - \frac{P_1R + Q_1X}{U_1} - j\frac{P_1X - Q_1R}{U_1} \\
&= U_1 - \Delta U_1 - j\delta U_1 = U_2 \underline{/\delta} \\
U_2 &= \sqrt{(U_1 - \Delta U_1)^2 + (\delta U_1)^2} \\
\delta &= \arctan \frac{-\delta U_1}{U_1 - \Delta U_1}
\end{aligned}\right\} \tag{3-13}$$

式中，ΔU_1 为电压降落纵分量 $\Delta \dot U_1$ 的数值，$\Delta \dot U_1$ 与 $\dot U_1$ 同方向；δU_1 为电压降落横分量 $\delta \dot U_1$ 的数值，$\delta \dot U_1 = \mathrm{j}\delta U_1$，与 $\dot U_1$ 垂直。

$\Delta \dot U_1$、$\delta \dot U_1$ 的含义如图 3-4b 所示。

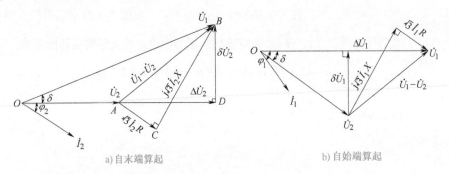

a) 自末端算起　　　　　　　　　　b) 自始端算起

图 3-4　电压降落相量图

应该注意的是： 由于参考相量选取的不同，即使是同一电压降落，分解方向不同，相对应的纵、横分量的数值也不同，即 $\Delta U_1 \neq \Delta U_2$，$\delta U_1 \neq \delta U_2$，如图 3-5 所示。

在使用式(3-12) 和式(3-13) 时需注意：

1）两组公式均以三相电路推导而来，但对单相电路仍然适用。用于单相电路时，功率用单相功率，电压和电压降落都为单相的。

2）精确计算电压降落的纵、横分量时，应采用同一点的功率和电压；近似计算时，可用电力网额定电压代替实际电压。

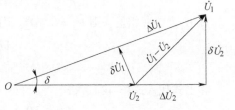

图 3-5　电压降落的两种分解方法

3）公式以感性负荷为例推导而来，当为容性负荷时，公式中 Q 前面的正、负号要改变。

4）公式中功率的单位为 MW、Mvar，电压为 kV，阻抗为 Ω。

2. 电压损耗

电压损耗是指电力网元件首、末端电压的数值差，即

$$\Delta U_{12} = U_1 - U_2$$

电压损耗常以电力网额定电压的百分数表示，即

$$\Delta U_{12}\% = \frac{U_1 - U_2}{U_N} \times 100 \tag{3-14}$$

分析图 3-6 可知，当 $\dot U_1$ 和 $\dot U_2$ 的相角差 δ 不大，AC 与 AD 的长度相差不大时，可近似认为电压降落纵分量的数值与电压损耗相等。在具体计算中，110kV 及以下电压等级电力网的电压计算可做如此处理，即 $\Delta U_{12} \approx \Delta U = \dfrac{PR + QX}{U}$。

元件两端电压的幅值差主要由电压降落的纵分量决定，而电压降落横分量主要影响两端电压的相角差 δ。

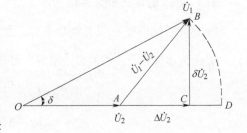

图 3-6　电压降落和电压损耗示意图

3. 电压偏差

电压偏差是指电力网中某点实际电压与该处额定电压的数值差（$U - U_N$）。电压偏差常用额

定电压的百分数表示，即

$$电压偏差（\%）= \frac{U - U_\mathrm{N}}{U_\mathrm{N}} \times 100 \qquad (3\text{-}15)$$

在分析电力网的电压水平时，电压损耗和电压偏差是两个重要指标。因为电压的高低对用户的工作有影响，而相位对用户没有什么影响。

4. 电压调整

电压调整是指线路末端空载时与负载时电压的数值差，即（$U_{20} - U_2$）。电压调整也常用百分数表示，即

$$电压调整（\%）= \frac{U_{20} - U_2}{U_{20}} \times 100 \qquad (3\text{-}16)$$

式中，U_{20} 为线路末端空载时的电压；U_2 为线路末端带负载时的电压。

5. 输电效率

在电力系统中，常用输电效率作为衡量输电线路的一个经济指标。输电效率是指线路末端输出的有功功率 P_2 与线路始端输入的有功功率 P_1 的比值，常用百分数表示，即

$$输电效率（\%）= \frac{P_2}{P_1} \times 100 \qquad (3\text{-}17)$$

因线路存在有功功率损耗，始端输入的有功功率 P_1 总大于末端输出的有功功率 P_2，故输电效率总小于100%。虽然 P_1 总是大于 P_2，但线路始端输入的无功功率 Q_1 却未必总大于末端输出的无功功率 Q_2，因线路对地电容吸收容性无功功率，即发出感性无功功率（线路电容充电功率），线路轻载时，电纳中发出的感性无功功率可能大于线路电抗中消耗的感性无功功率，因而从端点看，线路末端输出的无功功率 Q_2 可能大于线路始端输入的无功功率 Q_1。

三、电力网中功率的流向

对于高压电力网，一般 X 比 R 大得多，因此近似取 $R = 0$，则有

$$\dot{U}_1 = U_2 + \frac{Q_2 X}{U_2} + \mathrm{j}\frac{P_2 X}{U_2} = U_2 + \Delta U_2 + \mathrm{j}\delta U_2 \qquad (3\text{-}18)$$

其相量关系如图3-7所示。

由图3-7可得

$$\sin\delta = \frac{P_2 X}{U_1 U_2} \qquad (3\text{-}19)$$

$$P_2 = \frac{U_1 U_2}{X}\sin\delta \qquad (3\text{-}20)$$

当 $\dot{U}_1$ 超前 $\dot{U}_2$ 时，有 $\delta > 0$，即 $\sin\delta > 0$，因此 $P_2 > 0$。说明电力网中的有功功率是从电压相位超前的一端流向电压相位滞后的一端。

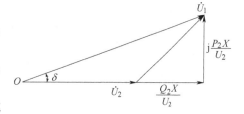

图3-7 $R = 0$ 时的电压降落相量图

由图3-7还可得出

$$\cos\delta = \frac{U_2 + \Delta U_2}{U_1} = \frac{U_2 + \dfrac{Q_2 X}{U_2}}{U_1} = \frac{U_2^2 + Q_2 X}{U_1 U_2} \qquad (3\text{-}21)$$

由于电力系统稳定性的要求，δ 一般很小，$\cos\delta \approx 1$，则有

$$Q_2 \approx \frac{U_1 U_2 - U_2^2}{X} \qquad (3\text{-}22)$$

当 $U_1 > U_2$ 时，$Q_2 > 0$，说明电力网中感性无功功率是从电压高的一端流向电压低的一端。同理，容性无功功率的流向则相反。

四、开式电力网潮流计算的方法

开式电力网是指电力网中任何一个负荷都只能由一个方向获得电能的电力网。开式电力网的潮流计算主要是求取供电支路首端功率、电压和末端功率、电压四个参数中的未知量。根据已知条件的不同，潮流计算的方法也不同。

若已知同一端的电压和功率，则可直接利用功率损耗和电压降落的计算公式由已知端向未知端推算功率分布和各点电压。

若已知不同端的功率和电压，例如，已知末端负荷功率和首端电源电压，则在近似计算时，可用末端已知功率和电力网的额定电压，由末端向首端推算功率分布，再用首端已知的电压和算出的功率由首端向末端算出各点电压即可。如果需要精确计算，可重复上述计算过程，直到求出的首端电压与末端功率和已知值相等或相差在允许范围之内为止。

若只给出末端负荷，则可假定一稍低于额定电压且在允许电压范围之内的值作为末端电压，然后由末端向首端推算功率分布和各点电压。如果各点电压偏差都在允许范围之内，则此运行方案可行，否则，应重新假定末端电压，重复上述计算。

在电力网的实际计算中，最常见的是已知末端负荷和首端电压，求首端送出的功率和末端电压。其求解过程主要分为两步：①首先由末端负荷功率和额定电压向首端计算出各段功率损耗，求出各段功率分布并得到首端功率；②再由首端电压和求得的首端功率以及各段的功率分布逐段计算各段电压降落或电压损耗，最终由首端向末端计算包括末端在内的各点电压。

（一）开式区域网的潮流计算

下面通过图 3-8 所示的简单电力网来介绍区域网的潮流计算步骤。

图 3-8a 是由供电电源 A 及两段电力线路组成的简单开式区域网。已知电源 A 的电压为 $\dot{U}_A$，节点 b 和 c 的负荷功率分别为 $\tilde{S}_{Lb}$、$\tilde{S}_{Lc}$，欲求各段线路首、末端的功率及 b、c 节点的电压，其求解过程可概括为如下几步。

1）画等效电路，求参数。根据网络接线图画出等效电路，如图 3-8b 所示；然后计算元件参数（元件参数需折算至同一电压等级），并把它们标在等效电路图上。

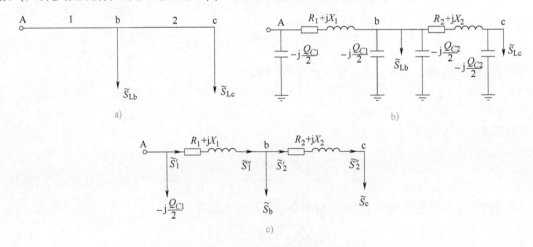

图 3-8　开式区域网及其等效电路

2）化简电路。将节点 b 的电容充电功率 $-\mathrm{j}\dfrac{Q_{C1}}{2}$、$-\mathrm{j}\dfrac{Q_{C2}}{2}$ 与该节点的负荷功率 $\widetilde{S}_{\mathrm{Lb}}$ 合并成计算负荷 $\widetilde{S}_{\mathrm{b}}$；节点 c 的电容充电功率 $-\mathrm{j}\dfrac{Q_{C2}}{2}$ 与该节点的负荷功率 $\widetilde{S}_{\mathrm{Lc}}$ 合并成计算负荷 $\widetilde{S}_{\mathrm{c}}$，如图 3-8c 所示，则

$$\widetilde{S}_{\mathrm{b}} = \widetilde{S}_{\mathrm{Lb}} - \mathrm{j}\frac{Q_{C1}}{2} - \mathrm{j}\frac{Q_{C2}}{2}$$

$$\widetilde{S}_{\mathrm{c}} = \widetilde{S}_{\mathrm{Lc}} - \mathrm{j}\frac{Q_{C2}}{2}$$

3）从网络末端开始，利用线路额定电压和末端负荷依次算出各段线路阻抗中的功率损耗及线路首、末端的功率。有

$$\widetilde{S}''_2 = \widetilde{S}_{\mathrm{c}}$$

$$\Delta\widetilde{S}_{\mathrm{L2}} = \left(\frac{S''_2}{U_{\mathrm{N}}}\right)^2 (R_2 + \mathrm{j}X_2)$$

$$\widetilde{S}'_2 = \widetilde{S}''_2 + \Delta\widetilde{S}_{\mathrm{L2}}$$

$$\widetilde{S}''_1 = \widetilde{S}'_2 + \widetilde{S}_{\mathrm{b}}$$

$$\Delta\widetilde{S}_{\mathrm{L1}} = \left(\frac{S''_1}{U_{\mathrm{N}}}\right)^2 (R_1 + \mathrm{j}X_1)$$

$$\widetilde{S}'_1 = \widetilde{S}''_1 + \Delta\widetilde{S}_{\mathrm{L1}}$$

4）从电源点 A 开始，利用求得的功率分布和已知的电源电压 $\dot{U}_{\mathrm{A}}$ 逐段计算电压降落纵、横分量的数值，然后再求得各节点的电压。有

$$\Delta U_{\mathrm{Ab}} = \frac{P'_1 R_1 + Q'_1 X_1}{U_{\mathrm{A}}}$$

$$\delta U_{\mathrm{Ab}} = \frac{P'_1 X_1 - Q'_1 R_1}{U_{\mathrm{A}}}$$

$$U_{\mathrm{b}} = \sqrt{(U_{\mathrm{A}} - \Delta U_{\mathrm{Ab}})^2 + (\delta U_{\mathrm{Ab}})^2}$$

$$\Delta U_{\mathrm{bc}} = \frac{P'_2 R_2 + Q'_2 X_2}{U_{\mathrm{b}}}$$

$$\delta U_{\mathrm{bc}} = \frac{P'_2 X_2 - Q'_2 R_2}{U_{\mathrm{b}}}$$

$$U_{\mathrm{c}} = \sqrt{(U_{\mathrm{b}} - \Delta U_{\mathrm{bc}})^2 + (\delta U_{\mathrm{bc}})^2}$$

从上述计算过程可知，因为已知的是首端电压和末端功率，在计算功率损耗时用额定电压代替了末端的实际电压，这样虽然会产生一定的误差，但一般都能满足工程上要求的准确度。

在进行电力网等效电路的简化中，常用到运算负荷和运算功率的概念，下面进行介绍。

所谓运算负荷，实质上就是降压变电所高压母线上从系统吸收的等效功率。它等于降压变电所低压侧的负荷功率加上变压器的功率损耗，再加上变电所高压母线上所连线路对地导纳中无功功率的一半。在图 3-9a 所示的网络中，降压变电所 c 的运算负荷 $\widetilde{S}_{\mathrm{c}}$ 为

$$\widetilde{S}_{\mathrm{c}} = \widetilde{S}_{\mathrm{Lc}} + \Delta\widetilde{S}_{\mathrm{T2}} - \mathrm{j}\frac{Q_{C\mathrm{bc}}}{2}$$

$$\Delta\widetilde{S}_{\mathrm{T2}} = \left(\frac{S_{\mathrm{Lc}}}{U_{\mathrm{N}}}\right)^2 (R_{\mathrm{T2}} + \mathrm{j}X_{\mathrm{T2}}) + \Delta P_{02} + \mathrm{j}\Delta Q_{02}$$

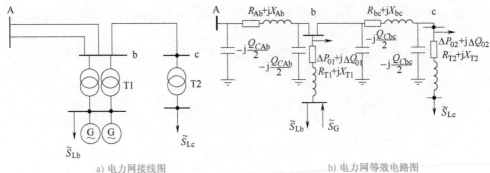

a) 电力网接线图   b) 电力网等效电路图

c) 简化等效电路图

图3-9　用运算负荷和运算功率简化电路

所谓运算功率，实质上就是发电厂高压母线输入系统的等效功率。它等于发电机发出的功率减去升压变压器低压母线的负荷，再减去变压器中的功率损耗以及升压变压器高压母线所连线路对地导纳中无功功率的一半。在图3-9a所示的网络中，发电厂高压侧b点的运算功率$\widetilde{S}_b$为

$$\widetilde{S}_b = \widetilde{S}_G - \widetilde{S}_{Lb} - \Delta\widetilde{S}_{T1} - \left(-j\frac{Q_{CAb}}{2}\right) - \left(-j\frac{Q_{Cbc}}{2}\right) = \widetilde{S}_G + j\frac{Q_{CAb}}{2} + j\frac{Q_{Cbc}}{2} - \widetilde{S}_{Lb} - \Delta\widetilde{S}_{T1}$$

$$\Delta\widetilde{S}_{T1} = \frac{(P_G - P_{Lb})^2 + (Q_G - Q_{Lb})^2}{U_N^2}(R_{T1} + jX_{T1}) + \Delta P_{01} + j\Delta Q_{01}$$

对图3-9b所示等效电路，用运算负荷和运算功率简化电路的结果如图3-9c所示。

【例3-1】 有一简单开式电力网，如图3-10所示，额定电压为110kV的双回输电线向一降压变电所供电，线路长度为100km，采用LGJ-185导线，几何平均距离为5m。变电所中装有两台降压变压器，每台容量为15MV·A，电压比为110/11，$\Delta P_0 = 40.5$kW，$\Delta P_k = 128$kW，$U_k\% = 10.5$，$I_0\% = 3.5$。母线A的实际电压为118kV，负荷功率$\widetilde{S}_{Lb} = (30 + j15)$ MV·A，$\widetilde{S}_{Lc} = (25 + j15)$ MV·A，求此电力网的功率分布和节点电压。

解：（1）根据电力网接线图画出等效电路图，如图3-10b所示。

（2）计算各元件参数

1）线路参数。根据导线型号及几何平均距离查得线路单位长度参数为$r_1 + jx_1 = (0.17 + j0.409)$ Ω/km，$b_1 = 2.79 \times 10^{-6}$S/km。可得

$$R = \frac{1}{2}r_1 l = \frac{1}{2} \times 100 \times 0.17\Omega = 8.5\Omega$$

$$X = \frac{1}{2}x_1 l = \frac{1}{2} \times 100 \times 0.409\Omega = 20.45\Omega$$

$$B = 2b_1 l = 2 \times 2.79 \times 10^{-6} \times 100\text{S} = 5.58 \times 10^{-4}\text{S}$$

$$\frac{1}{2}Q_C = \frac{1}{2}U_N^2 B = \frac{1}{2} \times 110^2 \times 5.58 \times 10^{-4}\text{Mvar} = 3.38\text{Mvar}$$

2）变压器参数：

$$R_T = \frac{1}{2}\frac{\Delta P_k U_N^2}{S_N^2} \times 10^3 = \frac{1}{2} \times \frac{128 \times 110^2}{15000^2} \times 10^3\Omega = 3.44\Omega$$

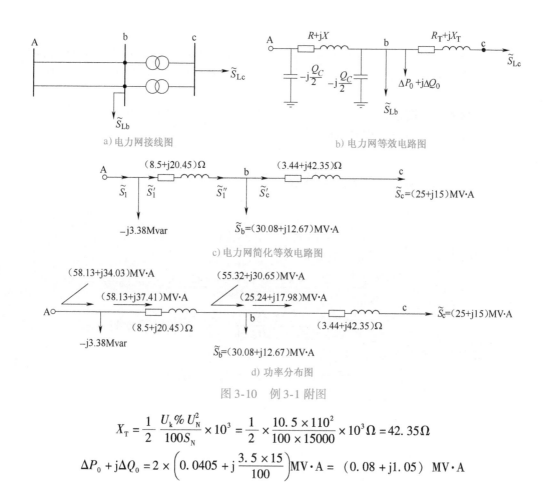

a) 电力网接线图　　　　　　　　b) 电力网等效电路图

c) 电力网简化等效电路图

d) 功率分布图

图 3-10　例 3-1 附图

$$X_{\mathrm{T}} = \frac{1}{2}\frac{U_{\mathrm{k}}\% \, U_{\mathrm{N}}^2}{100 S_{\mathrm{N}}}\times 10^3 = \frac{1}{2}\times\frac{10.5\times110^2}{100\times15000}\times10^3\,\Omega = 42.35\,\Omega$$

$$\Delta P_0 + \mathrm{j}\Delta Q_0 = 2\times\left(0.0405 + \mathrm{j}\frac{3.5\times15}{100}\right)\mathrm{MV\cdot A} = (0.08 + \mathrm{j}1.05)\ \mathrm{MV\cdot A}$$

（3）简化等效电路。将节点 b 的负荷 $\widetilde{S}_{\mathrm{Lb}}$ 与该处的电容充电功率 $-\mathrm{j}\dfrac{Q_C}{2}$、变压器的励磁功率 $\Delta P_0 + \mathrm{j}\Delta Q_0$ 合并成 b 点的总负荷 $\widetilde{S}_{\mathrm{b}}$，即

$$\widetilde{S}_{\mathrm{b}} = \widetilde{S}_{\mathrm{Lb}} + \left(-\mathrm{j}\frac{Q_C}{2}\right) + \Delta P_0 + \mathrm{j}\Delta Q_0 = (30 + \mathrm{j}15 - \mathrm{j}3.38 + 0.08 + \mathrm{j}1.05)\ \mathrm{MV\cdot A}$$
$$= (30.08 + \mathrm{j}12.67)\ \mathrm{MV\cdot A}$$

从而将图 3-10b 所示的电路化简成图 3-10c 所示电路。

（4）计算功率分布。由于末端实际电压未知，在此假定电力网各点电压为额定电压，由末端向首端推算功率分布。

变压器阻抗中的功率损耗为

$$\Delta\widetilde{S}_{\mathrm{T}} = \frac{25^2 + 15^2}{110^2}(3.44 + \mathrm{j}42.35)\ \mathrm{MV\cdot A} = (0.24 + \mathrm{j}2.98)\ \mathrm{MV\cdot A}$$

变压器阻抗支路首端功率为

$$\widetilde{S}_{\mathrm{c}}' = \widetilde{S}_{\mathrm{c}} + \Delta\widetilde{S}_{\mathrm{T}} = (25 + \mathrm{j}15 + 0.24 + \mathrm{j}2.98)\ \mathrm{MV\cdot A} = (25.24 + \mathrm{j}17.98)\ \mathrm{MV\cdot A}$$

线路末端功率为

$$\widetilde{S}_1'' = \widetilde{S}_{\mathrm{c}}' + \widetilde{S}_{\mathrm{b}} = (25.24 + \mathrm{j}17.98 + 30.08 + \mathrm{j}12.67)\ \mathrm{MV\cdot A} = (55.32 + \mathrm{j}30.65)\ \mathrm{MV\cdot A}$$

线路阻抗中的功率损耗为

$$\Delta\widetilde{S}_1 = \frac{55.32^2 + 30.65^2}{110^2}(8.5 + \mathrm{j}20.45)\ \mathrm{MV\cdot A} = (2.81 + \mathrm{j}6.76)\ \mathrm{MV\cdot A}$$

线路首端功率为

$$\tilde{S}_1' = \tilde{S}_1'' + \Delta\tilde{S}_1 = (55.32 + j30.65 + 2.81 + j6.76)\ \mathrm{MV\cdot A} = (58.13 + j37.41)\ \mathrm{MV\cdot A}$$

（5）计算电压分布。由给定的首端电压和以上求得的功率分布，从首端向末端计算各节点电压。

线路电压降落纵、横分量的数值为

$$\Delta U = \frac{P_1'R + Q_1'X}{U_A} = \frac{58.13 \times 8.5 + 37.41 \times 20.45}{118}\mathrm{kV} = 10.67\mathrm{kV}$$

$$\delta U = \frac{P_1'X - Q_1'R}{U_A} = \frac{58.13 \times 20.45 - 37.41 \times 8.5}{118}\mathrm{kV} = 7.38\mathrm{kV}$$

变电所高压母线的电压为

$$U_b = \sqrt{(118 - 10.67)^2 + 7.38^2}\ \mathrm{kV} = 107.58\mathrm{kV}$$

变压器中电压降落纵、横分量的数值为

$$\Delta U_T = \frac{P_c'R_T + Q_c'X_T}{U_b} = \frac{25.24 \times 3.44 + 17.98 \times 42.35}{107.58}\mathrm{kV} = 7.89\mathrm{kV}$$

$$\delta U_T = \frac{P_c'X_T - Q_c'R_T}{U_b} = \frac{25.24 \times 42.35 - 17.98 \times 3.44}{107.58}\mathrm{kV} = 9.36\mathrm{kV}$$

变电所低压母线折算至高压侧的电压为

$$U_c = \sqrt{(107.58 - 7.89)^2 + 9.36^2}\ \mathrm{kV} = 100.13\mathrm{kV}$$

变电所低压母线的实际电压为

$$U_c' = 100.13 \times \frac{11}{110}\mathrm{kV} = 10.01\mathrm{kV}$$

如果忽略电压降落的横分量，各点电压为

$$U_b = (118 - 10.67)\ \mathrm{kV} = 107.33\mathrm{kV}$$

$$U_c = \left(107.33 - \frac{25.24 \times 3.44 + 17.98 \times 42.35}{107.33}\right)\mathrm{kV} = 99.43\mathrm{kV}$$

$$U_c' = 99.43 \times \frac{11}{110}\mathrm{kV} = 9.94\mathrm{kV}$$

比较以上计及和忽略电压降落横分量的计算结果，两者相差很小，因此，在电压为110kV及以下的电力网中，计算电压损耗时可以忽略电压降落横分量。

（二）开式地方网的潮流计算

对于35kV及以下的地方电力网，由于电压较低、线路较短、输送功率较小，在潮流计算时可以采取以下简化措施：

1）忽略电力线路和变压器等效电路中的并联导纳支路。

2）不计阻抗中的功率损耗。

3）不计电压降落的横分量。

4）在计算公式中，可用额定电压代替实际电压。

有了上述几点简化措施后，开式地方网的功率分布和电压计算可概括为以下两步：

1）不计元件阻抗和导纳中的功率损耗，由负荷末端向首端计算功率分布。

2）不计电压降落的横分量，用电力网的额定电压代替实际电压，由首端向末端计算各段线路的电压损耗，再计算各点的电压偏差。

下面通过两个例题分别介绍具有集中负荷和具有均匀分布负荷的开式地方网的潮流计算方法。

1. 具有集中负荷的开式地方网

【例3-2】　有一10kV的开式地方网，全线均采用LJ-35，几何平均距离为0.6m，各点的负荷及各段线路的长度均示于图3-11a中。（1）求电力网的最大电压损耗；（2）若$U_A = 10.5$kV，试求各负荷点的电压偏差百分数。

解： 画等效电路图并求各元件的参数，如图3-11b所示。

计算功率分布。各点负荷的复数功率为

$$P_b + jQ_b = (120 + j90)\ \text{kV} \cdot \text{A}$$
$$P_c + jQ_c = (100 + j75)\ \text{kV} \cdot \text{A}$$
$$P_d + jQ_d = (80 + j60)\ \text{kV} \cdot \text{A}$$

忽略电力网中的功率损耗，由网络末端向首端推算功率分布，有

$$P_{bc} + jQ_{bc} = (100 + j75)\ \text{kV} \cdot \text{A}$$
$$P_{bd} + jQ_{bd} = (80 + j60)\ \text{kV} \cdot \text{A}$$
$$P_{Ab} + jQ_{Ab} = \big[(120 + 100 + 80) +$$
$$j(90 + 75 + 60)\big]\text{kV} \cdot \text{A}$$
$$= (300 + j225)\text{kV} \cdot \text{A}$$

各段线路的功率分布如图3-11b所示。

（1）计算电力网的最大电压损耗

各段线路的电压损耗如下：

$$\Delta U_{Ab} = \frac{P_{Ab}R_{Ab} + Q_{Ab}X_{Ab}}{U_N} = \frac{300 \times 4.6 + 225 \times 1.68}{10}\text{V} = 175.8\text{V}$$

$$\Delta U_{bc} = \frac{P_{bc}R_{bc} + Q_{bc}X_{bc}}{U_N} = \frac{100 \times 2.76 + 75 \times 1.01}{10}\text{V} = 35.18\text{V}$$

$$\Delta U_{bd} = \frac{P_{bd}R_{bd} + Q_{bd}X_{bd}}{U_N} = \frac{80 \times 3.68 + 60 \times 1.34}{10}\text{V} = 37.48\text{V}$$

电力网的最大电压损耗是指供电端到各支路线路末端电压损耗的最大值。因为$\Delta U_{bd} > \Delta U_{bc}$，所以此电力网的最大电压损耗为

$$\Delta U_{Ad} = \Delta U_{Ab} + \Delta U_{bd} = (175.8 + 37.48)\text{V} = 213.28\text{V}$$

（2）计算各负荷点的电压偏差百分数

各负荷点的实际电压为

$$U_b = U_A - \Delta U_{Ab} = (10.5 - 0.18)\text{kV} = 10.32\text{kV}$$
$$U_c = U_b - \Delta U_{bc} = (10.32 - 0.04)\text{kV} = 10.28\text{kV}$$
$$U_d = U_b - \Delta U_{bd} = (10.32 - 0.04)\text{kV} = 10.28\text{kV}$$

各负荷点的电压偏差百分数为

$$U_{bN}\% = \frac{U_b - U_N}{U_N} \times 100 = \frac{10.32 - 10}{10} \times 100 = 3.2$$

$$U_{cN}\% = \frac{U_c - U_N}{U_N} \times 100 = \frac{10.28 - 10}{10} \times 100 = 2.8$$

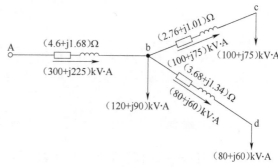

a) 电力网接线图

b) 功率分布图

图3-11　例3-2附图

$$U_{dN}\% = \frac{U_d - U_N}{U_N} \times 100 = \frac{10.28 - 10}{10} \times 100 = 2.8$$

对于地方电力网，一般缺少调压设备，线路最大电压损耗和负荷点的电压偏差是两个比较重要的运行参数。

2. 具有均匀分布负荷的开式地方网

具有均匀分布负荷的线路的功率损耗计算在本课题的前面部分已述及，在此只介绍电压损耗的计算。

在图3-12a中，线路bc上有均匀分布的负荷。假设线路单位长度的负荷为 $p + jq$（kV·A/km），单位长度阻抗为 $r_1 + jx_1$（Ω/km）。

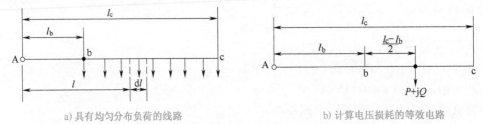

a) 具有均匀分布负荷的线路　　　　　b) 计算电压损耗的等效电路

图3-12　具有均匀分布负荷的开式地方电力网

dl 线段中的负荷在 ac 段线路上产生的电压损耗为

$$d(\Delta U) = \frac{p(dl)r_1 l + q(dl)x_1 l}{U_N} = \frac{pr_1 + qx_1}{U_N}l dl$$

均匀分布总负荷在 ac 段线路上产生的电压损耗为

$$\Delta U_{AC} = \int_{l_b}^{l_c} d(\Delta U) = \frac{pr_1 + qx_1}{U_N}\int_{l_b}^{l_c} l dl = \frac{pr_1 + qx_1}{U_N}\frac{l^2}{2}\bigg|_{l_b}^{l_c}$$

$$= \frac{pr_1 + qx_1}{U_N}\left[\frac{(l_c - l_b)(l_c + l_b)}{2}\right] = \frac{pr_1 + qx_1}{U_N}(l_c - l_b)\left[l_b + \frac{(l_c - l_b)}{2}\right]$$

$$= \frac{Pr_1 + Qx_1}{U_N}\left[l_b + \frac{(l_c - l_b)}{2}\right] \tag{3-23}$$

式中，P、Q 分别为均匀分布负荷线路的总有功功率（kW）和总无功功率（kvar）。

上式表明，计算均匀分布负荷线路的电压损耗时，可用一个位于均匀分布负荷中心、大小与均匀分布总负荷相等的集中负荷来代替，如图3-12b所示。

【例3-3】 有一条380V的电力线路，导线型号为LJ-25，水平排列，线间距离为0.8m，负荷分布如图3-13所示，求此线路的电压损耗。

解：（1）确定线路参数。

几何平均距离 $D_{eq} = 1.26 \times 0.8m = 1m$，由导线型号及几何平均距离查得线路每公里长度的阻抗为

$$r_1 + jx_1 = (1.28 + j0.377)\ \Omega/km$$

（2）计算线路电压损耗。

均匀分布负荷化成复功率形式为

$$p + jq = \sqrt{3}U_N I_0(\cos\varphi_0 + j\sin\varphi_0) = \sqrt{3} \times 0.38 \times 0.2 \times (1 + j0)kW/m = 0.132kW/m$$

集中负荷化成复功率形式为

图3-13　例3-3附图

$$P_D + jQ_D = \sqrt{3} U_N I_D (\cos\varphi_D + j\sin\varphi_D) = \sqrt{3} \times 0.38 \times 20 \times (0.8 + j0.6) \text{kV} \cdot \text{A}$$
$$= (10.53 + j7.9) \text{kV} \cdot \text{A}$$

1) 仅考虑均匀分布负荷时，线路 AC 的电压损耗为

$$\Delta U_{AC} = \frac{P r_1 + Q x_1}{U_N}\left(l_{AB} + \frac{l_{BC}}{2}\right) = \frac{0.132 \times 200 \times 1.28}{0.38} \times \left(0.5 + \frac{0.2}{2}\right)\text{V} = 53.36\text{V}$$

2) 仅考虑 D 点的集中负荷时，线路 AD 的电压损耗为

$$\Delta U_{AD} = \frac{P_D R_{AD} + Q_D X_{AD}}{U_N} = \frac{10.53 \times 1.28 \times 0.8 + 7.9 \times 0.377 \times 0.8}{0.38}\text{V} = 34.65\text{V}$$

3) 线路 AD 的总电压损耗为

$$\Delta U'_{AD} = \Delta U_{AC} + \Delta U_{AD} = (53.36 + 34.65)\text{V} = 88.01\text{V}$$

课题三 闭式电力网的潮流计算

闭式电力网是指网络中的每一负荷都能从两个及以上方向获取电能的电力网。如果网络中的负荷只能从两个方向取得电能的，则称之为简单闭式网；如果负荷能从三个及以上方向取得电能，则称之为复杂闭式网。

在闭式电力网中，要精确求出功率分布，采用手工计算是很困难的。在实际计算中，一般都采用近似计算的方法。对于简单闭式网，首先求出不计功率损耗的功率分布（初步功率分布），然后再计算考虑损耗时的功率分布和各点电压；对于复杂闭式网，首先通过网络等效变换将复杂闭式网转化成简单闭式网，在不考虑功率损耗的情况下求得化简后网络的功率分布，然后通过网络还原算出原网络的功率分布。在此，仅讨论简单闭式网的电压和功率分布的计算。

简单闭式网包括两端供电网和环网两种基本形式。环网实质上就是两端电源电压相量相等的两端供电网。

简单闭式网潮流计算的关键点就是寻找功率分点，在找出功率分点后，再将闭式网解开为开式网，最后按开式网的潮流计算方法计算潮流。

一、计算初步功率分布，寻找功率分点

所谓初步功率分布，是指不考虑电力网中功率损耗时的功率分布。计算初步功率分布的目的是为了寻找功率分点。闭式网的功率分点是指功率由两个方向（指实际方向）汇合的节点。功率分点用符号"▼"标示，有时有功功率分点和无功功率分点出现在不同的节点，这时，有功功率分点用符号"▼"标示，无功功率分点用符号"▽"标示。寻找功率分点的目的是为了确定电压最低点。一般情况下，无功功率分点即为电压最低点，因此，实际上计算初步功率分布主要是为了寻找无功功率分点。

在图 3-14 所示的两端供电网中，电源 A、B 的电压分别为 $\dot{U}_A$、$\dot{U}_B$，$\dot{I}_a$、$\dot{I}_b$ 为两个集中负荷的负荷电流。图中各线段功率（$\tilde{S}_A$、$\tilde{S}_2$、$\tilde{S}_B$）的方向为假定正方向。

根据基尔霍夫电流定律和电压定律，可写出下列方程：

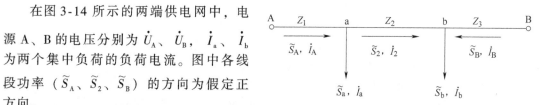

图 3-14 两端供电网

$$\left.\begin{aligned}\dot{I}_A - \dot{I}_2 &= \dot{I}_a \\ \dot{I}_2 + \dot{I}_B &= \dot{I}_b \\ \dot{U}_A - \dot{U}_B &= \sqrt{3}\ (\dot{I}_A Z_1 + \dot{I}_2 Z_2 - \dot{I}_B Z_3)\end{aligned}\right\} \tag{3-24}$$

从这个方程组中解出 $\dot{I}_A$ 和 $\dot{I}_B$，即

$$\left.\begin{aligned}\dot{I}_A &= \frac{\dot{U}_A - \dot{U}_B}{\sqrt{3}\ (Z_1 + Z_2 + Z_3)} + \frac{\dot{I}_a(Z_2 + Z_3) + \dot{I}_b Z_3}{(Z_1 + Z_2 + Z_3)} \\ \dot{I}_B &= \frac{\dot{U}_B - \dot{U}_A}{\sqrt{3}\ (Z_1 + Z_2 + Z_3)} + \frac{\dot{I}_a Z_1 + \dot{I}_b(Z_1 + Z_2)}{(Z_1 + Z_2 + Z_3)}\end{aligned}\right\} \tag{3-25}$$

在电力网的实际计算中，各负荷点的已知量一般是功率而不是电流，因此必须把它化成功率形式。如果忽略网络中的功率损耗，则电力网中各点电压都可认为等于 U_N，令 $\dot{U}_N = U_N\underline{/0°}$，对式(3-25)中的各量取共轭值，然后等式两边同时乘以 $\sqrt{3}\ \dot{U}_N$，便得到

$$\left.\begin{aligned}\widetilde{S}_A &= \frac{(\overset{*}{U}_A - \overset{*}{U}_B)\ U_N}{\overset{*}{Z}_1 + \overset{*}{Z}_2 + \overset{*}{Z}_3} + \frac{\widetilde{S}_a\ (\overset{*}{Z}_2 + \overset{*}{Z}_3) + \widetilde{S}_b\ \overset{*}{Z}_3}{\overset{*}{Z}_1 + \overset{*}{Z}_2 + \overset{*}{Z}_3} \\ \widetilde{S}_B &= \frac{(\overset{*}{U}_B - \overset{*}{U}_A)\ U_N}{\overset{*}{Z}_1 + \overset{*}{Z}_2 + \overset{*}{Z}_3} + \frac{\widetilde{S}_a\ \overset{*}{Z}_1 + \widetilde{S}_b\ (\overset{*}{Z}_1 + \overset{*}{Z}_2)}{\overset{*}{Z}_1 + \overset{*}{Z}_2 + \overset{*}{Z}_3}\end{aligned}\right\} \tag{3-26}$$

将上式写成简化形式为

$$\left.\begin{aligned}\widetilde{S}_A &= \frac{(\overset{*}{U}_A - \overset{*}{U}_B)\ U_N}{\overset{*}{Z}_{AB}} + \frac{\widetilde{S}_a\ \overset{*}{Z}_a + \widetilde{S}_b\ \overset{*}{Z}_b}{\overset{*}{Z}_{AB}} \\ \widetilde{S}_B &= \frac{(\overset{*}{U}_B - \overset{*}{U}_A)\ U_N}{\overset{*}{Z}_{AB}} + \frac{\widetilde{S}_a\ \overset{*}{Z}'_a + \widetilde{S}_b\ \overset{*}{Z}'_b}{\overset{*}{Z}_{AB}}\end{aligned}\right\} \tag{3-27}$$

式中，$\overset{*}{Z}_a$、$\overset{*}{Z}_b$ 分别为负荷 $\widetilde{S}_a$、$\widetilde{S}_b$ 到电源 B 的复阻抗共轭值；$\overset{*}{Z}'_a$、$\overset{*}{Z}'_b$ 分别为负荷 $\widetilde{S}_a$、$\widetilde{S}_b$ 到电源 A 的复阻抗共轭值；$\overset{*}{Z}_{AB}$ 为 A、B 电源间复阻抗的共轭值。

将式(3-27)推广到有 m 个集中负荷的两端供电网时，则有

$$\left.\begin{aligned}\widetilde{S}_A &= \frac{(\overset{*}{U}_A - \overset{*}{U}_B)U_N}{\overset{*}{Z}_{AB}} + \frac{\sum\limits_{i=1}^{m}\widetilde{S}_i\ \overset{*}{Z}_i}{\overset{*}{Z}_{AB}} \\ \widetilde{S}_B &= \frac{(\overset{*}{U}_B - \overset{*}{U}_A)U_N}{\overset{*}{Z}_{AB}} + \frac{\sum\limits_{i=1}^{m}\widetilde{S}_i\ \overset{*}{Z}'_i}{\overset{*}{Z}_{AB}}\end{aligned}\right\} \tag{3-28}$$

式中，$\widetilde{S}_A$、$\widetilde{S}_B$ 分别为电源 A、B 向网络输出的功率；$\widetilde{S}_i$ 为两端网中的第 i 个负荷功率；$\overset{*}{Z}_i$、$\overset{*}{Z}'_i$ 分别为第 i 个负荷到电源 B 和 A 的复阻抗共轭值。

式(3-28)即为两端供电网电源输出功率的一般表达式。从该式可以看出，每个电源点送出的功率都包含两部分：第一部分与负荷无关，只与两端电源电压差和网络阻抗有关，称为循环功率，用 $\widetilde{S}_C$ 表示；第二部分与负荷功率和网络阻抗有关，称为供载功率，用 $\widetilde{S}_L$ 表示。

在计算两端供电网的初步功率分布时，可以利用叠加原理将循环功率与供载功率分开计算。

令两端电源电压相量相等，用式(3-28) 可求出供载功率；再令负荷功率为零，式(3-28)可求出循环功率，最后将两者叠加得出初步功率分布。

用式(3-28) 计算初步功率分布要进行复数的四则运算，通常称这种计算方法为复功率法。用复功率法计算功率分布时，循环功率的计算较简单，但供载功率的计算在网络中有较多负荷点时很烦琐，下面介绍两种可简化计算供载功率的情况。

1. 均一网的供载功率计算

如果网络中各段线路的材料、截面积和几何平均距离都相同，那么，这种电力网称为均一网。对于均一网，各段线路单位长度的阻抗相等，因而有

$$\widetilde{S}_{A} = \frac{\sum_{i=1}^{m} \widetilde{S}_i \overset{*}{Z}_i}{\overset{*}{Z}_{AB}} = \frac{(r_1 - jx_1)\sum_{i=1}^{m} \widetilde{S}_i l_i}{(r_1 - jx_1) l_{AB}} = \frac{\sum_{i=1}^{m} \widetilde{S}_i l_i}{l_{AB}}$$

因为 $\widetilde{S}_A = P_A + jQ_A$，$\widetilde{S}_i = P_i + jQ_i$，将其代入上式并利用复数相等的条件，对实部和虚部可列出以下的方程组：

$$\left. \begin{aligned} P_A &= \frac{\sum_{i=1}^{m} P_i l_i}{l_{AB}} \\ Q_A &= \frac{\sum_{i=1}^{m} Q_i l_i}{l_{AB}} \end{aligned} \right\} \tag{3-29}$$

式中，l_i 为第 i 个负荷到电源 B 的线路长度。

同理有

$$\left. \begin{aligned} P_A &= \frac{\sum_{i=1}^{m} P_i l'_i}{l_{AB}} \\ Q_A &= \frac{\sum_{i=1}^{m} Q_i l'_i}{l_{AB}} \end{aligned} \right\} \tag{3-30}$$

式中，l'_i 为第 i 个负荷到电源 A 的线路长度。

2. 近似均一网的供载功率计算

实际电力网完全符合均一网条件的情况很少，较多的情况是：各段线路的材料相同，几何平均距离近似相等，导线截面积相差不超过 2~3 个标准截面等级。称这种电力网为近似均一网。近似均一网可采用如下的网络拆开法计算供载功率，计算公式为

$$\left. \begin{aligned} P_A &= \frac{\sum_{i=1}^{m} P_i X_i}{X_{AB}} \\ Q_A &= \frac{\sum_{i=1}^{m} Q_i R_i}{R_{AB}} \end{aligned} \right\} \tag{3-31}$$

$$\left. \begin{aligned} P_A &= \frac{\sum_{i=1}^{m} P_i X'_i}{X_{AB}} \\ Q_A &= \frac{\sum_{i=1}^{m} Q_i R'_i}{R_{AB}} \end{aligned} \right\} \tag{3-32}$$

式中，X_i、R_i 分别为第 i 个负荷到电源 B 的感抗和电阻；X'_i、R'_i 分别为第 i 个负荷到电源 A 的感抗和电阻。

　　网络拆开法的意义是：将具有复数阻抗输送复功率的电力网拆开成两个电力网，一个只有感抗输送有功功率；另一个只有电阻输送无功功率。分别计算功率分布后再叠加就可得到供载功率分布。网络拆开法是一种近似求解潮流分布的方法，但它能满足一般工程计算的准确度要求。

　　对于两端供电网，在求出任一个电源向网络输出的功率后，各段线路输送的功率可由节点的基尔霍夫电流定律求出。在图 3-14 中，如果已经求得 $\widetilde{S}_A$，则可求得 $\widetilde{S}_2$。

　　因为对于节点 a 有

$$\widetilde{S}_A = \widetilde{S}_a + \widetilde{S}_2$$

故

$$\widetilde{S}_2 = \widetilde{S}_A - \widetilde{S}_a$$

　　值得注意的是：在求闭式网的初步功率分布时，由于大多数线路的实际功率方向未知，必须先假定功率方向，再运用基尔霍夫电流定律求出各段线路的功率。如果求得线路的功率为正值，则表明其方向与假设方向一致；否则，方向与假设方向相反。

　　【例 3-4】 有一额定电压为 110kV 的简单环网，如图 3-15 所示，其单位长度阻抗 $r_1 + jx_1 = (0.33 + j0.429)\ \Omega/\mathrm{km}$，线路 bc 采用 LGJ-70 型导线，单位长度阻抗 $r_1 + jx_1 = (0.45 + j0.44)\ \Omega/\mathrm{km}$，变电所 b、c 的计算负荷和各线路长度均在图中标出，求该网络的初步功率分布。

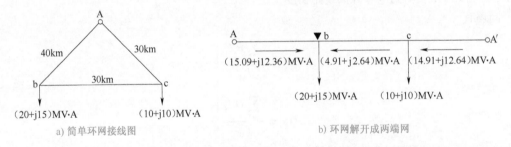

a) 简单环网接线图　　　　　　　　　　　　b) 环网解开成两端网

图 3-15　例 3-4 附图

　　解：假设各线路的功率方向如图 3-15b 所示。显然，此电力网属于近似均一网，可用简化方法求供载功率。在此，同时用复功率法和网络拆开法求解初步功率分布，以做比较。

　　（1）计算线路参数。

$Z_{bA'} = Z_{bc} + Z_{cA'} = (0.45 + j0.44) \times 30\Omega + (0.33 + j0.429) \times 30\Omega = (23.4 + j26.07)\Omega$

$Z_{cA'} = (0.33 + j0.429) \times 30\Omega = (9.9 + j12.87)\Omega$

$Z_{AA'} = Z_{Ab} + Z_{bc} + Z_{cA'} = (0.33 + j0.429) \times (40 + 30)\Omega + (0.45 + j0.44) \times 30\Omega$
$\qquad = (36.6 + j43.23)\Omega$

　　（2）计算功率分布。

　　1）复功率法：电源 A 通过线路 Ab 向网络输出的功率为

$$\widetilde{S}_{Ab} = \frac{\sum_{i=1}^{2} \widetilde{S}_i \overset{*}{Z}_i}{\overset{*}{Z}_{AA'}} = \frac{\widetilde{S}_b \overset{*}{Z}_{bA'} + \widetilde{S}_c \overset{*}{Z}_{cA'}}{\overset{*}{Z}_{AA'}}$$

$$= \frac{(20 + j15) \times (23.4 - j26.07) + (10 + j10) \times (9.9 - j12.87)}{36.6 - j43.23}\mathrm{MV \cdot A}$$

$$= \frac{1086.75 - j200.1}{36.6 - j43.23} \text{MV} \cdot \text{A} = (15.09 + j12.36) \text{MV} \cdot \text{A}$$

通过线路 A′c、cb 的功率可由节点的基尔霍夫电流定律求得，即

$$\widetilde{S}_{cb} = \widetilde{S}_b - \widetilde{S}_{Ab} = [20 + j15 - (15.09 + j12.36)] \text{MV} \cdot \text{A} = (4.91 + j2.64) \text{MV} \cdot \text{A}$$

$$\widetilde{S}_{A'c} = \widetilde{S}_c + \widetilde{S}_{cb} = (10 + j10 + 4.91 + j2.64) \text{MV} \cdot \text{A} = (14.91 + j12.64) \text{MV} \cdot \text{A}$$

据此计算结果，电力网的初步功率分布如图 3-15b 所示。

2）网络拆开法：

$$P_{Ab} = \frac{\sum_{i=1}^{2} P_i X_i}{X_{AA'}} = \frac{P_b X_{bA'} + P_c X_{cA'}}{X_{AA'}} = \frac{20 \times 26.07 + 10 \times 12.87}{43.23} \text{MW} = 15.04 \text{MW}$$

$$Q_{Ab} = \frac{\sum_{i=1}^{2} Q_i R_i}{R_{AA'}} = \frac{Q_b R_{bA'} + Q_c R_{cA'}}{R_{AA'}} = \frac{15 \times 23.4 + 10 \times 9.9}{36.6} \text{Mvar} = 12.3 \text{Mvar}$$

$$\widetilde{S}_{Ab} = P_{Ab} + jQ_{Ab} = (15.04 + j12.3) \text{MV} \cdot \text{A}$$

$$\widetilde{S}_{cb} = \widetilde{S}_b - \widetilde{S}_{Ab} = [20 + j15 - (15.04 + j12.3)] \text{MV} \cdot \text{A} = (4.96 + j2.7) \text{MV} \cdot \text{A}$$

$$\widetilde{S}_{A'c} = \widetilde{S}_c + \widetilde{S}_{cb} = (10 + j10 + 4.96 + j2.7) \text{MV} \cdot \text{A} = (14.96 + j12.7) \text{MV} \cdot \text{A}$$

从以上结果可知：1）b 点的有功、无功功率是由线路的两个方向汇合而成的，是有功、无功功率分点；2）用两种方法计算所得的结果相差很小，因而对近似均一网可采用网络拆开法简化计算。

【例 3-5】　有一额定电压为 110kV 的两端供电网，全线采用 LGJ-95 型导线，其单位长度阻抗 $r_1 + jx_1 = (0.33 + j0.429)$ Ω/km，各段线路长度和各点负荷均已标示在图 3-16a 中。$\dot{U}_A = 115.5 \underline{/0°} \text{kV}$，$\dot{U}_B = 115 \underline{/0°} \text{kV}$，求该网络的初步功率分布。

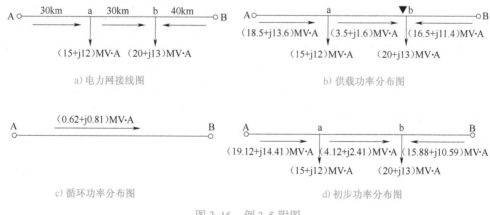

图 3-16　例 3-5 附图

解：假定各线路功率的正方向如图 3-16a 所示。

（1）计算供载功率。

这是一个均一电力网，可用式（3-29）或式（3-30）计算电源向网络送出的供载功率。

$$P_{Aa} = \frac{\sum_{i=1}^{2} P_i l_i}{l_{AB}} = \frac{P_a l_{aB} + P_b l_{bB}}{l_{AB}} = \frac{15 \times (30 + 40) + 20 \times 40}{30 + 30 + 40} \text{MW} = 18.5 \text{MW}$$

$$Q_{Aa} = \frac{\sum\limits_{i=1}^{2} Q_i l_i}{l_{AB}} = \frac{Q_a l_{aB} + Q_b l_{bB}}{l_{AB}} = \frac{12 \times (30 + 40) + 13 \times 40}{30 + 30 + 40}\text{Mvar} = 13.6\text{Mvar}$$

$$\widetilde{S}_{Aa} = (18.5 + j13.6)\text{MV} \cdot \text{A}$$

$$\widetilde{S}_{ab} = \widetilde{S}_{Aa} - \widetilde{S}_a = [18.5 + j13.6 - (15 + j12)]\text{MV} \cdot \text{A} = (3.5 + j1.6)\text{MV} \cdot \text{A}$$

$$\widetilde{S}_{Bb} = \widetilde{S}_b - \widetilde{S}_{ab} = [20 + j13 - (3.5 + j1.6)]\text{MV} \cdot \text{A} = (16.5 + j11.4)\text{MV} \cdot \text{A}$$

供载功率分布如图 3-16b 所示。

（2）计算循环功率。

$$Z_{AB} = (r_1 + jx_1) l_{AB} = (0.33 + j0.429) \times 100\Omega = (33 + j42.9)\Omega$$

$$\widetilde{S}_C = \frac{(\overset{*}{U}_A - \overset{*}{U}_B)}{\overset{*}{Z}_{AB}} U_N = \frac{115.5 - 115}{33 - j42.9} \times 110\text{MV} \cdot \text{A} = (0.62 + j0.81)\text{MV} \cdot \text{A}$$

循环功率分布如图 3-16c 所示。

（3）计算初步功率分布。

将供载功率和循环功率叠加便得到线路的初步功率分布。

$$\widetilde{S}'_{Aa} = \widetilde{S}_{Aa} + \widetilde{S}_C = (18.5 + j13.6 + 0.62 + j0.81)\text{MV} \cdot \text{A} = (19.12 + j14.41)\text{MV} \cdot \text{A}$$

$$\widetilde{S}'_{ab} = \widetilde{S}_{ab} + \widetilde{S}_C = (3.5 + j1.6 + 0.62 + j0.81)\text{MV} \cdot \text{A} = (4.12 + j2.41)\text{MV} \cdot \text{A}$$

$$\widetilde{S}'_{Bb} = \widetilde{S}_{Bb} - \widetilde{S}_C = [16.5 + j11.4 - (0.62 + j0.81)]\text{MV} \cdot \text{A} = (15.88 + j10.59)\text{MV} \cdot \text{A}$$

该电力网的初步功率分布如图 3-16d 所示。

二、最终功率分布的计算

所谓闭式电力网的最终功率分布，是指在计及网络的功率损耗和电压降落时的功率分布。闭式电力网的最终功率分布计算必须在完成初步功率分布后进行。作初步功率分布的目的在于确定闭式电力网的功率分点（也就是网络的末端），然后在功率分点处把闭式电力网解开成两个开式电力网，同时功率分点处的负荷也被分成两部分，分别挂在两开式电力网的末端，然后按照开式电力网潮流计算的方法计算被解开的两开式电力网的功率分布和各点电压，最后将两个开式电力网的末端连在一起，便得到原闭式电力网的最终功率分布和各点电压。

在图 3-17a 中，假设闭式电力网的初步功率分布已得出，并知 b 点是功率分点，则可在 b 点将此二端网解开成图 3-17b 所示的两个开式电力网。两开式网的末端负荷 $\widetilde{S}'_b = \widetilde{S}_{ab}$，$\widetilde{S}''_b = \widetilde{S}_{cb}$。

在求得两开式网计及功率损耗和电压降落的功率分布和各点电压后，再在 b 点将两开式网连起来，便得到图 3-17c 所示的最终功率分布。

对于有功功率分点和无功功率分点不重合的情况，一般在无功功率分点处解开，因为无功功率分点往往是电压最低的点。

闭式电力网潮流计算的基本步骤可归纳为如下几步：

1）根据网络接线图画等效电路图。

2）计算各元件参数（对多电压等级的电力网，需将参数折算至同一电压等级）。

3）化简电路。

4）计算初步功率分布，并找出功率分点。

5）在功率分点处将闭式电力网解开为两个开式电力网，然后按开式电力网的方法计算功率分布和电压分布。

6）在功率分点处将两个开式电力网的最终功率分布连起来，便得到原闭式电力网的功率

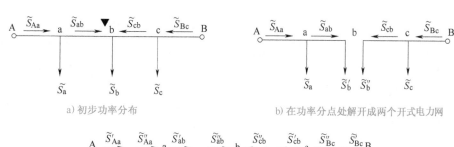

a) 初步功率分布

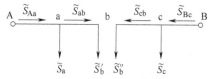

b) 在功率分点处解开成两个开式电力网

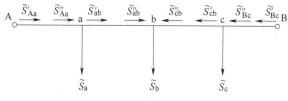

c) 最终功率分布

图 3-17　两端供电网的最终功率分布

分布。

【例3-6】 如图 3-18a 所示的 110kV 环形电力网，各条线路导线型号相同，几何平均距离相等，负荷及线路参数已在图中标出。变压器型号为 SFL1-40000/110，$\Delta P_k = 200\text{kW}$，$U_k\% = 10.5$，$\Delta P_0 = 42\text{kW}$，$I_0\% = 0.7$，各线路的导纳略去不计，母线 A 的运行电压为 115kV，求该网络的潮流分布。

解：（1）画出网络的等效电路图并计算参数。

线路 AC、AB、BC 的阻抗为

$$Z_{AC} = (0.27 + j0.42) \times 50\Omega = (13.5 + j21)\Omega$$

$$Z_{AB} = (0.27 + j0.42) \times 40\Omega = (10.8 + j16.8)\Omega$$

$$Z_{BC} = Z_{AC} = (13.5 + j21)\Omega$$

变压器的参数为

$$R_T = \frac{\Delta P_k U_N^2}{S_N^2} \times 10^3 = \frac{200 \times 110^2}{40000^2} \times 10^3 \Omega = 1.51\Omega$$

$$X_T = \frac{U_k\% U_N^2}{100 S_N} \times 10^3 = \frac{10.5 \times 110^2}{100 \times 40000} \times 10^3 \Omega = 31.76\Omega$$

$$\Delta Q_0 = \frac{I_0\%}{100} S_N = \frac{0.7}{100} \times 40000\text{kvar} = 280\text{kvar}$$

等效电路及参数如图 3-18b 所示。

（2）简化等效电路。

将变电所 C 用计算负荷表示得

$$\tilde{S}_C = \tilde{S}_D + \Delta \tilde{S}_T = \left[30 + j20 + \frac{30^2 + 20^2}{110^2} \times (1.51 + j31.76) + 0.042 + j0.28 \right]\text{MV·A}$$

$$= (30.2 + j23.69)\text{MV·A}$$

简化等效电路图如图 3-18c 所示。

（3）计算初步功率分布。

在电源 A 点将环网解开成两端供电网，并假定各段线路的功率正方向如图 3-18d 所示。此时有

$$\tilde{S}_{AB} = \left(\frac{25 \times 100 + 30.2 \times 50}{140} + j\frac{18 \times 100 + 23.69 \times 50}{140} \right)\text{MV·A} = (28.64 + j21.32)\text{MV·A}$$

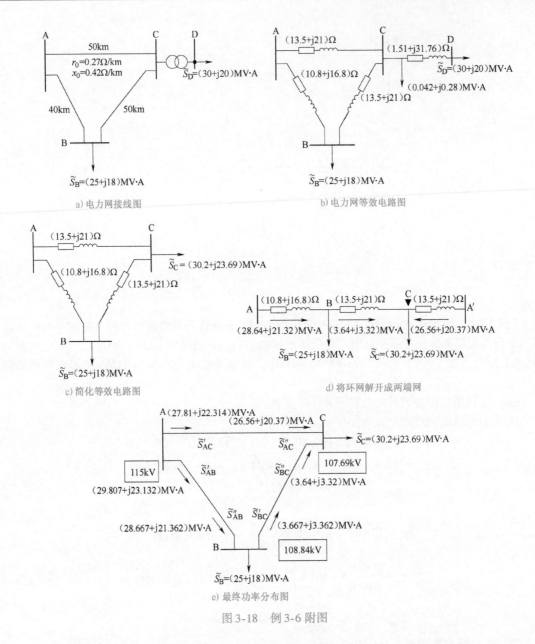

a) 电力网接线图

b) 电力网等效电路图

c) 简化等效电路图

d) 将环网解开成两端网

e) 最终功率分布图

图 3-18 例 3-6 附图

$$\widetilde{S}_{BC} = \widetilde{S}_{AB} - \widetilde{S}_{B} = [28.64 + j21.32 - (25 + j18)]MV \cdot A = (3.64 + j3.32)MV \cdot A$$

$$\widetilde{S}_{A'C} = \widetilde{S}_{C} - \widetilde{S}_{BC} = [30.2 + j23.69 - (3.64 + j3.32)]MV \cdot A = (26.56 + j20.37)MV \cdot A$$

画出初步功率分布图如图 3-18d 所示，C 点是有功、无功功率分点。

(4) 计算最终功率分布。

BC 线路末端功率为

$$\widetilde{S}''_{BC} = (3.64 + j3.32)MV \cdot A$$

BC 线路阻抗中功率损耗为

$$\Delta \widetilde{S}_{BC} = \frac{3.64^2 + 3.32^2}{110^2}(13.5 + j21)MV \cdot A = (0.027 + j0.042)MV \cdot A$$

BC 线路首端功率为

$$\widetilde{S}'_{BC} = \widetilde{S}''_{BC} + \Delta\widetilde{S}_{BC} = (3.64 + j3.32 + 0.027 + j0.042)\,\mathrm{MV\cdot A} = (3.667 + j3.362)\,\mathrm{MV\cdot A}$$

AB 线路末端功率为

$$\widetilde{S}''_{AB} = \widetilde{S}'_{BC} + \widetilde{S}_{B} = (3.667 + j3.362 + 25 + j18)\mathrm{MV\cdot A} = (28.667 + j21.362)\mathrm{MV\cdot A}$$

AB 线路阻抗中的功率损耗为

$$\Delta\widetilde{S}_{AB} = \frac{28.667^2 + 21.362^2}{110^2}(10.8 + j16.8)\,\mathrm{MV\cdot A} = (1.14 + j1.77)\mathrm{MV\cdot A}$$

AB 线路首端功率为

$$\widetilde{S}'_{AB} = \widetilde{S}''_{AB} + \Delta\widetilde{S}_{AB} = (28.667 + j21.362 + 1.14 + j1.77)\mathrm{MV\cdot A} = (29.807 + j23.132)\mathrm{MV\cdot A}$$

A′C 线路末端功率为

$$\widetilde{S}''_{AC} = (26.56 + j20.37)\mathrm{MV\cdot A}$$

A′C 线路阻抗中的功率损耗为

$$\Delta\widetilde{S}'_{A'C} = \frac{26.56^2 + 20.37^2}{110^2}(13.5 + j21)\mathrm{MV\cdot A} = (1.25 + j1.944)\mathrm{MV\cdot A}$$

A′C 线路首端功率为

$$\widetilde{S}'_{A'C} = \widetilde{S}''_{A'C} + \Delta\widetilde{S}_{A'C} = (26.56 + j20.37 + 1.25 + j1.944)\mathrm{MV\cdot A} = (27.81 + j22.314)\mathrm{MV\cdot A}$$

最终功率分布如图 3-18e 所示。

（5）计算各高压母线电压。

$$\dot{U}_{B} = U_{A} - \frac{P'_{AB}R_{AB} + Q'_{AB}X_{AB}}{U_{A}} - j\frac{P'_{AB}X_{AB} - Q'_{AB}R_{AB}}{U_{A}}$$

$$= \left(115 - \frac{29.807 \times 10.8 + 23.132 \times 16.8}{115} - j\frac{29.807 \times 16.8 - 23.132 \times 10.8}{115}\right)\mathrm{kV}$$

$$= (108.82 - j2.18)\ \mathrm{kV}$$

$$U_{B} = 108.84\mathrm{kV}$$

$$\dot{U}_{C} = U_{A} - \frac{P'_{A'C}R_{A'C} + Q'_{A'C}X_{A'C}}{U_{A}} - j\frac{P'_{A'C}X_{A'C} - Q'_{A'C}R_{A'C}}{U_{A}}$$

$$= \left(115 - \frac{27.81 \times 13.5 + 22.314 \times 21}{115} - j\frac{27.81 \times 21 - 22.314 \times 13.5}{115}\right)\mathrm{kV}$$

$$= (107.66 - j2.46)\ \mathrm{kV}$$

$$U_{C} = 107.69\mathrm{kV}$$

课题四　计算机潮流计算

随着电力系统规模的不断扩大，系统的节点数也在逐渐增多，要靠手工计算电力系统的潮流分布已相当困难。复杂的电力系统潮流计算一般都采用计算机计算，使用计算机计算潮流具有计算精度高、速度快等优点。

采用计算机计算潮流的基本步骤：1）建立电力系统运行状态的数学模型；2）确定求解数学模型的方法；3）制定框图并编制计算程序；4）上机计算并对计算结果进行分析。本课题主要介绍前两步的有关知识。

一、潮流计算的数学模型

1. 节点电压方程

电力系统潮流计算的数学模型是在电力系统等效电路基础上建立的用来描述系统运行状态

变量和网络参数之间相互关系的一组数学方程式。电力系统的潮流计算主要有节点电压方程和回路电流方程两种方法。由于节点电压方程具有方程数目少、导纳矩阵可直接从网络等效电路图上形成、修改容易，且根据待求变量（母线电压）能方便地求出功率和电压等特点，所以在计算机计算潮流中广泛采用。

　　节点电压方程的待求变量是母线电压，根据电力系统的等效电路对节点列出电流方程即可得到节点电压方程。下面以具有 3 个独立节点的简单电力系统为例，介绍节点电压方程的求取方法。

　　在图 3-19a 所示的简单电力系统中，以系统中性接地点作为参考节点，设三个独立节点相对参考节点的电压分别为 $\dot{U}_1$、$\dot{U}_2$、$\dot{U}_3$，为了便于理解，忽略变压器和线路的导纳支路，电源用恒流源表示，电力网各元件阻抗转变为导纳表示，则图 3-19b 是其等效电路。根据基尔霍夫电流定律可写出 3 个独立节点的电流平衡方程，即

$$\left.\begin{array}{l}\dot{I}_1 = y_1 \dot{U}_1 + y_{12}(\dot{U}_1 - \dot{U}_2) + y_{13}(\dot{U}_1 - \dot{U}_3)\\[4pt]\dot{I}_2 = y_2 \dot{U}_2 + y_{21}(\dot{U}_2 - \dot{U}_1) + y_{23}(\dot{U}_2 - \dot{U}_3)\\[4pt]0 = y_3 \dot{U}_3 + y_{31}(\dot{U}_3 - \dot{U}_1) + y_{32}(\dot{U}_3 - \dot{U}_2)\end{array}\right\} \tag{3-33}$$

整理上式，得

$$\left.\begin{array}{l}\dot{I}_1 = (y_1 + y_{12} + y_{13}) \dot{U}_1 - y_{12} \dot{U}_2 - y_{13} \dot{U}_3\\[4pt]\dot{I}_2 = -y_{21} \dot{U}_1 + (y_2 + y_{21} + y_{23}) \dot{U}_2 - y_{23} \dot{U}_3\\[4pt]0 = -y_{31} \dot{U}_1 - y_{32} \dot{U}_2 + (y_3 + y_{31} + y_{32}) \dot{U}_3\end{array}\right\} \tag{3-34}$$

　　令 $y_1 + y_{12} + y_{13} = Y_{11}$，$y_2 + y_{21} + y_{23} = Y_{22}$，$y_3 + y_{31} + y_{32} = Y_{33}$，$-y_{12} = -y_{21} = Y_{12} = Y_{21}$，$-y_{31} = -y_{13} = Y_{31} = Y_{13}$，$-y_{23} = -y_{32} = Y_{23} = Y_{32}$，则式（3-34）可改写为

$$\left.\begin{array}{l}\dot{I}_1 = Y_{11} \dot{U}_1 + Y_{12} \dot{U}_2 + Y_{13} \dot{U}_3\\[4pt]\dot{I}_2 = Y_{21} \dot{U}_1 + Y_{22} \dot{U}_2 + Y_{23} \dot{U}_3\\[4pt]0 = Y_{31} \dot{U}_1 + Y_{32} \dot{U}_2 + Y_{33} \dot{U}_3\end{array}\right\} \tag{3-35}$$

式中，Y_{11}、Y_{22}、Y_{33} 分别称为节点 1、2 和 3 的自导纳；Y_{12}、Y_{23}、Y_{31} 分别称为节点 1 和 2、2 和 3、3 和 1 间的互导纳；$\dot{I}_1$、$\dot{I}_2$ 分别为节点 1、2 的流入电流。

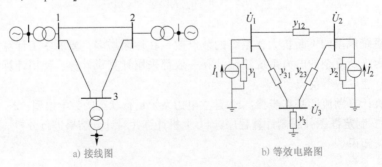

a) 接线图　　　　　　　　b) 等效电路图

图 3-19　电力系统及其等效电路

　　式（3-35）即为具有三个独立节点电力系统的节点电压方程。对于具有 n 个独立节点的电力系统，其节点电压方程为

$$\left.\begin{array}{l} \dot{I}_1 = Y_{11}\dot{U}_1 + Y_{12}\dot{U}_2 + \cdots + Y_{1n}\dot{U}_n \\ \dot{I}_2 = Y_{21}\dot{U}_1 + Y_{22}\dot{U}_2 + \cdots + Y_{2n}\dot{U}_n \\ \vdots \\ \dot{I}_n = Y_{n1}\dot{U}_1 + Y_{n2}\dot{U}_2 + \cdots + Y_{nn}\dot{U}_n \end{array}\right\} \tag{3-36}$$

式(3-36) 用矩阵表示为

$$\begin{bmatrix} \dot{I}_1 \\ \dot{I}_2 \\ \vdots \\ \dot{I}_n \end{bmatrix} = \begin{bmatrix} Y_{11} & Y_{12} & \cdots & Y_{1n} \\ Y_{21} & Y_{22} & \cdots & Y_{2n} \\ \vdots & & & \\ Y_{n1} & Y_{n2} & \cdots & Y_{nn} \end{bmatrix} \begin{bmatrix} \dot{U}_1 \\ \dot{U}_2 \\ \vdots \\ \dot{U}_n \end{bmatrix} \tag{3-37}$$

式中，$\dot{I}_i$ 为流入各节点的电流，$i=1,2,\cdots,n$；$\dot{U}_i$ 为各节点的电压，$i=1,2,\cdots,n$。

式(3-37) 可缩记为

$$YU = I$$

矩阵 Y 称为节点导纳矩阵。它的对角线元素 Y_{ii} 称为节点 i 的自导纳，其值等于接于节点 i 的所有支路的导纳之和。非对角线元素 Y_{ij} 称为节点 i、j 间的互导纳，它等于直接连接于节点 i、j 间支路导纳的负值。若节点 i、j 间不存在直接连接的支路，则 $Y_{ij}=0$。由此可知，节点导纳矩阵是一个稀疏的对称矩阵。

2. 节点导纳矩阵元素的物理意义

如果令

$$\dot{U}_k \neq 0, \quad \dot{U}_j = 0 \quad (j=1,2,\cdots,n, j\neq k)$$

代入式(3-37)，可得

$$Y_{ik}\dot{U}_k = \dot{I}_i \quad (i=1,2,\cdots,n)$$

或者

$$Y_{ik} = \frac{\dot{I}_i}{\dot{U}_k} \quad (\dot{U}_j = 0, j\neq k) \tag{3-38}$$

当 $k=i$ 时，式(3-38) 说明：当网络中除节点 i 以外所有节点都接地时，从节点 i 流入网络的电流与施加于节点 i 的电压之比，即等于节点 i 的自导纳 Y_{ii}。换句话说，自导纳 Y_{ii} 是除节点 i 以外的所有节点都接地时，节点 i 对地的总导纳。显然，Y_{ii} 应等于与节点 i 相接的各支路导纳之和，即

$$Y_{ii} = y_{i0} + \sum_{i=1}^{n} y_{ij} \tag{3-39}$$

式中，y_{i0} 为节点 i 与零电位节点之间的支路导纳；y_{ij} 为节点 i 与节点 j 之间的支路导纳。

当 $k\neq i$ 时，式(3-39) 说明：当网络中除节点 k 以外所有节点都接地时，从节点 i 流入网络的电流与施加于节点 k 的电压之比，即等于节点 k、i 之间的互导纳 Y_{ik}。在这种情况下，节点 i 的电流实际上是自网络流出并流入地中的电流，所以 Y_{ik} 应等于节点 k、i 之间的支路导纳的负值，即

$$Y_{ik} = -y_{ik}$$

不难理解 $Y_{ki} = Y_{ik}$。若节点 i 和 k 没有支路直接相连时，便有 $Y_{ik} = 0$。

通过以上分析，可以得出节点导纳矩阵的主要特点：

1）可根据网络接线图和支路参数直接求出。

2）导纳矩阵为对称矩阵。由于 $Y_{ij} = Y_{ji}$，即网络节点导纳矩阵为对称矩阵，因而可只求节点导纳矩阵的上三角或下三角元素。

3）节点导纳矩阵为稀疏矩阵。当 i、j 节点间没有支路直接相连时，则有 $Y_{ij} = Y_{ji} = 0$，这样，$[Y]$ 中将有大量的零元素。可见，节点导纳矩阵为稀疏矩阵，导纳矩阵各行非对角非零元素的个数等于对应节点所连的不接地支路数。

3. 节点导纳矩阵的修改

在电力系统的运行分析中，往往要计算不同接线方式下的运行状态。当网络接线改变时，节点导纳矩阵也要做相应地修改。假定在接线改变前导纳矩阵元素为 $Y_{ij}^{(0)}$，接线改变以后应修改为 $Y_{ij} = Y_{ij}^{(0)} + \Delta Y_{ij}$。现在就以几种典型的接线变化说明修改增量 ΔY_{ij} 的计算方法。

1）从网络的原有节点 i 引出一条导纳为 Y_{ik} 的支路，同时增加一个节点 k，如图 3-20a 所示。

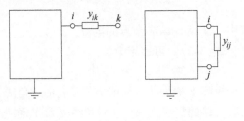

由于节点数加 1，导纳矩阵将增加一行一列。新增的对角线元素 $Y_{kk} = y_{ik}$。新增的非对角线元素中，只有 $Y_{ik} = Y_{ki} = -y_{ik}$，其余的元素都为零。矩阵的原有部分中，只有节点 i 的自导纳应增加 $\Delta Y_{ii} = y_{ik}$。

a) 增加节点　　　　b) 增加支路

图 3-20　网络接线的改变

2）在网络的原有节点 i、j 之间增加一条导纳为 y_{ij} 的支路（见图 3-20b）。由于只增加支路不增加节点，故导纳矩阵的阶次不变。因而只要对与节点 i、j 有关的元素分别增添以下的修改增量即可，其余的元素都不必修改。

$$\Delta Y_{ii} = \Delta Y_{jj} = y_{ij}, \quad \Delta Y_{ij} = \Delta Y_{ji} = -y_{ij}$$

3）在网络的原有节点 i、j 之间切除一条导纳为 y_{ij} 的支路。这种情况可以当作是在 i、j 节点间增加一条导纳为 $-y_{ij}$ 的支路来处理，因此，导纳矩阵中有关元素的修正增量为

$$\Delta Y_{ii} = \Delta Y_{jj} = -y_{ij}, \quad \Delta Y_{ij} = \Delta Y_{ji} = y_{ij}$$

其他的网络变更情况，可以参考上述方法进行处理，或者直接根据导纳矩阵元素的物理意义导出相应的修改公式。

4. 潮流计算方程

由以上介绍的数学模型可知，若已知节点流入电流或电压和网络参数，则可直接求解这一线性方程。但实际中往往已知的不是节点流入电流而是注入功率，因此，必须用节点注入功率表示节点流入电流，而节点注入功率与节点电压是非线性关系，从而使潮流计算变成非线性方程的求解。

式(3-38) 可写成

$$\dot I_i = \sum_{j=1}^{n} Y_{ij} \dot U_j \quad (i = 1, 2, \cdots, n) \tag{3-40}$$

而

$$\dot I_i = \frac{\overset{*}{S}_i}{\overset{*}{U}_i} = \frac{P_i - \mathrm{j}Q_i}{\overset{*}{U}_i} \quad (i = 1, 2, \cdots, n)$$

将上式代入式(3-40) 得

$$\frac{P_i - \mathrm{j}Q_i}{\overset{*}{U_i}} = \sum_{j=1}^{n} Y_{ij} \dot{U}_j \quad (i = 1,2,\cdots,n) \tag{3-41}$$

于是

$$P_i + \mathrm{j}Q_i = \dot{U}_i \sum_{j=1}^{n} \overset{*}{Y}_{ij} \overset{*}{U}_j \quad (i = 1,2,\cdots,n) \tag{3-42}$$

式中，P_i、Q_i 为注入节点 i 的有功功率和无功功率。

5. 电力系统节点的分类

将式(3-42) 按实部和虚部分开，每个节点可得两个实数方程，但变量有四个，即 P_i、Q_i、U_i 和 δ_i（电压相角），因此必须给定其中两个，方程才可以求解。根据电力系统的实际运行条件，按给定参量的不同，一般可以将节点分为以下三类。

（1）PQ 节点　这类节点的有功功率 P 和无功功率 Q 是给定的，待求参量是节点电压幅值 U 及相角 δ。按给定有功功率、无功功率发电的发电厂母线和无其他电源的变电站母线都属于 PQ 节点。电力系统中的绝大多数节点都属于此种类型。

（2）PV 节点　这类节点的有功功率 P 和电压幅值 U 是给定的，待求参量是节点无功功率 Q 与电压相角 δ。这类节点要维持给定的电压幅值，因此必须有足够的可调无功容量。因而，具有一定无功储备容量的发电厂母线和具有可调无功电源设备的变电所母线都属于 PV 节点。在电力系统中，这一类节点数目很少。

（3）平衡节点　这类节点的电压幅值 U 及相角 δ 是给定的，待求参量是节点的有功功率 P 和无功功率 Q。平衡节点承担了系统的功率平衡，一般选择主调频电厂作为平衡节点。这类节点在全系统中一般只有一个。

从以上叙述可知，式(3-42) 是关于节点电压 U_i 为求解变量的非线性方程组，因此，电力系统的潮流计算归结为如何求解该方程组的问题。

6. 潮流计算的约束条件

电力系统运行必须满足一定的技术和经济条件，通过求解方程所得到的结果必须满足电力系统的实际运行条件，也就是说，各运行参量要受到一定的约束。下面就来介绍这些约束条件。

1）所有节点的电压应满足：

$$U_{imin} \leqslant U_i \leqslant U_{imax} \quad (i = 1,\ 2,\ \cdots,\ n) \tag{3-43}$$

为了保证良好的电压质量，系统所有节点的电压不能超出一定的范围。

2）发电机的输出功率应满足：

$$\left. \begin{array}{l} P_{Gimin} \leqslant P_{Gi} \leqslant P_{Gimax} \\ Q_{Gimin} \leqslant Q_{Gi} \leqslant Q_{Gimax} \end{array} \right\} \quad (i = 1,\ 2,\ \cdots,\ n) \tag{3-44}$$

以上约束条件不仅受发电设备出力的限制，也受系统技术、经济条件的影响。

3）某些节点之间电压的相位差应满足：

$$|\delta_i - \delta_j| \leqslant |\delta_i - \delta_j|_{max} \tag{3-45}$$

为了保证系统的稳定运行，要求某些电力线路两端的电压相角差不超过一定的数值。

7. 平衡节点与各段线路的功率分布

在求解出各节点电压后，就能较容易地求出平衡节点的功率、系统各支路的功率和功率损耗了。

假设电力系统有 n 个独立节点，第 n 个为平衡节点，则其功率为

$$\tilde{S}_n = P_n + \mathrm{j}Q_n = \dot{U}_n \left(\sum_{j=1}^{n} Y_{nj} \dot{U}_j \right)^* \tag{3-46}$$

在图 3-21 所示的线路等效电路中，线路 ij 首端的功率为

$$\widetilde{S}_{ij} = P_{ij} + jQ_{ij} = \dot{U}_i \overset{*}{\dot{I}}_{ij} = \dot{U}_i \left[\dot{U}_i y_{i0} + \left(\dot{U}_i - \dot{U}_j \right) y_{ij} \right]^* \tag{3-47}$$

线路 ij 末端的功率为

$$\widetilde{S}_{ji} = P_{ji} + jQ_{ji} = \dot{U}_j \overset{*}{\dot{I}}_{ji} = \dot{U}_j \left[\dot{U}_j y_{j0} + \left(\dot{U}_j - \dot{U}_i \right) y_{ji} \right]^* \tag{3-48}$$

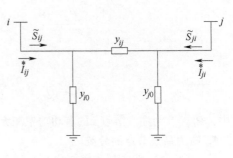

图 3-21　电力线路中的功率和电流

线路 ij 中的功率损耗为

$$\Delta \widetilde{S}_{ij} = \widetilde{S}_{ij} + \widetilde{S}_{ji} = \Delta P_{ij} + j\Delta Q_{ij} \tag{3-49}$$

二、求解潮流分布方程的算法

如前所述，在潮流分布计算中所建立的数学模型实际上是非线性方程组。求解这种非线性方程组的方法有许多，如高斯-塞德尔法、牛顿-拉夫逊法及 P-Q 分解法等。其中，牛顿-拉夫逊法是具有基础性且应用较多的一种方法，下面简要介绍这种方法的基本思路。

1. 牛顿-拉夫逊法

牛顿-拉夫逊法是求解非线性代数方程的一种有效的迭代计算方法，在牛顿-拉夫逊法的每一次迭代过程中，都将非线性方程通过线性化处理，变成线性方程即修正方程来求解。下面以单变量方程为例简述牛顿-拉夫逊迭代计算的概念。

设有一维非线性方程为

$$f(x) = 0 \tag{3-50}$$

设方程的初始解为 x_0，它与真解的误差为 Δx_0，则式(3-50) 可写成

$$f(x_0 - \Delta x_0) = 0 \tag{3-51}$$

在 x_0 处将上式展开为泰勒级数，有

$$f(x_0 - \Delta x_0) = f(x_0) - f'(x_0)\Delta x_0 + \frac{f''(x_0)}{2}(\Delta x_0)^2 - \cdots \tag{3-52}$$

如果 x_0 接近真解，则 Δx_0 很小，所以可以略去所有 Δx_0 二次方及以后各项，故上式可简化为

$$f(x_0 - \Delta x_0) \approx f(x_0) - f'(x_0)\Delta x_0 \approx 0 \tag{3-53}$$

可得

$$\Delta x_0 = \frac{f(x_0)}{f'(x_0)} \tag{3-54}$$

式(3-54) 是变量修正量 Δx_0 的线性代数方程，称为牛顿-拉夫逊法修正方程。由于式(3-54)是略去 Δx_0 的二次方及以后各项的简化式，故所求出的 Δx_0 只是变量修正量的近似值。将初值 x_0 代入上式求得修正量 Δx_0，即可得到方程的一次近似解

$$x_1 = x_0 - \Delta x_0 \tag{3-55}$$

将 x_1 作为新的初值代入式(3-54) 求出新的修正量 Δx_1，再将 Δx_1 代入式(3-55) 又可求得方程的二次近似解 x_2。

可见，x_1 比 x_0、x_2 又比 x_1 更接近于真解。图 3-22 示出了上述关系。

这样继续下去，直到某两次迭代解的差值小于某一给定的允许误差值 ε，或者说 $\Delta x_k \leqslant \varepsilon$（$k$ 为迭代次数），则可认为 x_{k+1} 是式(3-50) 的解。式(3-54) 也可以写成一般的迭代式

$$f(x_k) = J\Delta x_k \tag{3-56}$$

式中，$J = f'(x_k)$。

从以上分析可看出，牛顿–拉夫逊法求解非线性方程的过程实际上是反复求解修正方程式的过程。

2. 用牛顿–拉夫逊法进行潮流计算的步骤

用牛顿–拉夫逊法计算电力系统潮流的基本步骤如下：

1）形成节点导纳矩阵。

2）给各节点电压设初始值 U_i^0、δ_i^0（或 e_i^0、f_i^0）。

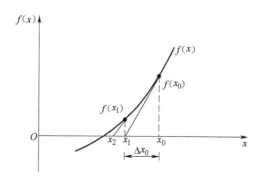

图 3-22　牛顿–拉夫逊法的迭代过程

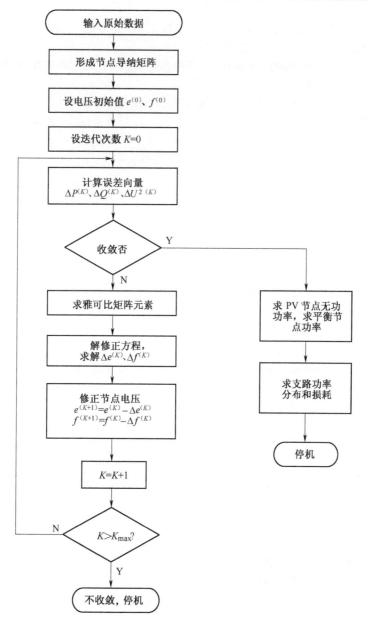

图 3-23　牛顿–拉夫逊法计算电力系统潮流的程序流程图

73

3）将节点电压初始值代入各式，求出修正方程式的常数项向量。

4）求出雅可比矩阵元素。

5）求修正向量 ΔU、$\Delta \delta$ 或 Δe、Δf。

6）求取节点电压的新值。

7）检查是否收敛，若不收敛，则以各节点电压的新值作为初始值，自第3）步重新开始进行下一次迭代，否则转入下一步。

8）计算支路功率分布、PV 节点无功功率和平衡节点流入功率。

图 3-23 所示为牛顿–拉夫逊法计算潮流的程序流程图。图中，K_{max} 为事先给定的最大迭代次数，当实际迭代次数 $K > K_{max}$ 时，即认为计算不收敛。

习　题

3-1　什么叫电压降落、电压损耗、电压偏差、电压调整及输电效率？

3-2　电力系统潮流计算的内容和目的各是什么？

3-3　元件阻抗中的功率损耗和电压降落计算公式中的功率是三相值还是单相值？电压是线电压还是相电压？公式中的功率和电压为什么要采用同一点的值？

3-4　简单闭式网络主要有哪几种形式？其潮流分布计算的主要步骤是什么？

3-5　一条额定电压为 110kV 的电力线路，长度为 100km，导线单位长度的参数为：$r_1 = 0.21\Omega/km$，$x_1 = 0.41\Omega/km$，$b_1 = 2.74 \times 10^{-6}S/km$。已知线路末端负荷为（40 + j30）MV·A，线路首端电压为 115kV。试求：1）正常运行时线路末端的电压；2）空载时线路末端的电压。

3-6　某输电系统如图 3-24 所示。已知：每台变压器的 $S_N = 100MV \cdot A$，$\Delta P_0 = 450kW$，$\Delta Q_0 = 3500kvar$，$\Delta P_k = 1000kW$，$U_k\% = 12.5$，工作在 -5% 的分接头；每回线路长 140km，单位长度参数 $r_1 = 0.08\Omega/km$，$x_1 = 0.4\Omega/km$，$b_1 = 2.8 \times 10^{-6} S/km$；负荷 $P_{LD} = 150MW$，$\cos\varphi = 0.85$。线路首端电压 $U_A = 245kV$，试分别计算：

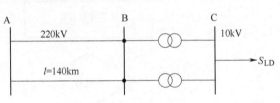

图 3-24　习题 3-6 图

1）输电线路电压降落和电压损耗；

2）输电线路首端功率和输电效率；

3）线路首端 A、末端 B 及变压器低压侧 C 的电压偏差。

3-7　图 3-25 所示为一条 80km 的 110kV 线路，向变电所 B 供电，线路的单位长度参数为：$r_1 = 0.27\Omega/km$，$x_1 = 0.408\Omega/km$，$b_1 = 2.79 \times 10^{-6}S/km$。变电所内装有一台 20MV·A 的三绕组变压器，电压为 110/38.5/11kV，容量比为 100/100/100，$\Delta P_{k12} = 145kW$，$\Delta P_{k23} = 117kW$，$\Delta P_{k31} = 158kW$，$U_{k12}\% = 10.5$，$U_{k23}\% = 6.5$，$U_{k31}\% = 18$，$\Delta P_0 = 43.3kW$，$I_0\% = 3.46$。当线路首端电压 $U_A = 121kV$，变电所高压母线负荷为（15 + j10）MV·A，中压母线负荷为（10 + j8）MV·A，低压母线负荷为（5 + j3）MV·A 时，试求变电所高、中、低压侧的电压。

3-8　有一 110kV 的简单环形电力网，导线型号相同，其单位长度参数为：$r_1 = 0.33\Omega/km$，$x_1 = 0.429\Omega/km$，$b_1 = 2.65 \times 10^{-6} S/km$。各变电所的负荷及线路长度均在图 3-26 中标出。若 $U_A = 115kV$，试求该网络的最终功率分布和最大电压损耗。

3-9　一条额定电压为 380V 的三相架空线路，如图 3-27 所示。干线 ac 采用 LJ-70 型导线，支线 be、af 采用 LJ-50 型导线，试求最大电压损耗。

3-10　试求图 3-28 所示等效电路的节点导纳矩阵（图中数值为阻抗标幺值）。

其中，节点 1 为平衡节点，节点 2、3 为 PQ 节点，节点 4 为 PV 节点，已知 $U_1 = 1.05$，$\widetilde{S}_2 = 0.55 + j0.18$，$\widetilde{S}_3 = 0.3 + j0.18$，$P_4 = 0.5$，$U_4 = 1.10$，图中线路阻抗为标幺值。

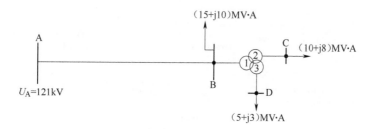

图 3-25　习题 3-7 图

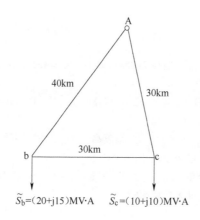

图 3-26　习题 3-8 图

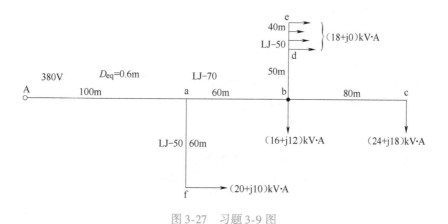

图 3-27　习题 3-9 图

3-11　选择题（将正确的选项填入括号中）

1. 高压输电线空载运行时，末端电压比首端电压（　　）。

A. 高　　　　　　　B. 低　　　　　　　C. 相等　　　　　　　D. 都不对

2. 电力网无功功率分点一定是电力网节点（　　）最低的节点。

A. 电压　　　　　B. 频率　　　　　C. 功率　　　　　D. 相角

3. 电力网中有功功率的流向是（　　）。

A. 从电压高的节点流向电压低的节点

B. 从电压低的节点流向电压高的节点

C. 从电压相位超前的节点流向滞后节点

D. 从电压相位滞后的节点流向超前节点

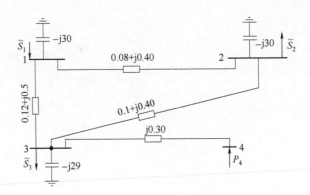

图 3-28 习题 3-10 图

4. 某变压器型号为 SFL1-8000/35，电压为 35/11kV，$I_0\% = 1.5$，$U_k\% = 7.5$，则折算到高压侧的变压器电抗为（ ）。

A. 1.435Ω B. 14.35Ω C. 1.14Ω D. 11.48Ω

5. 牛顿–拉夫逊法的主要优点是（ ）。

A. 简单   B. 收敛快   C. 精度高   D. 对初值要求低

6. 线路两端电压的相角差主要取决于电压降落的（ ）

A. 水平分量   B. 垂直分量   C. 纵分量   D. 横分量

7. 阻抗为 $R + jX$ 的线路，当流过无功功率时，（ ）。

A. 产生无功损耗   B. 会产生无功损耗，不会产生有功损耗

C. 不会产生无功损耗，会产生有功损耗   D. 产生有功损耗

8. 节点导纳矩阵为方阵，其阶数等于（ ）。

A. 网络中所有节点数   B. 网络中所有节点数减 1

C. 网络中所有节点数加 1   D. 网络中除参考节点以外的节点数

3-12 判断题（正确的在括号内打 "√"，错误的打 "×"）

1. 在电力系统中，相电压 U、相电流 I、三相功率 S 的关系表达式为 $S = \sqrt{3}\,UI$。（ ）

2. 任何情况下，线路末端的电压都比首端电压低。（ ）

3. 若某线路正常运行时末端电压为 9.5kV，则电压偏移百分数为 5%。（ ）

4. 如果两个节点之间无直接联系，则两个节点互导纳为零。（ ）

5. 电力网中无功功率分点一定是电力网电压最低的节点。（ ）

6. 在配电网的潮流计算中，计算线路两端电压损耗可以忽略电压降落的横分量。（ ）

7. 地方网的潮流计算可以忽略各元件导纳参数的影响。（ ）

8. 网络元件两端电压降落的大小与电压损耗的大小相等。（ ）

第四单元 电力系统对称短路的分析计算

学习内容

本单元主要介绍关于短路的一些基本概念，讨论无限大功率电源供电的三相对称电路短路后短路电流的变化（暂态）过程，并进行短路冲击电流、短路电流有效值和短路功率的计算。重点是学习电力系统三相短路电流的实用计算方法。

学习目标

● 熟练掌握电力系统三相短路的实用计算方法。一是应用等效法计算短路瞬间短路电流周期分量的有效值；二是应用运算曲线法计算三相短路暂态过程中不同时刻短路电流周期分量的有效值。

● 了解三相短路电流的计算机算法。

课题一 短路的基本概念

一、短路的概念和类型

短路的基本概念

在电力系统的运行过程中，时常会发生故障，其中，对电力系统运行和电力设备危害最大且发生概率较大的是短路故障（简称短路）。所谓短路，是指电力系统正常运行情况以外的相与相之间或相与地（或中性线）之间的非正常连接。

在三相交流电力系统中，短路故障的基本类型有三相短路、两相短路、两相接地短路和单相接地短路。表4-1列出了三相系统中短路的基本类型。三相短路时，三相电路依旧是对称的，故称为对称短路。而其他几种短路均使三相电路不对称，故称为不对称短路。上述各种短路称为简单故障，即均指在同一地点短路。实际上，也可能在不同的地点发生短路，同时发生两个或两个以上故障，这种情况称为复杂故障。

表4-1　短路的基本类型、示意图和代表符号

短路类型	示意图	代表符号
三相短路	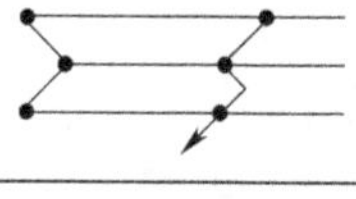	$f^{(3)}$
两相接地短路	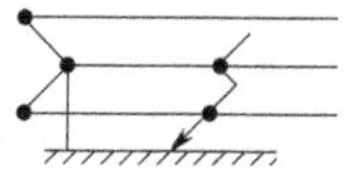	$f^{(1,1)}$
两相短路	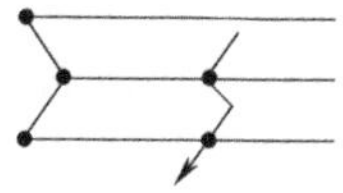	$f^{(2)}$
单相接地短路	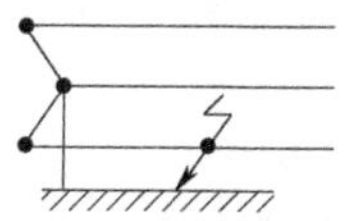	$f^{(1)}$

电力系统运行数据统计表明，以三相短路最为危险，但此种严重故障发生的次数最少，一般占短路总数的6%～7%。两相接地短路和两相短路对于电力系统的扰动也较大，其中两相接地短路的危害仅次于三相短路，发生这两种短路占短路总数的23%～24%，比三相短路发生的次数要多。单相短路在高压系统中发生的次数最多，一般占短路总数的70%左右。

二、短路的原因及危害

产生短路的原因有很多，归纳起来主要有以下几个方面。

1）绝缘材料的损坏：绝缘材料自然老化，或者设计、安装及维护不良所带来的设备绝缘击穿。

2）恶劣的自然条件：如雷击造成的闪络放电或避雷器动作，架空线路由于大风或导线覆冰引起电杆倒塌等造成短路。

3）人为误操作：如运行人员带负荷合闸，线路或设备检修后未拆除地线就加上电压引起的短路等。

4）其他原因：如电力系统运行时内部过电压引起的绝缘击穿，人为破坏引起杆塔倒塌等。

短路对电力系统的正常运行和电气设备有很大危害，短路的危害一般表现如下：

1）短路回路中的电流剧增，短路点的电弧有可能烧坏电气设备，其热效应会引起导体及其绝缘的损坏；同时电动力效应也可能使导体变形或损坏。

2）短路还会引起电力网中电压降低，特别是靠近短路点处的电压下降得最多，可能使部分用户的供电受到影响。

3）发生不对称短路时，三相不平衡电流会在相邻的通信线路感应出电动势，对通信系统造成强烈干扰。

4）当短路发生地点离电源不远而持续时间又较长时，并列运行的发电机可能失去同步，破坏系统运行的稳定性，造成大片区停电，这是短路最严重的后果。

基于上述原因，在电力系统设计和运行时，要采取适当的措施降低短路故障的发生概率，如采用合理的防雷设施、降低过电压水平、使用结构完善的配电装置及加强运行维护管理等；通过继电保护装置迅速切除故障设备，保证无故障部分的安全运行；架空线路普遍采用自动重合闸装置，发生短路时断路器迅速跳闸，经一定时间（0.4～1s）断路器自动合闸；线路上串联电抗器，通常也是为了限制短路电流。

三、计算短路电流的目的

在发电厂、变电所及整个电力系统的设计和运行中，短路电流的计算尤为重要，短路计算是解决一系列技术问题的基本计算。短路电流计算的意义如下。

1）选择有足够电动力稳定和热稳定性的电气设备，例如，断器、互感器、母线及电缆等一次设备，验算导体和电器的动稳定、热稳定以及电器开断电流，必须以短路计算的数据为依据。

2）合理地配置继电保护及自动装置，进行整定计算，必须对电力网中发生的各种短路进行计算和分析。

3）比较和选择发电厂和电力系统电气主接线，选择最佳的主接线方案，确定中性点运行方式等，必须以短路计算的数据为依据。

4）进行电力系统稳定性的分析计算，也必须以短路计算的数据为依据。

5）确定电力线路对邻近通信线路的干扰等。

课题二　无限大功率电源供电的三相短路

一、无限大功率电源

当电源与短路点的电气距离较远时，由短路引起的电源送出功率的变化量 ΔS 远小于电源的容量 S，即 $S \gg \Delta S$，这时可认为 $S \to \infty$，则称该电源为无限大功率电源。具有无限大功率电源的系统称为无限大容量系统。

无限大功率电源的特点是：

1）因为 $S \gg \Delta S$，则 $P \gg \Delta P$，可认为在短路过程中无限大功率电源的频率是恒定的。

2）由于 $Q \gg \Delta Q$，所以认为在短路过程中无限大功率电源的端电压是恒定的。

3）端电压恒定的电源，内阻抗等于零，即 $X_s = 0$。

实际上，无限大功率电源是个相对概念，真正的无限大功率电源是不存在的。若电源的内阻抗小于短路回路总阻抗的 10%，即可认为电源为无限大功率电源。例如，多台发电机并联运行或短路点远离电源等情况，都可以视为无限大功率电源供电的系统。

二、无限大功率电源供电的三相短路暂态过程分析

由无限大功率电源供电的三相短路电路如图 4-1 所示。短路发生前，电路处于稳定状态，三相电流对称，可只写出其中一相（a 相）的电压和电流表达式，即

$$u_a = U_m \sin(\omega t + \theta) \tag{4-1}$$

$$i_a = I_{m(0)} \sin(\omega t + \theta - \varphi_{(0)}) \tag{4-2}$$

式中，$I_{m(0)} = \dfrac{U_m}{\sqrt{(R+R')^2 + \omega^2 (L+L')^2}}$；

$\varphi_{(0)} = \arctan \dfrac{\omega (L+L')}{R+R'}$，$R+R'$、$L+L'$ 分别为短路前每相的电阻与电感；θ 为短路（或合闸）前瞬间电压的相位角，也称为合闸短路角。用下标（0）、0 分别表示短路发生前、后时刻的电气量。

当 f 点发生三相短路时，该电路被分成两个独立回路。左边仍与电源连接，而右边则变

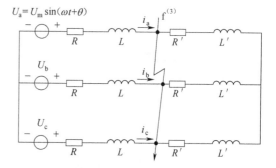

图 4-1　无限大功率电源供电的三相短路电路

为没有电源的回路。在被短接的右边回路中，电流将从短路发生瞬间的初始值按指数规律衰减。在与电源相连的左边回路中，每相阻抗变为 $R + j\omega L$，其电流将由正常工作电流逐渐变为由短路阻抗 $R + j\omega L$ 所决定的新稳态值，短路电流计算主要针对这一电路进行分析。

假设在 $t = 0\text{s}$ 时，系统 f 点发生三相短路，将电路分为左、右两个独立回路，此时与无限大功率电源相连的左侧电路仍然为对称电路，以 a 相为例，满足以下微分方程：

$$L \frac{di_a}{dt} + Ri_a = U_m \sin(\omega t + \theta) \tag{4-3}$$

式（4-3）为一阶常系数线性非齐次微分方程，其解即为短路时的全电流，它包括稳态分量与暂态分量。

稳态分量：电路达到稳态时的短路电流 i_∞，又称为交流分量、强制分量或周期分量 i_p。它是方程式（4-3）对应的特解。其解与所在相的电源电压有相同的变化规律，即

$$i_p = i_\infty = I_{pm}\sin(\omega t + \theta - \varphi) \tag{4-4}$$

式中，$I_{pm} = \dfrac{U_m}{\sqrt{R^2 + \omega^2 L^2}}$，是短路电流周期分量的幅值；$\varphi = \arctan \dfrac{\omega L}{R}$，是电路的阻抗角。

暂态分量：又称直流分量、自由分量或非周期分量，是方程式(4-3) 对应的齐次方程 $Ri_a + L\dfrac{di_a}{dt} = 0$ 的一般解，是按指数规律不断衰减的电流，衰减的速度与时间常数成正比，其解为

$$i_{ap} = Ce^{\lambda t} = Ce^{-\frac{t}{T_a}} \tag{4-5}$$

式中，$\lambda = -\dfrac{R}{L}$，是特征方程 $L\lambda + R = 0$ 的根；$T_a = -\dfrac{1}{\lambda} = \dfrac{L}{R}$，是自由分量衰减的时间常数；$C$ 为积分常数，是非周期电流的起始值 i_{ap0}，由电路的初始条件决定。

则短路时的全电流表达式为

$$i_a = i_p + i_{ap} = I_{pm}\sin(\omega t + \theta - \varphi) + Ce^{-\frac{t}{T_a}} \tag{4-6}$$

在含有电感的电路中，根据楞次定律，通过电感中的电流不能跃变，即短路前后瞬间电流值应相等，将 $t = 0$ 代入短路前和短路后的电流表达式［式(4-2) 和式(4-6)］，即有

$$I_{m(0)}\sin(\theta - \varphi_{(0)}) = I_{pm}\sin(\theta - \varphi) + C$$

则

$$C = i_{ap0} = I_{m(0)}\sin(\theta - \varphi_{(0)}) - I_{pm}\sin(\theta - \varphi) \tag{4-7}$$

将其代入式(4-5)，可得暂态分量为

$$i_{ap} = \left[I_{m(0)}\sin(\theta - \varphi_{(0)}) - I_{pm}\sin(\theta - \varphi) \right]e^{-\frac{t}{T_a}} \tag{4-8}$$

将式(4-8) 代入式(4-6)，可得短路全电流表达式为

$$i_a = I_{pm}\sin(\omega t + \theta - \varphi) + \left[I_{m(0)}\sin(\theta - \varphi_{(0)}) - I_{pm}\sin(\theta - \varphi) \right]e^{-\frac{t}{T_a}} \tag{4-9}$$

因三相电路对称，只要用 $(\theta - 120°)$ 和 $(\theta + 120°)$ 代替式(4-9) 中的 θ，就可分别得到 i_b 和 i_c 的表达式。

由此可知，三相短路电流的周期分量是一组对称正弦量，其幅值 I_{pm} 由电源电压幅值及短路回路总阻抗决定，相位彼此互差 120°；各相短路电流的非周期分量具有不同的初始值，并按照指数规律衰减，衰减的时间常数为 T_a；非周期分量衰减趋于零，表明暂态过程结束，电路进入新的稳定状态。

由此可见，短路至稳态时，三相中的稳态短路电流为三个幅值相等、相位角相差 120° 的交流电路，其幅值大小取决于电源电压幅值和短路回路的总阻抗。从短路发生至稳态之间的暂态过程中，每相电流还包含逐渐衰减的直流电流，它们出现的物理原因是电感中电流在短路瞬时不能突变，很明显，三相直流电流是不相等的。三相短路电流由于有了直流分量，短路电流曲线便不与时间轴对称，而直流分量曲线本身就是短路电流曲线的对称轴。

三、短路冲击电流

短路电流的最大瞬时值称为短路冲击电流，用 i_{im} 表示。由式(4-8) 可知，短路电流非周期分量的初始值为

冲击电流

$$i_{ap0} = I_{m(0)}\sin(\theta - \varphi_{(0)}) - I_{pm}\sin(\theta - \varphi)$$

短路冲击电流的主要作用是校验电气设备和载流导体的动稳定度。为了校验所选电气设备的动稳定度，必须计算出这个最大的瞬时值。

发生短路后，a、b、c 三相的周期分量是对称的，而非周期分量不对称，其中哪一相的非周期分量最大，那一相的短路电流就出现最大值，如图 4-2 所示。下面分析在什么情况、什么时刻

出现的非周期分量为最大。

一般电力系统中，短路回路的感抗比电阻大得多，即 $\omega L \gg R$，故可近似认为 $\varphi \approx 90°$。由图4-2可知，非周期电流有最大值的条件为：1) 短路前电路空载，即 $I_{m(0)} = 0$；2) 短路发生瞬间，电源电动势过零，$\theta \approx 0°$，则周期分量 i_p 达到负的最大瞬时值。

将短路发生瞬间 $I_{m(0)} = 0$，$\theta \approx 0°$，$\varphi \approx 90°$ 代入式(4-9)可得

$$i = I_{pm}\sin(\omega t - 90°) + I_{pm}e^{-t/T_a}$$

（4-10）

式中，I_{pm} 为周期分量最大值。

由图4-2可知，冲击电

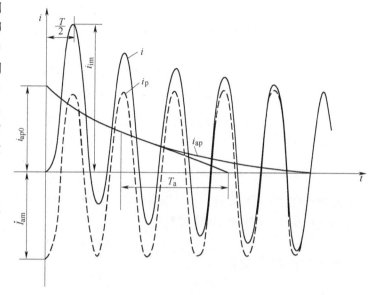

图4-2　非周期分量最大时的短路电流波形

流出现在 $\omega t = 180°$ 时刻，即 $t = 0.01\text{s}$，代入式(4-10)，则冲击电流可表示为

$$i_{im} = I_{pm}\sin(\omega t - 90°) + I_{pm}e^{-t/T_a} = I_{pm}\sin 90° + I_{pm}e^{-0.01/T_a}$$

$$= (1 + e^{-0.01/T_a})I_{pm} = k_{im}I_{pm} = \sqrt{2}k_{im}I_p$$

（4-11）

式中，i_{im} 为冲击电流，I_p 为周期分量有效值，k_{im} 为冲击系数。

冲击系数 k_{im} 即冲击电流值相对于故障后周期电流幅值的倍数，其值与时间常数 T_a 有关。而 T_a 与系统网络结构和参数有关，当 T_a 的数值由零变到无限大时，有 $1 \leq k_{im} \leq 2$，通常取 $1.8 \sim 1.9$。在实用计算中，当短路发生在发电机电压母线时，取 $k_{im} = 1.9$；短路发生在发电厂高压侧母线时，取 $k_{im} = 1.85$；在远离电源的其他地点短路时，取 $k_{im} = 1.8$；当高压侧线路末端发生短路时，取 $k_{im} = 1.8$，即 $i_{im} = \sqrt{2}k_{im}I_p = 2.55I_p$。

四、短路电流的最大有效值

在校验电气设备的断流能力或耐力强度时，还要计算短路电流的最大有效值 I_{im}。在三相短路的暂态过程中，任一时刻 t 的短路电流有效值 I_t，是指以时刻 t 为中心的一个周期内瞬时电流的方均根值，即

$$I_t = \sqrt{\frac{1}{T}\int_{t-T/2}^{t+T/2} i_t^2 \mathrm{d}t} = \sqrt{\frac{1}{T}\int_{t-T/2}^{t+T/2} (i_{pt} + i_{apt})^2 \mathrm{d}t}$$

（4-12）

式中，i_t、i_{pt} 和 i_{apt} 分别为 t 时刻短路电流、短路电流的周期分量和非周期分量。

为了简化计算，通常假定非周期电流在以时间 t 为中心的一个周期内恒定不变，因而它在时间 t 的有效值就等于它的瞬时值，即

$$I_{apt} = i_{apt}$$

对于周期电流，认为它在所计算的周期内幅值是恒定的，其数值即等于由周期电流包络线所确定的 t 时刻的幅值。因此，t 时刻的周期电流有效值应为

$$I_{pt} = \frac{I_{pmt}}{\sqrt{2}}$$

根据上述假定条件，式(4-12) 就可以简化为

$$I_t = \sqrt{I_{pt}^2 + I_{apt}^2} \tag{4-13}$$

短路电流的最大有效值也是发生在短路后的半个周期，即 $t=0.01\text{s}$，这时非周期分量的有效值为

$$I_{apt} = I_{pmt}\text{e}^{-0.01/T_a} = (k_{im} - 1)I_{pmt}$$

将这些关系代入式(4-13)，可得到短路电流最大有效值 I_{im} 的计算公式为

$$I_{im} = \sqrt{I_{pt}^2 + [(k_{im} - 1)\sqrt{2}I_{pt}]^2} = I_{pt}\sqrt{1 + 2(k_{im} - 1)^2} \tag{4-14}$$

当冲击系数 $k_{im} = 1.9$ 时，$I_{im} = 1.62I_{pt}$；当 $k_{im} = 1.8$ 时，$I_{im} = 1.51I_{pt}$。

五、短路功率（短路容量）

短路功率也称为短路容量，等于短路电流有效值与短路点处的正常工作电压（一般用平均额定电压）的乘积，t 时刻的短路功率为

$$S_t = \sqrt{3}\,U_{av}I_t \tag{4-15}$$

用标幺值表示时，则有

$$S_{t*} = \frac{\sqrt{3}\,U_{av}I_t}{\sqrt{3}\,U_B I_B} = \frac{I_t}{I_B} = I_{t*} \tag{4-16}$$

即短路功率的标幺值与短路电流的标幺值相等。利用这一关系可得短路容量，即

$$S_t = S_{t*}S_B = I_{t*}S_B \tag{4-17}$$

在短路电流的实用计算中，常用短路周期分量电流的初始有效值来计算短路功率。短路容量主要用于校验开关的切断能力，在选择电气设备时，断开容量应大于短路容量。

课题三 电力系统三相短路的实用计算

对于包含多台发电机的实际电力系统，三相短路电流的工程实用计算主要有两大任务：一是计算短路电流周期分量的初始值，即起始次暂态电流 I''，其计算结果主要用于继电保护的整定计算、校验断路器的断开容量，同时，在已知周期分量初始值的情况下，可根据冲击系数计算冲击电流和电流的最大有效值，以满足电气设备选型的需要；二是应用运算曲线求任意时刻短路电流周期分量有效值 I_t，其计算结果主要用于电气设备热稳定性的校验。

一、起始次暂态电流 I'' 的计算

在短路瞬间，同步电机（包括同步电机和调相机）的次暂态电动势保持着短路发生前瞬间的数值，即在电力系统三相短路后的第一个周期内认为短路电流周期分量是不衰减的，而求得的短路电流周期分量的有效值即为起始次暂态电流 I''。

（一）计算的假设条件

1）各台发电机均用 X''_d 作为其等效电抗，认为 $X''_d = X''_q$，采用 $E''_{(0)}$ 和 X''_d 作为发电机模型。发电机的等效电动势则为次暂态电动势，即

$$\dot{E}''_{(0)} = \dot{U}_{(0)} + \text{j}\dot{I}_{(0)}X''_d$$

虽然 E'' 并不具有 E''_q 和 E''_d 那种在短路前后不变的特性，但从计算角度可近似认为 E'' 不突变，因而计算周期分量起始值时，发电机电动势为 $E''_{(0)}$。

2）假设各发电机电动势都为同相位（$\dot{E}''_0 = \dot{E}''_{(0)}$），且近似计算中标幺值近似为1，即

$\dot{E}''_{(0)*} = 1$。

3）负荷的处理：假设负荷电流较短路电流小得多，则短路点外的负荷可忽略不计。在计算机计算时，也可用恒定阻抗来表示负荷。但当短路点附近有大容量的电动机时，则要计及电动机反馈电流的影响。

4）在电力网方面：一般忽略线路对地电容和变压器的励磁支路，因为短路时电力网电压较低，这些对地回路的电流较小，而短路电流较大。在计算 110kV 及以上高压电力网时，还可忽略电阻，只计及电抗。对于必须计及电阻的低压电力网或电缆线路，为避免复数运算可近似用阻抗模值进行计算。

5）不计磁路饱和：系统各元件的参数都是恒定的，可以应用叠加原理。

6）对称三相系统：除不对称短路处出现局部的不对称以外，实际的电力系统通常都视为对称的。

7）金属性短路：所谓金属性短路，就是不计过渡电阻的影响，即认为过渡电阻等于零的短路情况。短路处相与相（或地）的接触往往经过一定的电阻（如外物电阻、电弧电阻及接触电阻等），这种电阻通常称为过渡电阻。

（二）简单系统起始次暂态电流 I'' 的计算

1. 起始次暂态电流 I'' 的精确计算

1）采用标幺值的精确计算法计算系统各元件参数。

2）确定系统各元件的次暂态电动势 $\dot{E}''_0$。

① 发电机：$\dot{E}''_{(0)} = \dot{U}_{(0)} + j\dot{I}_{(0)}X''_d$，在实用计算中，如果难以确定同步发电机短路前的运行参数，则可以近似地取 $E''_* = 1.05 \sim 1.11$。

② 对于短路点附近的大型异步（或同步）电动机：$\dot{E}''_{(0)} = \dot{U}_{(0)} - j\dot{I}_{(0)}X''_d$，在实用计算中，若不能确定短路前大型异步电动机的运行参数，则可近似地取 $E''_* = 0.9$，$X''_{d*} = 0.2$（均以电动机额定容量为基准）。

③ 综合负荷：在短路瞬间，这个负荷也可以近似地用一个含次暂态电动势和次暂态电抗的等效支路来表示。以额定运行参数为基准，综合负荷的电动势和电抗的标幺值约为 $E''_* = 0.8$ 和 $X''_* = 0.35$。次暂态电抗中包括电动机电抗（0.2）和降压变压器以及馈电线路的电抗（约0.15）。

3）作三相短路时的等效网络，并进行网络的变换与化简，以求得各电源（或等效电源）到短路点间的直接阻抗（转移阻抗）$Z_{f\Sigma*}$。

4）计算短路点 f 的起始次暂态电流 I''_f。
起始次暂态电流的标幺值为

$$I''_{f*} = \frac{E''_{\Sigma*}}{Z_{f\Sigma*}} \tag{4-18}$$

相应的有名值为

$$I''_f = I''_{f*}I_B \tag{4-19}$$

式中，$E''_{\Sigma*}$ 为系统等效电源的次暂态电动势。

当不计电阻、只计电抗时，起始次暂态电流的标幺值为

$$I''_{f*} = \frac{E''_{\Sigma*}}{X_{f\Sigma*}} \tag{4-20}$$

相应的有名值计算公式与式(4-19)相同。

2. 起始次暂态电流 I'' 的近似计算

1）选定基准功率 S_B 和基准电压 $U_B = U_{av}$，作出系统的标幺值等效电路。其中，取 $E''_{(0)} = 1$，不计负荷，只计及短路点附近大容量电动机的反馈电流。

2）化简网络。求从短路点向网络看进去的等效阻抗 $Z_{f\Sigma *}$。

3）计算短路点 f 的起始次暂态电流 I''_f。

起始次暂态电流标幺值的计算公式为

$$I''_{f*} = \frac{1}{Z_{f\Sigma *}} \tag{4-21}$$

当不计电阻、只计电抗时，起始次暂态电流的标幺值为

$$I''_{f*} = \frac{1}{X_{f\Sigma *}} \tag{4-22}$$

相应的有名值计算公式与式(4-19) 相同。

二、冲击电流与短路电流最大有效值的计算

（一）冲击电流

同步发电机的冲击电流为

$$i_{im \cdot G} = \sqrt{2} k_{im} I'' \tag{4-23}$$

式中，k_{im} 为同步发电机回路的冲击系数，$1 \leqslant k_{im} \leqslant 2$，常取 $k_{im} = 1.8$；I'' 为发电机提供的起始次暂态电流。

在实用计算中，异步电动机（或综合负荷）提供的冲击电流可以表示为

$$i_{im \cdot LD} = \sqrt{2} k_{im \cdot LD} I''_{LD} \tag{4-24}$$

式中，I''_{LD} 为电动机（或综合负荷）提供的起始次暂态电流的有效值；$k_{im \cdot LD}$ 为电动机（或综合负荷）的冲击系数，其取值范围如下：

$$k_{im \cdot LD} = \begin{cases} 1 & \text{对于小容量的电动机和综合负荷} \\ 1.3 \sim 1.5 & \text{容量为 } 200 \sim 500\text{kW 的异步电动机} \\ 1.5 \sim 1.7 & \text{容量为 } 500 \sim 1000\text{kW 的异步电动机} \\ 1.7 \sim 1.8 & \text{容量为 } 1000\text{kW 以上的异步电动机} \end{cases}$$

同步电动机和调相机的冲击系数和相同容量的同步发电机的冲击系数大约相等。这样，计及负荷影响时，短路点的冲击电流为

$$i_{im} = \sqrt{2} k_{im} I'' + \sqrt{2} k_{im \cdot LD} I''_{LD} \tag{4-25}$$

在实用计算中，如果负荷远离短路点，不计其反馈的起始次暂态电流时，冲击电流就可以只按式(4-23) 计算。

（二）短路电流最大有效值

同步发电机供出的短路电流最大有效值为

$$I_{im \cdot G} = \sqrt{1 + 2(k_{im \cdot G} - 1)^2} I'' \tag{4-26}$$

异步电动机供出的短路电流的最大有效值为

$$I_{im \cdot LD} = \frac{\sqrt{3}}{2} k_{im \cdot LD} I''_{LD} \tag{4-27}$$

则向短路点供出总短路电流的最大有效值为

$$I_{im} = I_{im \cdot G} + I_{im \cdot LD} = \sqrt{1 + 2(k_{im \cdot G} - 1)^2} I'' + \frac{\sqrt{3}}{2} k_{im \cdot LD} I''_{LD} \tag{4-28}$$

【例 4-1】 试计算图 4-3a 所示电力系统在 f 点发生三相短路时的起始次暂态电流和冲击电流。系统各元件的参数如下：发电机 G1 的有功功率为 100MW，$X''_d = 0.183$，$\cos\varphi = 0.85$；G2 的

有功功率为 50MW，$X''_d = 0.141$，$\cos\varphi = 0.8$；变压器 T1 的容量为 120MV·A，$U_k\% = 14.2$；T2 的容量为 63MV·A，$U_k\% = 14.5$；线路 L1 长 170km，电抗为 0.427Ω/km；线路 L2 长 120km，电抗为 0.432Ω/km；线路 L3 长 100km，电抗为 0.432Ω/km；负荷 LD 容量为 160MV·A。

解：（1）计算系统各元件参数，作系统短路故障后的等效电路。

选取 $S_B = 100$MV·A，$U_B = U_{av} = 1.05U_N = 1.05 \times 220$V ≈ 230V，且以额定运行参数为基准，选取综合负荷的电动势和电抗的标幺值约为 $E'' = 0.8$ 和 $X'' = 0.35$，则网络中各元件电抗的标幺值为

发电机 G1 　　　　$X_1 = X''_d \dfrac{S_B}{S_N} = 0.183 \times \dfrac{100}{100/0.85} = 0.156$

发电机 G2 　　　　$X_2 = X''_d \dfrac{S_B}{S_N} = 0.141 \times \dfrac{100}{50/0.8} = 0.226$

负荷 LD 　　　　$X_3 = X'' \dfrac{S_B}{S_N} = 0.35 \times \dfrac{100}{160} = 0.219$

变压器 T1 　　　　$X_4 = \dfrac{U_k\%}{100} \dfrac{S_B}{S_N} = \dfrac{14.2}{100} \times \dfrac{100}{120} = 0.118$

变压器 T2 　　　　$X_5 = \dfrac{U_k\%}{100} \dfrac{S_B}{S_N} = \dfrac{14.5}{100} \times \dfrac{100}{63} = 0.230$

线路 L1 　　　　$X_6 = x_1 l \dfrac{S_B}{U_{av}^2} = 0.427 \times 170 \times \dfrac{100}{230^2} = 0.137$

线路 L2 　　　　$X_7 = x_1 l \dfrac{S_B}{U_{av}^2} = 0.432 \times 120 \times \dfrac{100}{230^2} = 0.098$

线路 L3 　　　　$X_8 = x_1 l \dfrac{S_B}{U_{av}^2} = 0.432 \times 100 \times \dfrac{100}{230^2} = 0.082$

选取发电机的次暂态电动势 $E''_1 = E''_2 = 1.08$，作系统短路后的等效电路，如图 4-3b 所示。

注：图中各电抗所示数字分子为电抗编号，分母为电抗标幺值。由于是一纯电抗等效电路，图中电抗前的 j 均已略去。同时，为了书写方便，常将电抗标幺值的下标"*"略去；而且，相应的计算均以实数运算，电动势以有效值表示，并忽略其间的相位差。这种简化在短路电流实用计算中较常用。

（2）化简网络。

进行网络的变换与化简，网络变换后的参数为
$$X_9 = X_1 + X_4 = 0.156 + 0.118 = 0.274$$
$$X_{10} = X_2 + X_5 = 0.226 + 0.230 = 0.456$$

将 X_6、X_7、X_8 构成的三角形联结变换为星形联结，有

$$X_{11} = \frac{X_6 X_7}{X_6 + X_7 + X_8} = \frac{0.137 \times 0.098}{0.137 + 0.098 + 0.082} = 0.042$$

$$X_{12} = \frac{X_6 X_8}{X_6 + X_7 + X_8} = \frac{0.137 \times 0.082}{0.137 + 0.098 + 0.082} = 0.035$$

$$X_{13} = \frac{X_7 X_8}{X_6 + X_7 + X_8} = \frac{0.082 \times 0.098}{0.137 + 0.098 + 0.082} = 0.025$$

化简后的网络如图 4-3c 所示。

将 E''_1、E''_2 两条有源支路并联再与 X_{13} 串联，有
$$X_{14} = \left[(X_9 + X_{11}) /\!/ (X_{10} + X_{12}) \right] + X_{13} = 0.217$$
$$E_{12} = 1.08$$

进一步化简的网络如图 4-3d 所示。

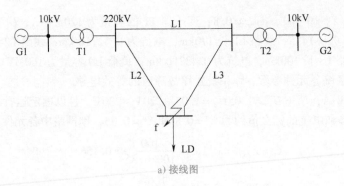

a) 接线图

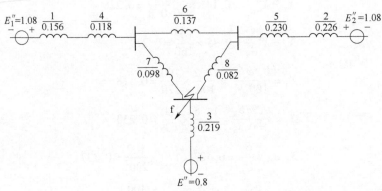

b) 等效电路

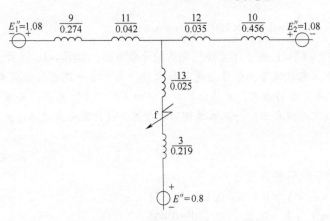

c) 简化后的网络

d) 最简化网络

图 4-3 例 4-1 电力系统及其等效网络

(3) 计算起始次暂态电流。

由发电机提供的起始次暂态电流标幺值为

$$I'' = \frac{E''_{12}}{X_{14}} = \frac{1.08}{0.217} = 4.977$$

由负荷 LD 提供的起始次暂态电流标幺值为

$$I''_{LD} = \frac{E''}{X_3} = \frac{0.8}{0.219} = 3.653$$

短路点总的起始次暂态电流为

$$I''_{f \cdot k} = I'' + I''_{LD} = 4.977 + 3.653 = 8.630$$

基准电流为

$$I_B = \frac{S_B}{\sqrt{3}\,U_{av}} = \frac{100}{\sqrt{3}\times230}\,kA = 0.251kA$$

则起始次暂态电流的有名值为

$$I_f'' = 8.630\times0.251kA = 2.166kA$$

（4）计算冲击电流

发电机冲击系数取 1.8，综合负荷 LD 的冲击系数取 1，则短路点的冲击电流为

$$i_{im} = (\sqrt{2}\,k_{im}I'' + \sqrt{2}\,k_{im\cdot LD}I_{LD}'') \times I_B = (\sqrt{2}\times1.8\times4.977 + \sqrt{2}\times1\times3.653)\times0.251kA$$
$$= 4.476kA$$

【例4-2】　某电力系统接线如图4-4a 所示，已知各元件参数如下：发电机 G1 的容量为 250MV·A，$X_d'' = 0.4$；发电机 G2 的容量为 60MV·A，$X_d'' = 0.125$；变压器 T1 的容量为 250MV·A，$U_k\% = 10.5$；变压器 T2 的容量为 60MV·A，$U_k\% = 10.5$；线路 L1 长 50km，$x_1 = 0.4\Omega/km$；线路 L2 长 40km，$x_1 = 0.4\Omega/km$；线路 L3 长 30km，$x_1 = 0.4\Omega/km$。当在 f 点发生三相短路时，求短路点的总短路电流。

解：（1）计算系统各元件参数，作系统短路故障后的等效电路。

选取 $S_B = 100MV·A$，$U_B = U_{av}$，发电机电动势 $E_{(0)}'' = 1$，则各元件的电抗标幺值为

发电机 G1　　　　　　　$$X_1 = X_d''\frac{S_B}{S_N} = 0.4\times\frac{100}{250} = 0.16$$

发电机 G2　　　　　　　$$X_2 = X_d''\frac{S_B}{S_N} = 0.125\times\frac{100}{60} = 0.208$$

变压器 T1　　　　　　　$$X_3 = \frac{U_k\%}{100}\frac{S_B}{S_N} = \frac{10.5}{100}\times\frac{100}{250} = 0.042$$

变压器 T2　　　　　　　$$X_4 = \frac{U_k\%}{100}\frac{S_B}{S_N} = \frac{10.5}{100}\times\frac{100}{60} = 0.175$$

线路 L1　　　　　　　$$X_5 = x_1 l\frac{S_B}{U_{av}^2} = 0.4\times50\times\frac{100}{115^2} = 0.151$$

线路 L2　　　　　　　$$X_6 = x_1 l\frac{S_B}{U_{av}^2} = 0.4\times40\times\frac{100}{115^2} = 0.121$$

线路 L3　　　　　　　$$X_7 = x_1 l\frac{S_B}{U_{av}^2} = 0.4\times30\times\frac{100}{115^2} = 0.091$$

作系统短路后的等效电路，如图4-4b 所示。

（2）化简网络。

将 X_5、X_6、X_7 构成的三角形转化为星形，则有

$$X_8 = \frac{X_5 X_7}{X_5 + X_6 + X_7} = \frac{0.151\times0.091}{0.151 + 0.121 + 0.091} = 0.038$$

$$X_9 = \frac{X_5 X_6}{X_5 + X_6 + X_7} = \frac{0.151\times0.121}{0.151 + 0.121 + 0.091} = 0.050$$

$$X_{10} = \frac{X_6 X_7}{X_5 + X_6 + X_7} = \frac{0.121\times0.091}{0.151 + 0.121 + 0.091} = 0.030$$

化简后的网络如图4-4c 所示。

进一步化简如图4-4d 所示，总电抗为

$$X_\Sigma = [(0.16 + 0.042 + 0.038)\,/\!/\,(0.208 + 0.175 + 0.050)] + 0.030$$
$$= (0.24\,/\!/\,0.433) + 0.030 = 0.184$$

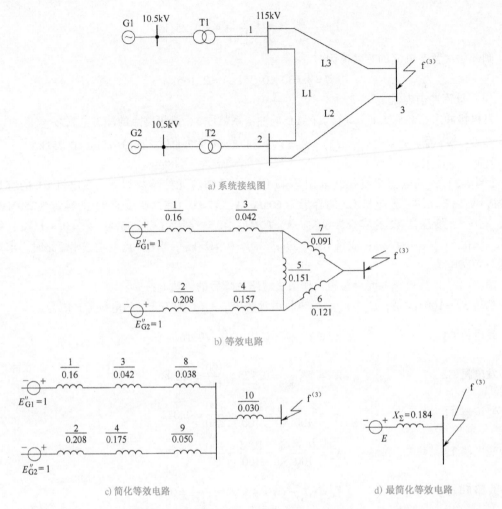

图 4-4　例 4-2 电力系统及等效电路图

（3）计算短路点总短路电流和各发电机支路电流。

起始次暂态电流标幺值为

$$I'' = \frac{1}{X_\Sigma} = \frac{1}{0.184} = 5.435$$

基准电流为

$$I_B = \frac{S_B}{\sqrt{3}\,U_{av}} = \frac{100}{\sqrt{3}\times 115}\text{kA} = 0.502\text{kA}$$

短路点总短路电流的有名值为

$$I_f'' = 5.435 \times 0.502\text{kA} = 2.729\text{kA}$$

【例 4-3】　在图 4-5a 所示的电力系统中，三相短路分别发生在 f_1 和 f_2 点，试计算三相短路时的起始次暂态电流和冲击电流。根据下述两种情况进行求解：（1）系统对母线 a 处的短路功率为 $1000\text{MV}\cdot\text{A}$。（2）母线 a 的电压为恒定值。各元件的参数如下：线路 L 长 40km，$x_1 = 0.4\Omega/$km；变压器 T 的容量为 $30\text{MV}\cdot\text{A}$，$U_k\% = 10.5$；电抗器 L 的参数为 6.3kV，0.3kA，$X_L\% = 4$；电缆 C 长 0.5km，$x_1 = 0.08\Omega/$km。

解：（1）选取 $S_B = 100\text{MV}\cdot\text{A}$，$U_B = U_{av}$，先计算第一种情况。

系统用一个无限大功率电源代表，它到母线 a 的电抗标幺值为

$$X_{\mathrm{S}} = \frac{S_{\mathrm{B}}}{S_{\mathrm{S}}} = \frac{100}{1000} = 0.1$$

各元件的电抗标幺值分别计算如下：

线路 L　　　　　　$X_1 = x_1 l \frac{S_{\mathrm{B}}}{U_{\mathrm{av}}^2} = 0.4 \times 40 \times \frac{100}{115^2} = 0.12$

变压器 T　　　　　$X_2 = \frac{U_{\mathrm{k}}\%}{100} \frac{S_{\mathrm{B}}}{S_{\mathrm{N}}} = \frac{10.5}{100} \times \frac{100}{30} = 0.35$

电抗器 L_{R}　　　　$X_3 = \frac{X_{\mathrm{L}}\%}{100} \frac{U_{\mathrm{N}}}{\sqrt{3} I_{\mathrm{N}}} \frac{S_{\mathrm{B}}}{U_{\mathrm{av}}^2} = \frac{4}{100} \times \frac{6.3}{\sqrt{3} \times 0.3} \times \frac{100}{6.3^2} = 1.22$

电缆 C　　　　　　$X_4 = x_1 l \frac{S_{\mathrm{B}}}{U_{\mathrm{av}}^2} = 0.08 \times 0.5 \times \frac{100}{6.3^2} = 0.1$

作系统短路后的等效电路，如图4-5b所示。

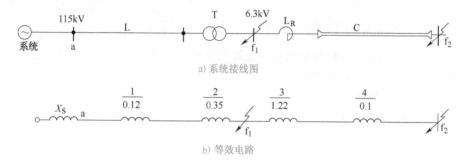

a) 系统接线图

b) 等效电路

图4-5　例4-3电力系统及其等效电路

基准电流为

$$I_{\mathrm{B}} = \frac{S_{\mathrm{B}}}{\sqrt{3} U_{\mathrm{av}}} = \frac{100}{\sqrt{3} \times 6.3} \mathrm{kA} = 9.16 \mathrm{kA}$$

当 f_1 点短路时，等效电抗的标幺值为

$$X_{f1\Sigma} = X_{\mathrm{S}} + X_1 + X_2 = 0.1 + 0.12 + 0.35 = 0.57$$

则起始次暂态电流的有名值为

$$I''_{f1} = \frac{I_{\mathrm{B}}}{X_{f1\Sigma}} = \frac{1}{0.57} \times 9.16 \mathrm{kA} = 16.07 \mathrm{kA}$$

发电机冲击系数取1.8，则冲击电流为

$$i_{\mathrm{im}} = \sqrt{2} k_{\mathrm{im}} I''_{f1} = \sqrt{2} \times 1.8 \times 16.07 \mathrm{kA} = 40.91 \mathrm{kA}$$

当 f_2 点短路时，等效电抗的标幺值为

$$X_{f2\Sigma} = X_{\mathrm{S}} + X_1 + X_2 + X_3 + X_4 = 0.1 + 0.12 + 0.35 + 1.22 + 0.1 = 1.89$$

则起始次暂态电流的有名值为

$$I''_{f2} = \frac{I_{\mathrm{B}}}{X_{f2\Sigma}} = \frac{1}{1.89} \times 9.16 \mathrm{kA} = 4.85 \mathrm{kA}$$

发电机冲击系数取1.8，则冲击电流为

$$i_{\mathrm{im}} = \sqrt{2} k_{\mathrm{im}} I''_{f2} = \sqrt{2} \times 1.8 \times 4.85 \mathrm{kA} = 12.35 \mathrm{kA}$$

（2）计算第二种情况下三相短路时的起始暂态电流和冲击电流。

对于第二种情况，无限大功率电流直接接于母线a，即电抗标幺值 $X_{\mathrm{S}} = 0$。

当 f_1 点短路时，等效电抗标幺值为

$$X_{f1\Sigma} = X_1 + X_2 = 0.12 + 0.35 = 0.47$$

则起始次暂态电流的有名值为

$$I''_{f1} = \frac{I_B}{X_{f1\Sigma}} = \frac{1}{0.47} \times 9.16\text{kA} = 19.49\text{kA}$$

发电机冲击系数取 1.8，则冲击电流为

$$i_{im} = \sqrt{2}k_{im}I''_{f1} = \sqrt{2} \times 1.8 \times 19.49\text{kA} = 49.61\text{kA}$$

当 f_2 点短路时，等效电抗标幺值为

$$X_{f2\Sigma} = X_1 + X_2 + X_3 + X_4 = 0.12 + 0.35 + 1.22 + 0.1 = 1.79$$

则起始次暂态电流的有名值为

$$I''_{f2} = \frac{I_B}{X_{f2\Sigma}} = \frac{1}{1.79} \times 9.16\text{kA} = 5.12\text{kA}$$

发电机冲击系数取 1.8，则冲击电流为

$$i_{im} = \sqrt{2}k_{im}I''_{f2} = \sqrt{2} \times 1.8 \times 5.12\text{kA} = 13.03\text{kA}$$

三、应用运算曲线计算任意时刻短路电流的周期分量

电力系统三相短路后任意时刻的短路电流周期分量的准确计算都非常复杂，工程上均使用近似的实用计算法。在工程计算中常采用运算曲线法。

（一）运算曲线的概念

在发电机（包括励磁系统）参数和运行初态给定后，短路电流仅是电源到短路点的距离（用从发电机端到短路点的外接电抗 X_e 表示）和时间 t 的函数，即

$$I_f = f(X_e, t) \tag{4-29}$$

通常把归算到发电机额定容量外接电抗的标幺值与发电机纵轴次暂态电抗的标幺值之和定义为计算电抗，记为

$$X_{js*} = X''_{d*} + X_{e*} \tag{4-30}$$

则短路电流周期分量的标幺值可表示为计算电抗和时间的函数，即

$$I_{p*} = f(X_{js*}, t) \tag{4-31}$$

反映这一函数关系的一组曲线就称为运算曲线，如图 4-6 所示。

为了方便应用，运算曲线也常制作成数字表使用。

（二）运算曲线的制作

运算曲线是根据图 4-7a 所示典型接线图制作的。制作条件为：三相短路前发电机以额定电压满载运行，50% 的负荷接于发电厂的高压母线，其余的 50% 负荷功率经输电线送到短路点 f 以外。

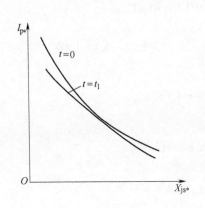

图 4-6 运算曲线示意图

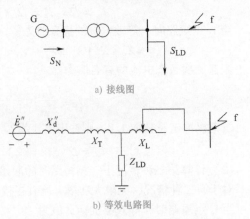

a) 接线图

b) 等效电路图

图 4-7 制作运算曲线的典型接线图

计算 f 点三相短路的等效电路如图 4-7b 所示。在短路过程中，负荷用恒定阻抗表示，即

$$Z_{LD} = \frac{U^2}{S_{LD}}(\cos\varphi + j\sin\varphi)$$

式中，取 $U = 1$ 和 $\cos\varphi = 0.9$。

根据等效电路，对于不同的 X_L 值（表示短路远近），可分别计算出不同时刻短路电流的周期分量 I_p。对于不同时刻 t，以电流标幺值 I_{p*} 为纵坐标，以计算电抗 $X_{js*} = X''_{d*} + X_{T*} + X_{L*}$ 为横坐标，便可绘制短路电流曲线簇，即运算曲线。这里的 X_L 和 I_{p*} 均是以发电机额定容量和平均额定电压为基准的标幺值。

对于不同的发电机，由于其参数不同，运算曲线也不同。实际的运算曲线是按我国电力系统中统计得到的汽轮发电机或水轮发电机的参数绘制而成的。为制作通用的运算曲线，采用概率统计法，选取了 18 种不同型号的容量为 12～200MW 的汽轮发电机作为样机，选取 17 种不同型号的容量为 12.5～225MW 的水轮发电机作为样机。若给定时间 t 和计算电抗 X_{js*}，就可以分别对每种型号的汽轮发电机或水轮发电机计算出所对应的短路电流周期分量，然后取其平均值，即可分别制作汽轮发电机和水轮发电机两套通用的运算曲线。

运算曲线只作到 $X_{js*} = 3.45$ 为止。当 $X_{js} = 3.45$ 时，短路点距电源较远，可近似地认为短路电流周期分量的幅值已不随时间而变，可直接按下式计算短路电流周期分量，即

$$I_{p*} = \frac{1}{X_{js*}} \tag{4-32}$$

（三）运算曲线的应用

应用运算曲线计算短路电流周期分量的方法与步骤如下。

1. 制定短路故障后电力系统的等效网络

1）选定基准容量 S_B，基准电压 $U_B = U_{av}$。

2）发电机电抗采用 X''_d，略去网络各元件的电阻以及各元件的对地导纳支路。

3）略去电力负荷且不考虑变压器实际电压比的影响。

4）无限大功率电源电抗为零。

2. 进行网络变换与化简，求转移阻抗 X_{if*}

将电源分组，根据电源合并原则，将短路电流变化规律大体相同的发电机进行电源合并，求出各等效发电机对短路点的转移电抗 X_{if*}（$i = 1, 2, \cdots, n$）以及无限大功率电源对短路点归算到 S_B 的转移电抗 X_{sf*}。

1）对与短路点电气距离相差不大的同类型发电机进行合并。

2）直接接于短路点的发电机（或发电厂）单独考虑。

3）远离短路点的同类型发电厂合并。

4）无限大功率的电源应单独计算。

3. 求出各等效电源对短路点的计算电抗 X_{jsi*}

转移电抗是在同一基准容量 S_B 下得到的标幺值，因此还须将求得的转移电抗按相同的等效发电机容量进行归算，以得到对应于各发电机容量的计算电抗，即

$$X_{jsi*} = X_{if*}\frac{S_{Ni}}{S_B} \quad (i = 1,2,\cdots,n) \tag{4-33}$$

式中，S_{Ni} 为第 i 台等效发电机的额定容量，即合并到该等效发电机的额定容量之和。

4. 求短路电流标幺值

1）根据求得的各电源支路的计算电抗 X_{jsi*}，查运算曲线，可分别得出不同时刻 t 各等效电源供出的三相短路电流周期分量有效值的标幺值 I_{pt*}。

2）无限大功率电源供电支路，短路电流周期分量是不衰减的，可按下式计算：

$$I_{pS*} = \frac{1}{X_{sf*}} \qquad (4\text{-}34)$$

5. 求 t 时刻短路电流周期分量的有名值 I_{pt}

第 i 台等效发电机提供的短路电流为

$$I_{pt.i} = I_{pt.i*} I_{Ni} = I_{pt.i*} \frac{S_{Ni}}{\sqrt{3}\, U_{av}} \qquad (4\text{-}35)$$

式中，U_{av} 为短路处的平均额定电压；I_{Ni} 为归算到短路处电压等级的第 i 台等效发电机的额定电流；S_{Ni} 第 i 台等效发电机的额定功率。

无限大功率电源提供的短路电流为

$$I_{pt.i} = I_{pS*} I_B = I_{pS*} \frac{S_B}{\sqrt{3}\, U_{av}} \qquad (4\text{-}36)$$

式中，U_{av} 为短路处的平均额定电压；I_B 为所选基准容量 S_B 在短路处电压等级对应的基准电流。

则短路处总的短路电流周期分量的有名值为

$$I_{pt} = I_{pt1} + I_{pt2} + \cdots + I_{pS} = \sum_{i=1}^{n} I_{pt.i*} \frac{S_{Ni}}{\sqrt{3}\, U_{av}} + I_{pS*} \frac{S_B}{\sqrt{3}\, U_{av}} \qquad (4\text{-}37)$$

【例 4-4】 如图 4-8a 所示电力系统，试分别计算当 f 点发生三相短路后 0.2s 和 2s 时的短路电流。系统各元件参数如下：G1 和 G2 为水轮发电机，每台的有功功率均为 50MW，$X''_d = 0.163$，$\cos\varphi = 0.85$；G3 和 G4 为水轮发电机，每台的有功功率均为 25MW，$X''_d = 0.176$，$\cos\varphi = 0.8$；变压器 T1 和 T2 每台容量均为 63MV·A，$U_k\% = 10.5$；变压器 T3 的容量为 63MV·A，$U_{k(1\text{-}2)}\% = 10.5$，$U_{k(2\text{-}3)}\% = 6.5$，$U_{k(1\text{-}3)}\% = 18.5$；线路 L 长 80km，$x_1 = 0.4\Omega/km$；系统 S 为无限大功率电源，$X = 0$。

解：（1）作系统等效电路

选取 $S_B = 100MV·A$，$U_B = U_{av}$，则各元件的电抗标幺值为

发电机 G1、G2　　　　$X_1 = X''_d \dfrac{S_B}{P_N/\cos\varphi} = 0.163 \times \dfrac{100}{50/0.85} = 0.278$

发电机 G3、G4　　　　$X_3 = X''_d \dfrac{S_B}{P_N/\cos\varphi} = 0.176 \times \dfrac{100}{25/0.8} = 0.564$

变压器 T1、T2　　　　$X_2 = \dfrac{U_k\% }{100}\dfrac{S_B}{S_N} = \dfrac{10.5}{100} \times \dfrac{100}{63} = 0.166$

变压器 T3　　　　$U_{k1}\% = \dfrac{1}{2}\left[U_{k(1\text{-}2)}\% + U_{k(1\text{-}3)}\% - U_{k(2\text{-}3)}\% \right]$

$$= \dfrac{1}{2} \times (10.5 + 18.5 - 6.5) = 11.25$$

$$U_{k2}\% = \dfrac{1}{2}\left[U_{k(1\text{-}2)}\% + U_{k(2\text{-}3)}\% - U_{k(1\text{-}3)}\% \right]$$

$$= \dfrac{1}{2} \times (10.5 + 6.5 - 18.5) = -0.75 \approx 0$$

$$U_{k3}\% = \dfrac{1}{2}\left[U_{k(2\text{-}3)}\% + U_{k(1\text{-}3)}\% - U_{k(1\text{-}2)}\% \right]$$

$$= \dfrac{1}{2} \times (6.5 + 18.5 - 10.5) = 7.25$$

各绕组电抗为　　　　$X_4 = \dfrac{U_{k1}\% }{100}\dfrac{S_B}{S_N} = \dfrac{11.25}{100} \times \dfrac{100}{63} = 0.179$

$$X_5 \approx 0$$

$$X_6 = \frac{U_{k3}\%}{100}\frac{S_B}{S_N} = \frac{7.25}{100} \times \frac{100}{63} = 0.115$$

线路 L

$$X_7 = x_1 l \frac{S_B}{U_{av}^2} = 0.4 \times 80 \times \frac{100}{115^2} = 0.242$$

作系统短路后的等效电路, 如图 4-8b 所示。

（2）进行网络的变换与化简, 求转移电抗。

根据电源合并原则, 将图 4-8b 所示等效电路中的发电机 G1 和 G2 合并, 发电机 G3 和 G4 合并, 再将变压器 T1 和 T2 合并, 则可得如图 4-8c 所示的简化网络, 进一步化简可得如图 4-8d 所示的简化网络。

将图 4-8d 中 X_4、X_7 和 X_{11} 组成的星形网络变换成三角形网络, 则可得等效发电机 G1.2 和系统到短路点的转移电抗分别为

$$X_{13} = 0.222 + 0.179 + \frac{0.222 \times 0.179}{0.242} = 0.565$$

$$X_{14} = 0.242 + 0.179 + \frac{0.242 \times 0.179}{0.222} = 0.616$$

而等效电源 G3.4 到短路点的转移电抗为

$$X_{12} = 0.397$$

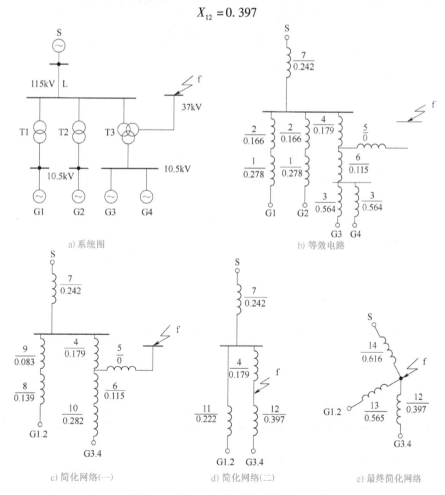

a) 系统图　　　　　　　　　　b) 等效电路

c) 简化网络(一)　　　d) 简化网络(二)　　　e) 最终简化网络

图 4-8　例 4-4 电力系统及等效网络

（3）求出各等效电源对短路点的计算电抗。

$$X_{js(G1.2)} = X_{13}\frac{S_{N1.2}}{S_B} = 0.565 \times \frac{\dfrac{2 \times 50}{0.85}}{100} = 0.665$$

$$X_{js(G3.4)} = X_{12}\frac{S_{N3.4}}{S_B} = 0.397 \times \frac{\dfrac{2 \times 25}{0.8}}{100} = 0.248$$

（4）求短路电流标幺值。

由计算电抗 $X_{js(G1.2)}$ 和 $X_{js(G3.4)}$ 查水轮发电机运算曲线数字表，可得短路电流周期分量的标幺值分别为

电源 G1.2：$t = 0.2s$ 时，$I_{0.2*} = 1.402$；$t = 2s$ 时，$I_{2*} = 1.597$。

电源 G3.4：$t = 0.2s$ 时，$I_{0.2*} = 3.245$；$t = 2s$ 时，$I_{2*} = 2.501$。

无限大功率电源供出的短路电流标幺值为

$$I_{Sf*} = \frac{1}{X_{14}} = \frac{1}{0.616} = 1.623$$

（5）求 t 时刻短路电流周期分量的有名值。

电源 G1.2：三相短路后 0.2s 和 2s 时，短路电流的有名值分别为

$$I_{0.2(G1.2)} = I_{0.2*}\frac{S_{N1.2}}{\sqrt{3}\,U_{av}} = 1.402 \times \frac{2 \times 50/0.85}{\sqrt{3} \times 37}kA = 2.574kA$$

$$I_{2(G1.2)} = I_{2*}\frac{S_{N1.2}}{\sqrt{3}\,U_{av}} = 1.597 \times \frac{2 \times 50/0.85}{\sqrt{3} \times 37}kA = 2.932kA$$

电源 G3.4：三相短路后 0.2s 和 2s 时，短路电流的有名值分别为

$$I_{0.2(G3.4)} = I_{0.2*}\frac{S_{N3.4}}{\sqrt{3}\,U_{av}} = 3.245 \times \frac{2 \times 25/0.8}{\sqrt{3} \times 37}kA = 3.165kA$$

$$I_{2(G3.4)} = I_{2*}\frac{S_{N3.4}}{\sqrt{3}\,U_{av}} = 2.501 \times \frac{2 \times 25/0.8}{\sqrt{3} \times 37}kA = 2.439kA$$

无限大功率电源供出的短路电流有名值为

$$I_{Sf} = I_{Sf*}\frac{S_B}{\sqrt{3}\,U_{av}} = 1.623 \times \frac{100}{\sqrt{3} \times 37}kA = 2.533kA$$

则 t 时刻总短路电流为

$$I_{0.2} = I_{0.2(G1.2)} + I_{0.2(G3.4)} + I_{Sf} = (2.574 + 3.165 + 2.533)kA = 8.272kA$$

$$I_2 = I_{2(G1.2)} + I_{2(G3.4)} + I_{Sf} = (2.932 + 2.439 + 2.533)kA = 7.904kA$$

短路电流计算结果列于表 4-2 中。

表 4-2　短路电流计算结果

电源	短路电流标幺值		短路电流有名值/kA	
	$I_{0.2*}$	I_{2*}	$I_{0.2}$	I_2
G1.2	1.402	1.597	2.574	2.932
G3.4	3.245	2.501	3.165	2.439
S	1.623	1.623	2.533	2.533
总　和			8.272	7.904

课题四　三相短路电流的计算机算法

对复杂电力系统三相短路起始次暂态电流的计算，由于系统网络结构复杂，普遍应用计算

机进行计算。而要用计算机进行计算，首先要根据计算原理选择计算用的电力网络数学模型和计算方法；其次是根据所选定的数学模型和计算方法编制计算程序。本课题仅介绍基本的计算机算法原理。

一、等效网络

三相短路电流的计算机计算，通常应用叠加原理进行计算。根据叠加原理，短路分量＝正常运行分量＋故障分量。图4-9给出了计算三相短路起始次暂态电流 I'' 及其分布的等效网络。在图4-9a中，G代表发电机节点（如果有必要也可包括某些大容量的电动机），发电机的等效电路用等效电动势 $\dot{E}''$ 和电抗 X_d'' 表示；L代表负荷节点，以恒定阻抗 Z_L 表示；f代表短路点。应用叠加原理，可将图4-9a分解成正常运行网络（见图4-9b）和故障分量网络（见图4-9c）。

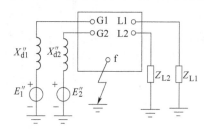

a) 短路时的等效网络

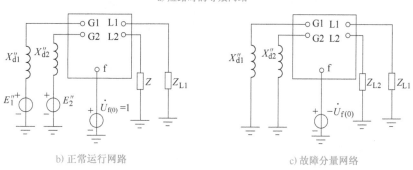

b) 正常运行网路　　　　　　　　c) 故障分量网络

图4-9　计算短路电流及其分布等效网络

对于正常运行方式的求解，是先通过潮流计算得到各节点的电压 $\dot{U}_{i(0)}$ 。空载条件下，$E''=1$ ，$U_{f(0)}=1$ ，而故障分量的计算由短路电流计算程序完成。通过对故障分量等效网络进行求解，得到各节点电压故障分量 $\Delta\dot{U}_i$ 。最后，根据节点的实际电压 $\dot{U}_i=\dot{U}_{i(0)}+\Delta\dot{U}_i$ 计算各支路的起始次暂态电流。

二、短路电流的计算原理

对于故障分量网络的数学模型，一般用节点阻抗矩阵或节点导纳矩阵两种模型表示。

（一）用节点阻抗矩阵计算短路电流

如果已形成了图4-9c所示网络的节点阻抗矩阵 Z_B ，则 Z_B 中的对角元素 Z_{ff} 就是网络从f点看进去的等效阻抗。若三相短路时短路点电弧阻抗为 Z_f ，对于图4-9c，由戴维南定理可得短路点电压为

$$-\dot{U}_{f(0)}=-\dot{I}_f(Z_{ff}+Z_f)$$

由此可得短路点电流为

$$\dot{I}_{\mathrm{f}} = \frac{\dot{U}_{\mathrm{f(0)}}}{Z_{\mathrm{ff}} + Z_{\mathrm{f}}} \approx \frac{1}{Z_{\mathrm{ff}} + Z_{\mathrm{f}}} \tag{4-38}$$

金属性短路时，$Z_{\mathrm{f}} = 0$，则

$$\dot{I}_{\mathrm{f}} = \frac{\dot{U}_{\mathrm{f(0)}}}{Z_{\mathrm{ff}}} \approx \frac{1}{Z_{\mathrm{ff}}} \tag{4-39}$$

由此可见，在近似计算中，一旦网络节点阻抗形成，任一点三相短路时的三相短路电流为该点自阻抗的倒数。

对于 n 个节点的网络，节点电压方程为

$$\begin{bmatrix} \Delta\dot{U}_1 \\ \vdots \\ \Delta\dot{U}_{\mathrm{f}} \\ \vdots \\ \Delta\dot{U}_n \end{bmatrix} = \begin{bmatrix} Z_{11} & \cdots & Z_{1\mathrm{f}} & \cdots & Z_{1n} \\ \vdots & & \vdots & & \vdots \\ Z_{\mathrm{f}1} & \cdots & Z_{\mathrm{ff}} & \cdots & Z_{\mathrm{f}n} \\ \vdots & & \vdots & & \vdots \\ Z_{n1} & \cdots & Z_{n\mathrm{f}} & \cdots & Z_{nn} \end{bmatrix} \begin{bmatrix} 0 \\ \vdots \\ -\dot{I}_{\mathrm{f}} \\ \vdots \\ 0 \end{bmatrix} = \begin{bmatrix} Z_{1\mathrm{f}} \\ \vdots \\ Z_{\mathrm{ff}} \\ \vdots \\ Z_{n\mathrm{f}} \end{bmatrix}(-\dot{I}_{\mathrm{f}}) \tag{4-40}$$

则各节点短路后的电压为

$$\left.\begin{aligned} \dot{U}_1 &= \dot{U}_{1(0)} + \Delta\dot{U}_1 = \dot{U}_{1(0)} - Z_{1\mathrm{f}}\dot{I}_{\mathrm{f}} \\ \dot{U}_{\mathrm{f}} &= \dot{U}_{\mathrm{f(0)}} + \Delta\dot{U}_{\mathrm{f}} = \dot{U}_{\mathrm{f(0)}} - Z_{\mathrm{ff}}\dot{I}_{\mathrm{f}} \\ \dot{U}_n &= \dot{U}_{n(0)} + \Delta\dot{U}_n = \dot{U}_{n(0)} - Z_{n\mathrm{f}}\dot{I}_{\mathrm{f}} \end{aligned}\right\} \tag{4-41}$$

当 f 点发生三相短路时，$\dot{U}_{\mathrm{f}} = 0$，可得

$$\dot{I}_{\mathrm{f}} = \frac{\dot{U}_{\mathrm{f(0)}}}{Z_{\mathrm{ff}}} \tag{4-42}$$

任意支路 $i-j$ 的电流为

$$\dot{I}_{ij} = \frac{\dot{U}_i - \dot{U}_j}{Z_{ij}} \tag{4-43}$$

从式(4-41) 和式(4-42) 可以看出，式中所用到的阻抗矩阵元素都带有列标 f。这就是说，网络在正常状态下的节点电压已知，为了进行短路计算，只需利用节点阻抗矩阵与故障点 f 对应的一列元素。因此，尽管采用了阻抗型的节点方程，但是并不需要做出全网的阻抗矩阵。

（二）用节点导纳矩阵计算短路电流

用节点阻抗矩阵计算任一点短路电流，以及计算网络中各点的电压与电流分布是很方便的，计算工作量很小。但由于节点阻抗矩阵为满矩阵，形成矩阵较难，速度较慢，且网络结构发生变化时，修改也较慢，即形成与修改工作量较大。这就要求计算机内存大，从而限制了计算网络的规模。

由于网络的节点导纳矩阵是稀疏矩阵，占用内存小，很容易形成，当网络结构变化时也易修改，因而可用节点导纳矩阵来计算短路电流。但要用导纳矩阵来计算短路电流并没有用节点阻抗矩阵那样方便，因此，在短路的实用计算中，常采用先形成网络的节点导纳矩阵 Y_{B}，并根据两者互为逆矩阵（$Z_{\mathrm{B}} = Y_{\mathrm{B}}^{-1}$）的关系，求出与短路点 f 有关的节点阻抗矩阵中的第 f 列元素 $Z_{1\mathrm{f}}\cdots Z_{\mathrm{ff}}\cdots Z_{n\mathrm{f}}$或某几列元素，然后运用式(4-41)~式(4-43) 进行短路电流的有关计算。

对导纳矩阵直接求逆，可得到阻抗矩阵，但当矩阵的阶数较大时，计算量也较大。常用的求

解方法为数值解法，又称为三角分解法。根据定义，$Z_{1f} \cdots Z_{ff} \cdots Z_{fn}$ 是在短路点 f 通以单位电流，其他节点通入电流为零时的各节点电压。求解方程如下：

$$
\begin{bmatrix}
Y_{11} & \cdots & Y_{1f} & \cdots & Y_{1n} \\
\vdots & \ddots & \vdots & \ddots & \vdots \\
Y_{f1} & \cdots & Y_{ff} & \cdots & Y_{fn} \\
\vdots & \ddots & \vdots & \ddots & \vdots \\
Y_{n1} & \cdots & Y_{fn} & \cdots & Y_{nn}
\end{bmatrix}
\cdot
\begin{bmatrix}
\dot{U}_1 \\
\vdots \\
\dot{U}_f \\
\vdots \\
\dot{U}_n
\end{bmatrix}
=
\begin{bmatrix}
0 \\
\vdots \\
1 \\
\vdots \\
0
\end{bmatrix}
\qquad (4\text{-}44)
$$

即只要在计算机上进行式(4-44) 的一次线性方程的求解，就可得 $\dot{U}_1 \sim \dot{U}_n$，从而求得节点阻抗矩阵中的第 f 列元素，即

$$
\left.
\begin{aligned}
Z_{1f} &= Z_{f1} = \dot{U}_1 \\
&\cdots \\
Z_{ff} &= \dot{U}_f \\
&\cdots \\
Z_{nf} &= Z_{fn} = \dot{U}_n
\end{aligned}
\right\}
\qquad (4\text{-}45)
$$

计算短路电流的原理流程图如图4-10 所示。

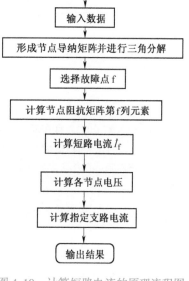

图 4-10　计算短路电流的原理流程图

习　题

4-1　电力系统短路故障如何分类？短路的危害以及短路计算的目的是什么？

4-2　无限大功率电源的特点是什么？无限大功率电源供电系统三相短路时，短路电流包括几种分量？有什么特点？

4-3　冲击电流指的是什么？它出现的条件和时刻是怎样的？其表达式是怎样的？冲击系数 k_{im} 的大小与什么有关？什么是短路电流最大有效值？如何计算？

4-4　什么是短路功率（短路容量）？如何计算？在三相短路计算时，对于某一短路点，短路功率的标幺值与短路电流的标幺值有什么关系？

4-5　电力系统三相短路的实用计算有哪些基本假设？

4-6　何为起始次暂态电流 I''？精确计算步骤是怎样的？在近似计算中做了哪些简化假设？

4-7　对于短路点附近的大型异步电动机，其冲击电流和短路电流最大有效值如何计算？其冲击系数 $k_{im \cdot LD}$ 的大小是如何考虑的？

4-8　什么是运算曲线？它是在什么条件下制作的？如何制作？

4-9　简述用运算曲线计算短路电流时电源的合并原则。

4-10　应用运算曲线法计算任意时刻短路电流周期分量的有效值 I_p 的主要步骤有哪些？

4-11　复杂电力系统三相短路的计算机算法原理是什么？

4-12　如图 4-11 所示的电力系统，各元件参数如下：线路 L 长 100km，$x_1 = 0.4\Omega/km$；变压器 T 的容量为 30MV·A，$U_k\% = 10.5$，电压为 115/6.3kV。电源为恒定电源，当变压器低压母线发生三相短路时，若短路前变压器空载，试计算短路电流周期分量的起始值、冲击电流、短路电流的最大有效值及短路功率。

图 4-11　习题 4-12 图

4-13 一无限大容量系统通过一条 100km 的 110kV 输电线向变电所供电,线路和变压器的参数如图 4-12 所示,试计算线路末端 f_1 和变电所出线上 f_2 点发生三相短路时,短路电流周期分量的有效值、短路冲击电流及短路功率。

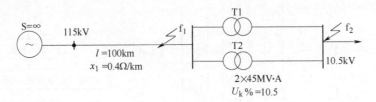

图 4-12 习题 4-13 图

4-14 电力系统如图 4-13 所示,已知各元件参数如下:发电机 G1,60MV·A,$X_d'' = 0.15$;发电机 G2,150MV·A,$X_d'' = 0.2$;变压器 T1,60MV·A,$U_k\% = 12$;变压器 T2,90MV·A,$U_k\% = 12$;线路每回路 $l = 80km$,$x_1 = 0.4\Omega/km$;负荷 LD,120MV·A,$X_{LD}'' = 0.35$。试计算 f 点发生三相短路时短路点的起始次暂态电流和冲击电流。(注:取 $E_1'' = E'' = 1.08$,$E_{LD}'' = 0.8$)

图 4-13 习题 4-14 图

4-15 在图 4-14 所示的发电厂主接线中,当 f_1 点和 f_2 点发生三相短路时,试求短路电流周期分量起始值和冲击电流。冲击系数 $k_{im} = 1.8$,发电机均为汽轮发电机。各元件参数如下:发电机 G1、G2 的有功功率均为 36MW,$X_d'' = 0.232$,$\cos\varphi = 0.875$;发电机 G3、G4 的有功功率均为 12.5MW,$X_d'' = 0.21$,$\cos\varphi = 0.8$;变压器 T1、T2 的容量均为 50MV·A,$U_k\% = 10.5$;变压器 T3 的容量为 40MV·A,$U_{k(1-2)}\% = 10.5$,$U_{k(2-3)}\% = 6.5$,$U_{k(1-3)}\% = 17.5$;线路 L 长 80km,$x_1 = 0.4\Omega/km$;系统 S 为无限大容量,$X_S = 0$。

4-16 在图 4-14 中,当 f_1 点发生三相短路时,试计算当 t 为 0s、0.2s、2s 时的短路电流周期分量。

4-17 已知系统接线如图 4-15 所示,当 f 点发生三相短路时,试计算当 t 为 0s、0.2s、1s 时的短路电流周期分量。图中等效系统 S 可以看作无限大容量系统,G1、G2 均为汽轮发电机。

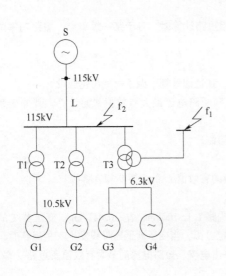

图 4-14 习题 4-15 图

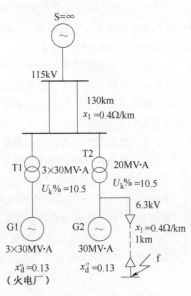

图 4-15 习题 4-17 图

4-18　选择题（将正确的选项填入题后括号中）

1. 在电力系统中，下列简单金属性故障中属于不对称短路的是（　　）。

A. 单相接地短路　　B. 两相短路　　　C. 三相短路　　　D. 两相接地短路

2. 当供电电源内阻抗小于短路回路总阻抗约（　　）时，此电源可作为无限大功率电源处理。

A. 5%　　　　　　B. 10%　　　　　C. 15%　　　　　D. 20%

3. 在无限大功率电源供电的三相对称系统中，当发生三相对称短路时，短路电流非周期分量的衰减速度（　　）。

A. A、B、C 三相相同　　　　　　　B. 只有 B、C 两相相同

C. 只有 A、B 两相相同　　　　　　D. 只有 A、C 两相相同

4. 冲击电流主要用来校验电气设备（　　）。

A. 是否超过额定电流　　　　　　　B. 是否超过发热允许电流

C. 电动力稳定度　　　　　　　　　D. 切断能力

5. 无穷大功率电源供电的电力系统发生三相短路时，（　　）。

A. 短路电流周期分量的幅值是恒定的，非周期分量是衰减的

B. 短路电流周期分量的幅值是恒定的，非周期分量也是恒定的

C. 短路电流周期分量的幅值是衰减的，非周期分量是恒定的

D. 短路电流周期分量的幅值是衰减的，非周期分量也是衰减的

6. 无限大功率电源供电的电力系统发生三相短路，若短路点在发电机-变压器组高压侧母线附近，则冲击系数取（　　）。

A. 1.8　　　　　　B. 1.9　　　　　C. 1.85　　　　　D. 2.0

7. 电力系统发生三相对称短路的明显特征是：与短路回路相连的母线电压（　　），短路回路的电流（　　）。

A. 增大，增大　　B. 增大，降低　　C. 降低，降低　　D. 降低，增大

8. 应用运算曲线法计算任意时刻短路电流周期分量的有效值时，对于负荷的处理方法是（　　）。

A. 不考虑负荷的影响

B. 需要考虑负荷的影响

C. 仅需要考虑短路点附近大容量电动机的影响

D. 需要考虑部分负荷的影响

4-19　判断题（题目描述正确的在括号内打"√"，错误的打"×"）

1. 无限大功率电源供电的电力系统发生三相短路时，非周期分量衰减速度与短路回路阻抗有关。（　　）

2. 只要发生了三相短路，就会出现冲击电流。（　　）

3. 若高压输电线路发生三相短路，冲击电流出现的条件为短路前线路空载、短路瞬间线路电压过零点。（　　）。

4. 无限大功率电源供电的电力系统发生三相短路，若冲击系数取 1.8，则短路电流最大有效值为周期分量有效值 I_p 的 1.52 倍。（　　）

5. 选择开关设备时，其切断功率应大于短路回路的短路容量。（　　）

6. 高压线路短路电流近似计算时往往忽略元件电阻和导纳，仅考虑电抗的影响。（　　）

7. 无限大功率电源供电的电力系统发生三相短路，短路电流出现非周期分量是为了保持感性回路磁链不突变。（　　）

8. 在电力系统所有的短路类型中，发生三相短路的概率是最小的，但是危害是最大的。（　　）

电力系统不对称短路的分析计算

学习内容

本单元主要讨论对称分量法在不对称短路计算中的应用、电力系统中主要元件的序参数和等效电路及电力系统序网络的绘制方法。在此基础上着重学习电力系统不对称短路点处的边界条件、系统的复合序网及短路点各相电流、电压的计算,正序等效定则在不对称短路分析中的应用及不对称短路时网络中电流、电压的计算。

学习目标

- 掌握绘制电力系统正序、负序和零序等效网络的方法。
- 掌握应用正序等效定则计算不对称短路时短路点各相电流、电压的方法。
- 掌握不对称短路时网络中电流、电压的计算方法。

课题一　对称分量法在不对称短路计算中的应用

一、不对称分量的分解

所谓对称分量法,是指将一组不对称三相系统的三个相量(电流或电压)分解为三组分别对称的三序分量(正序、负序和零序),或者将三组对称的三序分量合成为一组不对称的三相相量的方法。

设 $\dot{I}_a$、$\dot{I}_b$、$\dot{I}_c$ 为不对称三相系统的三相电流相量,可将其分解为对称三相系统的三序电流分量,即

$$\left.\begin{aligned}
\dot{I}_a &= \dot{I}_{a(1)} + \dot{I}_{a(2)} + \dot{I}_{a(0)} \\
\dot{I}_b &= \dot{I}_{b(1)} + \dot{I}_{b(2)} + \dot{I}_{b(0)} \\
\dot{I}_c &= \dot{I}_{c(1)} + \dot{I}_{c(2)} + \dot{I}_{c(0)}
\end{aligned}\right\} \tag{5-1}$$

三序分量如图 5-1 所示。正序分量 $\dot{I}_{a(1)}$、$\dot{I}_{b(1)}$、$\dot{I}_{c(1)}$ 幅值相等,相位彼此互差 120°,且 a 相超前 b 相,b 相超前 c 相,与系统正常运行相序相同,达到最大值的顺序为 a→b→c;负序分量

a) 正序分量　　　　　　　　b) 负序分量　　　　　　　　c) 零序分量

图 5-1　三序分量

$\dot{I}_{a(2)}$、$\dot{I}_{b(2)}$、$\dot{I}_{c(2)}$ 幅值相等，相位关系与正序相反，达到最大值的顺序为 a→c→b；零序分量

$\dot{I}_{a(0)}$、$\dot{I}_{b(0)}$、$\dot{I}_{c(0)}$ 幅值相等，相位一致。

若选择 a 相为基准相，则各序分量之间有以下关系：

$$\left.\begin{array}{l} \dot{I}_{b(1)} = \mathrm{e}^{-\mathrm{j}120°}\dot{I}_{a(1)} = a^2\dot{I}_{a(1)} \\[2mm] \dot{I}_{c(1)} = \mathrm{e}^{\mathrm{j}120°}\dot{I}_{a(1)} = a\dot{I}_{a(1)} \\[2mm] \dot{I}_{b(2)} = \mathrm{e}^{\mathrm{j}120°}\dot{I}_{a(2)} = a\dot{I}_{a(2)} \\[2mm] \dot{I}_{c(2)} = \mathrm{e}^{-\mathrm{j}120°}\dot{I}_{a(2)} = a^2\dot{I}_{a(2)} \\[2mm] \dot{I}_{a(0)} = \dot{I}_{b(0)} = \dot{I}_{c(0)} \end{array}\right\} \tag{5-2}$$

式中，$a = \mathrm{e}^{\mathrm{j}120°} = -\dfrac{1}{2} + \mathrm{j}\dfrac{\sqrt{3}}{2}$；$a^2 = \mathrm{e}^{-\mathrm{j}120°} = -\dfrac{1}{2} - \mathrm{j}\dfrac{\sqrt{3}}{2}$。

将式(5-2)代入式(5-1)，就可用三组对称的三相相量合成为一组不对称的三相相量了，即将一组不对称三相相量用 a 相的对称三序分量表示

$$\begin{bmatrix} \dot{I}_a \\ \dot{I}_b \\ \dot{I}_c \end{bmatrix} = \begin{bmatrix} 1 & 1 & 1 \\ a^2 & a & 1 \\ a & a^2 & 1 \end{bmatrix} \begin{bmatrix} \dot{I}_{a(1)} \\ \dot{I}_{a(2)} \\ \dot{I}_{a(0)} \end{bmatrix} \tag{5-3}$$

或简写为

$$I_{abc} = \boldsymbol{T} I_{120} \tag{5-4}$$

式中，$\boldsymbol{T} = \begin{bmatrix} 1 & 1 & 1 \\ a^2 & a & 1 \\ a & a^2 & 1 \end{bmatrix}$ 为对称分量法的变换矩阵，其逆关系可表示为

$$\begin{bmatrix} \dot{I}_{a(1)} \\ \dot{I}_{a(2)} \\ \dot{I}_{a(0)} \end{bmatrix} = \frac{1}{3} \begin{bmatrix} 1 & a & a^2 \\ 1 & a^2 & a \\ 1 & 1 & 1 \end{bmatrix} \begin{bmatrix} \dot{I}_a \\ \dot{I}_b \\ \dot{I}_c \end{bmatrix} \tag{5-5}$$

即任一组不对称的三相相量（电压或电流）可分解为三组对称的三序分量。已知三序分量时，可用式(5-3)合成三相相量。上式也可简写为

$$I_{120} = \boldsymbol{T}^{-1} I_{abc} \tag{5-6}$$

式中，$\boldsymbol{T}^{-1} = \dfrac{1}{3} \begin{bmatrix} 1 & a & a^2 \\ 1 & a^2 & a \\ 1 & 1 & 1 \end{bmatrix}$ 为对称分量法的逆变换矩阵。

同理，电压的三相不对称相量与其对称三序分量之间的变换关系为

$$U_{abc} = \boldsymbol{T} U_{120} \tag{5-7}$$

$$U_{120} = \boldsymbol{T}^{-1} U_{abc} \tag{5-8}$$

二、在不对称短路计算中应用对称分量法

电力系统正常运行时，三相电路中只有正序分量。当电力系统发生不对称短路时，三相电路的条件受到破坏，三相对称电路变成不对称电路，但是除了故障点出现不对称外，电力系统的其他部分仍然是对称的。可见，在计算不对称短路时，必须抓住这个关键点，设法在一定的条件下将故障点的不对称转换为对称，然后可用对称分量法将实际的故障分解成三个独立的序分量系统，而每个序分量系统本身又是三相对称的，从而就可用单相电路进行计算了。

现结合图5-2所示简单电力系统发生 a 相接地短路的情况，说明应用对称分量法计算不对称短路的方法。

一台发电机接于空载输电线路，发电机中性点经阻抗 Z_n 接地。在线路某处 f 点发生单相（a 相）接地短路，使 f 点的三相对地电压 $\dot{U}_{fa}$、$\dot{U}_{fb}$、$\dot{U}_{fc}$ 和由故障点流出的三相电

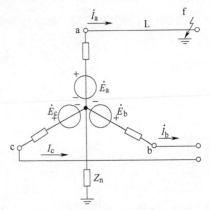

图5-2 简单电力系统单相
接地短路故障示意图

流（即短路电流）$\dot{I}_{fa}$、$\dot{I}_{fb}$、$\dot{I}_{fc}$ 均出现三相不对称的情况。a 相对地阻抗为 0（不计电弧等电阻），a 相对地电压 $\dot{U}_{fa}=0$，而 b、c 两相的电压 $\dot{U}_{fb}\neq0$、$\dot{U}_{fc}\neq0$，而这时发电机的电动势仍为三相对称的正序电动势，发电机和线路的三相参数依旧是对称的。图5-3a 所示为单相接地短路等效示意图。将故障处电压、电流分解成正序、负序和零序三组对称分量，如图5-3b 所示。

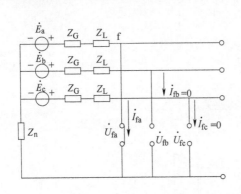

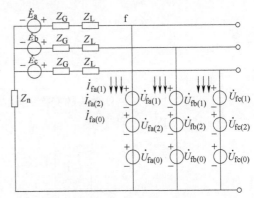

a) 单相接地短路等效示意图

b) 短路点电压、电流的各序分量

图5-3 简单不对称短路分析原理图

由于对称分量法具有独立性（叠加原理），因而可以将故障网络分解成正序、负序和零序三个序网来研究。因为正序、负序和零序系统对称，所以故障分析只需计算一相即可，通常将分析计算的这一相称为基准相。为使计算简便，常根据故障边界条件选择最特殊的一相为基准相，如此处选短路相 a 相作为基准相，则可作出其简化的三序等效网络，如图5-4所示。

在图5-4中，$\dot{E}_{(1)\Sigma}$ 为正序网故障端口的开路电压（正序电动势），$Z_{(1)\Sigma}$、$Z_{(2)\Sigma}$、$Z_{(0)\Sigma}$ 分别为三序网中所有元件的正序、负序和零序网络短路点的入端等效阻抗。其中，$Z_{(1)\Sigma}=Z_{G(1)}+Z_{L(1)}$、$Z_{(2)\Sigma}=Z_{G(2)}+Z_{L(2)}$、$Z_{(0)\Sigma}=Z_{G(0)}+Z_{L(0)}$ 分别为发电机和线路的正序、负序和零序阻抗之和。

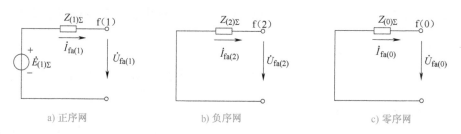

a) 正序网   b) 负序网   c) 零序网

图 5-4   简化的三序等效网络图

由图 5-4 可列出电压方程，即

$$\left.\begin{array}{l} \dot{E}_{(1)\Sigma} - \dot{I}_{fa(1)}Z_{(1)\Sigma} = \dot{U}_{fa(1)} \\[2mm] 0 - \dot{I}_{fa(2)}Z_{(2)\Sigma} = \dot{U}_{fa(2)} \\[2mm] 0 - \dot{I}_{fa(0)}Z_{(0)\Sigma} = \dot{U}_{fa(0)} \end{array}\right\} \qquad (5\text{-}9)$$

式(5-9) 中有 6 个未知数（故障点的三序电压和三序电流），但方程只有三个，故还不能求解故障处的各序电压和电流。此时，可根据不对称短路类型的边界条件求解，例如，单相（a 相）接地的故障条件为

$$\left.\begin{array}{l} \dot{U}_{fa} = 0 \\[2mm] \dot{I}_{fb} = 0 \\[2mm] \dot{I}_{fc} = 0 \end{array}\right\} \qquad (5\text{-}10)$$

将这些关系转换为 a 相的对称分量，则有

$$\left.\begin{array}{l} \dot{U}_{fa} = \dot{U}_{fa(1)} + \dot{U}_{fa(2)} + \dot{U}_{fa(0)} = 0 \\[2mm] \dot{I}_{fb} = a^2 \dot{I}_{fa(1)} + a \dot{I}_{fa(2)} + \dot{I}_{fa(0)} = 0 \\[2mm] \dot{I}_{fc} = a \dot{I}_{fa(1)} + a^2 \dot{I}_{fa(2)} + \dot{I}_{fa(0)} = 0 \end{array}\right\} \qquad (5\text{-}11)$$

进一步变换可得用对称分量表示的故障边界条件，即

$$\left.\begin{array}{l} \dot{U}_{fa(1)} + \dot{U}_{fa(2)} + \dot{U}_{fa(0)} = 0 \\[2mm] \dot{I}_{fa(1)} = \dot{I}_{fa(2)} = \dot{I}_{fa(0)} \end{array}\right\} \qquad (5\text{-}12)$$

由式(5-9) 和式(5-12) 即可求得故障点处各序电压（$\dot{U}_{fa(1)}$、$\dot{U}_{fa(2)}$ 及 $\dot{U}_{fa(0)}$）和各序电流（$\dot{I}_{fa(1)}$、$\dot{I}_{fa(2)}$ 及 $\dot{I}_{fa(0)}$），再利用式(5-3) 和式(5-7) 即可计算故障点处的三相电流和电压。

由上述分析可知，用对称分量法进行电力系统不对称短路计算时，其方法如下：

1) 画出系统的三序网，并列出三序网对应的电压方程。

2) 结合故障处用对称分量表示的边界条件即可计算故障点处（如 a 相）的各序分量。

3) 利用对称分量法的式(5-3) 和式(5-7) 将各序分量合成为一组不对称三相相量，最后即可计算故障点处的三相电流和电压。

下面将讨论系统中各元件的各序阻抗。所谓元件的序阻抗，是指该元件流过某序电流时，其产生的相应序电压和序电流之比。在三相参数对称的电路中，通入某序的对称分量电流，只产生同一序分量的电压降。如通入正序电流时，在元件上产生的正序电压与之对应的元件参数为正序参数。在短路电流近似计算中，一般忽略元件的各序电阻，仅计电抗。

课题二 同步发电机和异步电动机的序电抗

电力系统的元件一般包括静止元件和旋转元件这两类。旋转元件包括同步发电机和电动机等；静止元件包括变压器、电力线路、电容器及电抗器等。对于静止元件，当改变相序时，并不会改变相间的互感，所以正序阻抗和负序阻抗总是相等的。而对于旋转元件，由于各序电流通过时会引起不同的电磁过程，正序电流产生与转子旋转方向相同的旋转磁场，负序电流产生与转子旋转方向相反的旋转磁场，而零序电流产生的合成磁通势为 0，因此旋转元件的三序阻抗互不相等。

一、同步发电机的负序和零序电抗

对于同步发电机而言，当发电机正常稳态运行时，在定子的正序电动势作用下，定子通过的电流是三相对称的正序电流，相应的电抗就是正序电抗。电机参数 X_d、X_q 和 X_d'、X_d''、X_q'' 都是正序参数，其中，X_d、X_q 为稳态时的同步电抗，X_d'、X_d''、X_q'' 分别为发电机定子端发生对称三相短路，暂态运行状态时的暂态电抗、次暂态电抗。

1. 负序电抗

在同步发电机定子端发生不对称短路接地时，定子电流为一组不对称的三相电流，用对称分量法可分解成三相对称的正序、负序和零序电流。当负序电流流过发电机定子绕组时，便在空间产生与转子旋转方向相反的负序磁场，它以相对转子两倍的同步转速切割转子绕组。即负序旋转磁场与转子旋转方向相反，因而在不同的位置会遇到不同的磁阻（因转子不是任意对称的），负序电抗会发生周期性变化。

在实用计算中，发电机负序电抗计算可表示为

$$X_{(2)} = \frac{1}{2} \left(X_d'' + X_q'' \right) \tag{5-13}$$

对于无阻尼绕组凸极机，有

$$X_{(2)} = \sqrt{X_d' X_q}$$

若同步发电机无确切参数，可参照表 5-1 取典型值。

表 5-1　同步发电机负序和零序电抗典型值

同步发电机类型	$X_{(2)}$	$X_{(0)}$	同步发电机类型	$X_{(2)}$	$X_{(0)}$
汽轮发电机	0.16	0.06	无阻尼绕组水轮发电机	0.45	0.07
有阻尼绕组水轮发电机	0.25	0.07	同步调相机和大型同步电动机	0.24	0.08

注：表中的数值均为以电机额定值为基准的标幺值。

2. 零序电抗

当零序电流流过发电机定子绕组时，由于定子的三相绕组在空间互差 120°电角度，三相零序电流所产生的磁通在电机气隙中的和为零。发电机的零序电抗与转子位置无关，仅取决于绕组的漏磁通。同时，因三相零序电流的相位均相同，所以零序电流产生的漏磁通较正序或负序电流所产生的磁通小。

由于同步发电机绕组结构形式不同，故零序电抗在数值上相差很大，零序电抗的变化范围大致为

$$X_{(0)} = (0.15 \sim 0.6) \ X''_{\mathrm{d}} \tag{5-14}$$

二、异步电动机的负序和零序电抗

电力系统负荷主要是工业负荷,大多数工业负荷都是异步电动机,异步电动机在扰动瞬间的正序电抗为 X''。由于异步电动机是旋转元件,其负序阻抗不等于正序阻抗。

当电动机端施加基频负序电压时,流入定子绕组的负序电流将在气隙中产生一个与转子转向相反的旋转磁场,它对电动机产生制动性转矩。若转子相对正序旋转磁场的转差率为 s,则转子相对负序旋转磁场的转差率为 $2-s$。图 5-5 所示为确定异步电动机负序阻抗的等效电路。由图可见,异步电动机的负序阻抗也是转差率的函数。

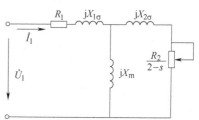

图 5-5　异步电动机负序阻抗等效电路

实际上,当系统发生不对称短路时,作用于电动机端的电压可能包含正、负和零序分量。此时,正序电压低于正常值,使电动机的驱动转矩减小,而负序电流又产生制动转矩,从而使电动机转速下降,转差率 s 增大。随着 s 的增大,转子相对负序磁场的转差率 $2-s$ 接近 1。由等效电路(见图 5-5)可见,转子的等效电阻将在 $\dfrac{R_2}{2} \sim R_2$ 之间变化。但是,从电动机端看进去的等效阻抗却变化不太大。为了简化计算,实用上常略去绕组电阻,设 $X_{\mathrm{m}} \approx \infty$,并取 $s=1$ 时,即以转子静止(或起动初瞬间)状态的阻抗模值作为电动机的负序电抗,则异步电动机的负序电抗为

$$X_{(2)} = X_{1\sigma} + X_{2\sigma} \approx X'' \tag{5-15}$$

即异步电动机的负序电抗等于扰动瞬间的正序电抗,即次暂态电抗。

实用计算中,若短路点附近的异步电动机不能确定短路前的运行参数,则可近似地认为异步电动机的负序电抗 $X_{(2)*} = 0.2$(均以电动机额定容量为基准)。

当计及降压变压器及馈电线路的电抗时,则以异步电动机为主要成分的综合负荷的负序电抗可取为 $X_{(2)*} = 0.35$。它是以综合负荷的视在功率和负荷接入点的平均额定电压为基准的标幺值。

因为异步电动机及多数负荷常接成三角形,或者接成不接地的星形,零序电流不能流通,即可认为零序电抗 $X_{(0)} = \infty$,故不需要建立零序等效电路。

课题三　变压器的零序电抗和等效电路

稳态运行时的变压器等效电抗(双绕组变压器)即为两个绕组的漏抗之和,就是变压器的正序电抗。因变压器为静止元件,相序的改变不会改变各元件的自感和互感,所以正序电抗和负序电抗相等,即

$$X_{\mathrm{T}(1)} = X_{\mathrm{T}(2)} = \frac{U_{\mathrm{k}}\% \ U_{\mathrm{N}}^2}{100 \ S_{\mathrm{N}}} \tag{5-16}$$

变压器的零序电抗和正、负序电抗是不同的,它与变压器绕组的接线方式、结构及中性点是否经阻抗接地有关。

一、零序电抗及其等效电路概述

双绕组变压器的等效电路表征了一相的一、二次绕组间的电磁关系,而三绕组变压器的等效电路则表征了一相的高、中、低压三侧绕组间的电磁关系。无论变压器通入哪一序电流,均不

会改变每一相的一、二次绕组间或三侧绕组间的电磁关系，因此，变压器的正序、负序和零序等效电路具有相同的形状，图5-6为不计绕组电阻和铁心损耗时变压器的零序等效电路。

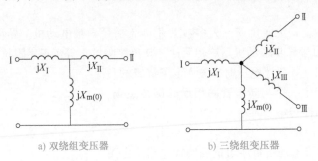

a) 双绕组变压器　　　　　　b) 三绕组变压器

图5-6　变压器的零序等效电路

　　由于变压器漏磁通的路径与所通电流的序别无关，因此变压器的正序、负序和零序等效漏抗相等。

　　变压器的励磁电抗取决于主磁通路径，正序与负序电流的主磁通路径相同，负序励磁电抗与正序励磁电抗相等。因此，变压器的正序、负序等效电路参数完全相同。

　　而变压器的零序励磁电抗 $X_{m(0)}$ 和正序的不一样，它与变压器的铁心结构有关。下面讨论变压器结构对零序电抗的影响。图5-7为三种变压器铁心结构及其零序励磁磁通的路径。

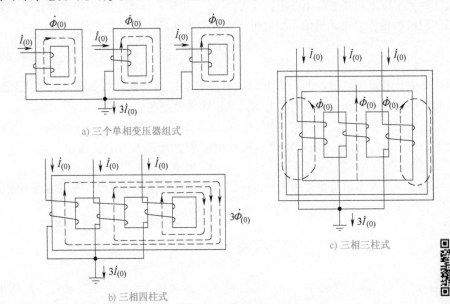

a) 三个单相变压器组式

b) 三相四柱式

c) 三相三柱式

图5-7　变压器零序磁通的磁路

　　由三个单相变压器组成的三相变压器组，各相磁路独立，零序励磁电抗 $X_{m(0)}$ 与正序一样，在其本身的铁心中形成回路，因而零序励磁电抗与正序励磁电抗相等。由于磁通主要在铁心内闭合，磁阻很小，故励磁电抗很大，以至于可近似认为 $X_{m(0)} \approx \infty$。对于三相四柱式或三相五柱式变压器，零序磁通可通过没有绕组的铁心部分形成回路，因此零序励磁电抗也相当大，也可近似认为 $X_{m(0)} \approx \infty$。

　　对于三相三柱式变压器，由于三相零序励磁磁通大小相等，相位相同，不能在铁心中形成回路，磁通只能通过绝缘介质和外壳（油箱）等形成回路，如图5-7c所示。因为磁通的路径上磁阻很大，所以零序励磁电抗正序励磁电抗小得多，应视为有限值，其值一般可用试验方法求得，

它的标幺值大致为 $X_{m(0)*} = 0.3 \sim 1.0$。

二、变压器的零序等效电路与外电路的连接

变压器的零序等效电路与外电路的连接取决于零序电流的流通路径，因而与变压器三相绕组连接形式及中性点是否接地有关。下面从三方面讨论变压器零序等效电路与外电路的连接情况。

1）当外电路向变压器某侧施加零序电压时，如果能在该侧产生零序电流，则等效电路中该侧绕组端点与外电路接通；反之，则断开。而零序电压施加在绕组连接成接地星形（YN）一侧时，大小相等、相位相同的零序电流将通过三绕组经中性点流入大地，构成回路。根据这个原则，只有中性点接地的星形（YN）联结绕组才能与外电路接通。

2）当变压器绕组具有零序电动势（由另一侧感应过来）时，如果它能将零序电动势施加到外电路并能提供零序电流的通路，则等效电路中该侧绕组端点与外电路接通；否则断开。同理，只有中性点接地的星形联结绕组才能与外电路接通。

3）零序电压施加在变压器绕组的三角形（d）侧或不接地星形（Y）侧时，无论另一侧绕组的接线方式如何，变压器中都没有零序电流流通。这种情况下，变压器的零序电抗 $X_{(0)} \approx \infty$。

在三角形联结的绕组中，绕组的零序电动势虽然不能作用到外电路中，但能在三相绕组中形成环流，如图 5-8 所示。因此，在等效电路中，该侧绕组端点接零序等效电路的中性点。在短路计算中，当变压器有三角形联结的绕组时，都可以近似地取 $X_{m(0)} \approx \infty$。

综上所述，变压器零序等效电路与外电路的连接可用图 5-9 所示的开关电路示意图表示。图中各开关位置与相应变压器绕组的接法见表 5-2。

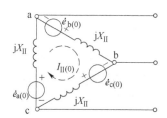

图 5-8　YNd 联结变压器
三角形侧的零序环流

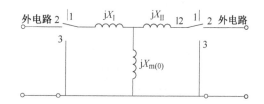

图 5-9　变压器的零序等效电路与外电路
连接的开关电路示意图

表 5-2　变压器的零序等效电路与外电路的连接

变压器绕组接法	开关位置	绕组端点与外电路的连接
Y	1	与外电路断开
YN	2	与外电路接通
d	3	与外电路断开，但与励磁支路并联

三、三相变压器的零序电抗和等效电路

结合以上两个方面的分析，可得出三相变压器不同连接的零序等效电路和零序电抗。现分别讨论如下。

（一）双绕组变压器

1. YNd 接线变压器

如图 5-10a 所示，当变压器星形侧流过零序电流时，在三角形侧各相绕组中将感应出零序电

动势，接成三角形的三相绕组为零序电流提供了通路。但因三相零序电流大小相等、相位相同，故只能在三角形绕组中形成环流，而出线则无零序电流流通，即三角形侧每相绕组感应出的零序电动势以电压的方式完全降落在漏抗上，相当于该侧绕组短接，从而可作出其零序等效电路，如图 5-10b 所示。

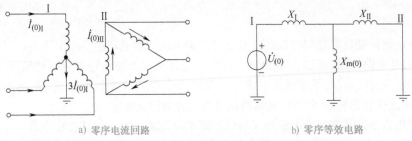

a) 零序电流回路   b) 零序等效电路

图 5-10　YNd 接线变压器的零序等效电路

由图 5-10b 可得变压器的零序电抗为

$$X_{(0)} = X_{\mathrm{I}} + X_{\mathrm{II}} /\!/ X_{\mathrm{m}(0)} = X_{\mathrm{I}} + \frac{X_{\mathrm{II}} X_{\mathrm{m}(0)}}{X_{\mathrm{II}} + X_{\mathrm{m}(0)}} \tag{5-17}$$

对于三个单相式或三相四柱式变压器，由于 $X_{\mathrm{m}(0)} \approx \infty$ ，则零序电抗可表示为

$$X_{(0)} = X_{\mathrm{I}} + X_{\mathrm{II}} /\!/ X_{\mathrm{m}(0)} = X_{\mathrm{I}} + X_{\mathrm{II}} = X_{(1)} \tag{5-18}$$

对于三相三柱式变压器，由于二次侧为三角形联结，也可以近似地取 $X_{\mathrm{m}(0)} \approx \infty$ ，故变压器的零序电抗与式(5-18) 的相同。

由此可见，对于 YNd 接线的变压器，无论变压器铁心为何种结构，其零序电抗都相等，且与变压器的正序电抗 $X_{(1)}$ 相同。

如果变压器中性点经电抗 X_{n} 接地，当 YN 接法绕组通过零序电流时，中性点接地阻抗将流过三倍零序电流，并且产生相应的电压降，中性点电压为 $3 \dot{I}_{(0)\mathrm{I}} X_{\mathrm{n}}$，如图 5-11a 所示。因此，在单相零序等效电路中，应将中性点阻抗增大为三倍，并同它所接入的该侧绕组的漏抗相串联，如图 5-11b 所示。即在单相等效电路中，中性点电抗可由 $3X_{\mathrm{n}}$ 串联在该侧绕组电抗支路上，此时，中性点电位不表示于单相等效电路中。由图 5-11b 可得，中性点经电抗接地的 YNd 接线变压器的零序电抗为

$$X_{(0)} = X_{\mathrm{I}} + X_{\mathrm{II}} /\!/ X_{\mathrm{m}(0)} + 3X_{\mathrm{n}} = X_{\mathrm{I}} + X_{\mathrm{II}} + 3X_{\mathrm{n}} = X_{(1)} + 3X_{\mathrm{n}} \tag{5-19}$$

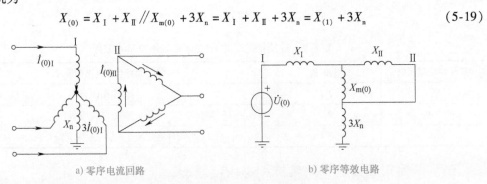

a) 零序电流回路   b) 零序等效电路

图 5-11　中性点经电抗接地的 YNd 接线变压器的零序等效电路

2. YNy 接线变压器

当变压器 YN 侧流过零序电流时，在 y 侧将感应出零序电动势。但是，因 y 侧中性点不接地，零序电流没有通路，故 y 侧没有零序电流，如图 5-12a 所示。这时，变压器相当于空载，零序等效电路如图 5-12b 所示。

由图 5-12b 所示的零序等效电路可得 YNy 接线变压器的零序电抗为

$$X_{(0)} = X_{\text{I}} + X_{\text{m}(0)} \tag{5-20}$$

对于三相三柱式变压器，由于 $X_{\text{m}(0)}$ 为有限值，所以其零序电抗的表达式与式（5-20）相同，而对于三个单相式或三相四柱式变压器，由于 $X_{\text{m}(0)} \to \infty$，则 $X_{(0)} \to \infty$。

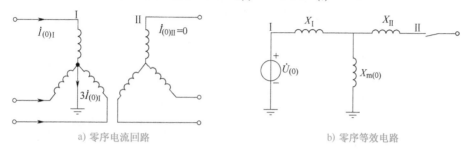

a) 零序电流回路　　　　　　　　　　　　　b) 零序等效电路

图 5-12　YNy 接线变压器的零序等效电路

3. YNyn 接线变压器

当变压器 YN 侧流过零序电流时，在 yn 侧会感应出零序电动势。因二次侧有一个接地中性点，则二次绕组中有零序电流流通，如图 5-13a 所示，其等效电路如图 5-13b 所示。

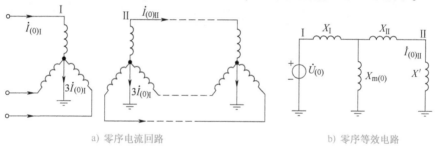

a) 零序电流回路　　　　　　　　　　　　　b) 零序等效电路

图 5-13　YNyn 接线变压器的零序等效电路

由图 5-13b 可知，若外接电抗为 X'，则 YNyn 接线变压器的零序电抗为

$$X_{(0)} = X_{\text{I}} + X_{\text{m}(0)} /\!/ (X_{\text{II}} + X') \tag{5-21}$$

对于三相三柱式变压器，由于 $X_{\text{m}(0)}$ 为有限值，所以其零序电抗的表达式与式（5-21）相同，而对于三个单相式或三相四柱式变压器，由于 $X_{\text{m}(0)} \to \infty$，则其零序电抗为

$$X_{(0)} = X_{\text{I}} + X_{\text{m}(0)} /\!/ (X_{\text{II}} + X') \approx X_{\text{I}} + X_{\text{II}} + X' = X_{(1)} + X' \tag{5-22}$$

（二）三绕组变压器

三绕组变压器和双绕组变压器相同，当零序电压加在变压器的三角形侧或不接地星形侧时，变压器的零序电抗 $X_{(0)} \approx \infty$；当零序电压加在变压器中性点接地的星形侧时，形成零序电流通路，其流通情况与各绕组的接线方式有关。

在三绕组变压器中，为了消除三次谐波磁通的影响，使变压器的电动势接近正弦波，一般都设有一个三角形联结绕组，以提供三次谐波电流的通路，在三角形绕组中形成环流，使零序励磁电抗 $X_{\text{m}(0)}$ 较大，可以近似地取 $X_{\text{m}(0)} \approx \infty$。因此，在用一相表示的三绕组变压器的零序等效电路中，可将励磁支路开路，而用由三个绕组电抗组成的星形电路表示。

根据以上原则，可得出三绕组变压器通常接线形式的零序等效电路，如图 5-14 所示。

1. YNdy 接线

由图 5-14a 所示的零序等效电路可得变压器的零序电抗为

$$X_{(0)} = X_{\text{I}} + X_{\text{II}} \tag{5-23}$$

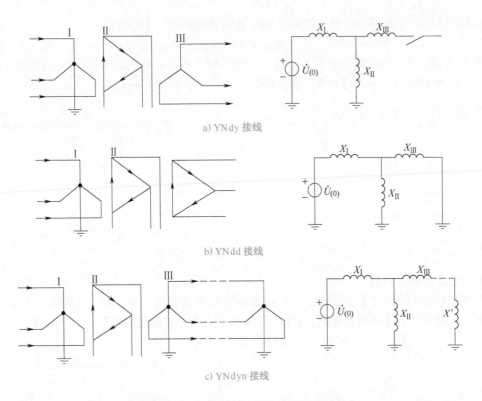

a) YNdy 接线

b) YNdd 接线

c) YNdyn 接线

图 5-14 三绕组变压器零序等效电路

2. YNdd 接线

由图 5-14b 所示的零序等效电路可得变压器的零序电抗为

$$X_{(0)} = X_{\mathrm{I}} + X_{\mathrm{II}} /\!/ X_{\mathrm{III}} = X_{\mathrm{I}} + \frac{X_{\mathrm{II}} X_{\mathrm{III}}}{X_{\mathrm{II}} + X_{\mathrm{III}}} \tag{5-24}$$

3. YNdyn 接线

由图 5-14c 所示的零序等效电路可得变压器的零序电抗为

$$X_{(0)} = X_{\mathrm{I}} + X_{\mathrm{II}} /\!/ \ (X_{\mathrm{III}} + X') \tag{5-25}$$

式中，X' 为外接电路电抗。

应当指出：在三绕组变压器零序等效电路中的电抗 X_{I}、X_{II}、X_{III} 和正序的情况一样，它们分别是各绕组的等效电抗。

四、自耦变压器的零序等效电路及其参数

自耦变压器一般用于联系两个中性点直接接地的系统，它本身的中性点一般也是接地的。因此，自耦变压器一、二次绕组均是星形（YN）联结，通常还具有第三个非自耦的低压绕组，一般接成三角形。

中性点直接接地的自耦变压器零序等效电路和普通变压器相同。由于两个自耦绕组共用一个中性点和接地线，因此，不能直接从等效电路中已折算的电流值求出中性点的接地电流，而必须算出一、二次电流有名值 $\dot{I}_{(0)\mathrm{I}}$、$\dot{I}_{(0)\mathrm{II}}$。中性点的接地电流等于两个自耦绕组零序电流有名值之差的三倍 $\dot{I}_{\mathrm{n}} = 3 \ (\dot{I}_{(0)\mathrm{I}} - \dot{I}_{(0)\mathrm{II}})$，如图 5-15 所示，设 $X_{\mathrm{m}(0)} \approx \infty$。

当自耦变压器经电抗 X_{n} 接地时，如图 5-16 所示，由于接地电抗 X_{n} 的存在，使其等效电路不同于中性点直接接地的情况，其归算到 I 侧的等效电抗与图 5-15b 中的各支路电抗不同，即与

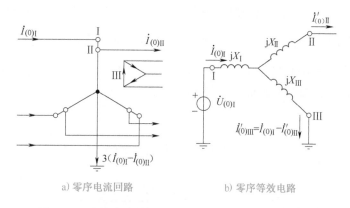

a) 零序电流回路　　　　b) 零序等效电路

图 5-15　中性点直接接地的自耦变压器零序等效电路

普通变压器不同。零序等效电路中包括三角形联结在内的各侧等效电抗均含有与中性点接地电抗有关的附加项，而普通变压器则仅在中性点电抗接入侧增加附加项。自耦变压器经电抗 X_n 接地时，其零序等效电路中归算至 I 侧的各支路等效电抗为

$$\left.\begin{array}{l} X_I' = X_I + 3X_n\,(1 - k_{12}) \\ X_{II}' = X_{II} + 3X_n k_{12}\,(k_{12} - 1) \\ X_{III}' = X_{III} + 3X_n k_{12} \end{array}\right\} \quad (5\text{-}26)$$

式中，$k_{12} = U_{IN}/U_{IIN}$，为变压器 I、II 侧之间的电压比。

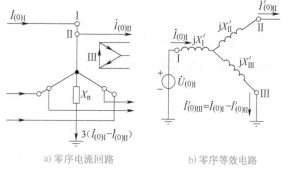

a) 零序电流回路　　　　b) 零序等效电路

图 5-16　中性点经阻抗接地的
自耦变压器零序等效电路

与普通变压器一样，中性点的实际电压也不能直接从等效电路中求得。对于自耦变压器，还必须求出两个自耦绕组零序电流的有名值后才能求得中性点的电压，它等于两个自耦绕组零序电流有名值之差的三倍乘以接地电抗 X_n，即 $U_n = 3\,(I_{(0)I} - I_{(0)II})\,X_n$。

课题四　电力线路的零序阻抗和等效电路

一、架空线路的零序阻抗和等效电路

架空线路的正序、负序阻抗及其电路完全相同，这里只讨论零序阻抗。当线路通过零序电流时，由于三相零序电流大小相等、相位相同，因此，必须借助大地及架空地线构成零序电流的通路，如图 5-17 所示。图中，"导线-大地"回路中的大地可用一根虚拟的导线 ee' 来代替。

单回路三相架空线路的零序阻抗比正序阻抗大。

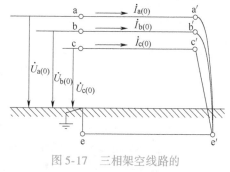

图 5-17　三相架空线路的
"导线-大地"回路

这是因为：一方面是三相零序电流经三个平行的"导线-大地"形成回路，回路中包含了大地电阻，使线路的每相等效阻抗增大；另一方面是由于三相零序电流大小相等、相位相同，每相导线中零序电流产生的自感磁通与另外两相零序电流产生的互感磁通是助增的，故使每一相的等效电感增大。

当架空线路为平行的相近架设的双回架空线路时，还要考虑两相近平行架空线路间的互感磁通所产生的助磁作用，因而会使这种线路的零序阻抗进一步增大。如图 5-18 所示，$\dot{I}_{(0)\text{I}}$、$\dot{I}_{(0)\text{II}}$ 分别为平行双回线路 I 和 II 中的零序电流，$Z_{(0)\text{I}}$ 和 $Z_{(0)\text{II}}$ 分别为每一回路零序自阻抗，$Z_{(0)(\text{I-II})}$ 为两相近的平行回路 I 和 II 间的零序互阻抗。

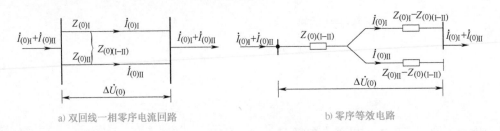

a) 双回线一相零序电流回路　　　　　　　b) 零序等效电路

图 5-18　平行双回线的零序等效电路

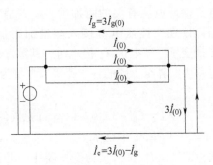

图 5-19　单回路架空地线的
零序电流回路

若线路装有架空地线（避雷线），则当施加零序电压时，三相导线中流过的零序电流 $\dot{I}_{(0)}$，一部分电流 $\dot{I}_{\text{g}}$ 经接地避雷线返回，另一部分电流 $\dot{I}_{\text{e}}$ 经大地返回，即 $\dot{I}_{\text{g}} + \dot{I}_{\text{e}} = 3\dot{I}_{(0)}$，如图 5-19 所示。由于经接地避雷线返回的零序电流 $\dot{I}_{\text{g}}$ 与线路上的零序电流反向，互感磁通起去磁作用，故零序电抗有所减小。

由于架空线路路径长，沿线路的情况复杂（包括土壤电导系数、导线在杆塔上的布置、平行线之间的距离等变化不一），精确计算很困难，因此，对已建成的线路一般均可通过实测确定其零序阻抗。近似计算中，可以忽略电阻，架空线路每一回路单位长度的一相等效零序电抗可按表 5-3 取值。

表 5-3　不同类型架空线路的单位长度零序电抗

架空线路类型	单位长度零序电抗/(Ω/km)	架空线路类型	单位长度零序电抗/(Ω/km)
无架空地线的单回线路	$X_{(0)} = 3.5X_{(1)}$	有钢质架空地线的双回线路	$X_{(0)} = 4.7X_{(1)}$
无架空地线的双回线路	$X_{(0)} = 5.5X_{(1)}$	有良导体架空地线的单回线路	$X_{(0)} = 2X_{(1)}$
有钢质架空地线的单回线路	$X_{(0)} = 3X_{(1)}$	有良导体架空地线的双回线路	$X_{(0)} = 3X_{(1)}$

注：表中 $X_{(1)}$ 为架空线路每一回路单位长度的正序电抗。

二、电缆线路的零序阻抗

由于电缆线路三相芯线的间距较小，故其线路的正序（或负序）电抗比架空线路要小得多。通常，电缆的正序电阻和电抗由制造厂家提供，而零序阻抗则不然，它与电缆的敷设方式和沿线大地情况有很大关系。

敷设电缆时，电缆的铅（铝）包护层在两终端，中间接头盒处人工接地。当三相芯线中通入零序电流时，大地和包护层都成为电流的返回通路。包护层对零序阻抗的作用与架空线路的避雷线相似，但包护层中电流产生的磁通整个包围三相芯线，没有漏磁通，对芯线的去磁作用很大，故包护层和大地间零序电流与其本身阻抗和包护层接地电阻有关，后者又与电缆敷设方式和大地电导率有关。因此，准确计算电缆线路的零序阻抗较困难，通常只考虑下述两个极端情况。

1）铅（铝）包护层接地电阻相当大，从而可以认为零序电流只通过包护层返回。这时，零序电抗达到最小值，零序电阻达到最大值。

2）铅（铝）包护层各处都有良好的接地，地中电流达到最大，而包护层分配电流达到最小。在这种条件下，零序电抗达到最大值，零序电阻达到最小值。

在以上两种极端情况下，零序电抗的两个极限值差别较大。当然，实际情况介于两者之间，但还会因敷设的具体条件不同而差别很大。因此，对已敷设好的电缆，电缆线路的零序阻抗一般要通过实测确定。在近似计算中，可取 $R_0 \approx 10R_1$，$X_{(0)} \approx (3.5 \sim 4.6) X_{(1)}$。

课题五　电力系统各序网络的绘制

前面已讨论了电力系统主要元件的序参数和其等效电路，这是建立电力系统各序网络的基础。而应用对称分量法分析计算不对称短路时，首先要建立电力系统故障时各序网络的等效电路。根据电力系统的原始资料，在故障点分别施加各序电动势，从故障点开始，查明各序电流的流通情况，凡是某序电流能流通的元件，必须包含在该序网络中，并用相应的序参数及等效电路表示。根据上述原则，以图5-20所示电力系统 f 点发生两相接地短路为例，说明各序网络的绘制方法。

一、正序网络

正序网络与计算对称短路时所用的等效网络类似。其绘制方法如下：

1）故障点接入正序电压（$\dot{U}_{f(1)}$）。
2）正序电动势为发电机电动势，流过正序电流的全部元件均用正序阻抗和等效电路表示。
3）正序电流不流经的元件（中性点接地阻抗、空载线路及空载变压器等）不必画出。

例如，图5-20所示电力系统发生两相接地短路时，其正序网络如图5-21a所示，正序网络中的短路点用 f(1) 表示，零电位点用 N(1) 表示。短路点引入正序电压 $\dot{U}_{f(1)}$，流过正序电流的全部元件均用正序阻抗和等效电路表示，发电机 G1、G2 都是正序网络中的正序电动势。从 f(1) N(1) 即故障端口看正序网络，它是一个有源二端网络，可以用戴维南定理简化成图5-21b所示的形式。其中，等效电动势 $\dot{E}_{(1)\Sigma}$ 等于短路前节点 f(1) 的开路电压，等效正序电抗 $X_{(1)\Sigma}$ 等于在故障端口 f(1) N(1) 两端看进去的输入电抗。

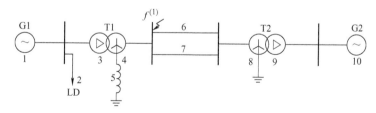

图5-20　电力系统接线图

二、负序网络

负序电流通过的元件与正序电流相同，因此负序网络与正序网络结构基本相同。不同之处

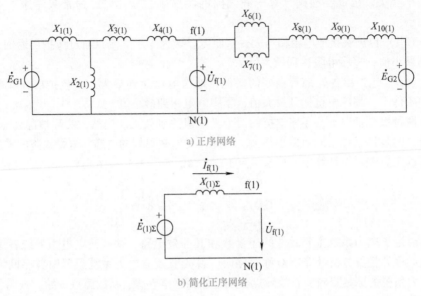

a) 正序网络

b) 简化正序网络

图 5-21　正序网络及其简化

如下：

1）故障点接入负序电压（$\dot{U}_{f(2)}$）。

2）发电机无负序电动势，但可流通负序电流，应为短接。

3）各元件的电抗用负序电抗表示。

根据以上绘制负序网络的方法，只要将图 5-21a 所示正序网络中的短路点引入负序分量 $\dot{U}_{f(2)}$，各元件的参数用负序参数代替，并令电源电动势 $\dot{E}_{G1}$、$\dot{E}_{G2}$ 等于零，便得到负序网络，如图 5-22a 所示。网络中的短路点用 f(2) 表示，零电位点用 N(2) 表示。从 f(2) N(2) 故障端口看进去，负序网络是一个无源二端网络，可以用戴维南定理简化成图 5-22b 所示的形式。

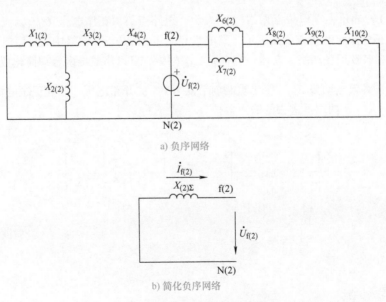

a) 负序网络

b) 简化负序网络

图 5-22　负序网络及其简化

三、零序网络

零序网络中各发电机没有零序电动势，只有在不对称的故障点加等效的零序电压，由它提供零序电流。而零序电流如何流通，则与网络的结构，特别是变压器的接线方式和中性点的接地方式有关。另外，不同地点发生不对称故障，零序电流分布和零序网络结构也不相同。因此，一般情况下，零序网络的结构总是和正序、负序网络不一样，而且元件参数也不同。

零序网络的绘制方法如下：

1）故障点接入零序电压（$\dot{U}_{f(0)}$）。

2）各元件电抗用零序电抗表示。

3）绘出与故障点相连线路的零序等效电路。

零序网络的绘制

4）延伸到与线路相连的变压器：①对于 Yd 接线，不计变压器及其外部电路；②对于 YNy、YNd 接线，计及变压器，但不计其外部电路；③对于 YNyn 接线，计及变压器延伸网络。

根据以上绘制零序网络的方法，作出零序网络如图 5-23a 所示。比较正（负）序和零序网络可以看到，虽然发电机 G1 和 G2 包含在正（负）序网络中，但因变压器 T1 和 T2 的 3 号、4 号绕组均为三角形接线，零序电流不能通过，所以它们不包含在零序网络中。负荷一般为电动机，其中性点不接地，所以零序网路也不考虑负荷的影响。从 f(0) N(0) 故障端口看进去，零序网络是一个无源二端网络，可以用戴维南定理简化成图 5-23b 所示的形式。

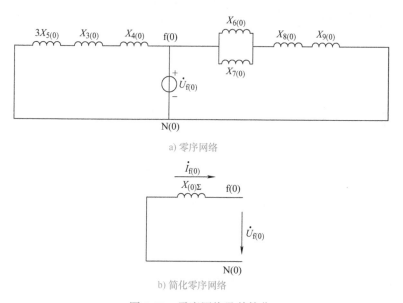

a）零序网络

b）简化零序网络

图 5-23　零序网络及其简化

课题六　简单不对称短路的分析与计算

前面已经讨论了应用对称分量法分析不对称短路的基本方法，论述了故障时各序电压和电流可分别用三个序网描述，三个序网的电压方程见式(5-9)。当网络的各元件都只用电抗表示时，上述方程可以写成

$$\left.\begin{array}{l} \dot{U}_{a(1)} = \dot{E}_{(1)\Sigma} - jX_{(1)\Sigma}\dot{I}_{a(1)} \\[2mm] \dot{U}_{a(2)} = 0 - jX_{(2)\Sigma}\dot{I}_{a(2)} \\[2mm] \dot{U}_{a(0)} = 0 - jX_{(0)\Sigma}\dot{I}_{a(0)} \end{array}\right\} \tag{5-27}$$

为了书写简便，式(5-27)省去了故障点下标符号 f，以下表示相同。该方程组有三个方程，但有六个未知数，求解这些未知数有两种方法，即解析法和复合序网法。

解析法是根据边界条件列出另外三个方程，再联立三个基本电压方程求解六个未知数。而复合序网法是根据故障类型所确定的边界条件，用对称分量法求出以序分量表示的新边界条件（或解算条件），按新边界条件将三个序网连成复合网，由复合网求出故障处的各序电压和电流。

由于复合序网法比较简便、直观，又容易记忆，因而应用广泛。下面对各种简单不对称短路进行分析。

一、单相接地短路

对于中性点直接接地系统，假设 a 相接地短路，短路点故障部分电路如图5-24所示，现对其进行分析。

1. 列出故障边界条件

由图5-24可列出单相接地短路的边界条件为

$$\left.\begin{array}{l} \dot{U}_a = 0 \\[2mm] \dot{I}_b = 0 \\[2mm] \dot{I}_c = 0 \end{array}\right\} \tag{5-28}$$

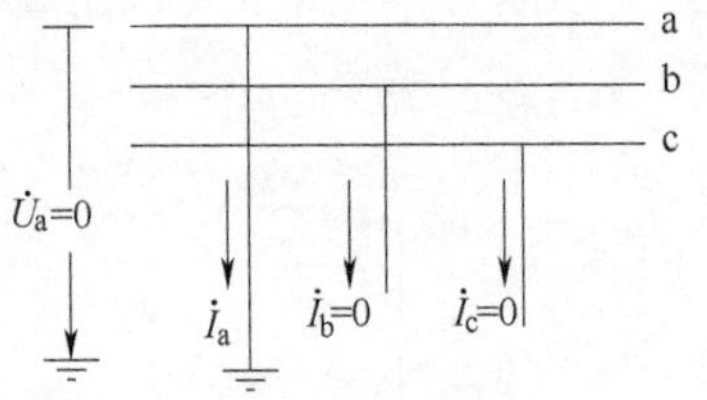

图 5-24　单相接地短路电路图

2. 新边界条件

选特殊相 a 相为基准相（故障相），用对称分量将式(5-28)表示为

$$\left.\begin{array}{l} \dot{U}_{a(1)} + \dot{U}_{a(2)} + \dot{U}_{a(0)} = 0 \\[2mm] a^2\dot{I}_{a(1)} + a\dot{I}_{a(2)} + \dot{I}_{a(0)} = 0 \\[2mm] a\dot{I}_{a(1)} + a^2\dot{I}_{a(2)} + \dot{I}_{a(0)} = 0 \end{array}\right\} \tag{5-29}$$

将式(5-28)代入式(5-5)，经过整理后便得到用序分量表示的新边界条件为

$$\left.\begin{array}{l} \dot{U}_{a(1)} + \dot{U}_{a(2)} + \dot{U}_{a(0)} = 0 \\[2mm] \dot{I}_{a(1)} = \dot{I}_{a(2)} = \dot{I}_{a(0)} \end{array}\right\} \tag{5-30}$$

3. 用复合序网法求解基准相的序电压和序电流

由式(5-30)可知，三序网在故障点的电路连接形式为串联，则可作出如图5-25所示的复合序网。

由复合序网可得故障相的序电流和序电压为

$$\dot{I}_{a(1)} = \dot{I}_{a(2)} = \dot{I}_{a(0)} = \frac{\dot{E}_{(1)\Sigma}}{j\ (X_{(1)\Sigma} + X_{(2)\Sigma} + X_{(0)\Sigma})} \tag{5-31}$$

$$\left.\begin{aligned}\dot{U}_{a(1)} &= \dot{E}_{(1)\Sigma} - jX_{(1)\Sigma}\ \dot{I}_{a(1)} = j\ (X_{(2)\Sigma} + X_{(0)\Sigma})\ \dot{I}_{a(1)} \\ \dot{U}_{a(2)} &= -jX_{(2)\Sigma}\ \dot{I}_{a(2)} \\ \dot{U}_{a(0)} &= -jX_{(0)\Sigma}\ \dot{I}_{a(0)}\end{aligned}\right\} \tag{5-32}$$

4. 用对称分量法求解故障相电流和非故障相电压

根据对称分量的合成方法可得故障相电流为

$$\dot{I}_{f}^{(1)} = \dot{I}_{a} = \dot{I}_{a(1)} + \dot{I}_{a(2)} + \dot{I}_{a(0)} = 3\dot{I}_{a(1)} \tag{5-33}$$

非故障相电压为

$$\left.\begin{aligned}\dot{U}_{b} &= a^2\dot{U}_{a(1)} + a\dot{U}_{a(2)} + \dot{U}_{a(0)} = \frac{\sqrt{3}}{2}\ [\ (2X_{(2)\Sigma} + X_{(0)\Sigma})\ -j\sqrt{3}X_{(0)\Sigma}]\ \dot{I}_{a(1)} \\ \dot{U}_{c} &= a\dot{U}_{a(1)} + a^2\dot{U}_{a(2)} + \dot{U}_{a(0)} = \frac{\sqrt{3}}{2}\ [\ -(2X_{(2)\Sigma} + X_{(0)\Sigma})\ -j\sqrt{3}X_{(0)\Sigma}]\ \dot{I}_{a(1)}\end{aligned}\right\} \tag{5-34}$$

选取正序电流 $\dot{I}_{a(1)}$ 作为参考相量，可以作出短路点的电流和电压相量图，如图 5-26 所示。图中，$\dot{I}_{a(2)}$、$\dot{I}_{a(0)}$ 都与 $\dot{I}_{a(1)}$ 同方向，且大小相等，$\dot{U}_{a(1)}$ 比 $\dot{I}_{a(1)}$ 超前90°，而 $\dot{U}_{a(2)}$ 和 $\dot{U}_{a(0)}$ 都比 $\dot{I}_{a(1)}$ 落后90°。

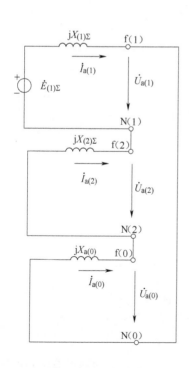

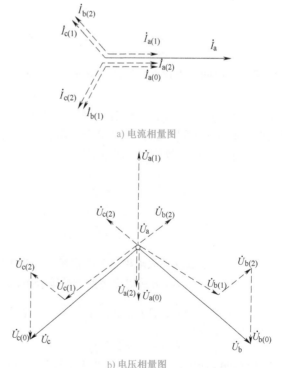

a) 电流相量图

b) 电压相量图

图 5-25　单相接地短路的复合序网　　　图 5-26　单相接地短路时短路点的电流、电压相量图

二、两相短路

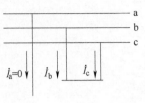

假设 b、c 两相短路，短路点故障部分电路如图 5-27 所示，现对其进行分析。

图 5-27 两相短路电路图

1. 列出故障边界条件

由图 5-27 可列出两相短路的边界条件为

$$
\left.
\begin{aligned}
\dot{I}_a &= 0 \\
\dot{I}_b + \dot{I}_c &= 0 \\
\dot{U}_b &= \dot{U}_c
\end{aligned}
\right\}
\tag{5-35}
$$

2. 新边界条件

选特殊相 a 相为基准相（非故障相），用对称分量将式 (5-35) 表示为

$$
\left.
\begin{aligned}
\dot{I}_{a(1)} + \dot{I}_{a(2)} + \dot{I}_{a(0)} &= 0 \\
a^2 \dot{I}_{a(1)} + a \dot{I}_{a(2)} + \dot{I}_{a(0)} + a \dot{I}_{a(1)} + a^2 \dot{I}_{a(2)} + \dot{I}_{a(0)} &= 0 \\
a^2 \dot{U}_{a(1)} + a \dot{U}_{a(2)} + \dot{U}_{a(0)} &= a \dot{U}_{a(1)} + a^2 \dot{U}_{a(2)} + \dot{U}_{a(0)}
\end{aligned}
\right\}
\tag{5-36}
$$

将式 (5-35) 代入式 (5-5)，经过整理后便得到用序分量表示的新边界条件为

$$
\left.
\begin{aligned}
\dot{I}_{a(0)} &= 0 \\
\dot{I}_{a(1)} + \dot{I}_{a(2)} &= 0 \\
\dot{U}_{a(1)} &= \dot{U}_{a(2)}
\end{aligned}
\right\}
\tag{5-37}
$$

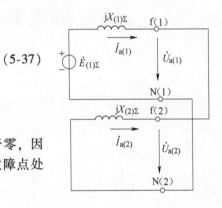

3. 用复合序网法求解基准相的序电压和序电流

由新边界条件式 (5-37) 可知，由于零序电流等于零，因此，复合序网中没有零序网，仅有正序网和负序网在故障点处并联连接，则可作出图 5-28 所示的复合序网。

由复合序网可得非故障相的序电流和序电压为

图 5-28 两相短路的复合序网

$$
\dot{I}_{a(1)} = -\dot{I}_{a(2)} = \frac{\dot{E}_{(1)\Sigma}}{\mathrm{j}\left(X_{(1)\Sigma} + X_{(2)\Sigma}\right)}
\tag{5-38}
$$

$$
\dot{U}_{a(1)} = \dot{U}_{a(2)} = \mathrm{j}X_{(2)\Sigma}\dot{I}_{a(1)} = -\mathrm{j}X_{(2)\Sigma}\dot{I}_{a(2)}
\tag{5-39}
$$

4. 用对称分量法求解故障相电流和短路点三相电压

根据对称分量的合成方法可得短路点故障相电流为

$$
\left.
\begin{aligned}
\dot{I}_b &= a^2 \dot{I}_{a(1)} + a \dot{I}_{a(2)} + \dot{I}_{a(0)} = (a^2 - a)\dot{I}_{a(1)} = -\mathrm{j}\sqrt{3}\,\dot{I}_{a(1)} \\
\dot{I}_c &= -\dot{I}_b = \mathrm{j}\sqrt{3}\,\dot{I}_{a(1)}
\end{aligned}
\right\}
\tag{5-40}
$$

由式 (5-40) 可知，两故障相电流大小相等、方向相反。两相短路时，短路点故障相电流的有效值等于正序电流有效值的 $\sqrt{3}$ 倍，即

$$I_f^{(2)} = I_b = I_c = \sqrt{3} I_{a(1)} \tag{5-41}$$

短路点三相电压为

$$\left.\begin{aligned}
\dot{U}_a &= \dot{U}_{a(1)} + \dot{U}_{a(2)} + \dot{U}_{a(0)} = 2\dot{U}_{a(1)} = j2X_{(2)\Sigma}\dot{I}_{a(1)} \\
\dot{U}_b &= a^2\dot{U}_{a(1)} + a\dot{U}_{a(2)} + \dot{U}_{a(0)} = -\dot{U}_{a(1)} = -\frac{1}{2}\dot{U}_a \\
\dot{U}_c &= \dot{U}_b = -\dot{U}_{a(1)} = -\frac{1}{2}\dot{U}_a
\end{aligned}\right\} \tag{5-42}$$

由式(5-41)和式(5-42)可知，两相短路电流为正序电流的$\sqrt{3}$倍；短路点非故障相电压为正序电压的两倍，而故障相电压只有非故障相电压的一半，且方向相反。

选取正序电流$\dot{I}_{a(1)}$作为参考相量，负序电流与它的方向相反，正序电压与负序电压相等，都比$\dot{I}_{a(1)}$超前$90°$，可作出其电压、电流相量图，如图5-29所示。

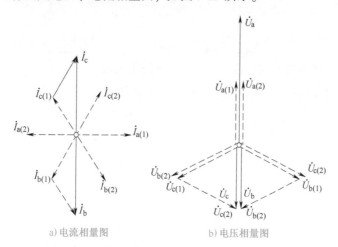

a) 电流相量图　　　　　b) 电压相量图

图 5-29　两相短路时短路点的电流、电压相量图

三、两相接地短路

对于中性点直接接地系统，两相接地短路时故障处的电路如图5-30所示，现对其进行分析。

1. 列出故障边界条件
由图5-30可列出两相接地短路的边界条件为

$$\left.\begin{aligned}
\dot{I}_a &= 0 \\
\dot{U}_b &= 0 \\
\dot{U}_c &= 0
\end{aligned}\right\} \tag{5-43}$$

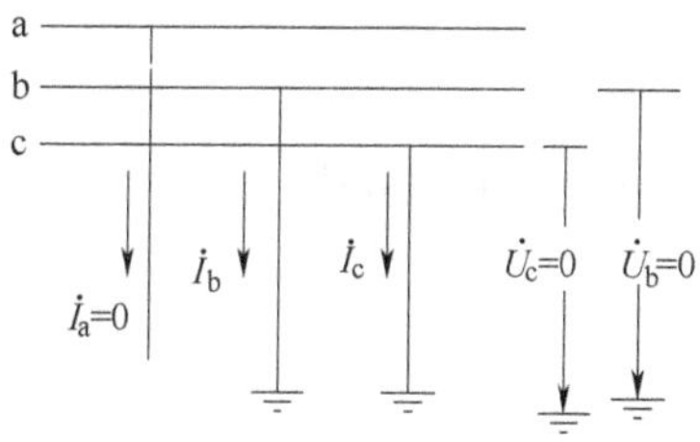

图 5-30　两相接地短路电路图

2. 新边界条件
选取特殊相 a 相为基准相（非故障相），由式(5-43)可知，故障边界条件同单相短路的边界条件极为相似，只要把单相短路边界条件式中的电流换为电压，电压换为电流就可得到用各序分量表示的新边界条件，即

$$\left.\begin{array}{l} \dot{I}_{a(1)} + \dot{I}_{a(2)} + \dot{I}_{a(0)} = 0 \\ \dot{U}_{a(1)} = \dot{U}_{a(2)} = \dot{U}_{a(0)} \end{array}\right\} \qquad (5\text{-}44)$$

3. 用复合序网法求解基准相的序电压和序电流

由式(5-44)可知，三序网在故障点处电路连接形式为并联，则可作出图5-31所示的复合序网。

由复合序网可得非故障相的序电流和序电压为

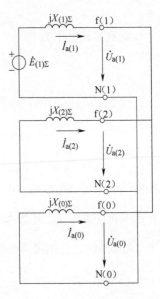

$$\dot{I}_{a(1)} = \frac{\dot{E}_{(1)\Sigma}}{j\left(X_{(1)\Sigma} + X_{(2)\Sigma} // X_{(0)\Sigma}\right)} \qquad (5\text{-}45)$$

$$\left.\begin{array}{l} \dot{I}_{a(2)} = -\dfrac{X_{(0)\Sigma}}{X_{(2)\Sigma} + X_{(0)\Sigma}}\dot{I}_{a(1)} \\[3mm] \dot{I}_{a(0)} = -\dfrac{X_{(2)\Sigma}}{X_{(2)\Sigma} + X_{(0)\Sigma}}\dot{I}_{a(1)} \\[3mm] \dot{U}_{a(1)} = \dot{U}_{a(2)} = \dot{U}_{a(0)} = j\dfrac{X_{(2)\Sigma} X_{(0)\Sigma}}{X_{(2)\Sigma} + X_{(0)\Sigma}}\dot{I}_{a(1)} \end{array}\right\} \qquad (5\text{-}46)$$

图5-31 两相接地短路的复合序网

4. 用对称分量法求解短路点故障相电流和非故障相电压

根据对称分量的合成方法可得短路点的故障相电流为

$$\left.\begin{array}{l} \dot{I}_{b} = a^2\dot{I}_{a(1)} + a\dot{I}_{a(2)} + \dot{I}_{a(0)} = \left(a^2 - \dfrac{X_{(2)\Sigma} + aX_{(0)\Sigma}}{X_{(2)\Sigma} + X_{(0)\Sigma}}\right)\dot{I}_{a(1)} \\[5mm] \qquad\quad = \dfrac{-3X_{(2)\Sigma} - j\sqrt{3}\left(X_{(2)\Sigma} + 2X_{(0)\Sigma}\right)}{2\left(X_{(2)\Sigma} + X_{(0)\Sigma}\right)}\dot{I}_{a(1)} \\[5mm] \dot{I}_{c} = a\dot{I}_{a(1)} + a^2\dot{I}_{a(2)} + \dot{I}_{a(0)} = \left(a - \dfrac{X_{(2)\Sigma} + a^2X_{(0)\Sigma}}{X_{(2)\Sigma} + X_{(0)\Sigma}}\right)\dot{I}_{a(1)} \\[5mm] \qquad\quad = \dfrac{-3X_{(2)\Sigma} + j\sqrt{3}\left(X_{(2)\Sigma} + 2X_{(0)\Sigma}\right)}{2\left(X_{(2)\Sigma} + X_{(0)\Sigma}\right)}\dot{I}_{a(1)} \end{array}\right\} \qquad (5\text{-}47)$$

根据上式可以求得两相接地短路时故障相电流的有效值为

$$I_{f}^{(1,1)} = I_{b} = I_{c} = \sqrt{3}\sqrt{1 - \frac{X_{(2)\Sigma} X_{(0)\Sigma}}{\left(X_{(2)\Sigma} + X_{(0)\Sigma}\right)^2}}\, I_{a(1)} \qquad (5\text{-}48)$$

短路点非故障相电压为

$$\dot{U}_{a} = 3\dot{U}_{a(1)} = j\frac{3X_{(2)\Sigma} X_{(0)\Sigma}}{X_{(2)\Sigma} + X_{(0)\Sigma}}\dot{I}_{a(1)} \qquad (5\text{-}49)$$

取正序电流 $\dot{I}_{a(1)}$ 作为参考相量，$\dot{I}_{a(2)}$ 和 $\dot{I}_{a(0)}$ 同 $\dot{I}_{a(1)}$ 的方向相反。a相三个序电压都相等，且比 $\dot{I}_{a(1)}$ 超前90°，可作出短路点的电流和电压相量图，如图5-32所示。

四、正序等效定则的应用

比较以上三种简单不对称短路时短路电流正序分量的算式〔式(5-31)、式(5-38)和式(5-45)〕可知，在求解三种不对称短路的正序分量电流时，基准相正序电流可用通用式表示为

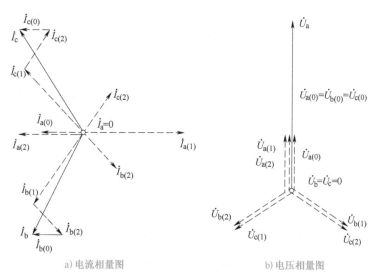

a) 电流相量图　　　　　　　b) 电压相量图

图 5-32　两相接地短路时短路点的电流、电压相量图

$$\dot{I}_{f(1)}^{(n)} = \frac{\dot{E}_{(1)\Sigma}}{j\ (X_{(1)\Sigma} + X_{\Delta}^{(n)})} \tag{5-50}$$

式中，$X_{\Delta}^{(n)}$ 表示附加电抗，其值随短路类型的不同而不同，上角标（n）是代表短路类型的符号。

式（5-50）表示电力网中某点发生简单不对称短路时，短路点电流的正序分量与在短路点每一相中加入附加电抗 $X_{\Delta}^{(n)}$ 而发生三相短路时的电流相等。这一重要的概念称为正序等效定则。因此，可以用计算三相短路电流（周期分量）的方法来计算不对称短路的正序电流和正序电压。

从短路故障相电流的算式［式(5-33)、式(5-41) 和式(5-48)］可以看出，短路电流有效值与它的正序分量有效值成正比，即

$$I_f^{(n)} = m^{(n)} I_{f(1)}^{(n)} \tag{5-51}$$

式中，$m^{(n)}$ 为比例系数，其值随短路类型的不同而不同。

各种简单短路时的 $X_{\Delta}^{(n)}$ 和 $m^{(n)}$ 见表 5-4。

表 5-4　简单不对称短路的附加电抗 $X_{\Delta}^{(n)}$ 和比例系数 $m^{(n)}$ 的值

短路类型 $f^{(n)}$	$X_{\Delta}^{(n)}$	$m^{(n)}$
三相短路 $f^{(3)}$	0	1
单相接地短路 $f^{(1)}$	$X_{(2)\Sigma} + X_{(0)\Sigma}$	3
两相短路 $f^{(2)}$	$X_{(2)\Sigma}$	$\sqrt{3}$
两相接地短路 $f^{(1,1)}$	$\dfrac{X_{(2)\Sigma}X_{(0)\Sigma}}{X_{(2)\Sigma} + X_{(0)\Sigma}}$	$\sqrt{3}\sqrt{1 - \dfrac{X_{(2)\Sigma}X_{(0)\Sigma}}{(X_{(2)\Sigma} + X_{(0)\Sigma})^2}}$

根据以上讨论可以得到一个结论：简单不对称短路电流的计算，首先求出系统对短路点的正序、负序和零序等效电抗 $X_{(1)\Sigma}$、$X_{(2)\Sigma}$ 和 $X_{(0)\Sigma}$；再根据短路的不同类型组成附加电抗 $X_{\Delta}^{(n)}$；将附加电抗接入短路点，然后与计算三相短路一样，算出短路点的正序电流。因此，前面讲过的三相短路电流的各种计算方法也适用于不对称短路时正序电流的计算。

【例 5-1】　如图 5-33 所示电力系统，变压器 T2 的高压母线发生 $f_a^{(1)}$、$f_{bc}^{(2)}$、$f_{bc}^{(1,1)}$ 三种简单不对称短路故障，试分别计算 f 点发生各种不对称短路时的短路电流以及两相接地短路时短路点非故障相的电压。各元件的电阻、电纳忽略不计，已知各元件参数如下：发电机 G 的容量为 120MV·A，电压为 10.5kV，$X_d'' = X_{G(2)} = 0.14$；变压器 T1 和 T2 的容量均为 60MV·A，$U_k\% = 10.5$；

线路 L 长105km，每回路 $x_1 = 0.4\Omega/\text{km}$，$X_{L(0)} = 3X_{L(1)}$；负荷 LD1 和 LD2 的容量分别为 $60\text{MV}\cdot\text{A}$ 和 $40\text{MV}\cdot\text{A}$，正序电抗标幺值均为 1.2，负序电抗标幺值均为 0.35。故障前 f 点的电压 $U_{f|01} = E_{(1)\Sigma} = 109\text{kV}$。

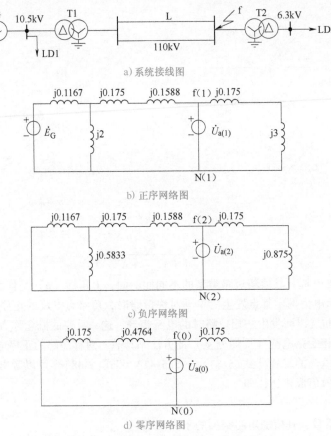

a) 系统接线图

b) 正序网络图

c) 负序网络图

d) 零序网络图

图 5-33　系统接线与正序、负序、零序网络图

解：（1）计算各元件各序电抗的标幺值。

选取基准功率 $S_B = 100\text{MV}\cdot\text{A}$，基准电压 $U_B = U_{av}$，各元件参数标幺值计算如下：

发电机 G $\qquad\qquad X_{G(1)} = X_{G(2)} = X''_d \dfrac{S_B}{S_N} = 0.14 \times \dfrac{100}{120} = 0.1167$

变压器 T1 $\qquad\qquad X_{T1(1)} = X_{T1(2)} = X_{T1(0)} = \dfrac{U_k\%}{100}\dfrac{S_B}{S_N} = \dfrac{10.5}{100} \times \dfrac{100}{60} = 0.175$

变压器 T2 $\qquad\qquad X_{T2(1)} = X_{T2(2)} = X_{T2(0)} = X_{T1(1)} = 0.175$

线路 L $\qquad\qquad X_{L(1)} = X_{L(2)} = \dfrac{1}{2}x_1 l \dfrac{S_B}{U_{av}^2} = \dfrac{1}{2} \times 0.4 \times 105 \times \dfrac{100}{115^2} = 0.1588$

$$X_{L(0)} = 3X_{L(1)} = 3 \times 0.1588 = 0.4764$$

负荷 LD1 $\qquad X_{LD1(1)} = 1.2 \times \dfrac{100}{60} = 2 \qquad\qquad X_{LD2(2)} = 0.35 \times \dfrac{100}{60} = 0.5833$

负荷 LD2 $\qquad X_{LD2(1)} = 1.2 \times \dfrac{100}{40} = 3 \qquad\qquad X_{LD2(2)} = 0.35 \times \dfrac{100}{40} = 0.875$

故障前 f 点的电压 $\qquad\qquad \dot{U}_{f|01} = \dot{E}_{(1)\Sigma} = \dfrac{109}{115} = 0.948\ \underline{/0°}$

（注：当已知条件未给出故障前 f 点的电压时，通常取 $\dot{U}_{f|0|} = \dot{E}_{(1)\Sigma} = 1\underline{/0°}$）

（2）绘制各序网等效电路，并化简各序网络。

根据图 5-33a 作出其正序、负序和零序等效电路，并将各元件各序电抗的标幺值计算结果标于各序网络图中，如图 5-33b、c、d 所示。则各序等效电抗为

$$X_{(1)\Sigma} = \left[(0.1167 /\!/ 2) + 0.175 + 0.1588 \right] /\!/ (0.175 + 3) = 0.3896$$

$$X_{(2)\Sigma} = \left[(0.1167 /\!/ 0.5833) + 0.175 + 0.1588 \right] /\!/ (0.175 + 0.875) = 0.3056$$

$$X_{(0)\Sigma} = (0.175 + 0.4764) /\!/ 0.175 = 0.1379$$

（3）计算各种不对称短路时的短路电流。

基准电流为

$$I_B = \frac{100}{\sqrt{3} \times 115} kA = 0.502kA$$

由正序等效定则可分别计算各种不对称短路时的短路电流。

1）单相接地短路。

附加电抗　　　　$X_\Delta^{(1)} = X_{(2)\Sigma} + X_{(0)\Sigma} = 0.3056 + 0.1379 = 0.4435$

比例系数　　　　$m^{(1)} = 3$

由正序等效定则可得 a 相接地短路时的正序电流为

$$\dot{I}_{a(1)}^{(1)} = \frac{\dot{E}_{(1)\Sigma}}{j(X_{(1)\Sigma} + X_\Delta^{(1)})} = \frac{0.948}{j(0.3896 + 0.4435)} = -j1.138$$

$$I_{a(1)}^{(1)} = 1.138$$

则短路点故障相的短路电流有名值为

$$I_f^{(1)} = I_a^{(1)} = m^{(1)} I_{a(1)}^{(1)} I_B = 3 \times 1.138 \times 0.502kA = 1.714kA$$

2）两相短路。

附加电抗　　　　$X_\Delta^{(2)} = X_{(2)\Sigma} = 0.3056$

比例系数　　　　$m^{(2)} = \sqrt{3}$

由正序等效定则可得 b、c 两相短路时的正序电流为

$$\dot{I}_{a(1)}^{(2)} = \frac{\dot{E}_{(1)\Sigma}}{j(X_{(1)\Sigma} + X_\Delta^{(2)})} = \frac{0.948}{j(0.3896 + 0.3056)} = -j1.364$$

$$I_{a(1)}^{(2)} = 1.364$$

则短路点故障相的短路电流有名值为

$$I_f^{(2)} = I_b^{(2)} = I_c^{(2)} = m^{(2)} I_{a(1)}^{(2)} I_B = \sqrt{3} \times 1.364 \times 0.502kA = 1.186kA$$

3）两相接地短路。

附加电抗　　　　$X_\Delta^{(1,1)} = \frac{X_{(2)\Sigma} X_{(0)\Sigma}}{X_{(2)\Sigma} + X_{(0)\Sigma}} = \frac{0.3056 \times 0.1379}{0.3056 + 0.1379} = 0.095$

比例系数　　$m^{(1,1)} = \sqrt{3} \sqrt{1 - \frac{X_{(2)\Sigma} X_{(0)\Sigma}}{(X_{(2)\Sigma} + X_{(0)\Sigma})^2}} = \sqrt{3} \times \sqrt{1 - \frac{0.3056 \times 0.1379}{(0.3056 + 0.1379)^2}} = 1.536$

由正序等效定则可得 b、c 两相接地短路时的正序电流为

$$\dot{I}_{a(1)}^{(1,1)} = \frac{\dot{E}_{(1)\Sigma}}{j(X_{(1)\Sigma} + X_\Delta^{(1,1)})} = \frac{0.948}{j(0.3896 + 0.095)} = -j1.956$$

$$I_{a(1)}^{(1,1)} = 1.956$$

则短路点故障相的短路电流有名值为

$$I_{\mathrm{f}}^{(1,1)} = I_{\mathrm{b}}^{(1,1)} = I_{\mathrm{c}}^{(1,1)} = m^{(1,1)} I_{\mathrm{a}(1)}^{(1,1)} I_{\mathrm{B}} = 1.536 \times 1.956 \times 0.502\,\mathrm{kA} = 1.51\,\mathrm{kA}$$

（4）计算两相（b、c 相）接地短路时故障点处非故障相（a 相）的电压。

由于两相接地短路的三序网在故障点并联，所以非故障相 a 相的各序电压为

$$\dot{U}_{\mathrm{a}(1)}^{(1,1)} = \dot{U}_{\mathrm{a}(2)}^{(1,1)} = \dot{U}_{\mathrm{a}(0)}^{(1,1)} = \mathrm{j}\,\frac{X_{(2)\Sigma} X_{(0)\Sigma}}{X_{(2)\Sigma} + X_{(0)\Sigma}}\,\dot{I}_{\mathrm{a}(1)}^{(1,1)}$$

$$= \mathrm{j}\,\frac{0.3056 \times 0.1379}{0.3056 + 0.1379} \times (-\mathrm{j}1.956) = 0.186$$

非故障相 a 相电压为

$$\dot{U}_{\mathrm{a}}^{(1,1)} = \dot{U}_{\mathrm{a}(1)}^{(1,1)} + \dot{U}_{\mathrm{a}(2)}^{(1,1)} + \dot{U}_{\mathrm{a}(0)}^{(1,1)} = 3\dot{U}_{\mathrm{a}(1)}^{(1,1)} = 3 \times 0.186 = 0.558$$

则非故障相 a 相电压的有名值为

$$U_{\mathrm{a}}^{(1,1)} = 0.558 \times \frac{115}{\sqrt{3}}\,\mathrm{kV} = 37\,\mathrm{kV}$$

课题七 不对称短路时网络中电流和电压的计算

电力系统的设计和运行，尤其是继电保护的整定，不仅要求计算故障点的短路电流和电压，还必须计算网络中某些支路电流和节点电压，即计算系统中非故障处的电流和电压。这个计算包括两方面的内容：一是先求出系统中各序网络电流和电压的分布，再用对称分量法将相应的各序分量进行合成求得各相电流和相电压；二是要考虑各序电流和电压分量通过变压器时可能发生的相位变化。

一、对称分量经变压器后的相位变化

电压和电流对称分量经变压器后，可能发生的相位移动主要取决于变压器绕组的联结组标号。现以变压器常用连接方式 Yy0、Yd11、YNd11 说明这个问题。

1. 电压、电流对称分量经 Yy0 联结变压器的变换

图 5-34a 为 Yy0 变压器的接线图。用 A、B 和 C 表示变压器绕组Ⅰ侧的出线端，a、b 和 c 表示绕组Ⅱ侧的出线端。当在变压器绕组Ⅰ侧分别加正序电压和负序电压时，相量图如图5-34b、c 所示。由图可知，对这种联结的变压器，经电磁感应在绕组Ⅱ侧得到相应标幺值相等、相位相同的电压分量，即 $\dot{U}_{\mathrm{a}(1)} = \dot{U}_{\mathrm{A}(1)}$，$\dot{U}_{\mathrm{a}(2)} = \dot{U}_{\mathrm{A}(2)}$。对于两侧相电流的正序及负序分量，亦存在上述关系。

如果变压器接成 YNyn0 联结，而又存在零序电流的通路时，则变压器两侧的零序电流（或零序电压）亦是相同的。因此，电压和电流的各序对称分量经过 Yy0 联结的变压器时，并不发生相位移动。

2. 电压、电流对称分量经 Yd11（YNd11）联结变压器的变换

图 5-35a 为 Yd11 联结变压器的接线图。当在变压器 Y（YN）侧加正序电压时，d 侧的正序相电压相位超前 Y 侧正序相电压30°，如图 5-35b 所示。而当对 Y（YN）侧施以负序电压时，d 侧的负序相电压却滞后 Y 侧的负序相电压30°，如图 5-35c 所示。用标幺值表示时，变压器两侧相电压的正序和负序分量存在以下关系，即

$$\left.\begin{array}{l}\dot{U}_{\mathrm{a}(1)} = \dot{U}_{\mathrm{A}(1)}\,\mathrm{e}^{\mathrm{j}30^\circ} \\[2mm] \dot{U}_{\mathrm{a}(2)} = \dot{U}_{\mathrm{A}(2)}\,\mathrm{e}^{-\mathrm{j}30^\circ}\end{array}\right\} \tag{5-52}$$

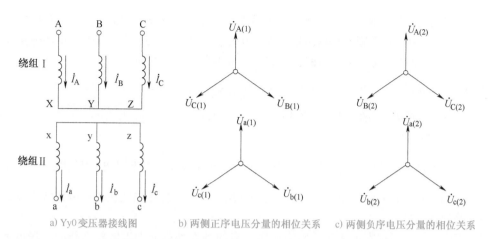

a) Yy0变压器接线图　　b) 两侧正序电压分量的相位关系　　c) 两侧负序电压分量的相位关系

图 5-34　Yy0 联结变压器两侧正、负序电压分量的相位关系

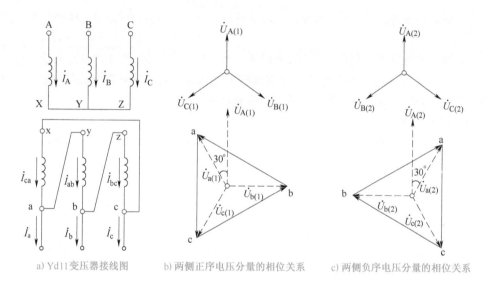

a) Yd11变压器接线图　　b) 两侧正序电压分量的相位关系　　c) 两侧负序电压分量的相位关系

图 5-35　Yd11 联结变压器两侧正、负序电压分量的相位关系

　　显然，电流也有相同的关系，d 侧的正序线电流超前 Y 侧正序线电流30°，d 侧的负序线电流滞后 Y 侧负序线电流30°，如图 5-36所示。用标幺值表示时，变压器两侧线电流的正序和负序分量存在以下关系，即

$$\left.\begin{array}{l}\dot{I}_{a(1)} = \dot{I}_{A(1)}\,e^{j30°}\\[4pt]\dot{I}_{a(2)} = \dot{I}_{A(2)}\,e^{-j30°}\end{array}\right\} \quad (5\text{-}53)$$

　　当在变压器 Y（YN）侧加零序电压时，由于 d 侧外电路无零序分量通路，也就不存在零序分量的相位移动问题。

　　由此可见，经过 Yd11（YNd11）联结

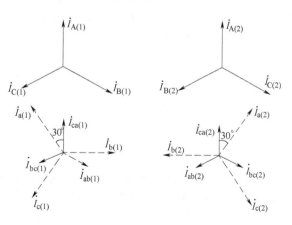

图 5-36　Yd11 联结变压器两侧正、负序电流分量的相位关系

125

的变压器,当由星形侧变换到三角形侧时,正序分量逆时针方向转过30°,负序分量顺时针方向转过30°;反之,由三角形侧变换到星形侧时,正序分量顺时针方向转过30°,负序分量逆时针方向转过30°。而 d 侧无零序分量通路,故零序分量不存在相位移动。

二、不对称短路网络中非故障处电流和电压的计算

通过复合序网求得从故障点流出的各序电流后,可以进而计算各序网中任一处的各序电流、电压。

1. 电流分布计算

为了计算不对称短路时网络中任一支路的电流,可先由复合序网求出故障点各序电流 $\dot{I}_{f(1)}$、$\dot{I}_{f(2)}$ 和 $\dot{I}_{f(0)}$;再分别按各序等效网络求出各支路电流;最后将各序电流按对称分量法合成,就可得到该支路的各相电流。

对于正序网络,可根据正序等效网络应用电路的基本理论分别求解各支路的正序电流,也可以应用叠加原理将其分解为正常分量和故障分量两部分。在近似计算中,正常运行情况作为空载运行,故障分量计算较简单,网络中只有节点电流 $\dot{I}_{f(1)}$,由它便可求得网络中各支路的正序电流。

负序和零序网络是无源网络,因为没有电源,故只有故障分量。与正序故障分量一样,可用电路的基本理论求得网络中各支路的负序电流和零序电流。若已求得各支路的电流分布系数,则只要将总电流乘以分布系数,即可得到该支路的电流。

2. 电压分布计算

对于故障后各点电压的计算,可先根据各序等效网络求出故障点各序电压 $\dot{U}_{f(1)}$、$\dot{U}_{f(2)}$ 和 $\dot{U}_{f(0)}$;再以短路点各序电压为基础,逐段加上相应支路的各序电压,得出各节点的各序电压;最后将同一节点的各序电压按对称分量法合成,从而得到该点的各相电压。

为了说明电力系统发生不对称短路时各序电压的分布情况,在图 5-37 中画出了某一简单网络在发生各种不对称短路时各序电压的分布情况。由图可见,电源点的正序电压最高为 $E_{(1)}$,随着对短路点的接近,正序电压逐渐降低,到短路点时即等于短路处的正序电压 $\dot{U}_{f(1)}$。由于负序和零序网络为无源网络,所以短路点的负序和零序电压是它们的最高值,分别为 $\dot{U}_{f(2)}$ 和 $\dot{U}_{f(0)}$。离短路点越远,

图 5-37 各种不对称短路时各序电压的分布

节点的负序电压和零序电压越低,电源点的负序电压为零(最低)。由于变压器是 YNd 联结,零序电压在变压器三角形侧的出线端已经降为零(最低)。

网络中各点电压的不对称程度主要由负序分量决定,负序分量越大,电压越不对称。比较图 5-37 中的各图形可以看出,单相接地短路时,电压的不对称程度要比其他类型的不对称短路时小些。不管发生何种不对称短路,短路点的电压最不对称,电压不对称程度将随着离短路点距离的增大而逐渐减弱。

　　上述求网络中各序电流和电压分布的方法，只针对与短路点具有直接电气联系的那部分网络，才可获得各序分量间正确的相位关系。而在由变压器连接的两段电路中，由于变压器绕组连接方式的不同，变压器一侧的各序电压和电流对另一侧可能有相位移动，并且正序分量与负序分量的相位移动也可能不同，计算时要加以注意。

　　【例5-2】　在图5-38所示的电力系统中，已知变压器接线方式为YNd11，当K点发生A相单相接地故障时，若已知变压器Y侧A相短路电流正序分量为 $\dot{I}_{A(1)}$（其值为标幺值），试求发电机出线上各相电流（即变压器d侧各相电流）。

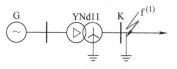

图5-38　某电力系统接线图

　　解：已知K点A相接地短路时的正序电流为 $\dot{I}_{A(1)}$，因为单相接地时故障点的正序、负序和零序电流相等，即

$$\dot{I}_{A(1)} = \dot{I}_{A(2)} = \dot{I}_{A(0)}$$

　　根据YNd11接线两侧电流相量分析可知，变压器的d侧某相的正序电流超前Y侧正序电流30°，负序电流滞后Y侧负序电流30°，变压器d侧线路上零序电流为0，即

$$\dot{I}_{a(1)} = e^{j30} \dot{I}_{A(1)}$$

$$\dot{I}_{a(2)} = e^{-j30} \dot{I}_{A(2)} = e^{-j30} \dot{I}_{A(1)}$$

$$\dot{I}_{a(0)} = 0$$

　　根据对称分量法可得其b、c相的各序电流为

$$\dot{I}_{b(1)} = e^{-j120°} \dot{I}_{a(1)} = e^{-j120°+j30°} \dot{I}_{A(1)} = e^{-j90°} \dot{I}_{A(1)}$$

$$\dot{I}_{b(2)} = e^{j120°} \dot{I}_{a(2)} = e^{j120°-j30°} \dot{I}_{A(1)} = e^{j90°} \dot{I}_{A(1)}$$

$$\dot{I}_{c(1)} = e^{j120°} \dot{I}_{a(1)} = e^{j120°+j30°} \dot{I}_{A(1)} = e^{j150°} \dot{I}_{A(1)}$$

$$\dot{I}_{c(2)} = e^{-j120°} \dot{I}_{a(2)} = e^{-j120°-j30°} \dot{I}_{A(1)} = e^{-j150°} \dot{I}_{A(1)}$$

$$\dot{I}_{a(0)} = \dot{I}_{b(0)} = \dot{I}_{c(0)} = 0$$

　　所以，变压器d侧线路上各相电流为

$$\dot{I}_a = \dot{I}_{a(1)} + \dot{I}_{a(2)} = (e^{j30} + e^{-j30}) \dot{I}_{A(1)} = \sqrt{3}$$

$$\dot{I}_b = \dot{I}_{b(1)} + \dot{I}_{b(2)} = (e^{-j90°} + e^{j90°}) \dot{I}_{A(1)} = 0$$

$$\dot{I}_c = \dot{I}_{c(1)} + \dot{I}_{c(2)} = (e^{j150°} + e^{-j150°}) \dot{I}_{A(1)} = -\sqrt{3}$$

　　即YNd11接线变压器Y侧发生A相单相接地故障时，d侧线路上的b相电流为零，a相电流与c相电流大小相等、方向相反。

　　可以类似推导出：若YNd11接线变压器Y侧发生B相单相接地故障时，d侧线路上的c相电流为零，b相电流与a相电流大小相等、方向相反……

　　图5-39所示为变压器Y侧A相发生

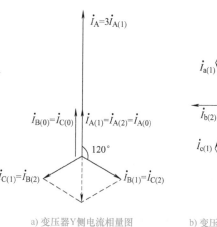

a) 变压器Y侧电流相量图

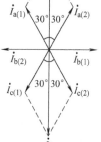

b) 变压器d侧电流相量图

图5-39　变压器Y侧A相单相接地故障时两侧电流相量图

单相接地故障时，两侧线路中的电流相量图。

*课题八　电力系统非全相运行

电力系统的非全相运行是指电力系统正常运行时发生一相或两相断开的运行状态。例如，在高压线路单相重合闸动作过程中或电力线路发生一相或两相断线时，均属于非全相运行状态。非全相运行往往与短路故障同时发生，从而形成复杂故障。本课题仅讨论系统中某一处发生非全相运行时的简单故障。

图5-40 表示电力系统某处发生一相或两相断线的情况。由图可见，非全相运行时，系统的结构只在断口处出现了纵向三相不对称，其他部分的结构仍然是对称的，故也称之为纵向不对称短路。而发生不对称短路

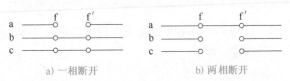

图5-40　电力系统非全相运行示意图

时，故障引起系统相与相之间或相与地之间出了横向三相不对称，因此通常称短路故障为横向故障。

纵向不对称短路同横向不对称短路一样，也只是在故障端口出现了某种不对称状态，系统其他部分的参数还是三相对称的，可以应用对称分量法进行分析。首先，在故障端口 ff′插入一组不对称电压源代替实际存在的不对称状态，然后将这组不对称电压源分解成正序、负序和零序分量，如图5-41a 所示。与不对称短路时一样，可作出三个序网的等效网络，如图5-41b、c、d 所示。

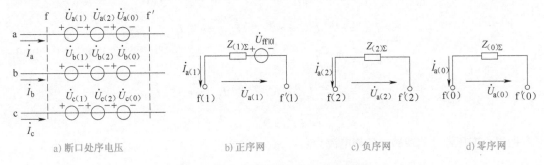

图5-41　非全相运行时各序等效网络

各序网络故障端口的序电压方程式为

$$\left. \begin{array}{l} \dot{U}_{\text{ff}|0|} - Z_{(1)\Sigma}\dot{I}_{a(1)} = \dot{U}_{a(1)} \\ -Z_{(2)\Sigma}\dot{I}_{a(2)} = \dot{U}_{a(2)} \\ -Z_{(0)\Sigma}\dot{I}_{a(0)} = \dot{U}_{a(0)} \end{array} \right\} \tag{5-54}$$

式中，$\dot{U}_{\text{ff}|0|}$ 是故障口 ff′的开路电压，即当f、f′两点间三相断开时，由于电源的作用在端口 f、f′两点间产生的电压；而 $Z_{(1)\Sigma}$、$Z_{(2)\Sigma}$、$Z_{(0)\Sigma}$ 分别为正序、负序和零序网络从故障端口 ff′看进去的等效阻抗（又称为故障端口 ff′的各序输入阻抗）。

若网络中各元件都用纯电抗表示，则式(5-54) 可以写成

$$\left.\begin{array}{c} \dot{U}_{\text{ff}|0|} - X_{(1)\Sigma}\,\dot{I}_{a(1)} = \dot{U}_{a(1)} \\[2mm] - X_{(2)\Sigma}\,\dot{I}_{a(2)} = \dot{U}_{a(2)} \\[2mm] - X_{(0)\Sigma}\,\dot{I}_{a(0)} = \dot{U}_{a(0)} \end{array}\right\} \tag{5-55}$$

式(5-55)包含了 6 个未知量，因此，还必须根据非全相运行的具体边界条件列出另外三个方程才能求解。下面分别讨论单相和两相断线。

一、单相断线

取 a 相为断开相，由图 5-40a 可写出故障处的边界条件为

$$\left.\begin{array}{c} \dot{I}_a = 0 \\[2mm] \dot{U}_b = 0 \\[2mm] \dot{U}_c = 0 \end{array}\right\} \tag{5-56}$$

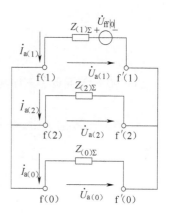

这些条件同两相接地短路的边界条件完全相似。用对称分量表示则可得新边界条件，即

$$\left.\begin{array}{c} \dot{I}_{a(1)} + \dot{I}_{a(2)} + \dot{I}_{a(0)} = 0 \\[2mm] \dot{U}_{a(1)} = \dot{U}_{a(2)} = \dot{U}_{a(0)} \end{array}\right\} \tag{5-57}$$

由式(5-57)可知，三序网在故障点的电路为并联连接，则可作出图 5-42 所示的复合序网。当网络的各元件都只用电抗表示时，由复合序网可直接求出各序电流的表达式，即

图 5-42　单相断开的复合序网

$$\left.\begin{array}{l} \dot{I}_{a(1)} = \dfrac{\dot{U}_{\text{ff}|0|}}{\mathrm{j}\,(X_{(1)\Sigma} + X_{(2)\Sigma}\,/\!/\,X_{(0)\Sigma})} \\[4mm] \dot{I}_{a(2)} = -\dfrac{X_{(0)\Sigma}}{X_{(2)\Sigma} + X_{(0)\Sigma}}\,\dot{I}_{a(1)} \\[4mm] \dot{I}_{a(0)} = -\dfrac{X_{(2)\Sigma}}{X_{(2)\Sigma} + X_{(0)\Sigma}}\,\dot{I}_{a(1)} \end{array}\right\} \tag{5-58}$$

非故障相电流为

$$\left.\begin{array}{l} \dot{I}_b = \left(a^2 - \dfrac{X_{(2)\Sigma} + aX_{(0)\Sigma}}{X_{(2)\Sigma} + X_{(0)\Sigma}}\right)\dot{I}_{a(1)} = \dfrac{-3X_{(2)\Sigma} - \mathrm{j}\sqrt{3}\,(X_{(2)\Sigma} + 2X_{(0)\Sigma})}{2\,(X_{(2)\Sigma} + X_{(0)\Sigma})}\,\dot{I}_{a(1)} \\[4mm] \dot{I}_c = \left(a - \dfrac{X_{(2)\Sigma} + a^2 X_{(0)\Sigma}}{X_{(2)\Sigma} + X_{(0)\Sigma}}\right)\dot{I}_{a(1)} = \dfrac{-3X_{(2)\Sigma} + \mathrm{j}\sqrt{3}\,(X_{(2)\Sigma} + 2X_{(0)\Sigma})}{2\,(X_{(2)\Sigma} + X_{(0)\Sigma})}\,\dot{I}_{a(1)} \end{array}\right\} \tag{5-59}$$

由上式可得单相断线时非故障相电流的有效值为

$$I_b = I_c = \sqrt{3}\,\sqrt{1 - \dfrac{X_{(2)\Sigma}\,X_{(0)\Sigma}}{(X_{(2)\Sigma} + X_{(0)\Sigma})^2}}\,I_{a(1)} \tag{5-60}$$

故障相的断口电压为

$$\dot{U}_a = 3\dot{U}_{a(1)} = \mathrm{j}\,\dfrac{3X_{(2)\Sigma}\,X_{(0)\Sigma}}{X_{(2)\Sigma} + X_{(0)\Sigma}}\,\dot{I}_{a(1)} \tag{5-61}$$

二、两相断线

取 b、c 相为断开相，由图 5-40b 可写出故障处的边界条件为

$$\left.\begin{array}{r} \dot{U}_a = 0 \\[4pt] \dot{I}_b = 0 \\[4pt] \dot{I}_c = 0 \end{array}\right\} \tag{5-62}$$

由上式可知，两相断线与单相接地短路的边界条件完全相似。用对称分量表示则可得新边界条件，即

$$\left.\begin{array}{r} \dot{U}_{a(1)} + \dot{U}_{a(2)} + \dot{U}_{a(0)} = 0 \\[4pt] \dot{I}_{a(1)} = \dot{I}_{a(2)} = \dot{I}_{a(0)} \end{array}\right\} \tag{5-63}$$

由式（5-63）可知，三序网在故障点的电路为串联连接，则可作出图 5-43 所示的复合序网。

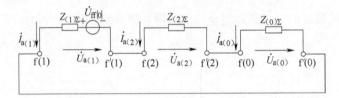

图 5-43 两相断开的复合序网

当网络的各元件都只用电抗表示时，由复合序网可直接求出各序电流表达式，即

$$\dot{I}_{a(1)} = \dot{I}_{a(2)} = \dot{I}_{a(0)} = \frac{\dot{U}_{ff|0|}}{j\,(X_{(1)\Sigma} + X_{(2)\Sigma} + X_{(0)\Sigma})} \tag{5-64}$$

非故障相电流为

$$\dot{I}_a = 3\dot{I}_{a(1)} \tag{5-65}$$

故障相断口的电压为

$$\left.\begin{array}{l} \dot{U}_b = a^2 \dot{U}_{a(1)} + a\dot{U}_{a(2)} + \dot{U}_{a(0)} \\[4pt] \quad = \dfrac{\sqrt{3}}{2}\left[\,(2X_{(2)\Sigma} + X_{(0)\Sigma}) \ -j\sqrt{3}X_{(0)\Sigma}\,\right]\dot{I}_{a(1)} \\[10pt] \dot{U}_c = a\dot{U}_{a(1)} + a^2\dot{U}_{a(2)} + \dot{U}_{a(0)} \\[4pt] \quad = \dfrac{\sqrt{3}}{2}\left[\,-\,(2X_{(2)\Sigma} + X_{(0)\Sigma}) \ -j\sqrt{3}X_{(0)\Sigma}\,\right]\dot{I}_{a(1)} \end{array}\right\} \tag{5-66}$$

习 题

5-1 什么叫对称分量法？A、B、C 相量与正序、负序及零序分量的变换关系如何？

5-2 如何应用对称分量法分析电力系统的不对称短路故障？

5-3 电力系统各元件的正序阻抗与负序阻抗是否一定相等？什么元件相等？什么元件不相等？

5-4 同步发电机和异步电动机的各序参数有何特点？

5-5 变压器的零序电抗主要由哪些因素决定？变压器的零序等效电路与外电路的连接有何特点？

5-6 试作出 YNyn 联结且中性点经电抗 X_n 接地的变压器的零序等效电路，并说明中性点接地电抗 X_n

在零序等效电路中是如何等效的？

5-7　架空线路的零序电抗为什么比正序电抗大？不同类型架空线路的零序电抗为什么不同？

5-8　准确计算电力电缆线路的零序阻抗为什么比较困难？实际应用中应如何处理？

5-9　电力系统发生不对称短路时，三序网的等效网络如何绘制？各有何特点？

5-10　电力系统三序网及对应的序网电压方程是否与不对称短路形式有关？为什么？

5-11　简述单相接地短路、两相短路及两相接地短路等不对称短路的边界条件，并说明其相应复合序网的连接关系。

5-12　何谓正序等效定则？试述应用正序等效定则计算不对称短路点电流的计算步骤。

5-13　电力系统不对称短路电流、电压经 Yd 联结变压器后，其对称分量将发生怎样的变化？如何计算？

5-14　电力系统发生不对称短路时，各序电压分布有何特点？

5-15　单相断线和两相断线的边界条件与哪两种不对称短路的边界条件相同？有什么意义？

5-16　在图 5-44 所示的电力系统中，f 点发生单相接地短路，试作系统的零序网络。

5-17　在图 5-45 所示的电力系统中，f 点发生两相接地短路，试作系统的正序、负序和零序网络。

5-18　某发电厂主接线如图 5-46 所示，各支路电抗编号标示于图中。若在高压母线 f 点发生接地短路，试画出下列几种情况下的零序网络：

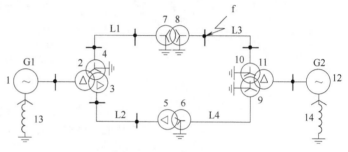

图 5-44　习题 5-16 图

（1）变压器 T2 的 5 号绕组联结方式由三角形（d）改为接地星形（yn）；

（2）变压器 T2 的 5 号、6 号绕组联结方式均改为接地星形（yn）。

5-19　如图 5-47 所示系统，各元件参数均标于图中。当 f 点分别发生单相接地短路、两相短路、两相接地短路及三相短路时，试用正序等效定则计算短路点电流的有名值，并进行比较分析。

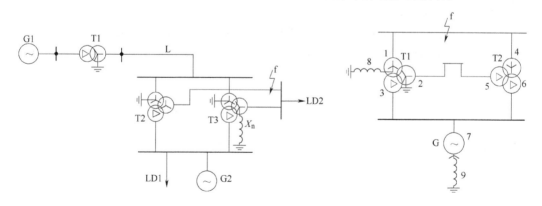

图 5-45　习题 5-17 图　　　　　　　　　　图 5-46　习题 5-18 图

5-20　系统接线图和参数与习题 5-19 相同，当 f 点发生 b 相接地短路，a、c 两相接地短路时，试分别计算故障点处非故障相的电压。

5-21　在图 5-48 所示的系统中，f 点发生两相接地短路，求变压器中性点电抗分别为 $X_p = 0$ 和 $X_p = 46\Omega$ 时，故障点的各序电流和各相电流。并分析 X_p 中是否有正序、负序电流流过？X_p 的大小对正序、负序电流有无影响？

5-22　在图 5-49 所示的电力系统中，变压器采用 YNd11 的连接方式。当 f 点发生单相接地短路时，试求故障点的电流和发电机母线 M 侧各相电流和电压。功率基准值取 $S_B = 100\text{MV·A}$，U_n 取平均额定电压，

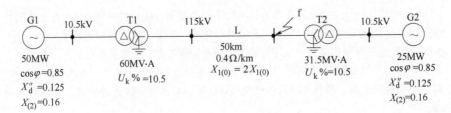

图 5-47 习题 5-19 图

各元件参数标于图中。

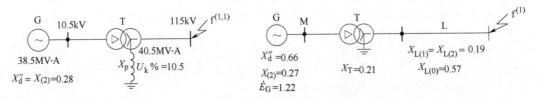

图 5-48 习题 5-21 图   图 5-49 习题 5-22 图

5-23 如图 5-50 所示系统,已知参数如下:发电机 G1,100MV·A,$X_d'' = X_{(2)} = 0.18$;变压器 T1,120MV·A,$U_k\% = 10.5$,Yd11 联结;变压器 T2,100MV·A,$U_k\% = 10.5$;线路 L,140km,$x_1 = 0.4\Omega/\text{km}$,$X_{(0)} = 3X_{(1)}$。当在线路中点发生单相接地短路时,试计算短路点入地电流及变压器 T1 低压侧各相电流。

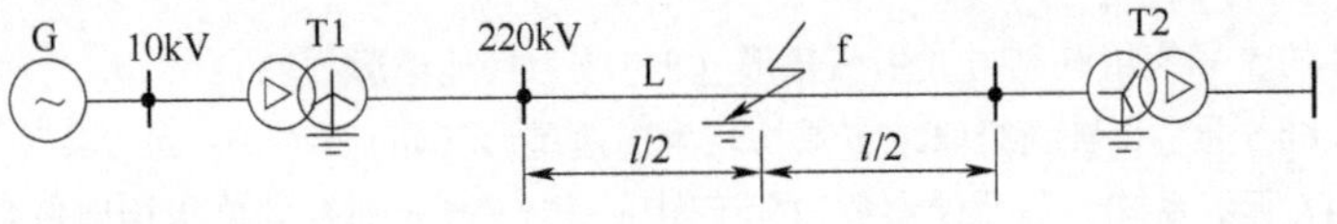

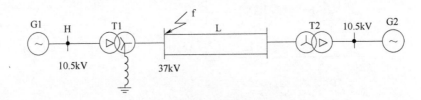

图 5-50 习题 5-23 图

5-24 如图 5-51 所示系统,已知参数如下:发电机 G1,90MV·A,$X_d'' = X_{(2)} = 0.15$;发电机 G2,90MV·A,$X_d'' = 0.27$,$X_{(2)} = 0.45$;变压器 T1,100MV·A,$U_k\% = 10.5$,YNd11 联结;变压器 T2,60MV·A,$U_k\% = 10.5$;线路 L,每回50km,$x_1 = 0.4\Omega/\text{km}$,$X_{(0)} = 3X_{(1)}$。中性点接地电抗 $X_n = 26\Omega$。当 f 点发生两相接地短路时,试分别计算故障点的各相电流和母线 H 的各相电压。

图 5-51 习题 5-24 图

5-25 在图 5-52 所示的电力系统中,已知变压器接线方式为 YNd11,当 K 点发生 B、C 两相短路故障时,若已知变压器 Y 侧 A 相电流正序分量为 $\dot{I}_{A(1)}$(令其为标幺值),试求发电机出线上各相短路电流。

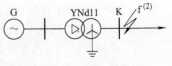

图 5-52 习题 5-25 图

5-26 选择题(将正确的选项填入括号中)

1. 在大接地电流的电力系统中,短路电流中一定存在零序分量的短路类型是(   )。

A. 接地短路   B. 相间短路   C. 不对称短路   D. 三相短路

2. 关于电力元件的正序阻抗、负序阻抗和零序阻抗，下述说法中正确的是（　　）。

A. 静止元件的正序阻抗等于负序阻抗

B. 旋转元件的正序阻抗、负序阻抗和零序阻抗各不相同

C. 静止元件的正序阻抗、负序阻抗和零序阻抗相同

D. 高压并联电抗器正序阻抗、负序阻抗和零序阻抗相等

3. 关于架空线路的零序阻抗，下述说法中正确的是（　　）。

A. 输电线路的零序阻抗大于正序阻抗

B. 具有平行线路输电线路的零序阻抗大于单回输电线路的零序阻抗

C. 有架空地线的输电线路，其零序阻抗小于无架空地线同类型架空线路的零序阻抗

D. 架空地线的导电性能越好，输电线路的零序阻抗越大

4. 特殊相故障处的序分量边界条件：$\dot{I}_{(1)} + \dot{I}_{(2)} + \dot{I}_{(0)} = 0$，$\dot{U}_{(1)} = \dot{U}_{(2)} = \dot{U}_{(0)}$，此故障属于（　　）。

A. 两相断线　　　　B. 单相短路　　　　C. 两相短路　　　　D. 两相接地短路

5. 电力系统发生短路故障后，越靠近短路点正序电压（　　）。

A. 越低　　　　　　B. 越高　　　　　　C. 不变　　　　　　D. 越接近于0

6. 中性点直接接地系统中发生 A 相接地短路，已知短路点的 A 相电流有效值为 300A，则短路点的负序电流有效值为（　　）。

A. 100A　　　　　　B. 300A　　　　　　C. 900A　　　　　　D. 150A

7. 变压器中性点经电抗 X 接地时，在其零序网中（　　）在变压器电抗中。

A. 应以 X 串联　　B. 应以 $3X$ 串联　　C. 不应串联　　　　D. 应以 $2X$ 串联

8. 在 $X_{\Sigma(1)} = X_{\Sigma(2)} = X_{\Sigma(0)}$ 的系统中，若同一地点发生各种不同类型的短路故障时，故障处负序电压从高到低的故障排序为（　　）。

A. 三相短路、单相接地短路、两相短路、两相接地短路

B. 单相接地短路、三相短路、两相短路、两相接地短路

C. 两相短路、单相接地短路、两相接地短路、三相短路

D. 两相接地短路、两相短路、单相接地短路、三相短路

5-27　判断题（正确的在括号内打"√"，错误的打"×"）

1. 在短路电流近似计算时，变压器的正序励磁电抗和零序励磁电抗都可以视为无限大。（　　）

2. 电力系统中性点运行方式对电力系统的正序等效电路和正序电流都没有影响。（　　）

3. 只要三相电流不对称，电流中就一定包含零序分量。（　　）

4. 从短路点向系统看进去的正序、负序、零序等效网络为有源网的是正序网。（　　）

5. 电力系统发生不对称短路时，越靠近发电机机端正序电压越高，负序电压越低。（　　）

6. 对于任何电力系统，三相短路电流一定大于单相短路电流。（　　）

7. 同短路电流中的非周期分量一样，短路电流中的负序分量和零序分量都将逐渐衰减到零。（　　）

8. 在中性点不接地系统中，同一地点发生两相短路和两相接地短路时，短路点故障相短路电流大小相等。（　　）

第六单元 电力系统频率电压调整

学习内容

本单元主要介绍电能质量标准、电力系统频率特性和电压特性，在此基础上介绍电力系统频率调整及电压调整的原理和措施。

学习目标

- 了解电能质量的各项指标。
- 理解电力系统的频率特性和电压特性。
- 掌握电力系统有功功率平衡和频率调整的措施。
- 掌握电力系统无功功率平衡和电压调整的措施。

课题一　电能质量标准

电能质量标准

电能是一种商品，与其他商品比较，电能质量具有两个重要的特点。

1）电能质量涉及千家万户和国民经济各行各业，其影响巨大，严重情况下甚至会引起大面积停电，乃至危及国家安全。

2）电能质量不仅与发电、变电和输配电环节有关，而且与用户的使用有很大关系，因此，保证合格的电能质量具有十分重大的意义。除电力系统本身外，用户应当承担相应的责任，共同保证电能质量。

对于电力用户来说，对电能质量的需求包括以下几方面：

1）需要的供电电压及其允许偏差。

2）需要的供电频率及其允许偏差。

3）良好的电压波形（理想的交流电源是正弦波，直流电源是无波纹直流）。

4）需要的供电容量。

5）安全、不间断地连续供电。

针对电力用户的需求，我国制定了相应的电能质量国家标准：GB/T 12325—2008《电能质量 供电电压偏差》，GB/T 12326—2008《电能质量 电压波动和闪变》，GB/T 15543—2008《电能质量 三相电压不平衡》，GB/T 14549—1993《电能质量 公用电网谐波》，GB/T 15945—2008《电能质量 电力系统频率偏差》，GB/T 18481—2001《电能质量 暂时过电压和瞬态过电压》。

电能质量不完全取决于电力生产环节，有些质量标准（如谐波、电压波动和闪变、三相电压不平衡度等）往往是由用户干扰所决定的。不同用户对电能质量的关注程度也不一样，本单元主要介绍电压、频率和谐波指标。

一、电压

电压是衡量电能质量的重要指标。电压质量对电力系统的安全与经济运行、保证用户的安全生产和产品质量等都有重要影响。调节系统无功功率，使系统无功功率保持平衡，是保证电压质量的基本条件。

如果系统无功功率不能平衡，电压就要偏离额定值。电压偏差过大，超出允许范围，对电力系统和用户都有很大危害。

1. 电压偏差过大对电力系统的危害

电压偏差过大对电力系统的安全运行和经济运行十分不利。当电压降低时，发电厂中由异步电动机拖动的厂用机械设备（如风机、泵机及磨煤机等）出力减少，从而影响到锅炉、汽轮机和发电机的出力，并使其效率降低，严重时可能发生电压崩溃和频率崩溃。电力系统的静态稳定性和暂态稳定性都与电压相关，若电压偏差过大，则会影响到系统的稳定性。电力网的线损也与电压相关，当电压偏低时，高压网的线损会增加；当电压偏高时，超高压网和特高压网的电晕损耗会增加。

综上所述，当系统电压偏差过大时，将对电力系统造成很大危害。

2. 电压偏差过大对电力用户的危害

所有用户电气设备都是按额定电压进行设计和制造的。当电压偏差过大时，用电设备的运行性能就会恶化，很可能由于过电压或过电流而受到损坏。

（1）照明设备　电压变动对照明设备的亮度和寿命都有很大影响。例如，当电压低于额定电压的 5% 时，白炽灯的光通量减少 18%；当电压低于额定电压的 10% 时，白炽灯的光通量减少 30%；当电压高于额定电压的 5% 时，白炽灯的寿命减少 30%；当电压高于额定电压的 10% 时，白炽灯的寿命减少 67%。

（2）异步电动机　对于占系统综合负荷比重最大的异步电动机，当电压变化时，电动机的转矩、电流和效率都要发生变化。电动机的转矩与端电压的二次方成正比，若端电压下降 10%，则转矩降低 19%；若电压过低，则电动机的转速将降低，电流将增大，从而引起绕组温度升高，加速绝缘老化，严重时可能烧毁电动机；若电压过高，也有可能损坏电动机绝缘。

（3）电子设备　某些电子设备对电压要求较高，当电压偏差较大时，会影响其使用寿命。还会影响某些电子仪器仪表的测试精度，甚至使其不能正常工作。

GB/T 12325—2008《电能质量　供电电压偏差》和《国家电网公司电力系统电压质量和无功电力管理规定》（2009 年）对用户受电端供电电压允许偏差值的规定如下：

1）35kV 及以上用户供电电压正、负偏差绝对值之和不超过额定电压的 10%。

2）10kV 及以下三相供电电压允许偏差为额定电压的 ±7%。

3）220V 单相供电电压允许偏差为额定电压的 -10% ~ +7%。

二、频率

电力系统的频率是指电力系统中同步发电机产生的正弦波基波电压的频率。在稳态运行时，各同步发电机转子旋转的电气角速度相同，整个系统的频率也相同。当同步发电机的转子受力变化时，转速将改变，即频率变化。因此，保持同步发电机转子受力平衡是维持转速稳定的基本条件。而转子的驱动转矩和制动转矩与发电机输入的机械功率和输出的电磁功率相关，所以，引起系统频率变化的根本原因是系统有功功率的变化。

电力系统中的发电设备和用电设备都是按额定频率设计和制造的，只有在额定频率下运行时，才能发挥最佳的技术性能并取得最好的经济效益。如果系统有功功率不平衡，频率就会偏离额定值。若频率偏差过大，超出允许范围，则会对电力系统和用户造成很大危害。

1. 频率偏差过大对电力系统的危害

1）当频率降低，频率偏差过大时，火电厂采用异步电动机驱动的机械设备（如风机、水泵及磨煤机等）出力将降低，从而导致发电机输出功率降低，使系统频率进一步降低，严重时可能引起系统频率崩溃。

2）发电机旋转机械平衡按额定频率设计。若频率偏差过大，则可能使发电机转子和汽轮机叶片在高速旋转时受到损坏。

3）当系统频率降低时，电动机和变压器的励磁电流将增加，所消耗的无功功率增大，引起系统无功功率的变化，从而使电压下降。

2. 频率偏差过大对电力用户的危害

1）频率变化将引起异步电动机转速的变化，这将影响由其驱动的机械设备的特性，使产品质量受到影响，甚至出现次品和废品。

2）频率降低将使异步电动机的转速和功率降低，导致传动机械的出力下降。

3）频率波动将影响测量、控制及调整等电子设备的工作性能，当频率偏差过大时，甚至可能导致这些设备无法工作。

GB/T 15945—2008《电能质量 电力系统频率偏差》对电力系统正常运行情况下的稳态频率偏差规定：我国电力系统标准频率为50Hz，正常运行时频率偏差限值为±0.2Hz。当系统容量较小时，偏差限值可以放宽到±0.5Hz。

三、公用电网谐波

在现代工业企业、交通运输及日常生活中，非线性电力负荷在大量增加。这些非线性负荷，如冶金、化工、矿山企业中大量使用的晶闸管整流电源，工业中大量使用的变频调速装置，电气化电路中采用的单相整流供电的机车，超高压、特高压直流系统中的换流站，家用电器中的空调、电视机及荧光灯等，对电力系统电压波形的影响越来越严重。

非线性负荷从电力网吸收非正弦电流，引起电力网电压畸变，通常把这些负荷称为谐波源。谐波对有些电气设备（如继电保护自动装置、测量和计量仪器仪表、通信系统等）有不利的影响。国际上公认谐波污染是电力网的公害，必须采取措施加以限制。

GB/T 14549—1993《电能质量 公用电网谐波》对各级电力网谐波限值的规定见表6-1。

表6-1 我国公用电网谐波电压（相电压）限值

电网标称电压/kV	电压总谐波畸变率（%）	各次谐波电压含有率（%）		电网标称电压/kV	电压总谐波畸变率（%）	各次谐波电压含有率（%）	
		奇次	偶次			奇次	偶次
0.38	5.0	4.0	2.0	35	3.0	2.4	1.2
6	4.0	3.2	1.6	66	3.0	2.4	1.2
10	4.0	3.2	1.6	110	2.0	1.6	0.8

课题二 电力系统的频率特性

电力系统有功功率的变化是引起系统频率变化的根本原因，因此，当频率变化时必须调整有功功率。然而，要调整有功功率，必须首先研究电力系统的频率特性。电力系统的频率特性分为综合负荷的频率特性和发电机组的频率特性。

一、电力系统综合负荷的静态频率特性

电力系统综合负荷的静态特性是指电力系统在稳态运行时，综合负荷功率随频率、电压的变化关系。由于电力系统的频率变化与有功功率平衡有关，与无功功率无关，所以，综合负荷的频率特性主要研究在电压不变时综合负荷有功功率的静态频率特性，其常用综合负荷有功功率的静态频率特性表示，即

$$\sum P_{\mathrm{L}} = g(f) \tag{6-1}$$

式中，$\sum P_L$ 为综合负荷。

电力系统综合负荷与频率的关系可以归纳为以下几种关系。

1. 与频率变化无关的负荷

电力系统某些负荷消耗的有功功率与频率的变化无关，如白炽灯、电热器、电弧炉和整流负荷等，这类负荷从系统吸收的三相有功功率为

$$P_{I} = 3I^2R = k_0 \tag{6-2}$$

式中，I 为电流；R 为负荷电阻；k_0 为与 f 无关的系数。

2. 与频率成正比的负荷

电力系统某些负荷的阻力矩等于常数，如球磨机、切削机床、压缩机和卷扬机等，它们消耗的有功功率与频率成正比，即

$$P_{II} = M\frac{2\pi f}{p} = k_1 f \tag{6-3}$$

式中，M 为电动机的转矩；f 为电力系统的频率；p 为电动机的磁极对数；k_1 为负荷系数。

3. 与频率的二次方及高次方成正比的负荷

电力系统中某些负荷，如离心水泵、鼓风机等，它们从系统吸收的有功功率与频率的二次方或高次方成正比，即

$$P_{III} = k_2 f^2 + k_3 f^3 + \cdots \tag{6-4}$$

式中，k_2、k_3 为负荷系数。

综上所述，电力系统综合负荷 $\sum P_L$ 可表示为

$$\sum P_L = g(f) = k_0 + k_1 f + k_2 f^2 + k_3 f^3 + \cdots \tag{6-5}$$

由式(6-5) 可得，电力系统综合负荷静态频率特性曲线如图 6-1a 所示。由于正常情况下频率的变化范围很小（±0.2Hz），所以，电力系统综合负荷静态频率特性曲线可以近似用直线表示，如图 6-1b 所示。当频率增加时，综合负荷消耗的有功功率随之增加；反之，则相反。通常把负荷的这种特性称为负荷的调节效应，此特性有利于稳定系统的频率，常用负荷的调节效应系数反映此调节效果。

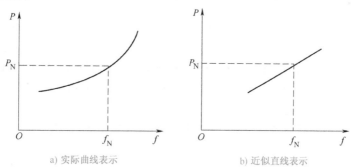

a) 实际曲线表示　　　　　　b) 近似直线表示

图 6-1　综合负荷静态频率特性曲线

定义负荷的调节效应系数为

$$K_L = \frac{\Delta P}{\Delta f} \tag{6-6}$$

式中，ΔP 为有功功率的变化量；Δf 为频率的变化量。

用标幺值表示为

$$K_{L*} = \frac{\Delta P_*}{\Delta f_*} \tag{6-7}$$

电力系统负荷的调节效应系数 K_{L*} 可以通过试验得到，一般电力系统的 $K_{L*} = 1 \sim 3$。K_{L*} 由系统负荷的属性和组成确定，不可调整。不同电力系统的 K_{L*} 不同，同一电力系统的 K_{L*} 在不同季节也可能不同，但是对于某一电力系统在某一时间段，可以视其为某一定值。

二、发电机组有功功率的静态频率特性

发电机组有功功率的静态频率特性是指电力系统在稳态运行时，发电机组输出的有功功率与系统频率的关系。发电机组有功功率静态频率特性由发电机组的调速系统确定。电力系统所有发电机的原动机均装有调速器，当系统有功功率失去平衡，引起发电机转速（频率）变化时，原动机的调速系统会自动改变其进气（水）量，相应增大或者减小发电机的输出功率。当新的有功功率平衡建立后，调速系统的调节过程结束，电力系统在新的频率下运行。

原动机调速系统有很多种，根据测量环节的工作原理可以分为机械液压调速系统和电气液压调速系统两大类。下面以离心式机械液压调速系统为例进行说明。

离心式机械液压调速系统示意图如图 6-2 所示。

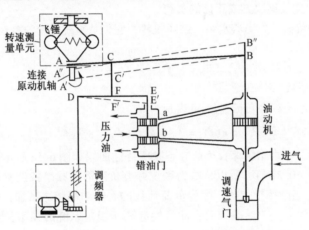

图 6-2　离心式机械液压调速系统示意图

由飞锤、弹簧及套筒组成系统的转速测量单元，飞锤与原动机轴连接，直接反映原动机转速的变化。当原动机以某一恒定转速旋转时，飞锤的离心力、重力及弹簧的拉力在飞锤处于某一位置时达到平衡，套筒处于 A 点，杠杆 ACB 和 DFE 处于某种平衡位置，错油门（亦称配压阀）管口 a、b 被活塞堵住，压力油不能进入油动机（亦称接力器），油动机活塞上、下两侧的油压相等，活塞不能移动，因而调速气门的开度固定不变。

当负荷增加时，发电机组转速下降，套筒因飞锤离心力下降，位置下降。由于油动机活塞两侧的油压相等，B 点不动，杠杆 ACB 以 B 点为支点转动到 A′C′B 位置。在调频器没有动作的情况下，杠杆 DFE 以 D 为支点转动到 DF′E′位置，使错油门活塞下移，压力油经 b 口进入油动机活塞下部，油动机活塞上部的压力油经错油门 a 口流出，从而使油动机活塞上移至 B″点，调速气门开度增大，发电机组输出的有功功率增加。机组转速增加后，飞锤离心力增大，套筒从 A′点上移到 A″点，杠杆 A′C′B 上移，将使 C′点上移到 C 点，杠杆 DF′E′以 D 为支点转动，E′点回到 E 点，错油门活塞又堵住 a、b 口，油动机活塞停止上移，调速过程结束。此次调节使发电机组输出的有功功率增加，频率上升，但是频率（转速）没有恢复到原来的水平，称此调频为频率的一次调整。因频率的一次调整后，频率没有恢复到原来的水平，所以又称为有差调节。

通过以上分析可知：当发电机组转速（频率）下降时，发电机组将通过调速系统改变原动机出力，增加进气量，从而增大发电机输出功率。同理可知：当发电机组转速（频率）上升时，

发电机组将通过调速系统改变原动机出力，减少进气量，从而减小发电机输出功率。发电机组有功功率静态频率特性曲线如图6-3所示。

　　显然，当负荷变化时，通过频率的一次调整不能使系统频率维持恒定。如果起动调速系统调频器的电动机，通过蜗轮、蜗杆传动将D点抬高，再一次开启错油门b口使调速气门的开度再增大，就可以使杠杆A″点回到A点位置，从而使频率回到原来的值。这种通过调频器调整频率的过程，称为频率的二次调整。频率的二次调整将使机组的有功功率静态频率特性曲线上下平移，如图6-4所示。当调频器使D点上移，发电机输出功率增加，曲线上移为P'_G；反之为曲线P''_G。

　　发电机组有功功率静态频率特性曲线的倾斜度用K_G表示，有

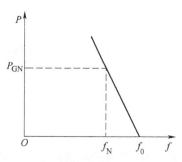

图6-3　发电机组有功功率
静态频率特性曲线

$$K_G = -\frac{\Delta P_G}{\Delta f} = -\tan\alpha \qquad (6-8)$$

　　式中的负号表示发电机组输出有功功率的变化与频率变化的方向相反，即当发电机组输出的有功功率增加时，频率是降低的。K_G又称为发电机组的单位调节功率，若用标幺值表示，则为

$$K_{G*} = -\frac{\Delta P_G/P_{GN}}{\Delta f/f_N} = -\frac{\Delta P_{G*}}{\Delta f_*} = K_G\frac{f_N}{P_{GN}} \qquad (6-9)$$

　　发电机组的单位调节功率与机组的调差系数有一定的关系。所谓机组的调差系数，就是表示发电机组空载运行频率f_0与额定负荷时的频率f_N差值的百分数，定义为

$$\sigma = \frac{f_0 - f_N}{f_N} \times 100\% \qquad (6-10)$$

　　调差系数σ实质上反映了发电机组输出功率从0增加到额定功率P_N的过程中，机组转速（频率）变化的百分数。例如，当$\sigma = 4\%$（即P_{G*}从0～1，频率变化4%），若有功负荷改变1%，频率偏差0.04%；若有功负荷改变10%，则频率将偏差0.4%（即频率偏差0.2Hz）。

　　由式(6-9)可得$K_{G*} = -\dfrac{\Delta P_G/P_{GN}}{\Delta f/f_N} = -\dfrac{(0 - P_{GN})/P_{GN}}{(f_0 - f_N)/f_N} = 1/\sigma$，即机组的调差系数的倒数就是机组的单位调节功率。

　　与负荷的调节效应系数K_{L*}不同，发电机组的调差系数σ（或K_{G*}）是可以调整的。调差系数的大小对频率偏差的影响很大，机组调差系数越小（即单位调节功率越大），引起的频率偏差亦越小。受机组调速系统的限制，机组调差系数的调整范围在一定范围内，一般为

汽轮发电机组：$\sigma = 0.04 \sim 0.06$，$K_{G*} = 25 \sim 16.7$

水轮发电机组：$\sigma = 0.02 \sim 0.04$，$K_{G*} = 50 \sim 25$

课题三　电力系统有功功率平衡和频率调整

一、电力系统有功功率平衡

　　电力系统正常运行时，发电机转子受力示意图如图6-5所示。转子驱动转矩与原动机输入机械功率P_T成正比，制动转矩与输出电磁功率P_G成正比。显然，当$P_T = P_G$时，发电机转子转速

恒定，即频率恒定；当原动机输入机械功率 P_T 大于输出电磁功率 P_G，即 $P_T > P_G$ 时，转子加速，频率增加；当原动机输入机械功率 P_T 小于输出电磁功率 P_G，即 $P_T < P_G$ 时，转子减速，频率下降。

因此，要维持电力系统频率稳定，前提是电力系统有功功率必须保持平衡，即电力系统所有原动机输入的机械功率等于所有机组输出的电磁功率。电力系统有功功率平衡方程式为

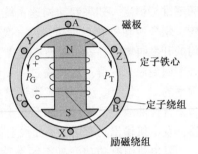

图 6-5　发电机转子受力示意图

$$\sum P_T = \sum P_G \tag{6-11}$$

式中，$\sum P_T$ 表示系统所有原动机输入的机械功率；$\sum P_G$ 表示系统所有发电机输出的电磁功率。

而发电机输出的电磁功率最终消耗在负荷和网损（配电网整个网络的线路损耗）上，所以，电力系统有功功率平衡方程式为

$$\sum P_T = \sum P_G = \sum P_L + \sum \Delta P_L \tag{6-12}$$

式中，$\sum P_L$ 表示系统所有负荷消耗的有功功率；$\sum \Delta P_L$ 表示系统所有网损。

通过以上分析可知，当系统负荷消耗的有功功率变化时，系统频率就会相应变化。因此，引起电力系统频率变化的根本原因是系统负荷有功功率的变化。当有功负荷变化时，要保持系统频率在允许的范围内，就必须调整发电机组的电磁功率。

二、电力系统有功功率备用容量

为了保证系统频率在允许的范围内，发电机组的可用容量必须预留一些作为备用容量。备用容量按备用形式可分为热备用和冷备用。热备用又称为旋转备用，即运行中的发电机组可输出的最大功率与实际发电功率之差，热备用改变容量的调节速度相对较快。冷备用又称为停机备用，即未运行但可立即起动的发电机组，显然，冷备用调节速度很慢。

备用容量按作用的不同可分为以下几种。

1. 负荷备用

为了满足一天计划外负荷增加和适应系统中短时间负荷波动而留有的备用容量称为负荷备用。负荷备用的大小应根据系统总负荷的大小、运行方式和系统中各类负荷的比重确定，一般为系统最大负荷的 2% ~ 5%。

2. 事故备用

当电力系统某些机组发生故障或电厂预想出力突然下降时，为避免系统失去稳定性而留有的备用容量称为事故备用。事故备用容量的大小可根据系统中机组的台数、机组的容量、机组的故障率及系统的可靠性等指标确定，一般为最大负荷的 5% ~ 10%，但不应小于运行中最大一台机组的容量。

3. 检修备用

为了满足在检修系统内发电设备时不影响供电质量而留有的备用容量称为检修备用。发电设备运行一段时间后，都要进行检修，检修分为大修和小修。一般大修是把发电机组分批分期安排在一年中最小负荷的季节进行；小修在节假日进行，以尽量减小因检修停机所留有的备用容量。

4. 国民经济备用

为满足国民经济超计划增长，用户对电能的需求留有的备用容量称为国民经济备用。根据

国民经济的增长情况，一般为系统最大负荷的 3% ~ 5%。

以上 4 种备用容量是以热备用和冷备用的形式存在于系统中的。

三、电力系统的频率调整

电力系统有功功率静态频率特性曲线如图 6-6 所示。在额定运行情况下，两曲线相交于 A 点，对应稳定频率为 $f_A = f_N$。在 A 点，发电机输出的电磁功率与负荷消耗的有功功率相等，即 $P_G = P_L = P_N$。

1. 频率的一次调整

若系统负荷变化，则综合负荷有功功率静态频率特性曲线将上下平移。下面以系统负荷增加为例进行分析。

当系统负荷增加时，综合负荷有功功率静态频率特性曲线将向上平移，如图 6-7 所示，由于发电机转速（即频率）不能突变，此时对应负荷消耗的功率由 P_A 上升至 P_B，显然 $P_T < P_B$；通过对图 6-5 的分析可知，发电机转子转速（频率）将下降，机组调速器动作，增加汽轮机进汽量；系统频率最终稳定在 C 点。在 C 点，$P_T = P_C$，C 点对应频率 $f_C < f_A$。

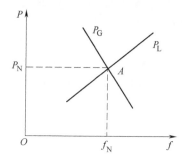

图 6-6　电力系统有功功率
静态频率特性曲线

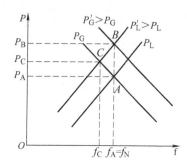

图 6-7　系统频率的一、二次调整

当负荷变化较小时，频率一次调整后系统的稳定频率 f_C 在额定频率 f_A 附近，满足频率运行的偏差范围。但是，当负荷变化较大时，频率一次调整后系统的稳定频率 f_C 就会距离额定频率 f_A 很远，超出频率运行的偏差范围，不能满足频率变化的要求，这就必须对频率进行二次调整。

2. 频率的二次调整

当系统负荷变化时，在频率一次调整的基础上，调频器动作，使机组的有功功率频率静态特性曲线上下平移。如图 6-7 所示，若上移机组有功功率静态频率特性曲线，将使机组的有功功率静态频率特性曲线与综合负荷有功功率静态频率特性曲线相交于 B 点，B 点对应频率为 f_N，即频率回到了额定值 f_N，此过程称为频率的二次调整。所谓频率的二次调整，即在频率一次调整的基础上，使机组调频器动作，改变原动机机械功率。频率二次调整的实质是平移机组的有功功率静态频率特性曲线，频率二次调整的结果可以是无差的，参与频率二次调整的机组（或电厂）称为调频机组（或调频电厂）。

按照是否参与频率二次调整可将电力系统的电厂分为主调频电厂、辅助调频电厂和非调频电厂。电力系统负荷变化时，负荷增量主要由设定的机组或电厂承担，参与频率二次调整的电厂称为主调频电厂。主调频电厂（一个系统一般有一个或两个电厂）负责全系统的频率调整（频率二次调整）；辅助调频电厂只在系统频率超过某一规定的偏差范围时才参与频率调整，这样的电厂在一个系统中一般只有少数几个；非调频电厂在系统正常运行时按预先给定的负荷曲线发电。

3. 联合电力系统的频率调整

随着电力网规模的不断发展，联合电力系统频率调整出现问题，特别是联络线的功率值得关注。下面以某典型联合电力系统为例进行分析。若某联合电力系统由两个子系统组成，如图6-8所示。图中 K_{GA}、K_{GB} 分别为 A、B 两个系统等效发电机的单位调节功率，K_{LA}、K_{LB} 分别为 A、B 两个系统综合负荷的调节效应系数。ΔP_{LA}、ΔP_{LB} 分别为两个系统负荷的变化量，在此定义负荷增加为正；ΔP_{GA}、ΔP_{GB} 分别为两个系统发电功率的变化量，在此也定义发电功率的增加为正，定义两个系统联络线上的功率 A 流向 B 为正，则当负荷增加时，A 系统频率的下降值 Δf 满足

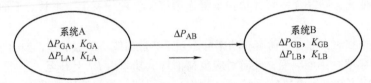

图6-8　联合电力系统调频

$$\Delta P_{LA} + \Delta P_{AB} - \Delta P_{GA} = (K_{LA} + K_{GA})\Delta f \tag{6-13}$$

B 系统频率的下降值 Δf 满足

$$\Delta P_{LB} - \Delta P_{AB} - \Delta P_{GB} = (K_{LB} + K_{GB})\Delta f \tag{6-14}$$

将式(6-13)、式(6-14) 左、右分别相加，可得联合电力系统频率的下降值 Δf 为

$$\Delta f = \frac{\Delta P_A + \Delta P_B}{K_A + K_B} \tag{6-15}$$

式中 ΔP_A、ΔP_B 分别为两个系统的功率缺额，其中 $\Delta P_A = \Delta P_{LA} - \Delta P_{GA}$、$\Delta P_B = \Delta P_{LB} - \Delta P_{GB}$；$K_A$、$K_B$ 分别为两个系统单位调节功率，其中 $K_A = K_{LA} + K_{GA}$，$K_B = K_{LB} + K_{GB}$。

将式(6-15) 代入式(6-13) 或者式(6-14) 可得联络线上交换功率变化量

$$\Delta P_{AB} = \frac{K_A \Delta P_B - K_B \Delta P_A}{K_A + K_B} \tag{6-16}$$

由式(6-15) 可知，联合电力系统频率的变化最终取决于系统的功率缺额和系统的单位调节功率。由式(6-16) 可知，若 A 系统发电功率和负荷功率没有变化，即功率缺额 $\Delta P_A = 0$，而 B 系统负荷增加，则联络线上的交换功率 ΔP_{AB} 将增加，这应该好理解，因为 B 系统负荷增加，即相当整个系统负荷增加，A 系统发电机也要参加调频，所以 ΔP_{AB} 将增加；反之亦然。随着联络线上 ΔP_{AB} 的增加，线损增加。当 B 系统负荷增加时，如果 B 系统发电功率也随之增加，可以使 ΔP_B 变化不大，则联络线的交换功率 ΔP_{AB} 变化不大。

所以，当系统出现功率缺额时，尽量由两个子系统调节各自发电机进行有功功率平衡，这样可以减小远距离联络线上的交换功率，降低线路损耗、提高联合电力系统运行的静态稳定性。

【例6-1】　由 A、B 两个子系统组成的联合电力系统调频参数如图6-9所示。两个子系统的额定容量分别为1500MW、1000MW；A 系统等效发电机组和综合负荷的单位调节功率分别为 $K_{GA*} = 25$ 和 $K_{LA*} = 1.5$；B 系统等效发电机组和综合负荷的单位调节功率分别为 $K_{GB*} = 20$ 和 $K_{LB*} = 1.2$。当系统运行频率为49.85Hz时，若 B 系统负荷增加120MW，试计算下列情况下系统稳定频率和联络线上的功率变化情况：(1) A、B 两子系统机组都参与频率的一次调整；(2) 系统所有机组参与频率的一次调整，但只有 A 系统部分机组参与频率的二次调整，且机组增发60MW；(3) 系统所有机组参与频率的一次调整，但只有 B 系统部分机组参与频率的二次调整，且机组增发60MW。

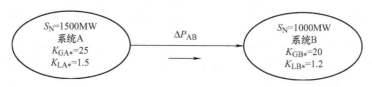

图6-9 某联合电力系统

解: 首先,将两子系统的单位调节功率由标幺值折算成有名值,即

$$K_{GA} = K_{GA*} P_{GAN}/f_N = (25 \times 1500/50) \text{ MW/Hz} = 750 \text{MW/Hz}$$

$$K_{LA} = K_{LA*} P_{GAN}/f_N = (1.5 \times 1500/50) \text{ MW/Hz} = 45 \text{MW/Hz}$$

$$K_{GB} = K_{GB*} P_{GBN}/f_N = (20 \times 1000/50) \text{ MW/Hz} = 400 \text{MW/Hz}$$

$$K_{LB} = K_{LB*} P_{GBN}/f_N = (1.2 \times 1000/50) \text{ MW/Hz} = 24 \text{MW/Hz}$$

(1) A、B 两子系统机组都参与频率的一次调整时,有

$$\Delta P_{GA} = \Delta P_{GB} = \Delta P_{LA} = 0, \quad \Delta P_{LB} = 120 \text{MW}$$

$$K_A = K_{LA} + K_{GA} = (45 + 750) \text{ MW/Hz} = 795 \text{MW/Hz}$$

$$K_B = K_{LB} + K_{GB} = (24 + 400) \text{ MW/Hz} = 424 \text{MW/Hz}$$

A 系统的功率缺额为
$$\Delta P_A = \Delta P_{LA} - \Delta P_{GA} = 0$$

B 系统的功率缺额为
$$\Delta P_B = \Delta P_{LB} - \Delta P_{GB} = 120 \text{MW}$$

联合电力系统频率变化值 Δf 为

$$\Delta f = \frac{\Delta P_A + \Delta P_B}{K_A + K_B} = \frac{0 + 120}{795 + 424} \text{Hz} = 0.098 \text{Hz}$$

系统稳定频率为

$$f = (49.85 - 0.098) \text{ Hz} = 49.752 \text{Hz}$$

显然,此频率不满足电力系统对频率规范值 (50 ± 0.2) Hz 的要求。
联络线上交换功率的变化量为

$$\Delta P_{AB} = \frac{K_A \Delta P_B - K_B \Delta P_A}{K_A + K_B} = \frac{795 \times 120 - 0}{795 + 424} \text{MW} = 78.26 \text{MW}$$

联络线上从 A 流向 B 的功率增加了 78.26MW,即当 B 系统负荷增加 120MW 时,不仅 B 系统参与频率的调整,A 系统也帮助 B 系统进行频率调整,联合电力系统显现出了它的优势。

(2) 系统所有机组参与频率的一次调整,但只有 A 系统部分机组参与频率的二次调整,且机组增发 60MW 时,有

$$\Delta P_{GB} = 0, \quad \Delta P_{LA} = 0; \quad \Delta P_{GA} = 60 \text{MW}, \quad \Delta P_{LB} = 120 \text{MW}$$

A 系统的功率缺额为
$$\Delta P_A = \Delta P_{LA} - \Delta P_{GA} = (0 - 60) \text{ MW} = -60 \text{MW}$$

B 系统的功率缺额为
$$\Delta P_B = \Delta P_{LB} - \Delta P_{GB} = (120 - 0) \text{ MW} = 120 \text{MW}$$

联合电力系统频率变化值 Δf 为

$$\Delta f = \frac{\Delta P_A + \Delta P_B}{K_A + K_B} = \frac{-60 + 120}{795 + 424} \text{Hz} = 0.049 \text{Hz}$$

系统稳定频率为

$$f = (49.85 - 0.049) \text{ Hz} = 49.801 \text{Hz}$$

显然,此频率满足电力系统对频率规范值的要求。
联络线上交换功率的变化量为

$$\Delta P_{AB} = \frac{K_A \Delta P_B - K_B \Delta P_A}{K_A + K_B} = \frac{795 \times 120 - 424 \times (-60)}{795 + 424} MW = 99.13 MW$$

联络线上从 A 流向 B 的功率增加了 99.13MW，显然联络线上的功率比情况（1）增加了。

（3）系统所有机组参与频率的一次调整，但只有 B 系统部分机组参与频率的二次调整，且机组增发 60MW 时，有

$$\Delta P_{GA} = 0, \quad \Delta P_{LA} = 0; \quad \Delta P_{GB} = 60 MW, \quad \Delta P_{LB} = 120 MW$$

A 系统的功率缺额为 $\qquad \Delta P_A = \Delta P_{LA} - \Delta P_{GA} = 0$

B 系统的功率缺额为 $\qquad \Delta P_B = \Delta P_{LB} - \Delta P_{GB} = (120 - 60) MW = 60 MW$

联合电力系统频率变化值 Δf 为

$$\Delta f = \frac{\Delta P_A + \Delta P_B}{K_A + K_B} = \frac{0 + 60}{795 + 424} Hz = 0.049 Hz$$

系统稳定频率为

$$f = (49.85 - 0.049) Hz = 49.801 Hz$$

显然，系统稳定频率与情况（2）相同。

但联络线上交换功率的变化量为

$$\Delta P_{AB} = \frac{K_A \Delta P_B - K_B \Delta P_A}{K_A + K_B} = \frac{795 \times 60 - 0}{795 + 424} MW = 39.13 MW$$

联络线上从 A 流向 B 的功率只增加了 39.13MW，明显比情况（2）减小很多。所以当某子系统出现功率缺额时，应尽量就地平衡功率，这样可以减小联络上的功率传输，降低线损，提高联合电力系统的稳定性。

四、主调频电厂的选择

选择主调频电厂（机组）时，主要应考虑以下几个方面：

1) 机组应有足够的调整容量和调整范围。

2) 机组调整发电功率的速度要快。

3) 符合安全及经济的原则。

水轮机组具有较宽的发电调整范围，一般可达额定容量的 50% 以上；水轮机组调整功率的速度也较快，一般可在 1min 内从空载过渡到满载状态，而且操作方便、安全。

火力发电厂的锅炉和汽轮机都受最小技术负荷的限制，其中锅炉为 25% ~70% 的额定容量，汽轮机为 10% ~15% 的额定容量，因此火力发电厂发电功率调整范围不大。火力发电厂发电功率的增减速度受汽轮机各部分热膨胀的限制，因而不能太快，在 50% ~100% 额定负荷范围内，每分钟仅能上升 2% ~5% 。

所以，从发电功率的调整范围和调整速度来看，具有调节库容能力的大中型水电站最适宜承担调频任务。但是，在安排各类发电厂的负荷时，还应考虑整个系统的经济性。在枯水季节，宜选择水电厂作为主调频电厂，火电厂中效率较低的机组则承担辅助调频任务；在丰水季节，为了充分利用水力资源，水电厂宜带稳定的负荷，由效率不高的汽轮发电机组承担调频任务。

课题四　电力系统的静态电压特性

电力系统的静态电压特性是指电力系统在正常运行时，无功功率与电压的变化关系。它包括综合负荷的静态电压特性和无功电源的静态电压特性。

一、电力系统综合负荷的静态电压特性

在电力系统频率为额定值且负荷连接容量不变时，电力系统综合负荷所消耗的有功功率和无功功率与电压的关系称为电力系统综合负荷的静态电压特性。下面对电力系统各种主要负荷的静态电压特性进行分析。

1. 白炽灯负荷

白炽灯只消耗有功功率，不消耗无功功率。由于灯丝电阻随温度变化，通过试验可知，其有功负荷与电压的关系可表示为

$$P = kU^{1.6} \tag{6-17}$$

式中，P 为有功功率（W）；k 为与温度有关的灯丝系数。

2. 电热器负荷

电热器也只消耗有功功率，其消耗的功率可表示为

$$P = \frac{U^2}{R} \tag{6-18}$$

式中，R 为电热器电阻（Ω）。

3. 电抗器负荷

电抗器主要消耗无功功率，消耗的有功功率很小，相对于无功功率可以忽略不计，其消耗的无功功率可表示为

$$Q = \frac{U^2}{X_L} \tag{6-19}$$

式中，Q 为无功功率（var）；X_L 为电抗器电抗（Ω）。

4. 异步电动机负荷

异步电动机通常占系统总负荷的很大比重。异步电动机需要消耗有功功率来运行设备，取用感性无功功率来建立磁场。异步电动机的简化等效电路如图 6-10 所示，其消耗的无功功率为

$$Q_M = Q_m + Q_\sigma = \frac{U^2}{X_m} + I^2 X_\sigma \tag{6-20}$$

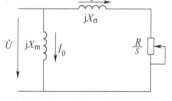

图 6-10　异步电动机简化
等效电路

式中，Q_M 为异步电动机消耗的无功功率；Q_m 为异步电动机励磁回路 X_m 消耗的无功功率；Q_σ 为异步电动机定子回路 X_σ 消耗的无功功率。

由式(6-20) 可知，随着电压的增减，励磁回路 X_m 消耗的无功功率 Q_m 也随之增减。若异步电动机所带负荷不变，当电压降低时，定子电流随之增加，则漏抗 X_σ 消耗的无功功率 Q_σ 也增加。异步电动机在额定电压下运行时，励磁回路处于饱和状态，X_m 有所下降，考虑这两部分无功功率变化的特点，异步电动机消耗的无功功率 Q_M 将随电压的升降而增减。

若异步电动机所带负荷不变，当电压降低时，转差率 s 增加，定子电流随之增加，则其消耗的有功功率 $P_M = I^2 R (1 - s) / s$ 为常数。所以，当电压变化时，异步电动机消耗的有功功率不变。

异步电动机有功功率和无功功率的静态电压特性曲线如图 6-11 所示。在电力系统中，异步电动机占综合负荷的绝大多数，所以综合负荷的静态电压特性与异步电动机相似。

二、电力系统无功电源静态电压特性

电力系统的无功电源除了同步发电机，还有同步调相机、并联电力电容器及静止补偿器等，

后三种装置又常称为无功补偿装置。下面对无功电源的静态电压特性进行介绍。

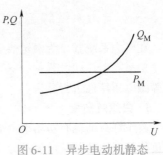

图 6-11　异步电动机静态
电压特性曲线

（一）同步发电机

同步发电机是系统唯一的有功电源，同时也是系统最主要的无功电源。在不影响输出有功功率的前提下，改变发电机的功率因数，就可以改变输出的无功功率。

1. 同步发电机的 P-Q 极限功率

发电机在正常运行时，其定子电流和转子电流都不应超过额定值。在额定状态下运行时，发电机的容量得到最充分的利用。

设发电机额定视在功率为 S_N，额定功率因数为 $\cos\varphi_N$，额定有功功率为 P_N，额定无功功率为 Q_N，则有

$$Q_N = S_N \sin\varphi_N = P_N \tan\varphi_N \tag{6-21}$$

$$S_N = \sqrt{P_N^2 + Q_N^2} = P_N \sqrt{1 + \tan^2\varphi_N} \tag{6-22}$$

由式（6-21）可知，改变功率因数 $\cos\varphi_N$ 可以改变机组输出的无功功率 Q_N，但其大小会受到发电机运行极限的限制，通过分析发电机 P-Q 曲线可以说明此问题。

图 6-12a 为一台隐极式发电机与额定电压为 U_N 的无限大容量系统相连，图 6-12b 为其等效电路图，图 6-12c 为额定运行时的相量图。电压相量 AC 的长度等于 $I_N X_d$，与发电机的额定视在功率 S_N 成正比，其在纵轴上的投影正比于发电机的有功功率 P_N，在横轴上的投影正比于发电机的无功功率 Q_N；相量 OA 的长度为 U_N 的大小，相量 OC 的长度则表示发电机的空载电动势 E_N，E_N 的大小与发电机的励磁电流成一定比例关系。

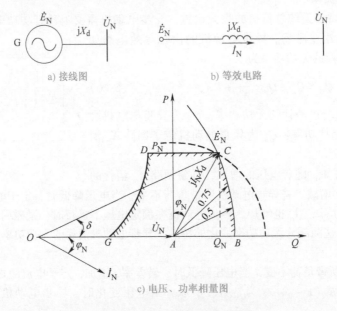

a) 接线图　　　　　　　b) 等效电路

c) 电压、功率相量图

图 6-12　发电机的运行极限图

通过分析图 6-12c 所示的发电机的电压、功率相量图可知，发电机发出的功率 P 和 Q 会受到以下限制。

1）受定子额定电流 I_N 限制。如图 6-12c 所示，以 A 为圆心、以 AC 为半径的圆弧内为工作区间。

2）受转子额定电流的限制。如图 6-12c 所示，以 O 为圆心、以 OC 为半径的圆弧内为工作区间。

3）受原动机输出功率限制。如图 6-12c 所示，直线 P_N 以下为工作区间。

4）受进相运行系统静态稳定的限制。如图 6-12c 所示，当减小发电机励磁电流时，空载电动势 E_N 下降，当其小于机端电压 U_N 某值时，发电机吸收系统无功功率，即发电机进入进相运行状态。因为 E_N 的下降，系统静态稳定极限也下降，所以，为提高系统稳定性，要求发电机输出有功功率也下降，即发电机输出有功功率只能在 DG 曲线的阴影下运行。

发电机的 P-Q 极限功率曲线为图 6-12c 中的阴影线，在阴影线内为发电机有功功率和无功功率的工作区间。从图中可以看出，只有在额定电压、额定电流和额定功率因数下运行，发电机的视在功率才能达到额定值，其容量才能得到充分利用。

因此，当系统中的无功电源不足，而备用有功功率又比较充裕时，可以就近利用负荷中心的发电机降低功率因数运行，提高无功功率，保持与无功负荷平衡，满足系统的电压水平。但是，发电机的运行区间不得超出上述限制范围，这种方式也是最经济的无功补偿方式。

2. 同步发电机的静态电压特性

同步发电机的静态电压特性是指系统正常运行时，同步发电机输出的无功功率与电压的关系。下面以某一隐极式发电机向系统供电为例来说明。

图 6-13a 为某系统示意图，隐极式发电机 G 的空载电动势为 $\dot{E}$ ，发电机与无限大容量系统之间网络的等效电抗为 X ，系统母线电压为 $\dot{U}$ ，且恒定不变，发电机输出给系统的功率为 $P+jQ$ 。

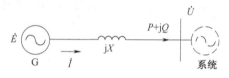

a) 系统示意图

图 6-13b 为系统电压、电流相量图，其中，φ 为功率因数角，δ 为 E 与 U 之间的功率角，由此可以得出发电机输出的有功功率和无功功率分别为

$$P = UI\cos\varphi = \frac{EU}{X}\sin\delta \tag{6-23}$$

$$Q = UI\sin\varphi = \frac{EU}{X}\cos\delta - \frac{U^2}{X} \tag{6-24}$$

当 P 恒定不变时，可得

$$Q = \sqrt{\left(\frac{EU}{X}\right)^2 - P^2} - \frac{U^2}{X} \tag{6-25}$$

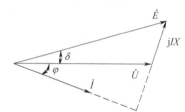

b) 电压、电流相量图

当发电机空载电动势 E 恒定时，Q 与 U 的关系曲线为一条开口向下的抛物线，如图 6-13c 所示。正常工作时，运行点在抛物线的右侧，因此，当系统电压增加时，发电机输出的无功功率减小；当系统电压降低时，发电机输出的无功功率增加。

（二）并联电力电容器

并联电力电容器采用三角形或者星形联结在电力网中，它输出的无功功率与电压的二次方成正比，即

$$Q_C = \frac{U^2}{X_C} = \omega C U^2 \tag{6-26}$$

式中，$X_C = 1/\omega C$ ，为电容器的容抗。

并联电力电容器可以集中安装在变电站，也可以分散安装在各负荷点，它

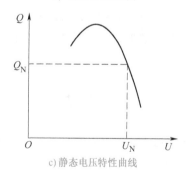

c) 静态电压特性曲线

图 6-13　同步发电机静态电压特性分析

电力电容器简介

可以安装在变压器的高压侧，也可安装在变压器的低压侧。它的有功损耗较小，为额定容量的 0.05%~0.5%，且运行维护比较方便，因此，它是目前电力系统采用最广泛的无功补偿设备之一。

（三）同步调相机

同步调相机实质上是只能输出无功功率的发电机。它在过励磁的情况下向系统发出感性的无功功率；在欠励磁情况下从系统吸收感性无功功率。因此，同步调相机既可作为系统的无功电源，发出无功功率，提高母线电压，又可作为无功负荷，吸收系统的无功功率，降低母线电压。但是，同步调相机是旋转设备，运行维护费用较大；它消耗的有功功率为额定容量的 1.8%~5.5%，容量越小，百分比越大。

同步调相机适宜安装在大中型变电站中，输出无功功率范围为 $-60\% Q_N \sim +Q_N$ 之间。由于同步调相机存在诸多缺点，目前正在逐步淘汰，取而代之的为静止无功补偿器。

（四）静止无功补偿器

静止无功补偿器（Static Var Compensator, SVC）简称静止补偿器，由电力电容器和电抗器并联组成。电容器可以发出无功功率，电抗器可以吸收无功功率，两者组合起来，再配以适当的调节装置，就可以平滑地改变无功功率的大小和正负了。

根据电抗器调节方法的不同，静止补偿器可分为可控电抗器型（TCR）、可控电容器加可控电抗器型（TSC-TCR）及自饱和电抗器型（SR）三种，其原理示意图如图 6-14 所示。

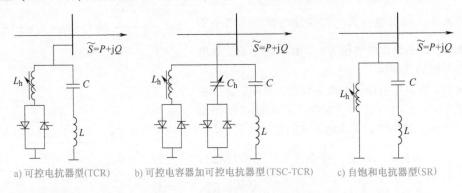

a) 可控电抗器型(TCR)　　b) 可控电容器加可控电抗器型(TSC-TCR)　　c) 自饱和电抗器型(SR)

图 6-14　静止补偿器原理示意图

与电容器 C 串联的电抗器 L 起限制电容器投入的过电流或切除时的过电压，同时电容器与电抗器的串联回路可以消除系统中的某些高次谐波，从而改善交流电压波形，提高电压质量。

通过以上三种方式，改变可控电抗器 L_h 的大小，可以平滑、快速地改变输出无功功率的大小和正负。

与同步调相机相比，静止无功补偿器具有运行维护简单、有功功率损耗小、可以消除系统中的某些高次谐波等优点。但是，在高电压等级下，其电力电子元器件造价较高、控制较复杂，从而在应用上受到一定的限制。可以预测，随着电力电子技术的不断发展，静止无功补偿器的应用将越来越广泛。

课题五　电力系统无功功率平衡和电压无功管理

一、电力系统无功功率平衡和备用

电力系统无功电源的静态电压特性主要由发电机确定，综合负荷的静态电压特性曲线与异步电动机相似，所以，电力系统无功功率静态电压特性曲线如图6-15所示。

在图6-15中，a点表示系统无功电源发出的无功功率与负荷消耗的无功功率相等。电力系统无功功率平衡就是使系统的无功电源发出的无功功率与系统的无功负荷及电力网中的无功损耗相等，其平衡方程为

$$\sum Q_{GC} = \sum Q_L + \sum \Delta Q \qquad (6\text{-}27)$$

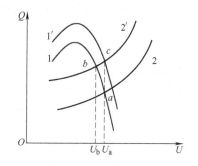

式中，$\sum Q_{GC}$表示系统无功电源发出的无功功率，$\sum Q_{GC} = \sum Q_G + \sum Q_C$，其中，$\sum Q_G$表示系统所有发电机发出的无功功率，$\sum Q_C$表示系统中所有无功补偿设备发出的无功功率；$\sum Q_L$表示系统综合负荷消耗的无功功率，$\sum \Delta Q$表示电力网中总的无功功率损耗。

图6-15　电力系统无功功率
静态电压特性曲线

1——发电机无功功率静态电压特性曲线
1′——发电机无功功率增加后电压特性曲线
2——综合负荷静态电压特性曲线
2′——综合负荷增加后静态电压特性曲线

电力系统的无功负荷主要包括异步电动机、电抗器等消耗的无功功率，电力网中的无功损耗主要是变压器和线路消耗的无功功率。

在图6-15中，当系统总的无功功率（$\sum Q_G + \sum Q_C$）增加时，负荷特性曲线2上移到曲线2′位置，系统所有无功电源发出的无功功率$\sum Q_{GC}$小于负荷消耗的无功功率，运行电压下降到U_b，显然$U_b < U_a$；要使电力网运行电压回到U_a，可以通过调整发电机无功功率静态电压特性曲线，使曲线1上移到曲线1′位置即可。因此，引起电压变化的根本原因是系统无功功率的变化，只有无功功率保持平衡，电压才能稳定。

为了保证运行的可靠性和适应无功负荷的增长，系统必须配置一定的无功备用容量。一般无功备用容量取系统最大无功负荷的7%～8%。同步发电机在额定功率因数下运行，若发电机留有一定的有功功率备用容量，也就保持了一定的无功功率备用容量。

二、电力系统的电压和无功电压管理

（一）电压中枢点的调压方式

由于电力系统负荷的变化，各节点的电压是波动的。虽然电力网的节点很多，但管理重点是电压中枢点。所谓电压中枢点，即电力系统用于监视、控制和调整电压的母线。只要电压中枢点的电压在一定的允许范围内，就可以使电力网各负荷点的电压质量得到保证。通常选择下列母线作为系统的电压中枢点：

1）区域发电厂的高压母线。

2）枢纽变电站的二次母线。

3）有大量地方负荷的发电机电压母线。

4）重要变电所负荷侧6～20kV电压母线。

根据电力网的性质和用户对电压的不同要求，电压中枢点的调压方式可分为逆调压、恒调压和顺调压三种类型，下面以某电力网为例进行说明。某电力网如图6-16所示，若母线A为中枢点，根据用户的不同情况，可以采用三种调压方式。

1. 逆调压

在图6-16所示电力网中，若B点负荷变化较大，线路AB较长，而负荷要求电压质量又较高，那么，为了满足用户要求，一般要求中枢点母线A采用逆调压。所谓逆调压，即在最大负荷时，把中枢点的电压提高到线路额定电压的105%，在最小负荷时，把中

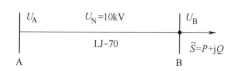

图6-16　某10kV电力网

枢点的电压降低到线路额定电压。例如，在图 6-16 所示电力网中，若中枢点母线 A 采用逆调压，则在最大负荷时，应使母线 A 电压为 10.5kV；在最小负荷时，应使母线 A 电压为 10kV。为了满足这种逆调压的要求，一般需要在中枢点配有调压要求较高的设备，如发电机、调相机和静止补偿器等。

2. 恒调压

在图 6-16 所示电力网中，若 B 点负荷变化较小，线路 AB 电压损耗较小，中枢点母线 A 采用恒调压即可满足用户要求。所谓恒调压，即在任何负荷下，中枢点电压保持恒定值，其值一般为线路额定电压的 102% ~ 105%。例如，在图 6-16 所示系统中，中枢点母线 A 采用恒调压方式，则无论是最大负荷还是最小负荷，都应使母线 A 电压为 10.2 ~ 10.5kV 之间的某个值即可。恒调压习惯上称为常调压。恒调压比逆调压的要求低，一般不需要装设贵重的调压设备，通过合理选择有载变压器的分接头或其他措施即可满足调压要求。

3. 顺调压

在图 6-16 所示电力网中，若 B 点负荷变化较小，线路电压损耗也较小，且用户要求允许的电压偏差较大，则中枢点可采用顺调压。所谓顺调压，即在最大负荷时，允许中枢点电压低一些，但不得低于线路额定电压的 102.5%，在最小负荷时，允许中枢点电压高一些，但不得高于线路额定电压的 107.5%。例如，在图 6-16 所示电力网中，若中枢点母线 A 采用顺调压，则在最大负荷时，应使母线 A 电压不得低于 10.25kV；在最小负荷时，应使母线 A 电压不得高于 10.75kV。顺调压的要求较低，一般调压设备（如合理选择普通变压器的分接头或并联电容器补偿）均可满足调压要求。

（二）电力系统无功电压管理

我国电力系统无功电压管理的主要技术依据是 DL/T 1773—2017《电力系统电压和无功电力技术导则》、GB 38755—2019《电力系统安全稳定导则》、DL/T 1040—2007《电网运行准则》和 GB/T 12325—2008《电能质量　供电电压偏差》等相关标准。管理的基本程序是：选择电压中枢点，下达无功电压管理曲线，调整、监控和考核。

电压质量以电压合格率为考核标准。所谓电压合格率，是指实际运行电压在允许电压偏差范围内累计运行时间与对应总运行统计时间之比的百分数，电压合格率的计算公式如下：

① 监测点电压合格率

$$U_i\% = \left(1 - \frac{电压越上限时间 + 电压越下限时间}{电压监测总时间}\right) \times 100\% \tag{6-28}$$

② 电网电压合格率

$$U_n\% = \frac{\sum_{i=1}^{n} 电网监测点电压合格率}{n} \tag{6-29}$$

式中，n 为电网电压监测点数，电网电压合格率统计时间以分为单位。

三、电力系统调压原理

满足用户电压质量的要求是电力系统电压调整的最终目的。由于电力系统运行方式的改变和负荷的变化，用户电压变化可能超出允许值，这就需要采取措施调整系统电压，使用户电压回到允许值范围。下面以图 6-17 所示系统为例，说明调压原理。

发电机通过升压变压器 T1、输电线路和降压变压器 T2 向用户供电。用户母线电压 U_b 为

$$U_b = \frac{k_1 U_G - \Delta U}{k_2} = \frac{k_1 U_G - \frac{PR + QX}{k_1 U_G}}{k_2} = \frac{k_1}{k_2} U_G - \frac{PR + QX}{k_1 k_2 U_G} \tag{6-30}$$

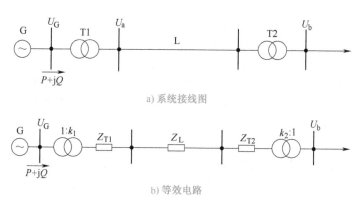

a) 系统接线图

b) 等效电路

图 6-17　电压调整原理

式中，k_1、k_2 分别为 T1、T2 的电压比；U_G、U_b 分别为发电机机端和用户母线电压；R、X 分别为电力网的总电阻和总电抗；P、Q 分别为发电机输出的有功功率和无功功率。

由式（6-30）可知，要调整用户端电压 U_b，可以采取以下措施：

1）改变发电机的励磁电流来调节发电机的机端电压 U_G。

2）改变变压器的分接头来调整变压器的电压比 k_1 或 k_2。

3）在系统中设置无功补偿装置来改变电网输送的无功功率 Q。

4）改变电力网的参数 R、X，主要是减小线路的参数。

课题六　电力系统的调压措施

一、改变发电机的励磁调压

同步发电机是系统唯一的有功电源，也是系统最主要的无功电源。改变发电机的励磁调压是各种调压手段中最直接、最有效和最经济的措施，不需要再投资，所以应当优先考虑采用。

同步发电机可在额定电压的 95%～105% 内保持额定功率运行，因此改变励磁电流可以调整电力网电压。但是，对于不同类型的供电网，发电机调压的效果也不同。

在容量较小的电力系统中，改变发电机的励磁调压是一种既经济又简单的调压措施。例如，发电机经过直配线路供给用户的系统，因为供电线路不长，线路上的电压损耗不大，往往仅靠改变发电机的励磁调压就可以满足用户要求。

在大中型电力系统中，改变发电机的励磁调压只是一种辅助的调压措施。如果发电机容量较小，改变发电机励磁电流对于电厂高压母线的电压不会有太大的影响。如果发电机容量较大，改变发电机的励磁电流则可以改变高压母线的电压。但是，这会引起系统中并联运行发电机之间无功功率的重新分配，影响电力网潮流的经济分配。因此，在大中型电力系统中，发电机的无功功率是按调度下达的无功功率负荷曲线运行的。

同步发电机还应具有一定的进相运行能力，即发电机可以输出有功功率，吸收一定的无功功率。当电力系统正常运行时，无功负荷急剧减小，为了满足系统的无功功率平衡，可以让某些机组进相运行，使电力网各中枢点的电压水平在允许的范围内。新装发电机组应具备在有功功率为额定值时，功率因数进相 0.95 运行的能力。

二、改变变压器的分接头（电压比）调压

为了调整电压，电力变压器的高压侧和中压侧都装有分接头。改变分接头的位置，即改变绕

组的匝数，可以改变电压比。改变无励磁调压变压器分接头的位置时，必须停电操作，而对有载调压变压器，则可以在不停电的情况下改变分接头位置进行调压。

（一）无励磁调压变压器分接头电压的选择

变压器分
接头简介

无励磁调压双绕组变压器的高压侧一般具有 3 个或 5 个分接头。GB/ T 6451—2015《油浸式电力变压器技术参数和要求》和 GB/ T 10228—2015《干式电力变压器技术参数和要求》规定：6kV、10kV 级 ~ 66kV 级变压器有 ±2 × 2.5% 或 ±5%电压范围分接头，110kV 级及以上变压器有 ±2 × 2.5% 电压范围分接头，调压范围均为 10% 。

无励磁调压三绕组变压器一般使用在容量较大、电压在 110kV 级及以上电压较高的场合，根据 GB/T 6451—2015《油浸式电力变压器技术参数和要求》，分接头设在高压侧或者中压侧，分接头电压范围为 ±2 × 2.5%，调压范围为 10% 。

图 6-18 分别为双绕组和三绕组变压器分接头示意图。

1. 双绕组降压变压器分接头电压的选择

图 6-19 为一个降压变压器的接线和归算到高压侧的等效电路。

由图 6-19a 可知，变压器的实际电压比为

$$k = \frac{U_{1t}}{U_{2N}} \qquad (6-31)$$

式中，U_{1t} 为高压绕组分接头对应的额定电压；U_{2N} 为低压绕组的额定电压。

若实际运行时已知高压侧的实际电压为 U_1，归算到高压侧变压器阻抗中的电压损耗为 ΔU，则变压器低压侧的实际电压为 U_2，因此，$kU_2 = U_1 - \Delta U$。由此可得

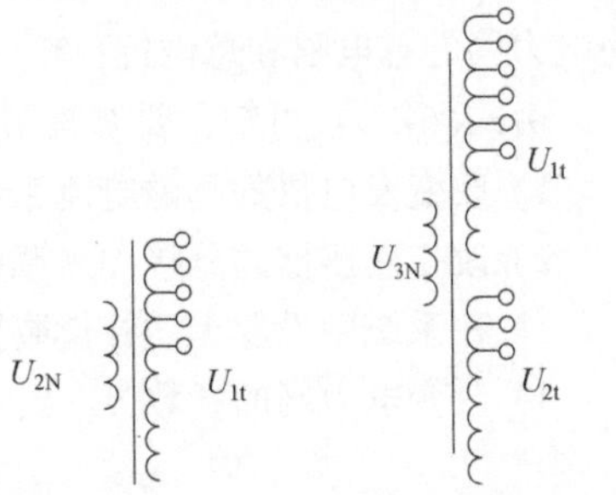

a) 双绕组变压器 b) 三绕组变压器
分接头   分接头

图 6-18　变压器分接头示意图

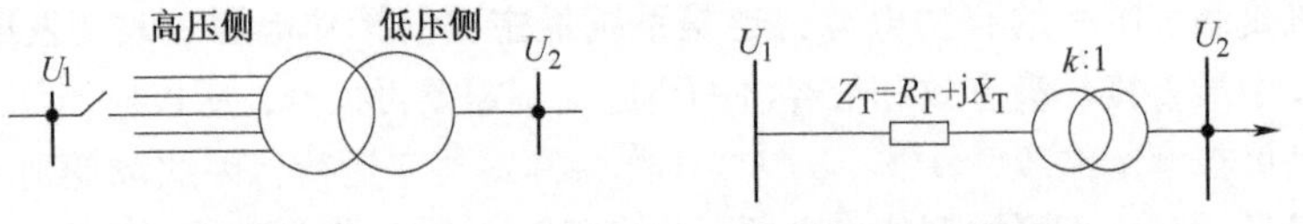

a) 接线　　　　　　　　　　　　　b) 等效电路

图 6-19　双绕组降压变压器分接头

$$k = \frac{U_1 - \Delta U}{U_2} \qquad (6-32)$$

由式(6-31) 和式(6-32) 可得分接头电压为

$$U_{1t} = \frac{U_1 - \Delta U}{U_2} U_{2N} \qquad (6-33)$$

合理选择变压器的分接头电压，需要考虑各种运行方式下的运行情况。若已知低压侧（负荷侧）母线的允许电压（最大负荷时电压为 U_{2max}，最小负荷时为 U_{2min}），则最大负荷运行时，分接头的电压必须为

$$U_{1tmax} = \frac{U_{1max} - \Delta U_{max}}{U_{2max}} U_{2N} \qquad (6-34)$$

式中，U_{1tmax} 为最大负荷时高压侧的分接头电压；U_{1max} 为最大负荷时高压侧的实际电压；ΔU_{max} 为最大负荷时归算到高压侧变压器阻抗中的电压损耗；U_{2max} 为最大负荷时低压侧的实际允许电压。

同理，最小负荷运行时分接头的电压必须为

$$U_{1tmin} = \frac{U_{1min} - \Delta U_{min}}{U_{2min}} U_{2N} \tag{6-35}$$

式中，U_{1tmin} 为最小负荷时高压侧的分接头电压；U_{1min} 为最小负荷时高压侧的实际电压；ΔU_{min} 为最小负荷时归算到高压侧的变压器阻抗中的电压损耗；U_{2min} 为最小负荷时低压侧的实际允许电压。

对于无励磁调压变压器，不能在带负荷运行的情况下改变分接头，在最大负荷和最小负荷时，只能选择一个分接头。因此，考虑到这两种极限情况，应选择的合理分接头电压为

$$U_{1t} = \frac{U_{1tmax} + U_{1tmin}}{2} \tag{6-36}$$

由式（6-36）计算出分接头电压后，查看变压器铭牌上的分接头电压，选择一个最接近的标准分接头电压。选择好标准分接头电压后，再根据变压器低压侧母线的调压要求进行校验。如果不满足调压要求，应考虑与其他调压措施配合进行调压。

【例6-2】 某变电站有一台电压为 $110 \times (1 \pm 2 \times 2.5\%)/11kV$ 的降压变压器，已知最大和最小负荷时高压侧的实测电压分别为112kV 和113kV，变压器归算到高压侧的阻抗 $Z_T = (2.4 + j40)\,\Omega$，最大负荷和最小负荷如图6-20所示。若变压器低压侧母线要求采用顺调压，试选择变压器的分接头。

解：（1）计算（或者查变压器铭牌）变压器分接头标准电压值。$110 \times (1 \pm 2 \times 2.5\%)$ 对应五个标准分接头电压，依次为 115.5kV、112.75kV、110kV、107.25kV 和 104.5kV。

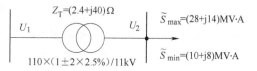

图6-20 例6-2某降压变电站相关参数

（2）计算理论分接头电压值。

1）最大负荷时变压器的电压损耗 ΔU_{max} 为

$$\Delta U_{max} = \frac{P_{max} R_T + Q_{max} X_T}{U_{1max}} = \frac{28 \times 2.4 + 14 \times 40}{112} kV = 5.6kV$$

要满足顺调压要求，分接头电压 U_{1tmax} 为

$$U_{1tmax} = \frac{U_{1max} - \Delta U_{max}}{U_{2max}} U_{2N} = \frac{112 - 5.6}{1.025 \times 10} \times 11kV = 114.19kV$$

2）最小负荷时变压器的电压损耗 ΔU_{min} 为

$$\Delta U_{min} = \frac{P_{min} R_T + Q_{min} X_T}{U_{1min}} = \frac{10 \times 2.4 + 8 \times 40}{113} kV = 3.04kV$$

要满足顺调压要求，分接头电压 U_{1tmin} 为

$$U_{1tmin} = \frac{U_{1min} - \Delta U_{min}}{U_{2min}} U_{2N} = \frac{113 - 3.04}{1.075 \times 10} \times 11kV = 112.52kV$$

所以，分接头平均值 U_{1t} 为

$$U_{1t} = \frac{U_{1tmax} + U_{1tmin}}{2} = \frac{114.19 + 112.52}{2} kV = 113.36kV$$

选择最接近的标准分接头电压 112.75kV，则变压器的电压比为 112.75/11。

（3）校验选择的标准分接头。

1）最大负荷时低压侧的实际电压 U'_{2max} 为

$$U'_{2max} = \frac{U_{1max} - \Delta U_{max}}{k} = \frac{112 - 5.6}{112.75/11} kV = 10.38kV > 10.25kV$$

低压侧实际电压为 10.38kV，满足顺调压在最大负荷时的要求。

2) 最小负荷时低压侧的实际电压 $U'_{2\min}$ 为

$$U'_{2\min} = \frac{U_{1\min} - \Delta U_{\min}}{k} = \frac{113 - 3.04}{112.75/11}\text{kV} = 10.73\text{kV} < 10.75\text{kV}$$

低压侧实际电压为 10.73kV，满足顺调压在最小负荷时的要求。

所以，选择的标准分接头电压 112.75kV 能够满足调压要求。

2. 双绕组升压变压器分接头电压的选择

图 6-21 为升压变压器的接线和归算到高压侧的等效电路。

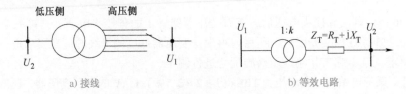

低压侧　高压侧

U_2　U_1　a) 接线

U_1　1:k　$Z_T = R_T + jX_T$　U_2　b) 等效电路

图 6-21　双绕组升压变压器分接头

由图 6-21 可知，变压器的实际电压比为

$$k = \frac{U_{1t}}{U_{2N}} \tag{6-37}$$

式中，U_{1t} 为高压绕组分接头对应的额定电压；U_{2N} 为低压绕组额定电压。

若实际运行时，已知高压侧的实际电压为 U_1，归算到高压侧变压器阻抗中的电压损耗为 ΔU，则变压器低压侧的实际电压为 U_2，因此，$kU_2 = U_1 + \Delta U$。由此可得

$$k = \frac{U_1 + \Delta U}{U_2} \tag{6-38}$$

由式(6-37) 和式(6-38) 可得分接头电压为

$$U_{1t} = \frac{U_1 + \Delta U}{U_2}U_{2N} \tag{6-39}$$

合理选择变压器的分接头电压，需要考虑各种运行方式下的运行情况。若已知低压侧（电源侧）母线的允许电压（最大负荷时电压为 $U_{2\max}$，最小负荷时为 $U_{2\min}$），则最大负荷运行时，分接头的电压必须为

$$U_{1t\max} = \frac{U_{1\max} + \Delta U_{\max}}{U_{2\max}}U_{2N} \tag{6-40}$$

式中，$U_{1t\max}$ 为最大负荷时高压侧分接头的电压；$U_{1\max}$ 为最大负荷时高压侧的实际电压；$\Delta U_{\max}$ 为最大负荷时归算到高压侧变压器阻抗中的电压损耗；$U_{2\max}$ 为最大负荷时低压侧的实际允许电压。

同理，最小负荷运行时分接头的电压必须为

$$U_{1t\min} = \frac{U_{1\min} + \Delta U_{\min}}{U_{2\min}}U_{2N} \tag{6-41}$$

式中，$U_{1t\min}$ 为最小负荷时高压侧分接头的电压；$U_{1\min}$ 为最小负荷时高压侧的实际电压；$\Delta U_{\min}$ 为最小负荷时归算到高压侧的变压器阻抗中的电压损耗；$U_{2\min}$ 为最小负荷时低压侧的实际允许电压。

对于普通变压器，不能在带负荷运行的情况下改变分接头，在最大负荷和最小负荷时，只能选择一个分接头。因此，考虑到这两种极限情况，应选择的合理分接头电压为

$$U_{1t} = \frac{U_{1t\max} + U_{1t\min}}{2}$$

然后根据计算值选择合理的标准分接头电压，并进行校验。

【例6-3】　某发电厂升压主变电压为 242 × （1 ± 2 × 2.5%）/10.5kV，相关参数标于图6-22 中。在最大负荷时，要求高压侧电压为 235kV；在最小负荷时，要求高压侧电压为 226kV。变压器低压侧与发电机相连，低压侧母线采用逆调压。已知最大负荷时，归算到高压侧的变压器电压损耗为 8kV；最小负荷时，归算到高压侧的变压器电压损耗为 4kV。试选择变压器的分接头电压。

解：（1）计算（或者查变压器铭牌）变压器分接头标准电压值。

242×（1 ± 2 ×2.5%）对应五个标准分接头电压，依次为 254.1kV、248.05kV、242kV、235.95kV 和 229.9kV

（2）计算理论分接头电压值。

1）最大负荷时，低压侧母线采用逆调压，则 U_{2max} = 10.5kV，要满足高压侧电压要求，分接头电压 U_{1tmax} 为

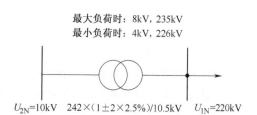

最大负荷时：8kV，235kV
最小负荷时：4kV，226kV

U_{2N}=10kV　242×(1±2×2.5%)/10.5kV　U_{1N}=220kV

图 6-22　例 6-3 某升压变电站相关参数

$$U_{1tmax} = \frac{U_{1max} + \Delta U_{max}}{U_{2max}} U_{2N} = \frac{235 + 8}{10.5} \times 10.5kV = 243kV$$

2）最小负荷时，低压侧母线采用逆调压，则 U_{2min} = 10kV，要满足高压侧的电压要求，分接头电压 U_{1tmin} 为

$$U_{1tmin} = \frac{U_{1min} + \Delta U_{min}}{U_{2min}} U_{2N} = \frac{226 + 4}{10} \times 10.5kV = 241.5kV$$

所以，分接头平均值 U_{1t} 为

$$U_{1t} = \frac{U_{1tmax} + U_{1tmin}}{2} = \frac{243 + 241.5}{2}kV = 242.25kV$$

选择最接近的标准分接头电压 242kV，则变压器的电压比为 242/10.5。

（3）校验选择的标准分接头。

1）最大负荷时低压侧的实际电压 U'_{2max} 为

$$U'_{2max} = \frac{U_{1max} + \Delta U_{max}}{k} = \frac{235 + 8}{242/10.5}kV = 10.54kV$$

电压偏差百分数为

$$m_{max}\% = \frac{10.54 - 10}{10} \times 100\% = 5.4\% \approx 5\%，符合逆调压要求。$$

2）最小负荷时低压侧的实际电压 U'_{2min} 为

$$U'_{2min} = \frac{U_{1min} + \Delta U_{min}}{k} = \frac{226 + 4}{242/10.5}kV = 9.979kV$$

电压偏差百分数为

$$m_{min}\% = \frac{9.979 - 10}{10} \times 100\% = -0.2\% \approx 0，符合逆调压要求。$$

所以，选择的标准分接头电压 242kV 是能够满足要求的。

3. 三绕组变压器分接头电压的选择

根据 GB/T 6451—2015《油浸式电力变压器技术参数和要求》知，三绕组变压器分接头应设置在高压侧或者中压侧，其接线如图6-23 所示。

三绕组变压器高压侧或中压侧分接头的选择与双绕组变压器类似。

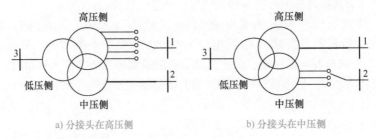

a) 分接头在高压侧　　　　　　　　b) 分接头在中压侧

图 6-23　三绕组变压器分接头接线示意图

（二）有载调压变压器的工作原理及分接头电压的选择

1. 有载调压变压器的结构和工作原理

无励磁调压变压器分接头的改变需要在停电状态下进行，但是在很多重要场合改变分接头不能停电，这就要使用有载调压变压器。GB/T 6451—2015《油浸式电力变压器技术参数和要求》和 GB/T 10228—2015《干式电力变压器技术参数和要求》规定：6kV、10kV 级高压分接范围为 ±4×2.5%，调压范围为 20%；35kV 级高压分接范围为 ±3×2.5%，调压范围为 15%；66kV 级及以上高压分接范围为 ±8×1.25%，调压范围为 20%，其中 330kV 级三相三绕组有载调压自耦电力变压器（中压线端调压）分接头比较特殊，中压侧分接头分为 ±8×1.25% 和 ±4×1.25% 两种情况。

有载调压变压器的接线原理如图 6-24 所示。高压侧绕组除主绕组外，还有一个引出若干分接头的调压绕组，调压绕组带有分接头切换装置，可在带负荷时切换分接头。

切换装置主要由两个可动触头（SAa、SAb）、两个接触器触头（KMa、KMb）和电抗器组成。

电抗器的作用是：在切换过程中，当两个可动触头在不同分接头时，限制分接头之间的环流。正常运行时，SAa 和 SAb 在同一个分接头位置，变压器的负荷电流经过电抗器绕组的 a 点和 b 点流向 0 点，因此，两个绕组产生的磁动势相互抵消，电抗器的电抗值很小。在切换过程中，当两个可动触头在不同分接头时，环流对应的电抗是 ab 绕组的串联值，所以电抗值较大，起到了限制环流的作用。

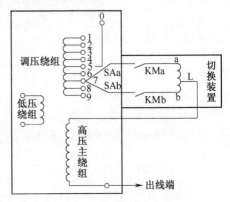

图 6-24　有载调压变压器接线原理图

下面以分接头从"位置7"变到"位置6"为例来说明不停电改变分接头的原理。首先，断开 KMa，将可动触头 SAa 从"位置7"滑动到"位置6"，然后合上 KMa；再断开 KMb，将可动触头 SAb 从"位置7"滑动到"位置6"，再合上 KMb。这样就完成了在不停电的情况下，把分接头从"位置7"变到"位置6"的调整。

在图 6-24 中，将切换装置分别放在 1~9 中的各分接头上，就可以接入不同的绕组匝数。分接头 5~9 间的绕组缠绕方向与主绕组相同，相当于高压绕组中的匝数增加，对应电压升高；分接头 1~5 间的绕组缠绕方向与主绕组相反，相当于高压绕组中的匝数减少，对应电压降低。对于 110kV 及以上电压等级的变压器，考虑绕组绝缘问题，一般将调压绕组放在变压器中性点接地侧。

2. 有载调压变压器分接头电压的选择

有载调压变压器分接头电压的选择与普通变压器有所不同，它可以在不同运行情况下选择不同的分接头电压。当为最大和最小负荷时，可分别计算出 U_{1tmax} 和 U_{1tmin} 后再选择分接头电压。

若电力网的运行电压随负荷变化较大时，应对有载调压变压器的分接头档位进行调整。

【例6-4】 某降压变电站装设一台型号为 SFZL1-8000/35 的有载调压变压器，电压为 $35 \times (1 \pm 3 \times 2.5\%)/6.6$kV，相关参数标于图6-25中。已知最大负荷为 $(6+j4.5)$ MV·A 时，高压侧电压为35kV；最小负荷为 $(4+j2)$ MV·A 时，高压侧电压为37kV；变压器归算到高压侧的阻抗为 $(1.16+j11.5)$ Ω。要使变压器低压母线电压为 6.1~6.4kV，试选择变压器的分接头电压。

解：（1）计算（或者查变压器铭牌）变压器分接头标准电压值。

$35 \times (1 \pm 3 \times 2.5\%)$ 对应的七个标准分接头电压依次为 37.625kV、36.75kV、35.875kV、35kV、34.125kV、33.25kV 和 32.375kV。

（2）计算理论分接头电压值。

1）最大负荷时，折算到高压侧的变压器阻抗电压损耗为

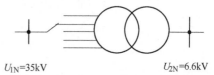

最大负荷为$(6+j4.5)$ MV·A：U_{1max}=35kV
最小负荷为$(4+j2)$ MV·A：U_{1min}=37kV

U_{1N}=35kV　　　U_{2N}=6.6kV

图6-25　例6-4有载调压变压器相关参数

$$\Delta U_{max} = \frac{P_{max}R_T + Q_{max}X_T}{U_{1max}} = \frac{6 \times 1.16 + 4.5 \times 11.5}{35}\text{kV} = 1.68\text{kV}$$

低压侧母线电压 U_{2max} 要求高于 6.1kV，则高压侧分接头电压为

$$U_{1tmax} = \frac{U_{1max} - \Delta U_{max}}{U_{2max}}U_{2N} = \frac{35 - 1.68}{6.1} \times 6.6\text{kV} = 36.05\text{kV}$$

所以，最大负荷时选择的高压侧分接头电压为 35.875kV。

2）最小负荷时，折算到高压侧的变压器阻抗电压损耗为

$$\Delta U_{min} = \frac{P_{min}R_T + Q_{min}X_T}{U_{1min}} = \frac{4 \times 1.16 + 2 \times 11.5}{37}\text{kV} = 0.75\text{kV}$$

低压侧母线电压 U_{2min} 要求低于 6.4kV，则高压侧分接头电压为

$$U_{1tmin} = \frac{U_{1min} - \Delta U_{min}}{U_{2min}}U_{2N} = \frac{37 - 0.75}{6.4} \times 6.6\text{kV} = 37.38\text{kV}$$

所以，最小负荷时选择的高压侧分接头电压为 37.625kV。

（3）校验选择标准分接头

1）最大负荷时低压侧的实际电压 U'_{2max} 为

$$U'_{2max} = \frac{U_{1max} - \Delta U_{max}}{k} = \frac{35 - 1.68}{35.875/6.6}\text{kV} = 6.13\text{kV}$$

2）最小负荷时低压侧的实际电压 U'_{2min} 为

$$U'_{2min} = \frac{U_{1min} - \Delta U_{min}}{k} = \frac{37 - 0.75}{37.625/6.6}\text{kV} = 6.36\text{kV}$$

所以，在最大负荷时选择分接头电压为 35.875kV，在最小负荷时选择分接头电压 37.625kV，可使低压侧实际电压在 6.1~6.4kV 范围内调压。

三、改变电力网无功功率分布调压

当电力系统无功电源不足时，就不能仅靠改变变压器的电压比来调节电压了，而需要在电力网的适当地点对所缺无功功率进行补偿，这就改变了电力网无功功率的分布。

某电力网如图6-26所示，在负荷侧母线上安装了补偿电力电容器，以此说明改变电力网无

功功率分布调压的原理。

若 QF 断开，即没有投入补偿并联电力电容器，电力网的电压损耗近似为 ΔU，则 ΔU 为

$$\Delta U = \frac{PR + QX}{U_A} \qquad (6\text{-}42)$$

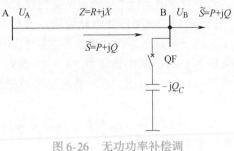

若 QF 闭合，即投入了补偿并联电力电容器，电力网的电压损耗近似为 $\Delta U'$，则 $\Delta U'$ 为

$$\Delta U' = \frac{PR + (Q - Q_c)X}{U_A} \qquad (6\text{-}43)$$

图 6-26　无功功率补偿调
压的原理示意图

显然，用户侧母线 B 的电压提高了 $\Delta U''$，$\Delta U''$ 可表示为

$$\Delta U'' = \frac{Q_c X}{U_A} \qquad (6\text{-}44)$$

由以上的分析可知，通过对电力网无功功率的补偿，实质上也改变了电力网无功功率的分布（线路输出的无功功率为 $Q - Q_c$），这不仅降低了电力网的电压损耗，也降低了电力网的功率损耗，所以无功功率补偿在电力系统中得到了广泛的应用。在电力系统中，也把"分层分区和就地平衡"作为无功功率补偿的基本原则。

无功功率补偿设备容量的选择既要满足调压的技术要求，又要满足容量选择的经济性，一般可按调压的要求或功率因数的要求选择容量。

1. 按调压要求选择无功功率补偿设备的容量

在图 6-26 所示系统中，当用户电压偏低时，电力网电压损耗为 ΔU。若想将用户侧母线 B 的电压提高 $\Delta U''$，且无功功率补偿设备的容量为 Q_c，有

$$Q_c = \frac{\Delta U'' U_A}{X} \qquad (6\text{-}45)$$

2. 按功率因数要求选择无功功率补偿设备的容量

当用户侧消耗的无功功率较大，功率因数较低时，可以按功率因数的要求选择无功功率补偿设备的容量。在图 6-26 所示系统中，没有进行无功功率补偿前，用户电压偏低，用户功率因数为 $\cos\varphi$，即

$$\cos\varphi = \frac{P}{\sqrt{P^2 + Q^2}} \qquad (6\text{-}46)$$

当进行无功功率补偿后，无功功率补偿设备的容量为 Q_c，则补偿后的功率因数为 $\cos\varphi'$，有

$$\cos\varphi' = \frac{P}{\sqrt{P^2 + (Q - Q_c)^2}} \qquad (6\text{-}47)$$

无功功率补偿设备的容量为 Q_c，由式（6-46）和式（6-47）可知，Q_c 为

$$Q_c = \left(\sqrt{\frac{1}{\cos^2\varphi} - 1} - \sqrt{\frac{1}{\cos^2\varphi'} - 1} \right) P = (\tan\varphi - \tan\varphi')P \qquad (6\text{-}48)$$

【例 6-5】 某 10kV 电压用户，已知负荷平均有功功率为 6500kW，功率因数为 0.78。根据相关规定要求将功率因数提高到 0.90，试计算需要补偿的并联电容器容量。

解：已知 $\cos\varphi = 0.78$，$\cos\varphi' = 0.90$，$P = 6500\text{kW}$，则

$$Q_c = \left(\sqrt{\frac{1}{\cos^2\varphi} - 1} - \sqrt{\frac{1}{\cos^2\varphi'} - 1} \right) P = \left(\sqrt{\frac{1}{0.78^2} - 1} - \sqrt{\frac{1}{0.90^2} - 1} \right) \times 6500\text{kvar}$$

$$= 2066.7\text{kvar}$$

在实际工程中，为了满足调压的要求，往往把无功功率补偿设备和变压器分接头调压结合起来，所以无功功率补偿设备的容量比例题中要小，因而该方法更加方便、经济。

四、改变电力网参数调压

由式（6-42）可知，减小电力网的参数 R、X，可以减小电力网的电压损耗 ΔU，提高用户侧母线的电压。常用的措施有如下几种。

1. 增大导线截面积

对于 10kV 及以下的配电线路，电阻 R 占导线总阻抗 Z 的比例较大，电压损耗中 PR 起主导作用。通过更换导线型号，选择截面积更大的导线，不仅可以降低线路的电压损耗，还可以减少线路的有功功率损耗。而对于 35kV 及以上的线路，由于导线截面积一般较大，而且 R 占总阻抗 Z 的比例较小，用增大导线截面积来降低电压损耗的效果并不理想，所以一般不采用增大导线截面积来降低电压损耗。

2. 改变电力网的接线方式和运行方式

1）在电力网的改造建设中将单回线路改造成双回线路。这种改造既降低了建设成本，也提高了供电可靠性，双回线路的阻抗为单回线路的一半，调压效果十分明显。

2）将开式运行的电力网改变为闭式运行的电力网。开式运行的电力网有其自身的优点，但当用户侧电压不满足要求时，从调压的角度考虑，可以改为闭式运行。

3）在线路中串联电容器补偿。对于长距离输电线路，由于线路感抗较大，会产生较大的电压损耗和功率损耗，也限制了线路的输送容量。在这种情况下，可以采用串联电容器来补偿线路的感抗，从而降低电压损耗和功率损耗。

在图 6-27 所示的电力网中，若在线路中串联了电容器，补偿前后线路中的电压损耗分别为 ΔU 和 $\Delta U'$，忽略相关因素，则 ΔU 和 $\Delta U'$ 分别为

$$\Delta U = \frac{PR + QX_L}{U_A} \tag{6-49}$$

$$\Delta U' = \frac{PR + Q(X_L - X_c)}{U_A} \tag{6-50}$$

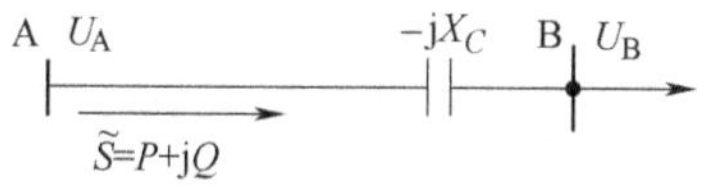

a) 串联电容补偿示意图 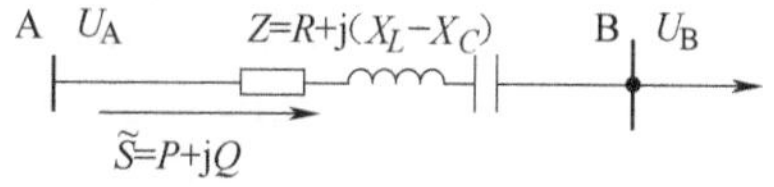　　　　b) 串联电容补偿后的等效电路图

图 6-27　串联电容器补偿

线路串联电容器后，用户侧母线提高的电压值 $\Delta U''$ 为

$$\Delta U'' = \Delta U - \Delta U' = \frac{QX_c}{U_A} \tag{6-51}$$

所以，串联电容器的容抗为

$$X_c = \frac{U_A \Delta U''}{Q} \tag{6-52}$$

式中，U_A 为线路首端电压；$\Delta U''$ 为线路电压要求提高的数值；Q 为线路传输的无功功率。

衡量串联电容器补偿的性能常用补偿度来描述。所谓补偿度，是指串联电容器的容抗值 X_c 与线路感抗值 X_L 比值的百分数，用 K_c 表示，有

$$K_c = \frac{X_c}{X_L} \times 100\% \tag{6-53}$$

补偿度一般不宜大于50%，且应防止次同步谐振，并且应设过电压保护和防止短路电流对电容器冲击的保护装置。串联电容器补偿调压一般使用在一端供电的110kV及以下电压等级的线路中，特别是对负荷波动较大且频繁、功率因数又较低的线路，其调压效果是比较显著的。然而，对于220kV及以上电压等级的线路，装设串联电容器是为了提高系统的稳定性，而不是用于调整电压，与上述情况有本质区别。

以上介绍的调压措施，归纳起来有两大类：一类为合理组织电力系统已有设备的运行方式来调整电压，如改变发电机励磁调压和改变变压器分接头调压等，应优先采用此类调压措施；另一类则需要增加设备，改进电力系统运行的调压措施，如无功功率补偿和改变电力网参数等调压措施。在电力系统运行和建设中，各种调压措施应相互配合使用。

习　题

6-1　我国制定了哪些电能质量国家标准？其中对供电电压允许偏差和电力系统频率允许偏差是如何规定的？

6-2　电压偏差过大，超出允许范围，对电力系统和用户都有哪些危害？

6-3　频率偏差过大，超出允许范围，对电力系统和用户都有哪些危害？

6-4　何谓电力系统综合负荷的静态频率特性曲线，有何特点？

6-5　何谓电力系统综合负荷的调节效应系数？其变化范围是多少，有何规律？

6-6　什么是发电机组的有功功率静态频率特性曲线，如何平移曲线？

6-7　什么是发电机组的单位调节功率和调差系数，二者有何关系？

6-8　何谓电力系统有功功率的冷备用和热备用？电力系统有功功率的备用容量按作用分类有哪些？

6-9　何谓电力系统频率的一次调整和二次调整，二者有何区别和联系？

6-10　何谓电力系统综合负荷的静态电压特性？电力系统的无功电源有哪些，各有何特点？

6-11　发电机无功功率静态电压特性有何特点？

6-12　何谓电压中枢点，电力系统中哪些母线可以作为中枢点？

6-13　电力系统电压中枢点有哪些调压方式，各适用在哪种场合？

6-14　电力系统常用的调压措施有哪些，各有何特点？

6-15　某降压变电所变压器的电压为 $110 \times (1 \pm 2 \times 2.5\%)/11kV$。最大负荷时变压器高压侧的电压为113kV，阻抗中的电压损耗为高压侧额定电压的4.63%；最小负荷时变压器高压侧的电压为115kV，阻抗中的电压损耗为高压侧额定电压的2.81%。变压器低压侧母线采用顺调压，试选择变压器高压侧分接头电压。

6-16　某发电厂有一台电压为 $121 \times (1 \pm 2 \times 2.5\%)/10.5kV$ 的降压变压器，其阻抗为 $(1.1 + j24.4)\Omega$（折算到高压侧）。已知最大负荷为 $(50 + j34)MV\cdot A$ 时，高压侧电压为116kV；最小负荷为 $(28 + j22)MV\cdot A$ 时，高压侧电压为114kV。发电机出线母线电压调压范围为10~10.5kV，试合理选择变压器的分接头电压。

6-17　某10kV线路用户某月用电量为 $50kW\cdot h$（该月以720h计），若要将功率因数从0.82提高到0.9，问需要补偿的并联电容器容量是多少？

6-18　由A、B两个子系统组成的联合电力系统如图6-28所示，已知A系统 $K_{GA} = 800MW/Hz$，$K_{LA} = 50MW/Hz$；B系统 $K_{GB} = 700MW/Hz$，$K_{LB} = 40MW/Hz$。当A系统负荷增加 $\Delta P_{LA} = 100MW$，同时B系统负荷增加 $\Delta P_{LB} = 50MW$ 时，试求下列三种情况的频率变化量 Δf 和联络线上的功率变化量 ΔP_{AB}：（1）两系统参加频率的一次调整；（2）只有A系统参加频率的一次调整，而B系统由于机组已过负荷，不再参与频率的一次调整；（3）若两个系统机组都已过负荷，都不参与频率的一次调整。

6-19　选择题（将正确的选项填入括号中）

1. 通常逆调压的调压范围是线路额定电压的（　　　）。

A. 0~5%　　　　B. 2.5%~7.5%　　　C. 5%~10%　　　D. 0~10%

2. 电力系统进行频率一次调整和二次调整，其中可以实现无差调节的是（　　　）。

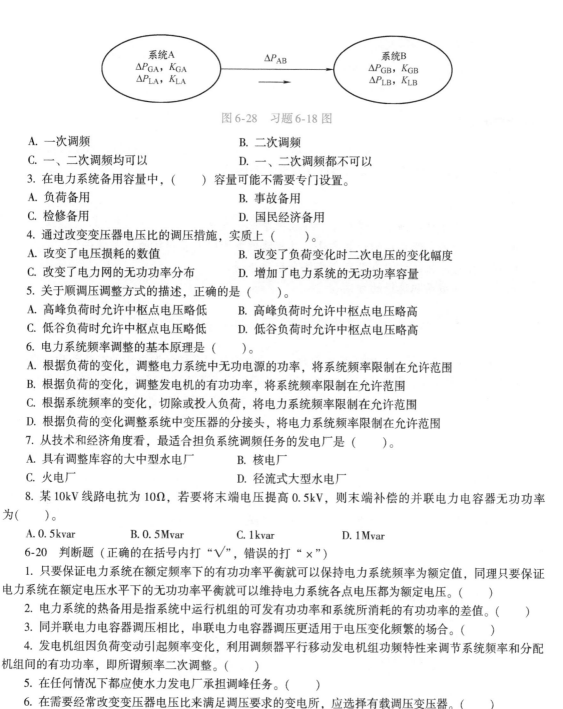

图 6-28　习题 6-18 图

A. 一次调频   B. 二次调频

C. 一、二次调频均可以   D. 一、二次调频都不可以

3. 在电力系统备用容量中，（　　）容量可能不需要专门设置。

A. 负荷备用   B. 事故备用

C. 检修备用   D. 国民经济备用

4. 通过改变变压器电压比的调压措施，实质上（　　）。

A. 改变了电压损耗的数值   B. 改变了负荷变化时二次电压的变化幅度

C. 改变了电力网的无功功率分布   D. 增加了电力系统的无功功率容量

5. 关于顺调压调整方式的描述，正确的是（　　）。

A. 高峰负荷时允许中枢点电压略低   B. 高峰负荷时允许中枢点电压略高

C. 低谷负荷时允许中枢点电压略低   D. 低谷负荷时允许中枢点电压略高

6. 电力系统频率调整的基本原理是（　　）。

A. 根据负荷的变化，调整电力系统中无功电源的功率，将系统频率限制在允许范围

B. 根据负荷的变化，调整发电机的有功功率，将系统频率限制在允许范围

C. 根据系统频率的变化，切除或投入负荷，将电力系统频率限制在允许范围

D. 根据负荷的变化调整系统中变压器的分接头，将电力系统频率限制在允许范围

7. 从技术和经济角度看，最适合担负系统调频任务的发电厂是（　　）。

A. 具有调整库容的大中型水电厂   B. 核电厂

C. 火电厂   D. 径流式大型水电厂

8. 某 10kV 线路电抗为 10Ω，若要将末端电压提高 0.5kV，则末端补偿的并联电力电容器无功功率为（　　）。

A. 0.5kvar   B. 0.5Mvar   C. 1kvar   D. 1Mvar

6-20　判断题（正确的在括号内打"√"，错误的打"×"）

1. 只要保证电力系统在额定频率下的有功功率平衡就可以保持电力系统频率为额定值，同理只要保证电力系统在额定电压水平下的无功功率平衡就可以维持电力系统各点电压都为额定电压。（　　）

2. 电力系统的热备用是指系统中运行机组的可发有功功率和系统所消耗的有功功率的差值。（　　）

3. 同并联电力电容器调压相比，串联电力电容器调压更适用于电压变化频繁的场合。（　　）

4. 发电机组因负荷变动引起频率变化，利用调速器平行移动发电机组功频特性来调节系统频率和分配机组间的有功功率，即所谓频率二次调整。（　　）

5. 在任何情况下都应使水力发电厂承担调峰任务。（　　）

6. 在需要经常改变变压器电压比来满足调压要求的变电所，应选择有载调压变压器。（　　）

7. 对于无功电源不足导致整体电压水平下降的电力系统，应优先考虑改变变压器电压比调压，因为它不需要额外增加任何投资费用。（　　）

8. 为了使降压变电站低压侧无功补偿装置的容量最小，降压变压器分接头应尽量选择电压高的位置。（　　）

第七单元 电力系统经济运行

学习内容

本单元主要介绍电力网电能损耗的基本计算方法，降低电力网电能损耗的技术措施，发电机组间有功负荷的经济分配及电力网导线截面积的选择。

学习目标

- 理解电力系统线损率、煤耗率和煤耗微增率等概念。
- 了解电力网电能损耗的计算方法；掌握降低电力网电能损耗的技术措施。
- 理解发电厂机组之间有功负荷经济分配的原则。
- 掌握导线截面积选择的方法。

课题一 概　　述

电力系统的经济运行主要包括两个方面：一是合理分配系统各发电机的有功负荷，使全系统消耗的一次能源最少，即发电厂的经济运行；二是采取必要的措施降低电力网的电能损耗，即电力网的经济运行。因此，煤耗率和线损率是反映电力系统经济运行的两个重要指标。

火力发电厂生产1kW·h电能所消耗的标准煤量（g/kW·h）称为煤耗量。例如，大型先进的火力发电机组煤耗量约为300g/kW·h。

在某一时间内，线损电量占供电量的百分比称为线损率（或网损率）。线损电量是指在送电、变电和配电各环节中损耗的电量，简称线损（或网损）。供电量是在给定的时间内供电企业供电给生产活动的全部投入量。供电量减去售电量即得到线损电量。售电量是电力企业卖给用户和电力企业供给本企业非电力生产用的电量。根据以上内容，有

$$线损率 = \frac{线损电量}{供电量} \times 100\% \tag{7-1}$$

$$线损电量 = 供电量 - 售电量 \tag{7-2}$$

$$供电量 = 发电厂上网电量 + 外购电量 + 邻网输入电量 - 向邻网输出的电量 \tag{7-3}$$

图7-1所示为某配电网的接线图，其相关电量已标于图中，该配电网供电量为 $A_A = 5000\text{kW·h}$，售电量为 $A_B = 4800\text{kW·h}$，则该配电网的线损电量 $\Delta A = 200\text{kW·h}$，所以线损率为

$$\eta\% = \frac{线损电量}{供电量} \times 100\% = \frac{A_A - A_B}{A_A} \times 100\% = \frac{5000 - 4800}{5000} \times 100\% = 4\%$$

线损率是评估电力系统运行经济性的一个重要指标，也是衡量供电部门管理水平的一项重要标志。

在电力网的损耗电量中，有些电量可通过理论计算得出，如线路和变压器中的损耗电量，称之为理论线损电量；而另外一些电量则无法通过理论计算得出，如用户的违章用电、窃电、计量装置的误差以及漏抄、漏计、错算等电量，称之为不明损失电量。本书仅讨论理论线损的计算。

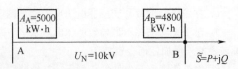

图7-1　某配电网供用电量

理论线损可以分为两部分：一部分与电力网中通过的负荷电流的二次方成正比，称为变动

损耗，如线路和变压器电阻中的损耗；另一部分与电力网中通过的负荷电流无关，而只与电压有关，称为**固定损耗**，如变压器中的铁心损耗、线路的电晕损耗及绝缘介质中的损耗等。

通过理论线损的计算，能够查明电能损耗的组成和分布情况，从而找出影响电力网经济运行的主要因素，以便采取措施把电能损耗降低到一个比较合理的范围内。因此，进行理论线损的计算可以提高企业的生产技术和经营管理水平，加快电力网建设与技术改造的步伐；提高电力网经济运行的水平；加强电力网无功功率和电压的管理；还可以合理制订线损考核指标。

课题二　电力网的经济运行

一、电力网的电能损耗计算

电力网的电能损耗是一定时间内网络中各元件有功功率损耗对时间积分值的总和。实际上，要进行准确的线损计算很困难，因为表征用户用电特性的负荷曲线有很大的随机性，各元件上的变动功率损耗随时间变化的关系很难用数学函数准确地表达出来，因此只能用数理统计的方法解决。

有些电力网由于表计不全，运行数据无法收集，或者网络元件及节点太多，如 6～10kV 的配电网和 380/220V 的低压电力网。对于该类网络的线损电量，则要求采用简化的计算方法。

计算理论线损的方法主要有最大功率损耗时间法、面积法和方均根电流法。用最大功率损耗时间法计算线损比较简单，但准确度低，此方法一般适用于电力网规划设计阶段的经济分析与比较。因为电力网规划设计中的负荷和其他数据都是估计的，不可能准确地计算电能损耗。面积法和方均根电流法计算电能损耗的准确度相对较高，但必须有负荷的实测记录或表征负荷变化规律的曲线，后两种方法一般用于已运行电力网的经济计算。因为对于已运行的电力网来说，电能损耗是反映电力网运行状况和管理水平的重要指标，必须进行较准确地计算。

（一）用最大功率损耗时间法计算电能损耗

1. 最大功率损耗时间 τ

图 7-2 是线路向一个集中负荷供电的简单网络，在时间 t 内，线路的电能损耗为

$$\Delta A = \int_0^t 3I^2 R \times 10^{-3} \mathrm{d}t = \int_0^t \left(\frac{S}{U}\right)^2 R \times 10^{-3} \mathrm{d}t$$

$$= R \times 10^{-3} \int_0^t \left(\frac{S}{U}\right)^2 \mathrm{d}t \qquad (7\text{-}4)$$

图 7-2　简单电力网

式中，I 为线路电阻中通过的电流（A）；R 为线路一相的电阻（Ω）；S 为线路电阻中通过的三相视在功率（kV·A）；U 为线路的实际线电压，可近似地用 U_N 代替（kV）；t 为计算电能损耗的时间（h）。

由于负荷随时间的变化关系难以用数学函数表达出来，所以也就不能通过用式（7-4）求积分的方法来计算电能损耗。

根据式（7-4）可写出线路运行一年的电能损耗，即

$$\Delta A = \frac{R \times 10^{-3}}{U^2} \int_0^{8760} S^2 \mathrm{d}t \qquad (7\text{-}5)$$

若已知负荷的视在功率曲线 S，如图 7-3 所示。由

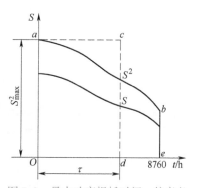

图 7-3　最大功率损耗时间 τ 的意义

式(7-5)可知，线路在一年中的电能损耗 ΔA 与 S^2 曲线和坐标轴所围成的面积 $Oabe$ 成一定比例，如果用一矩形面积 $Oacd$ 来代替面积 $Oabe$，并令矩形的高等于最大视在功率的二次方 S_{max}^2，则矩形的底为最大功率损耗时间 τ，如图7-3所示。因此电能损耗 ΔA 可写为

$$\Delta A = \frac{R \times 10^{-3}}{U^2} \int_0^{8760} S^2\,\mathrm{d}t = \frac{S_{max}^2}{U^2} R\tau \times 10^{-3}$$

则有

$$\tau = \frac{\int_0^{8760} S^2\,\mathrm{d}t}{S_{max}^2} \tag{7-6}$$

最大功率损耗时间 τ 的意义是：如果保持线路输送的功率一直为一年中的最大负荷功率 S_{max}，则负荷运行 τ（小时）损耗的电能恰好等于线路全年按实际负荷运行所损耗的电能。

最大功率损耗时间 τ 与负荷视在功率曲线有关，而最大负荷利用时间 T_{max} 又与年持续负荷曲线有关。在一定的功率因数下，视在功率与有功功率成正比，因此，对于给定的功率因数，τ 与 T_{max} 之间存在一定的关系。表7-1给出了 τ 和 T_{max} 的关系。

表7-1 最大负荷利用时间 T_{max} 与最大功率损耗时间 τ 的关系

T_{max}/h	$\cos\varphi$				
	0.8	0.85	0.9	0.95	1
	τ/h				
2000	1500	1200	1000	800	700
2500	1700	1500	1250	1100	950
3000	2000	1800	1600	1400	1250
3500	2350	2150	2000	1800	1000
4000	2750	2600	2400	2200	2000
4500	3200	3000	2900	2700	2500
5000	3600	3500	3400	3200	3000
5500	4100	4000	3950	3750	3600
6000	4650	4600	4500	4350	4200
6500	5250	5200	5100	5000	4850
7000	5950	5900	5800	5700	5600
7500	6650	6600	6550	6500	6400
8000	7400	7350	7350	7350	7250

2. 用最大功率损耗时间 τ 计算变动电能损耗

当负荷曲线未知时，根据用户的性质查出 T_{max}，再根据 T_{max} 及用户的功率因数查表7-1得出 τ 值，最后按下式计算电能损耗：

$$\Delta A = \frac{S_{max}^2}{U^2} R\tau \times 10^{-3} = \Delta P_{max}\tau \tag{7-7}$$

3. 线路上有几个集中负荷时的电能损耗计算

当一条线路上有几个集中负荷时，如图7-4所示，线路总的电能损耗等于各段线路电能损耗之和，即

$$\Delta A = \left(\frac{S_1}{U_b}\right)^2 R_1\tau_1 + \left(\frac{S_2}{U_c}\right)^2 R_2\tau_2 + \left(\frac{S_3}{U_d}\right)^2 R_3\tau_3 \tag{7-8}$$

式中，R_1、R_2、R_3 为各段线路的电阻；τ_1、τ_2、τ_3 为各段线路的最大功率损耗时间；S_1、S_2、S_3 为通过各段线路的最大视在功率；U_b、U_c、U_d 为各负荷点的运行电压，也可用电力网额定电压近似代替。

为了确定各段线路的 τ 值，必须先求出各段线路的 $\cos\varphi$ 和 T_{max} 值，即

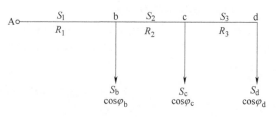

图 7-4　有三个集中负荷的线路

$$\left.\begin{aligned}\cos\varphi_1 &= \frac{S_b\cos\varphi_b + S_c\cos\varphi_c + S_d\cos\varphi_d}{\sqrt{(P_b+P_c+P_d)^2+(Q_b+Q_c+Q_d)^2}}\\ \cos\varphi_2 &= \frac{S_c\cos\varphi_c + S_d\cos\varphi_d}{\sqrt{(P_c+P_d)^2+(Q_c+Q_d)^2}}\\ \cos\varphi_3 &= \cos\varphi_d\end{aligned}\right\} \quad (7\text{-}9)$$

$$\left.\begin{aligned}T_{max1} &= \frac{P_b T_{maxb} + P_c T_{maxc} + P_d T_{maxd}}{P_b+P_c+P_d}\\ T_{max2} &= \frac{P_c T_{maxc} + P_d T_{maxd}}{P_c+P_d}\\ T_{max3} &= T_{maxd}\end{aligned}\right\} \quad (7\text{-}10)$$

式中，P_b、P_c、P_d 分别为 b、c、d 点负荷的有功功率；T_{maxb}、T_{maxc}、T_{maxd} 分别为 b、c、d 点负荷的最大负荷利用时间。

4. 线路具有均匀分布负荷时的电能损耗计算

前面已经学习了具有均匀分布负荷线路有功功率损耗的计算，可写出均匀分布负荷线路电能损耗的计算式，即

$$\Delta A = \Delta P_{max}\tau = I_{max}^2 R\tau \times 10^{-3} = \frac{1}{3}\times\frac{R\times10^{-3}}{U_N^2\cos^2\varphi}P_{max}^2\tau \quad (7\text{-}11)$$

式中，I_{max}、P_{max} 分别为均匀分布总负荷对应的最大负荷电流（A）和最大三相有功功率（kW）。

可见，均匀分布负荷线路的电能损耗为线路末端具有等效集中负荷时产生的电能损耗的 $\frac{1}{3}$。

式(7-11) 中的 $\frac{1}{3}$ 称为均匀分布负荷能耗分散损失系数。处于线路不同位置的均匀分布负荷的能耗分散损失系数可由表 7-2 查得。

只要先按线路末端有等效集中负荷的方法计算电能损耗，再乘以表 7-2 中查到的系数，便可得到具有不同负荷分布类型的线路电能损耗。

表 7-2　能耗分散损失系数

负荷分布情况	损失系数
末端集中负荷	1
均匀分布负荷	0.33
末端较重分布负荷	0.53
中间较重分布负荷	0.38
首端较重分布负荷	0.20

5. 变压器的电能损耗计算

变压器中的电能损耗包括绕组中的损耗和铁心中的损耗。绕组中的电能损耗计算与线路的计算方法相同，铁心中的损耗可用空载有功损耗 ΔP_0 乘以运行时间 t 得到，因此变压器中总的电能损耗为

$$\Delta A_T = \Delta P_{max}\tau + \Delta P_0 t = 3I_{max}^2 R_T \tau \times 10^{-3} + \Delta P_0 t \tag{7-12}$$

式中，ΔP_{max} 为变压器通过最大负荷时绕组中产生的有功功率损耗（kW）；I_{max} 为通过变压器的最大负荷电流（A）。

【例 7-1】 有一额定电压为 110kV、长度为 100km 的双回输电线路向某变电所供电，变电所装有额定电压比为 110/11、额定容量为 31.5MV·A 的变压器两台，全年并列运行。接线图如图 7-5a 所示。单回线路的参数为：$r_0 = 0.17\Omega/\text{km}$，$x_0 = 0.409\Omega/\text{km}$，$b_0 = 2.79 \times 10^{-6}\text{S/km}$；单台变压器的参数为：$\Delta P_0 = 31.05\text{kW}$，$\Delta P_k = 190\text{kW}$，$I_0\% = 0.7$，$U_k\% = 10.5$；变电所低压母线上的最大负荷为 40MW，$\cos\varphi = 0.8$，$T_{max} = 4500\text{h}$。试计算此电力网全年的电能损耗。

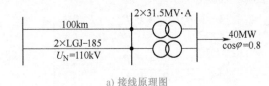

a) 接线原理图

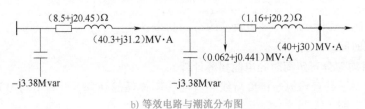

b) 等效电路与潮流分布图

图 7-5 例 7-1 图

解：（1）作电力网的等效电路图，并根据已知数据计算网络参数及潮流分布，结果如图 7-5b 所示。

（2）计算变压器的电能损耗。

由 $T_{max} = 4500\text{h}$，$\cos\varphi = 0.8$ 查表得 $\tau = 3200\text{h}$，则

$$\Delta A_T = \Delta P_0 \times 8760 + \Delta P_{maxT}\tau$$

$$= \left(0.062 \times 10^3 \times 8760 + \frac{40^2 + 30^2}{110^2} \times 1.16 \times 3200 \times 10^3\right)\text{kW·h}$$

$$= 1.31 \times 10^6 \text{kW·h}$$

（3）计算线路的电能损耗。

$$\Delta A_L = \Delta P_{maxL}\tau = \frac{40.3^2 + 31.2^2}{110^2} \times 8.5 \times 3200 \times 10^3 \text{kW·h} = 5.84 \times 10^6 \text{kW·h}$$

（4）电力网全年总的电能损耗为

$$\Delta A = \Delta A_T + \Delta A_L = (1.31 \times 10^6 + 5.84 \times 10^6)\text{kW·h} = 7.15 \times 10^6 \text{kW·h}$$

（二）用面积法计算变动电能损耗

前面已经介绍了用积分的方法计算电力网元件电阻中的电能损耗，其表达式为

$$\Delta A = R \times 10^{-3} \int_0^t \left(\frac{S}{U}\right)^2 \mathrm{d}t = \frac{R \times 10^{-3}}{U^2 \cos^2\varphi} \int_0^t P^2 \mathrm{d}t$$

从上式可知，若已知负荷的年有功持续负荷曲线，则可以通过求有功负荷二次方曲线与坐

标轴所围成的面积，然后乘以比例系数 $\dfrac{R \times 10^{-3}}{U^2 \cos^2 \varphi}$ 得到电力网元件的变动电能损耗。如果已知连续变化的年有功持续负荷曲线，如图 7-6 所示，可先绘制其有功负荷二次方曲线，然后再把它绘成阶梯形负荷曲线，最后按下式计算电力网元件的变动电能损耗，即

$$\Delta A = \frac{R \times 10^{-3}}{U^2 \cos^2 \varphi} \sum_{i=1}^{n} P_i^2 \Delta t_i \tag{7-13}$$

【例 7-2】　有一电力网的年有功持续负荷曲线如图 7-7 所示，已知电力网额定电压为 10kV，电阻为 10Ω，平均功率因数 $\cos\varphi = 0.8$，计算该电力网一年的电能损耗及线损率。

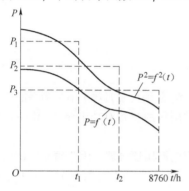

图 7-6　用面积法计算变动电能损耗示意图

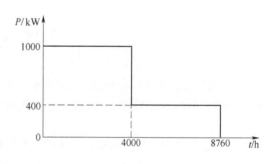

图 7-7　例 7-2 图

解：（1）计算电力网一年的电能损耗。

$$\Delta A = \frac{R \times 10^{-3}}{U^2 \cos^2 \varphi} \sum_{i=1}^{n} P_i^2 \Delta t_i = \frac{10 \times 10^{-3}}{10^2 \times 0.8^2} \times \left[1000^2 \times 4000 + 400^2 \times (8760 - 4000) \right] \text{kW} \cdot \text{h}$$

$$= 7.44 \times 10^5 \text{kW} \cdot \text{h}$$

（2）计算电力网线损率。

用户一年消耗的电能为

$$A = \sum_{i=1}^{n} P_i \Delta t_i = \left[1000 \times 4000 + 400 \times (8760 - 4000) \right] \text{kW} \cdot \text{h} = 5.9 \times 10^6 \text{kW} \cdot \text{h}$$

电力网的线损率为

$$\eta\% = \frac{\Delta A}{A + \Delta A} \times 100\% = \frac{7.44 \times 10^5}{5.9 \times 10^6 + 7.44 \times 10^5} \times 100\% = 11.20\%$$

（三）用方均根电流法计算变动电能损耗

1. 方均根电流法

设电力网元件电阻为 R，通过该元件的电流为 I，则电流通过该元件产生的电能损耗为

$$\Delta A = \int_0^t 3I^2 R \times 10^{-3} \mathrm{d}t = 3R \times 10^{-3} \int_0^t I^2 \mathrm{d}t \tag{7-14}$$

仿照面积法的公式，上式可写成

$$\Delta A = 3R \times 10^{-3} \sum_{i=1}^{n} I_i^2 \Delta t_i \tag{7-15}$$

若有代表日 24h 正点的实测负荷记录，取 $\Delta t_i = 1h$，则此电阻在代表日运行 24h 产生的电能损耗为

$$\Delta A = 3R \times 10^{-3} \sum_{i=1}^{24} I_i^2 \Delta t_i = 3R \times 10^{-3} \left(\frac{I_1^2 + I_2^2 + \cdots + I_{24}^2}{24} \right) \times 24 = 3I_{\text{eff}}^2 R \times 24 \times 10^{-3} \tag{7-16}$$

$$I_{\text{eff}} = \sqrt{\frac{I_1^2 + I_2^2 + \cdots + I_{24}^2}{24}} \tag{7-17}$$

式中，I_1、I_2、$\cdots$、I_{24}分别代表日24h正点的电流值（A）；I_{eff}表示日方均根电流（A）。

用I_{eff}计算一天的变动电能损耗，其表达式为

$$\Delta A = 3I_{eff}^2 R \times 24 \times 10^{-3} \tag{7-18}$$

如果代表日24h正点实测的是有功、无功功率或者是有功、无功电量时，则代表日方均根电流为

$$I_{eff} = \sqrt{\frac{\sum_{i=1}^{24} (P_i^2 + Q_i^2)}{3 \times 24 U_{av}^2}} \tag{7-19}$$

或

$$I_{eff} = \sqrt{\frac{\sum_{i=1}^{24} (A_{ai}^2 + Q_{ri}^2)}{3 \times 24 U_{av}^2}} \tag{7-20}$$

式中，U_{av}为测量功率或电量处的线电压平均值（kV）；P_i、Q_i分别代表日第i小时测得的三相有功、无功功率（kW、kvar）；A_{ai}、Q_{ri}分别为代表日第i小时测得的三相有功电量（kW·h）和无功电量（kvar·h）。

一般来说，用代表日的三相有功、无功电量计算方均根电流比较合理，因为每小时的电量反映了该小时的平均电流，而用负荷电流或功率计算时，则是在认为每小时内负荷不变的情况下计算方均根电流的。

在计算出代表日的可变电能损耗后，将它乘以一个修正系数，再加上代表日的固定损耗电量，最后乘以计算天数，即可得到一个月、一个季度和一年的电能损耗。一个月的电力网电能损耗可表示为

$$\Delta A_{月} = \left[代表日固定线损电量 + 代表日变动线损电量 \times \left(\frac{全月供电量}{代表日供电量 \times 全月实际天数} \right)^2 \right]$$
$$\times 全月实际天数 \tag{7-21}$$

很显然，用代表日的电能损耗来计算电力网一段时间的电能损耗，它的准确度与代表日的选择密切相关。代表日选择合理，计算结果就较准确。选择代表日一般应遵循以下原则：

1）电力网的运行方式及潮流分布正常，没有大的停电检修工作。

2）各用户的用电情况比较正常。

3）代表日的供电量接近全月或全年的平均水平。

4）计算代表月的电能损耗时，至少要取3天（如10、20、30日）24h的负荷资料，使之代表全月的负荷情况；

5）气候情况正常，代表日的气温应接近全月或全年的平均温度。

2. 等效电阻法

在方均根电流法计算变动电能损耗的基础上，还派生出了形状系数法（也叫平均电流法）、损失因数法（也叫最大电流法）和等效电阻法。下面着重介绍等效电阻法。

对于6~10kV的配电线路，由于其负荷点较多，分支也较多，各支线的导线型号、配电变压器的容量、负荷系数及功率因数等数据都不相同，所以要精确计算配电网的电能损耗比较困

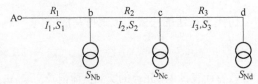

图7-8 开式高压配电网

难。采用等效电阻法计算此类网络的电能损耗，具有很强的实用性又有相当高的精度。

1）等效电阻的计算。有一简单开式高压配电网，如图7-8所示。在线路电阻上产生的有功功率损耗为

$$\Delta P_1 = 3I_1^2 R_1 + 3I_2^2 R_2 + 3I_3^2 R_3 = \left(\frac{S_1}{U_1}\right)^2 R_1 + \left(\frac{S_2}{U_2}\right)^2 R_2 + \left(\frac{S_3}{U_3}\right)^2 R_3 \tag{7-22}$$

式中，S_1、S_2、S_3 分别为通过 Ab、bc、cd 线路的三相视在功率（kV·A）；U_1、U_2、U_3 分别为 b、c、d 点的运行电压（kV）。

假设线路首段电流 I_1 通过一个电阻 R_{eL} 所产生的功率损耗恰好等于各段线路通过实际的负荷电流在其电阻上产生的功率损耗总和，那么，将这一电阻称为线路的等效电阻，即

$$\Delta P_1 = 3I_1^2 R_{eL}$$

则有

$$R_{eL} = \frac{\Delta P_1}{3I_1^2} = \frac{\left(\frac{S_1}{U_1}\right)^2 R_1 + \left(\frac{S_2}{U_2}\right)^2 R_2 + \left(\frac{S_3}{U_3}\right)^2 R_3}{\left(\frac{S_1}{U_1}\right)^2} \tag{7-23}$$

2）假设计算条件。在计算线路的等效电阻时，采用以下假设：

① 各负荷点配电变压器取用的功率与变压器额定容量成正比，即各配电变压器的负荷系数相同。

② 各负荷的功率因数相同。

③ 电力网的各点电压相同。

有了以上假设后，式（7-23）可写为

$$\begin{aligned}
R_{eL} &= \frac{S_1^2 R_1 + S_2^2 R_2 + S_3^2 R_3}{S_1^2} = \frac{(\gamma S_{Nb} + \gamma S_{Nc} + \gamma S_{Nd})^2 R_1 + (\gamma S_{Nc} + \gamma S_{Nd})^2 R_2 + (\gamma S_{Nd})^2 R_3}{(\gamma S_{Nb} + \gamma S_{Nc} + \gamma S_{Nd})^2} \\
&= \frac{(\gamma S_{N1})^2 R_1 + (\gamma S_{N2})^2 R_2 + (\gamma S_{N3})^2 R_3}{(\gamma S_{N1})^2} = \frac{S_{N1}^2 R_1 + S_{N2}^2 R_2 + S_{N3}^2 R_3}{S_{N1}^2}
\end{aligned} \tag{7-24}$$

式中，S_{N1} 为线路 Ab 所接配电变压器的额定容量（$S_{N1} = S_{Nb} + S_{Nc} + S_{Nd}$）（kV·A）；$S_{N2}$ 为线路 bc 所接配电变压器的额定容量（$S_{N2} = S_{Nc} + S_{Nd}$）（kV·A）；S_{N3} 为线路 cd 所接配电变压器的额定容量（$S_{N3} = S_{Nd}$）（kV·A）；γ 为配电变压器的负荷系数（$\gamma = S/S_N$），是配电变压器在最大负荷时输出功率与额定容量的比值。

对于有 m 个分段的线路，其等效电阻的表达式为

$$R_{eL} = \frac{\sum\limits_{i=1}^{m} S_{Ni}^2 R_i}{S_{N\Sigma}^2} \tag{7-25}$$

式中，S_{Ni} 为第 i 段线路所接配电变压器的额定容量（kV·A）；$S_{N\Sigma}$ 为整条配电线路所接配电变压器的总额定容量（kV·A）；R_i 为第 i 段线路的电阻（Ω）。

3）用等效电阻法求线路的电能损耗。在求得线路的等效电阻后，就可以用线路首端的代表日方均根电流、平均电流或最大电流计算配电线路的电能损耗了，计算式分别为

$$\Delta A = 3I_{eff}^2 R_{eL} t \times 10^{-3} \tag{7-26}$$

$$\Delta A = 3K^2 I_{av}^2 R_{eL} t \times 10^{-3} \tag{7-27}$$

$$\Delta A = 3F I_{max}^2 R_{eL} t \times 10^{-3} \tag{7-28}$$

式中，K 为形状系数，其值为 $K = I_{eff}/I_{av}$；F 为损失因数，其值为 $F = I_{eff}^2/I_{max}^2$。

其中 K 值的大小与直线变化的持续负荷曲线有关，可按下式计算

$$K = \sqrt{\frac{\beta + \frac{1}{3}(1-\beta)^2}{\left(\frac{1+\beta}{2}\right)^2}}$$

$$\beta = \frac{I_{\min}}{I_{\max}}$$

式中，β 为最小负荷系数。

4）用等效电阻法计算配电变压器中的电能损耗。根据式(7-25) 可写出求配电变压器等效电阻 R_{eT} 的计算式，即

$$R_{eT} = \frac{\sum_{i=1}^{n} S_{Ni}^2 R_{Ti}}{S_{N\Sigma}^2} = \frac{\sum_{i=1}^{n} S_{Ni}^2 \frac{\Delta P_{ki} U_{Ni}^2}{S_{Ni}^2} \times 10^3}{S_{N\Sigma}^2} = \frac{\sum_{i=1}^{n} \Delta P_{ki} U_{Ni}^2 \times 10^3}{S_{N\Sigma}^2} \qquad (7\text{-}29)$$

式中，S_{Ni} 为第 i 台配电变压器的额定容量（kV·A）；$S_{N\Sigma}$ 为配电线路所接配电变压器的总额定容量（kV·A）；R_{Ti} 为第 i 台配电变压器的电阻（Ω）；ΔP_{ki} 为第 i 台配电变压器的短路损耗（kW）；U_{Ni} 为第 i 台变压器的额定电压（kV）；n 为配电线路上的配电变压器总台数。

用等效电阻法计算配电变压器电能损耗的计算式为

$$\Delta A_T = \sum_{i=1}^{n} \Delta P_{0i} t + 3K^2 I_{av}^2 R_{eT} t \times 10^{-3} \qquad (7\text{-}30)$$

或

$$\Delta A_T = \sum_{i=1}^{n} \Delta P_{0i} t + 3I_{eff}^2 R_{eT} t \times 10^{-3} \qquad (7\text{-}31)$$

或

$$\Delta A_T = \sum_{i=1}^{n} \Delta P_{0i} t + 3F I_{\max}^2 R_{eT} t \times 10^{-3} \qquad (7\text{-}32)$$

式中，ΔA_T 为配电变压器的电能损耗（kW·h）；ΔP_{0i} 为第 i 台配电变压器的空载损耗（kW）；t 为配电变压器的运行时间（h）。

综上所述，用等效电阻法计算配电网的电能损耗不必收集大量的运行资料，仅需线路首端代表日的运行数据，它可以从变电所出线上的计量表计上得到，该方法具有计算简便的特点。此法比较适用于 10kV 及以下配电网的线路损耗计算；而方均根电流法及由此派生出的平均电流法和最大电流法则比较适用于 35kV 及以上电力网的线路损耗计算，因为此类线路分支较少，运行数据较容易得到。

3. 电力网元件的电能损耗计算

（1）架空线路的电能损耗计算

1）35kV 及以上架空线路的电能损耗计算。35kV 及以上电压等级的线路，由于分支较少，一般按线路的接线情况逐条地进行线损计算。每条线路代表日变动电能损耗的计算式为

$$\Delta A = 3I_{eff}^2 R_L t \times 10^{-3} = 3I_{av}^2 K^2 R_L t \times 10^{-3} = 3I_{\max}^2 F R_L t \times 10^{-3} \qquad (7\text{-}33)$$

2）10kV 及以下架空线路的电能损耗计算。此类线路一般按等效电阻法计算变动电能损耗。计算式为

$$\Delta A = 3I_{eff}^2 R_{eL} t \times 10^{-3} = 3I_{av}^2 K^2 R_{eL} t \times 10^{-3} = 3I_{\max}^2 F R_{eL} t \times 10^{-3} \qquad (7\text{-}34)$$

（2）电缆线路的电能损耗计算　电缆线路除了要计算其变动电能损耗（计算方法与架空线路的相同）外，还要计及固定电能损耗。固定电能损耗的计算式为

$$\Delta A = U^2 \omega C_0 t l \tan\delta \times 10^{-3} \qquad (7\text{-}35)$$

式中，U 为电缆的工作线电压（kV）；ω 为角频率；C_0 为电缆每相电容（μF/km），可通过查阅产品目录手册得到；l 为电缆线路长度（km）；$\tan\delta$ 为电缆绝缘介质损失角的正切值，可通过查阅产品目录手册得到。

（3）变压器的电能损耗计算

1）双绕组变压器。双绕组变压器的电能损耗为固定电能损耗与变动电能损耗之和，即

$$\Delta A = \Delta P_0 t + \Delta P_k \left(\frac{I_{eff}}{I_N}\right)^2 t = \Delta P_0 t + \Delta P_k \left(\frac{I_{av}}{I_N}\right)^2 K^2 t = \Delta P_0 t + \Delta P_k \left(\frac{I_{\max}}{I_N}\right)^2 F \qquad (7\text{-}36)$$

式中，I_N 为与负荷电流同电压等级下的变压器额定电流（A）。

2）三绕组变压器。三绕组变压器的固定电能损耗计算与双绕组变压器的方法相同；对于变动电能损耗的计算，应根据每个绕组的短路损耗及其通过的负荷分别计算出每个绕组电阻中的损耗，再将它们相加得到总的变动损耗，即

$$\Delta A_1 = \Delta P_{k1}\left(\frac{I_{eff1}}{I_N}\right)^2 t = \Delta P_{k1}\left(\frac{I_{av1}}{I_N}\right)^2 K_1^2 t = \Delta P_{k1}\left(\frac{I_{max1}}{I_N}\right)^2 F_1 t \tag{7-37}$$

$$\Delta A_2 = \Delta P_{k2}\left(\frac{I'_{eff2}}{I_N}\right)^2 t = \Delta P_{k2}\left(\frac{I'_{av2}}{I_N}\right)^2 K_2^2 t = \Delta P_{k2}\left(\frac{I'_{max2}}{I_N}\right)^2 F_2 t \tag{7-38}$$

$$\Delta A_3 = \Delta P_{k3}\left(\frac{I'_{eff3}}{I_N}\right)^2 t = \Delta P_{k3}\left(\frac{I'_{av3}}{I_N}\right)^2 K_3^2 t = \Delta P_{k3}\left(\frac{I'_{max3}}{I_N}\right)^2 F_3 t \tag{7-39}$$

式中，ΔP_{k1}、ΔP_{k2}、ΔP_{k3} 分别为三绕组变压器高、中、低压侧的短路损耗（kW）；I_N 是容量为 100% 的绕组的额定电流（A）；I_{eff1}、I_{av1}、I_{max1} 分别为变压器高压侧的方均根电流、平均负荷电流和最大负荷电流（A）；I'_{eff2}、I'_{av2}、I'_{max2} 分别为变压器中压侧折算至 I_N 一侧的方均根电流、平均电流和最大负荷电流（A）；I'_{eff3}、I'_{av3}、I'_{max3} 分别为变压器低压侧折算至 I_N 一侧的方均根电流、平均电流和最大负荷电流（A）；K_1、K_2、K_3 分别为变压器高、中、低压绕组代表日负荷曲线的形状系数；F_1、F_2、F_3 分别为变压器高、中、低压绕组代表日负荷曲线的损失因数。三绕组变压器总的电能损耗为

$$\Delta A_T = \Delta P_0 t + \Delta A_1 + \Delta A_2 + \Delta A_3 \tag{7-40}$$

【例 7-3】 某 10kV 配电网接线图如图 7-9 所示，线路电阻和配电变压器的额定容量均标于图中，配电变压器空载损耗和短路损耗见表 7-3。线路首端 Ab 段代表日的实测有功电量为 1760kW·h，无功电量为 900kvar·h，$I_{max} = 9\text{A}$，$I_{min} = 3\text{A}$，$U_A = 9.8\text{kV}$，试用等效电阻法计算该配电网一天的线损电量和线损率。

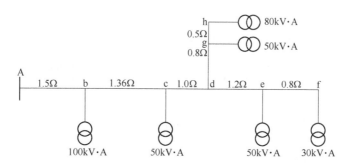

图 7-9 例 7-3 图

表 7-3 配电变压器的空载损耗和短路损耗

容量/kV·A	台数	空载损耗/kW	短路损耗/kW
30	1	0.24	0.81
50	3	0.35	1.2
80	1	0.47	1.7
100	1	0.54	2.1

解：（1）线路的等效电阻 R_{eL} 为

$$R_{eL} = \frac{\sum_{i=1}^{7} S_{Ni}^2 R_i}{S_{N\Sigma}^2} = (360^2 \times 1.5 + 260^2 \times 1.36 + 210^2 \times 1 + 80^2 \times 1.2 + 30^2 \times 0.8$$

$$+ 130^2 \times 0.8 + 80^2 \times 0.5) \div 360^2 \Omega = 2.74\Omega$$

（2）配电变压器的等效电阻 R_{eT} 为

$$R_{eT} = \frac{U_N^2 \sum\limits_{i=1}^{6} \Delta P_{ki} \times 10^3}{S_{N\Sigma}^2} = \frac{10^2 \times 10^3 \times (0.81 + 3 \times 1.2 + 1.7 + 2.1)}{360^2}\Omega = 6.33\Omega$$

（3）计算配电网的电能损耗。

1）平均功率为

$$P_{av} = \frac{A_a}{t} = \frac{1760}{24}kW = 73.33kW$$

$$Q_{av} = \frac{A_r}{t} = \frac{900}{24}kvar = 37.5kvar$$

2）计算形状系数 K。

最小负荷系数

$$\beta = \frac{I_{min}}{I_{max}} = \frac{3}{9} = 0.33$$

形状系数的二次方值为

$$K^2 = \frac{\beta + \frac{1}{3}(1-\beta)^2}{\left(\frac{1+\beta}{2}\right)^2} = \frac{0.33 + \frac{1}{3}(1-0.33)^2}{\left(\frac{1+0.33}{2}\right)^2} = 1.08$$

3）线路的电能损耗为

$$\Delta A_L = \frac{P_{av}^2 + Q_{av}^2}{U^2}K^2 R_{eL}t \times 10^{-3}$$

$$= \frac{73.33^2 + 37.5^2}{9.8^2} \times 1.08 \times 2.74 \times 24 \times 10^{-3}kW \cdot h = 5.02kW \cdot h$$

4）配电变压器的电能损耗为

$$\Delta A_T = \sum_{i=1}^{6} \Delta P_{0i}t + \frac{P_{av}^2 + Q_{av}^2}{U^2}K^2 R_{eT}t \times 10^{-3}$$

$$= \left[(0.24 + 3 \times 0.35 + 0.47 + 0.54) \times 24 + \frac{73.33^2 + 37.5^2}{9.8^2}\right.$$

$$\left. \times 1.08 \times 6.33 \times 24 \times 10^{-3}\right]kW \cdot h$$

$$= 66.8kW \cdot h$$

5）该配电网总的电能损耗为

$$\Delta A = \Delta A_L + \Delta A_T = (5.02 + 66.8)kW \cdot h = 71.82kW \cdot h$$

6）该配电网的线损率为

$$\eta\% = \frac{\Delta A}{A} \times 100\% = \frac{71.82}{1760} \times 100\% = 4.08\%$$

二、降低电力网电能损耗的技术措施

电力网中的电能损耗一方面要耗费一定的能源，另一方面还要占用一定的设备容量。因此，应该采取相应措施降低电力网的电能损耗。

降低电力网电能损耗的措施分为管理措施和技术措施。管理措施主要有用电管理措施和计量管理措施。技术措施可分为运行性措施和建设性措施两大类。运行性措施是指合理组织电力系统的运行方式以降低线损，这类措施不需另外增加投资，应该优先采用。建设性措施是指对电力网实施改造以达到降低线损的目的，这类措施需要一定的投资，所以一般要根据技术和经济分析来论证其合理性。本课题仅讨论降低线损的技术措施。

（一）对电力网进行升压改造

电力网升压改造是指由于用电负荷增长造成线路输送容量不够，或者电能损耗大幅上升，或者为了简化电压等级而进行的线路额定电压升级。

由电能损耗的计算式 $\Delta A = 3I^2Rt$ 可知，线路在输送相同功率电能的情况下，提高电压等级可以减小线路中的负荷电流，因此能减少电力网中电阻的电能损耗。升压改造可以和旧电力网的改造结合进行，以减少电压等级，简化电力网的接线。对于高负荷密度的负荷中心或大型工业用户，应采用 110~220kV 电压等级的线路直接深入供电。

（二）减少无功功率在电力网中的传送

无功功率在电力网中传输时，不仅会在电阻上产生电能损耗，而且要占用线路的输送容量。因此，必须采取措施减少无功功率在电力网中的传输。减少电力网中无功功率传送的措施主要有以下两条。

1. 提高用户的功率因数

在负荷有功功率 P 保持一定的条件下，提高负荷的功率因数可以减少负荷所取用的无功功率 Q，也就可以减少电力网中输送的功率，从而可以降低线损。提高用户功率因数的方法主要有以下两种。

提高功率因数
降低线损

（1）合理选择异步电动机的额定容量　在用户负荷中，异步电动机占有很大比重，其所需的无功功率可表示为

$$Q = Q_0 + (Q_N - Q_0)\left(\frac{P}{P_N}\right)^2 = Q_0 + (Q_N - Q_0)\gamma^2 \tag{7-41}$$

式中，Q_0 为异步电动机空负荷运行时所需的无功功率（kvar）；P_N、Q_N 为异步电动机额定负荷时取用的有功功率和无功功率（kW、kvar）；P 为异步电动机的实际机械负荷（kW）；γ 为异步电动机的负荷率。

式(7-41)中的第一项是电动机的励磁功率，它与负荷无关，其值占 Q_N 的 60%~70%；第二项是绕组漏抗中的损耗，与负荷率的二次方成正比，负荷率降低时，电动机所需的无功功率大部分维持不变，只有一小部分随负荷率的二次方而减少，因此，异步电动机的负荷率越小，功率因数就越低。在选择异步电动机的额定容量时，不宜过大，且要注意容量尽量接近它所拖动的机械负荷；另外，还要注意限制它的空负荷运行时间。

（2）在用户处装设并联无功补偿装置　图 7-10 是一简单电力网向用户供电的情况。如果在用户处装设了无功补偿装置（如并联电容器），它就可以向用户提供感性无功功率 Q_b，从而减少用户从电力网中取用的无功功率，也就降低了线损。关于这一点，可以从下面两个式子加以说明。

图 7-10　并联无功补偿装置

装设补偿装置前，线路中的有功功率损耗为

$$\Delta P = \frac{P^2 + Q^2}{U^2}R \tag{7-42}$$

装设容量为 Q_b 的补偿装置后，线路中的有功功率损耗为

$$\Delta P' = \frac{P^2 + (Q - Q_b)^2}{U^2}R \tag{7-43}$$

可见，在用户处装设了合理容量的无功补偿装置后，可以降低电力网的电能损耗。

2. 在电力网中装设并联无功补偿装置

除了在用户处装设并联无功补偿装置外，还需要在变电所集中装设无功补偿装置，以实现

无功功率的地区平衡，从而限制无功跨地区、跨电压等级的传送。在满足各状态变量（负荷节点电压、发电机无功出力）和控制变量（无功补偿容量、发电机端电压及有载调压变压器电压比）的约束条件下，全电力网的无功补偿应该遵循使整个电力网电能损耗最小的无功功率优化分布的准则。

（三）实现线路的经济运行

实现线路经济运行的措施主要有以下几种。

1. 按经济电流密度选择导线截面积

按照经济电流密度选择出来的导线截面积，可使导线在经济电流下运行，它比导线在持续允许电流下运行产生的电能损耗要低很多。

2. 将小截面积导线换成大截面积导线

有些线路中，由于负荷增长很快，可能使旧线路的电压损耗和电能损耗都显著增大。在不可能升高电压等级的情况下，可以将小截面积导线更换为较大截面积的导线，以减小导线的电阻。

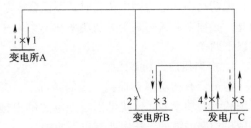

图 7-11　某电力网的部分运行接线图

3. 避免迂回供电

图 7-11 所示为某电力网的部分运行接线图。变电所 A 的高、低压侧都连接有电源。正常运行时，发电厂 C 向变电所 A 和 B 供电，断路器 2 断开。当发电厂 C 检修不供电时，如果断路器 2 仍断开，变电所 B 就改由变电所 A 通过发电厂 C 的高压母线供电，这时就造成了迂回供电的不合理运行方式，因此必须及时加以调整。此时，应合上断路器 2，断开断路器 3，把变电所 B 直接换接到联络线上受电。图中，实线箭头表示正常运行时的潮流方向；虚线箭头表示发电厂 C 检修时的潮流方向。

4. 在闭式网中实现功率的经济分布

图 7-12 所示简单闭式网的功率分布为

$$\widetilde{S}_1 = \frac{\widetilde{S}_c \overset{*}{Z}_3 + \widetilde{S}_b (\overset{*}{Z}_2 + \overset{*}{Z}_3)}{\overset{*}{Z}_1 + \overset{*}{Z}_2 + \overset{*}{Z}_3}$$

$$\widetilde{S}_3 = \frac{\widetilde{S}_b \overset{*}{Z}_1 + \widetilde{S}_c (\overset{*}{Z}_1 + \overset{*}{Z}_2)}{\overset{*}{Z}_1 + \overset{*}{Z}_2 + \overset{*}{Z}_3}$$

以上两式说明，闭式网中的功率按阻抗反比分布，这种由线路阻抗所决定的功率分布称为 *自然功率分布*。自然功率分布不一定符合电能损耗最小的原则。下面讨论闭式网运行时有最小功率损耗的条件。

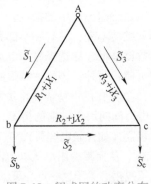

图 7-12　闭式网的功率分布

图 7-12 所示电力网运行时的有功功率损耗为

$$\Delta P = \left(\frac{S_1}{U}\right)^2 R_1 + \left(\frac{S_2}{U}\right)^2 R_2 + \left(\frac{S_3}{U}\right)^2 R_3 = \frac{P_1^2 + Q_1^2}{U^2} R_1 + \frac{P_2^2 + Q_2^2}{U^2} R_2 + \frac{P_3^2 + Q_3^2}{U^2} R_3$$

$$= \frac{P_1^2 + Q_1^2}{U^2} R_1 + \frac{(P_1 - P_b)^2 + (Q_1 - Q_b)^2}{U^2} R_2 + \frac{(P_1 - P_b - P_c)^2 + (Q_1 - Q_b - Q_c)^2}{U^2} R_3$$

电力网功率损耗有最小值的条件是

$$\frac{\partial \Delta P}{\partial P_1} = 0$$

$$\frac{\partial \Delta P}{\partial Q_1} = 0$$

则有

$$\frac{\partial \Delta P}{\partial P_1} = \frac{2P_1}{U^2}R_1 + \frac{2(P_1 - P_b)}{U^2}R_2 + \frac{2(P_1 - P_b - P_c)}{U^2}R_3 = 0$$

$$\frac{\partial \Delta P}{\partial Q_1} = \frac{2Q_1}{U^2}R_1 + \frac{2(Q_1 - Q_b)}{U^2}R_2 + \frac{2(Q_1 - Q_b - Q_c)}{U^2}R_3 = 0$$

由此解得

$$\left. \begin{array}{l} P_1 = \dfrac{P_b(R_2 + R_3) + P_c R_3}{R_1 + R_2 + R_3} \\[3mm] Q_1 = \dfrac{Q_b(R_2 + R_3) + Q_c R_3}{R_1 + R_2 + R_3} \end{array} \right\} \tag{7-44}$$

上式表明，当闭式网的功率按电阻反比分布时，其功率损耗最小，这种功率分布称为经济功率分布。

对于均一电力网，其自然功率分布就等于经济功率分布。对于非均一网，自然功率分布一般不等于经济功率分布。为了降低电力网的电能损耗，可以采取以下措施使闭式网的自然功率分布接近或等于经济功率分布。

1) 在两端供电网中，调整两端电源电压以改变循环功率，可使自然功率分布等于或接近经济功率分布。

2) 在适当地点做开环运行。为了限制短路电流或满足继电保护装置动作选择性的要求，需将闭式网开环运行时，应尽可能兼顾开环后的功率分布接近经济功率分布。

3) 在闭式网内装设串联电容器，调整电力网的电抗，从而改变功率分布，使其功率分布接近经济分布。

4) 在闭式网中装设混合型加压调压变压器，使其在环网中产生一附加电动势及相应的循环功率，以改变原有的功率分布，使其达到经济功率分布。

（四）实行变压器的经济运行

1. 组织变电所内变压器的经济运行

为了提高供电的可靠性和适应负荷发展的需要，通常在变电所安装两台（少数变电所可能安装两台以上）同容量的变压器。可根据变电所负荷的变化情况，合理投入变压器的运行台数，以减少功率损耗。

当变电所总负荷为 S 时，n 台同容量、同型号的变压器并联运行时的总功率损耗为

$$\Delta P_n = n\Delta P_0 + \Delta P_k \left(\frac{S}{nS_N}\right)^2 = n\Delta P_0 + \frac{\Delta P_k}{n}\left(\frac{S}{S_N}\right)^2$$

式中，S_N、ΔP_0、ΔP_k 分别为一台变压器的额定容量、空载损耗和短路损耗。

由上式可知，空载损耗与台数成正比，短路损耗与台数成反比。当变压器轻载运行时，绕组损耗所占比重相对减小，铁心损耗的比重相对增大。因此，在某一负荷下，减少变压器运行的台数，就能降低变压器总的功率损耗。或者说，可以找到一个临界负荷值，该负荷能使 n 台变压器运行与 $n-1$ 台变压器运行时的功率损耗相等。

$n-1$ 台变压器并联运行时的总功率损耗为

$$\Delta P_{n-1} = (n-1)\Delta P_0 + \frac{\Delta P_k}{n-1}\left(\frac{S}{S_N}\right)^2$$

令 $\Delta P_n = \Delta P_{n-1}$，然后再解出 S，即为临界负荷 S_{cr}，有

$$S_{cr} = S_N \sqrt{n(n-1)\frac{\Delta P_0}{\Delta P_k}} \tag{7-45}$$

当变电所负荷 $S > S_{cr}$ 时，n 台变压器的运行损耗较小；当 $S < S_{cr}$ 时，$n-1$ 台变压器的运行损耗较小。

应该指出，上述分析只是从减少功率损耗的角度决定变压器运行的台数，实际运行时不能完全按临界负荷投切变压器。如果变电所只有两台变压器而要切除一台时，必须有相应的措施保证供电的可靠性。另外，对于剧烈变化的负荷，如果按照临界负荷切变压器，不仅会使断路器因操作频繁而增加检修次数，而且会影响电力系统的稳定运行。

2. 降低配电变压器的电能损耗

配电变压器在配电网中不但损耗比重大，而且数量多。因此，降低配电变压器的电能损耗对降低电力网的线损意义重大。降低配电变压器电能损耗的措施主要有以下几种。

1）淘汰高损耗的配电变压器，采用新型的低损耗配电变压器。

2）停用空负荷配电变压器。有些配电变压器全年负荷差别很大，有时负荷很重，有时负荷很轻。应及时停用那些接近轻负荷或空负荷的配电变压器，如农业排灌和季节性生产用电的配电变压器等。

3）加装低压电容器。对于功率因数较低的配电变压器，宜在低压电力网加装低压电容器，以减少通过配电变压器的功率，从而减少其功率损耗。

4）合理配置配电变压器的容量。变压器取用的无功功率与异步电动机相似，提高其负荷系数，就可提高功率因数，从而降低其电能损耗。

（五）合理确定电力网的运行电压水平

当电力网的运行电压在元件额定电压附近的允许范围内变化时，并不影响电气设备的正常工作。提高电力网运行的电压水平，电力网的变动损耗减少，固定损耗增加；降低电力网的运行电压水平时，固定损耗减少，变动损耗增加。因为变动损耗与运行电压的二次方成反比，而固定损耗大致与运行电压的二次方成正比。

对于10kV及以下的配电网，变压器的空负荷损耗约占总损耗的 $60\% \sim 80\%$。因为小容量变压器的空负荷电流较大，负荷率又较低，变压器有许多时间处于轻负荷状态。对于这类电力网，应适当降低运行电压，以减少电能损耗。

对于 $35 \sim 220$kV的电力网，变动损耗占总损耗的 50% 以上，对于这类电力网，应适当提高运行电压，以减少线损。

对于330kV及以上的电力网，由于电晕和绝缘泄漏损耗较大，可能大于变动损耗。因此，对这类电力网应该进行研究和实测，以确定不同负荷、不同气象条件下的合理运行电压水平。

（六）合理调整和平衡负荷，提高负荷率

合理调整电力系统的负荷，减小它的波动幅度，使其平稳运行，不但可以使设备得到充分利用，还可以降低线损。现以图7-13对其进行说明。图7-13是某线路的两条日负荷电流曲线，图7-13a所示曲线变化平稳，图7-13b所示曲线变化剧烈，两条线路的输送电量相同。

线路以图7-13a所示负荷曲线运行一天产生的电能损耗为

$$\Delta A = 3I_0^2 R \times 24 \times 10^{-3}$$

线路以图7-13b所示负荷曲线运行一天产生的电能损耗为

$$\Delta A' = 3[(I_0 + \Delta I)^2 + (I_0 - \Delta I)^2] R \times 12 \times 10^{-3} = 3[I_0^2 + (\Delta I)^2] R \times 24 \times 10^{-3}$$

显然 $\Delta A' > \Delta A$，由此可见，线路中的负荷变化大，负荷率低，电能损耗就大。

在低压电力网中，经常会出现三相负荷不平衡的情况，不平衡负荷电流会增加线路和配电变压器的电能损耗。在运行中，要经常测量配电变压器和部分主干线路的三相电流，以便做好三相负荷的平衡工作，减少电能损耗。

（七）合理安排检修，尽量实行带电作业

电力网正常运行时的接线方式一般是比较安全和经济合理的。但设备检修时，正常运行方式被改变，改变后的接线方式不但会降低运行的可靠性，而且会使线损增加。因此，设备检修要做到有计划性，要提高检修质量。同时，应尽量缩短检修时间，或者实行带电完成检修任务，以减少线损。

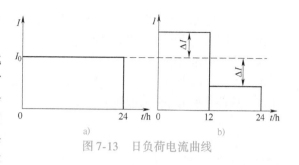

图 7-13 日负荷电流曲线

（八）加强电力网的维护工作

电力网在运行中可能由于带电设备绝缘不好而产生漏电损耗，这种损耗可通过加强电力网的维护工作来降低。主要措施有以下几种。

1）定期清扫线路、变压器及断路器等的绝缘子和绝缘套管。

2）经常剪除与线路导线相碰的树枝。

3）注意清除鸟巢等异物。

4）在线路检修和施工过程中，注意导线接头的质量，以减少因接头电阻过大所引起的损耗。

另外，积极推广应用新技术、新设备、新材料和新工艺，依靠科技进步降低电能损耗。

课题三 发电厂的经济运行

发电厂的经济运行与电力网的经济运行一样，也是电力系统经济运行的重要方面。它主要有两个内容：一是有功功率电源的最优组合；二是有功功率负荷在运行机组间的最优分配。

有功功率电源的最优组合，是指系统中发电机组的合理组合，也就是机组的合理开停。它的主要任务是确定机组的最优组合顺序、机组的最优组合数量和机组的最优开停时间。有功功率电源的最优组合涉及的是系统中冷备用容量的合理分配问题。

有功功率负荷的最优分配，是指电力系统有功负荷在各个运行发电机组间的合理分配，也就是电力系统的经济调度，它涉及的是系统中热备用容量的合理分配问题。

一、各类发电厂的运行特点和合理组合

目前，电力系统中的电厂主要有火力发电厂、水力发电厂和核能发电厂三大类。下面先介绍其运行特点，然后讨论它们的合理组合问题。

（一）各类发电厂的运行特点

1. 火力发电厂

火力发电厂的特点：火力发电厂的运行需要消耗燃料；火力发电设备的效率和有功功率出力的调节范围与蒸汽参数有关，其中高温高压设备的效率高，但可灵活调节的范围小，中温中压设备的效率较低，但可灵活调节的范围稍大，低温低压设备的效率最低，一般不用于调频；火力发电厂的出力受锅炉、汽轮机最小负荷的限制，锅炉的技术最小负荷约为额定负荷的 25%～70%；汽轮机的技术最小负荷约为额定负荷的 10%～15%；机组的投入和退出费时，且消耗能量多。

带有热负荷的热电厂的技术最小负荷取决于热负荷的大小，与热负荷相对应的输出功率是不可调节的强迫功率。热电厂的效率要高于一般的凝汽式火力发电厂。

2. 水力发电厂

水力发电厂的特点：水力发电厂的运行不需要消耗燃料；水轮机有一个技术最小负荷，水轮

机的调节范围较大；水力发电厂的运行受水库调节性能的影响，有调节水库的水力发电厂的运行方式由水库调度确定，无调节水库的水力发电厂发出的功率由河流的天然流量决定；水轮机组的起停快，操作简单。

水力发电厂的水库一般还兼有防洪、航运及灌溉等多种功能，因此必须向下游释放一定的水量，与这部分水量相对应的功率也是强迫功率。

3. 核能发电厂

核能发电厂一次性投资大，但运行费用小，其技术最小负荷取决于汽轮机；核反应堆和汽轮机的投入和退出费时且消耗能量多，还比较容易损坏设备。

（二）各类发电厂的合理组合

在安排各类发电厂的发电任务时，应根据它们的运行特点，本着合理利用动力资源的原则，实现有功功率电源的最优组合。

1）无调节水库的水力发电厂的全部功率和有调节水库的水力发电厂的强迫功率应首先投入。对于有调节水库的水力发电厂，在丰水期，因水量充足，应让它带稳定负荷，由中温中压凝汽式火力发电厂来带变动负荷，即担负调频任务；在枯水期，因水量较少，应让它带变动负荷。

2）核能发电厂由于运行费用小且起停费时，适宜带稳定负荷。

3）对于火力发电厂来说，热电厂和高温高压凝汽式火力发电厂都应带稳定负荷，效率较低的中温中压火力发电厂可带稳定负荷，也可带变动负荷。

各类发电厂在电力系统日负荷曲线上的位置如图7-14所示。

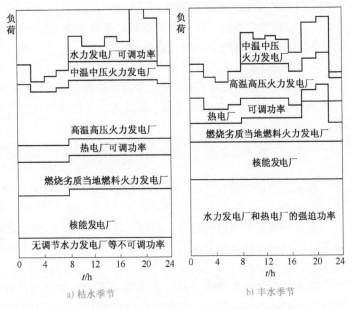

a) 枯水季节   b) 丰水季节

图7-14 各类发电厂在电力系统–负荷曲线中的位置

二、火力发电厂发电机组间有功负荷的最优分配

不同发电机组的煤耗率是有区别的，因此，系统发电机组经济运行的实质就是合理安排发电机组的发电功率，使其总的燃料消耗量最少。由于无功功率对燃料消耗量的影响很小，所以只考虑有功功率对燃料的影响问题。

1. 耗量特性与耗量微增率

发电机组单位时间内消耗的能源与输出有功功率的关系，即发电机组单位时间输入与输出的关系，称为耗量特性。这种关系常用曲线表示出来，如图7-15所示，纵坐标表示单位时间内消耗的燃料 F（t标准煤/h）或消耗的水量 W（m³/h），横坐标为电功率 P_G（kW）。

耗量特性曲线上某一点切线的斜率称为该点的耗量微增率，用 λ 表示。它表示在该点运行时，单位时间内输入能量微增量与输出功率微增量的比值，用数学式表示为

$$\lambda_i = \frac{\mathrm{d}F_i}{\mathrm{d}P_i} \tag{7-46}$$

式中，λ_i 为发电机能源耗量微增率（$i = 1, 2, \cdots, n$）。

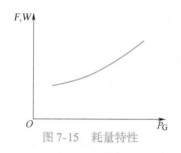

图 7-15　耗量特性

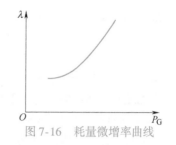

图 7-16　耗量微增率曲线

反映发电机能源耗量微增率 λ 与输出有功功率 P_G 之间关系的曲线，称为耗量微增率曲线，如图 7-16 所示。横坐标表示发电机的输出有功功率，纵坐标表示耗量微增。该曲线由耗量特性曲线上各点切线的斜率绘出。

2. 等微增率准则

电力系统各发电机组按相等的能源耗量微增率分配系统负荷时，系统总的能源消耗量最小，这就是等微增率准则。即当系统发电功率 ΣP 一定时，若 $\lambda_1 = \lambda_2 = \cdots = \lambda_n$，则系统总的能源消耗量 ΣF 最小。

下面以仅有两台发电机组并联运行的系统为例说明等微增率准则。已知两台发电机组的能源耗量函数分别为 $F_1 = f(P_1)$、$F_2 = f(P_2)$，其曲线如图 7-17 所示。

当两台发电机组有功负荷的分配点在 A' 时，即第一台机组分配的有功负荷 $P_1' = \overline{OA'}$ 时，其能源耗量为 $\overline{A'B_1'}$；第二台机组分配的有功负荷 $P_2' = \overline{O'A'}$ 时，其能

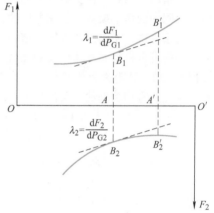

图 7-17　两台机组并联运行的能源耗量曲线

源耗量为 $\overline{A'B_2'}$。所以，由图可知，总的能源耗量为 $\overline{B_1'B_2'}$，此时，两台机组的耗量微增率 $\lambda_1 \neq \lambda_2$。

但当两台发电机组有功负荷的分配点在 A 时，即第一台机组分配的有功负荷为 $P_1 = \overline{OA}$ 时，其能源耗量为 $\overline{AB_1}$，第二台机组分配的有功负荷 $P_2 = \overline{O'A}$ 时，其能源耗量为 $\overline{AB_2}$，总的能源耗量为 $\overline{B_1B_2}$，此时，两台机组的耗量微增率 $\lambda_1 = \lambda_2$。

比较 A、A' 两种机组有功负荷的分配情况可知，当 $\lambda_1 = \lambda_2$ 时，显然 $\overline{B_1B_2} < \overline{B_1'B_2'}$，即两台机组在发出总的有功负荷不变的情况下，当两台机组的能源耗量微增率相等时，总的能源耗量最少。

按等微增率分配准则分配发电机组间的有功负荷时，可采用图解法。对具有 n 台发电机组的电力系统，用图解法求解各机组经济有功负荷的步骤如下。

1）根据运行记录作出每台发电机组及电力系统的耗量特性曲线。

2）根据各耗量特性曲线作出相应的耗量微增率曲线，如图 7-18 所示。

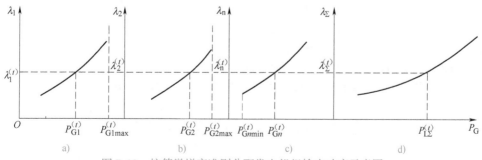

图 7-18　按等微增率准则分配发电机组输出功率示意图

3）如果在 t 时刻，系统总负荷为 $P_{L\Sigma}^{(t)}$，在图7-18d中查出 $\lambda_{\Sigma}^{(t)}$。根据等微增率准则，有

$$\lambda_1^{(t)} = \lambda_2^{(t)} = \cdots = \lambda_n^{(t)} = \lambda_{\Sigma}^{(t)}$$

4）在图7-18a所示的耗量微增率曲线上，由 $\lambda_1^{(t)}$ 找出对应值 $P_{G1}^{(t)}$；在图7-18b中的曲线上，由 $\lambda_2^{(t)}$ 找出对应值 $P_{G2}^{(t)}$；其余类推，则 $P_{G1}^{(t)}$、$P_{G2}^{(t)}$、$\cdots$、$P_{Gn}^{(t)}$ 即分别为各机组在 t 时刻应输出的经济功率。

5）根据上述方法就可得到一天24h内不同时刻发电机组的经济输出功率，据此就可绘制各机组按等微增率运行的日负荷曲线。

在图7-18中，P_{G1max}、P_{G2max} 分别为1、2号发电机组的最大输出功率限值，P_{Gnmin} 为 n 号机组的最小输出功率限值。当按照等微增率准则求出的某发电机组应发经济功率高于其上限值 P_{Gimax} 或低于其下限值 P_{Gimin} 时，该发电机组的功率只能取其上限值或下限值。

应该指出，在分配各发电机组的经济输出功率时，除要遵循等微增率这一基本准则外，还要考虑电力网中的功率损耗、各发电厂的燃料品质及运输费用等因素。在有水力发电厂、火力发电厂并存的系统中，还应该把水耗微增率换算成等值的燃料微增率，然后再参与分配。实际上，电力系统中各发电机组间有功负荷的经济分配是一项复杂且系统性较强的工作。

【例7-4】 某电力系统的总负荷为700MW，由三个并联运行的火力发电厂供给。各发电厂的耗量特性及有功功率约束条件如下：

$$F_1 = 4 + 0.3P_{G1} + 0.0007P_{G1}^2 \qquad 100\text{MW} \leqslant P_{G1} \leqslant 200\text{MW}$$

$$F_2 = 3 + 0.32P_{G2} + 0.0004P_{G2}^2 \qquad 120\text{MW} \leqslant P_{G2} \leqslant 250\text{MW}$$

$$F_3 = 3.5 + 0.3P_{G3} + 0.00045P_{G3}^2 \qquad 150\text{MW} \leqslant P_{G3} \leqslant 300\text{MW}$$

试确定各发电厂的经济有功负荷（不计线损的影响）。

解：（1）各发电厂的耗量微增率为

$$\lambda_1 = 0.3 + 0.0014P_{G1}$$

$$\lambda_2 = 0.32 + 0.0008P_{G2}$$

$$\lambda_3 = 0.3 + 0.0009P_{G3}$$

根据等微增率准则，令 $\lambda_1 = \lambda_2 = \lambda_3$，可得

$$P_{G2} = 1.75P_{G1} - 25$$

$$P_{G3} = 1.56P_{G1}$$

（2）计算各电厂的经济有功负荷。因为系统总负荷为700MW，所以有

$$P_{G1} + P_{G2} + P_{G3} = 700\text{MW}$$

用 P_{G1} 表示的 P_{G2}、P_{G3} 代入上式，可得

$$P_{G1} + 1.75P_{G1} - 25 + 1.56P_{G1} = 700\text{MW}$$

由此解得 $P_{G1} = 168.2\text{MW}$，进而求出 $P_{G2} = 269.4\text{MW}$，$P_{G3} = 262.4\text{MW}$。

显然，$P_{G2} = 269.4\text{MW} > 250\text{MW}$，已超其上限，故应取 $P_{G2} = 250\text{MW}$，剩余的450MW再由电厂1和3按等微增率准则进行分配。这时有

$$\left.\begin{array}{l} P_{G1} + P_{G3} = 450 \\ 0.3 + 0.0014P_{G1} = 0.3 + 0.0009P_{G3} \end{array}\right\}$$

解得 $P_{G1} = 175.78\text{MW}$，$P_{G3} = 274.22\text{MW}$ 都在它们的限值内。

按等微增率准则分配给各发电厂的经济有功负荷是

$$P_{G1} = 175.78\text{MW}, \quad P_{G2} = 250\text{MW}, \quad P_{G3} = 274.22\text{MW}$$

课题四　电力线路导线截面积的选择

导线是电力线路的主要元件，它在线路总投资中所占比重较大。选择导线截面积必须考虑

技术和经济方面的要求。如果选择的导线截面积过大，则会增加线路的投资费用及有色金属的消耗量；如果选择的导线截面积过小，则会增加电能损耗及电压损耗。因此，合理选择导线的截面积，对提高电力网的技术合理性和运行经济性都具有十分重要的意义。

一、选择导线截面积的基本原则

1. 保证供电的安全性

保证电力线路供电安全运行主要有以下两个方面的要求。

1）导线有足够的机械强度。架空线路的导线要承受各种机械负荷，如导线的自重、风压及覆冰等，这就要求导线截面积不能太小，否则就难以保证应有的机械强度。为此，对各类架空线路都规定了按机械强度要求的最小允许截面积。

对于跨越铁路、公路、通航河流、通信线路及居民区等的架空线路，其导线截面积不得小于 35mm^2；对于通过其他地区的各类架空线路的导线截面积，按机械强度的要求，不得小于表 7-4 中所规定的数值。

表 7-4　导线的最小允许截面积（mm^2）或直径（mm）（按机械强度条件）

导线种类		线路等级		
导线结构	导线材料	I	II	III
单股线	铜	不许使用	10	
	钢、铁	不许使用	$\phi3.5$	$\phi3.2$
	铝及铝合金	不许使用	不许使用	
多股线	铜	16	10	6
	钢、铁	16	10	10
	铝及铝合金	25	16	16

注：35kV 以上线路为 I 类线路；1～35kV 的线路为 II 类线路；1kV 以下的线路为 III 类线路。

2）导线长期通过负荷电流时的最高温度不超过规定的允许值。导线通过电流时会产生电能损耗，使导线温度升高，并与导线周围介质形成温差，于是导线向周围介质散发热量。当导线向外界散发的热量等于同时间内自身产生的热量时，导线的发热与散热达到动态平衡，这时导线的温度不再升高而维持在某一定值上。通过导线的电流越大，这一定值温度也就越高。因此，导线在运行中的最高温度与导线通过的电流大小有关。

对于架空电力线路，若导线温度过高，会使导线接头连接处氧化加剧，从而增加接触电阻，致使连接处的温度进一步上升，可能会引起强烈发热，这将导致导线在连接处被烧断以致造成事故；另外，导线温度过高还会使架空导线弧垂加大，从而使导线的对地距离或与被跨越物的安全距离不够而导致严重的后果。对于电缆线路和室内绝缘线路，若导线温度过高，则会加速绝缘材料老化，严重时还会引起火灾。因此，必须规定导线在运行时的最高允许温度。对于铝导线、铝合金导线及钢芯铝导线，在正常运行情况下，导线的最高温度不能超过70℃，事故情况下不能超过90℃。

根据导线允许的最高温度，用导线达到定值温度时发热与散热相等的热平衡方程式可计算出导线长期允许通过的电流。热平衡方程式为

$$I^2 R = K_S S_S (\theta_m - \theta_0)$$

于是

$$I = \sqrt{\frac{K_S S_S (\theta_m - \theta_0)}{R}} \tag{7-47}$$

式中，I 为导线长期允许通过的最大电流（A）；R 为导线在最高温度 θ_m 时的电阻（Ω）；K_S 为散

热系数$[W/(cm^2·℃)]$，可通过试验求得；S_S为导线的散热面积（cm^2）；θ_m为导线最高允许温度($℃$)；θ_0为导线周围介质温度($℃$)。

2. 保证供电电压质量

对没有特殊调压措施的地方电力网，为了保证供电电压质量，一般都规定了网络允许的电压损耗。导线截面积的选择，必须满足允许电压损耗的要求。

3. 保证电力网的经济性

作为电力线路中最主要元件的导线，其截面积选择的恰当与否将直接关系到电力网的经济性。

4. 电力线路在正常情况下不发生全面电晕

当电力线路运行电压超过电晕临界电压时，线路将产生电晕。电晕要消耗有功功率，且电晕放电还会干扰无线通信。因此，在设计线路时，应避免架空线路在晴天出现全面电晕。避免发生电晕的有效措施是增大导线半径。对于一定电压等级的线路，当导线的半径达到或超过一定数值时，可以避免线路发生电晕。线路在晴天不会出现全面电晕的导线最小直径和相应的导线型号见表2-1。

对于60kV及以下电压等级的线路，因导线表面场强度较低，一般在晴天不会出现全面电晕，故不必校验电晕；而对于110kV及以上电压等级的线路，则需按电晕条件校验所选的导线截面积。

二、按经济电流密度选择导线截面积

1. 经济电流密度

根据经济条件选择导线截面积，有相互矛盾的两个方面：①从降低功率损耗及电能损耗的角度出发，希望导线截面积越大越好；②从减少线路初次投资和节约有色金属的角度出发，则希望导线截面积越小越好。因此，在选择导线截面积时，必须综合考虑各方面的因素，找出一个既满足技术要求，又在使用期限内综合费用最小，符合国家总的经济利益的导线截面积，该截面积称为经济截面积。对应于经济截面积的电流密度称为经济电流密度，用J表示。

经济电流密度受诸多因素的影响，如发电成本、售电价及导线价格等，因此，它随各国家各个时期经济条件的不同而有所不同。我国现行的经济电流密度见表7-5。

表7-5　导线和电缆的经济电流密度$J(A/mm^2)$

线路类别	导线材料	年最大负荷利用时间/h		
		3000以下	3000~5000	5000以上
架空线路	铝	1.65	1.15	0.90
	铜	3.00	2.25	1.75
电缆线路	铝	1.92	1.73	1.54
	铜	2.50	2.25	2.00

2. 按经济电流密度选择导线截面积的步骤

1)计算导线的经济截面积。按最大负荷方式计算电力网的潮流分布，求出各段线路正常工作时通过的最大负荷电流I_{max}及各段线路的最大负荷利用时间T_{max}，再根据导线所用的材料查出经济电流密度J，则可按下式求得导线的经济截面积，即

$$S = \frac{I_{max}}{J} \tag{7-48}$$

式中，S为导线的经济截面积（mm^2）；I_{max}为计算年限内通过导线的最大负荷电流（A）；J为经济电流密度（A/mm^2）。

在计算导线通过的正常最大负荷电流时，电力负荷一般考虑线路投运后5~10年的发展远景。因为电力负荷是逐年增长的，如果把计算年限选择得太短，则可能在电力网建成后不久，传输容量

超过计算值，造成之后长时间的不经济运行；相反，如果把计算年限选择得过长，则会增加电力网建设的初次投资，同样也会使电力网运行不经济。因此，计算年限一般按 5～10 年考虑。

2）根据计算出的经济截面积值选择最接近它的标准截面积。当计算出的经济截面积介于两标准截面积之间时，标准截面积一般应取较大值。

3）用其他条件校验所选择的导线截面积。对于 35kV 及以下电压等级的线路来说，需进行机械强度、发热及电压损耗的校验。所选导线的标准截面积应大于机械强度要求的最小允许截面积；导线可能通过的最大电流必须小于导线长期允许通过的最大电流；导线在运行时的实际电压损耗不大于配电线路所规定的允许电压损耗。

对于 110kV 及以上电压等级的线路来说，需进行机械强度、发热及电晕的校验。机械强度及发热的校验同上所述；电晕校验应满足的条件是，所选择的标准截面积不小于相应线路不必验算电晕的最小导线截面积。

【例 7-5】 如图 7-19 所示，有一额定电压为 220kV 的双回输电线路，线路长度为 200km，近十年内的最大负荷为 200MW，负荷功率因数 $\cos\varphi = 0.85$，最大负荷利用时间 $T_{max} = 6000h$，线路采用钢芯铝绞线，试按经济电流密度选择导线截面积。

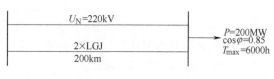

图 7-19 例 7-5 图

解：（1）计算导线的经济截面积并选择标准截面积。

每回线路输送的最大负荷电流为

$$I = \frac{P}{2\sqrt{3}\,U_N\cos\varphi} = \frac{200000}{2\times\sqrt{3}\times 220\times 0.85}A = 308.7A$$

由 $T_{max} = 6000h$，查表 7-5 得经济电流密度 $J = 0.9A/mm^2$。

因此，每回导线的经济截面积为

$$S = \frac{I}{J} = \frac{308.7}{0.9}mm^2 = 343mm^2$$

选择钢芯铝绞线 LGJ-400。

（2）校验所选择的导线。

1）机械强度校验：根据表 7-4 可知，所选导线截面积大于机械强度要求的最小截面积 $25mm^2$，故机械强度满足要求。

2）电晕校验：所选导线截面积大于 220kV 线路不必验算电晕的最小截面积 $240mm^2$，故线路不会发生全面电晕。

3）发热校验：双回线路应按断开一回线路后负荷全部转移到另一回线路的情况校验发热。查相关资料可得 LGJ-400 导线长期允许通过的电流为 835A，其值大于全部负荷电流（$2\times308.7A = 617.4A$），故满足发热要求。

【例 7-6】 有一额定电压为 10kV 的架空线路，接线如图 7-20a 所示。采用铝绞线架设，干线截面积相同，线路几何平均距离为 1m。线路长度及各点负荷均标在图中，最大负荷利用时间 $T_{max} = 3000h$，线路允许电压损耗为额定电压的 5%，试按经济电流密度选择干线 Ac 及支线 bd 的导线截面积。

解：（1）作出该电力网的功率分布如图 7-20b 所示。由表 7-5 查出经济电流密度 $J = 1.15A/mm^2$。

（2）选择干线 Ac 的导线截面积。按线段 Ab 中的最大负荷电流选择干线 Ac 的截面积。

$$I_{Ab} = \frac{\sqrt{1160^2 + 774^2}}{\sqrt{3}\times 10}A = 80.5A$$

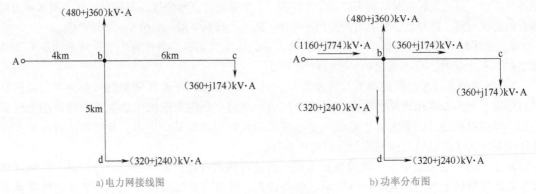

a) 电力网接线图　　　　　　　　　　b) 功率分布图

图 7-20　例 7-6 图

$$S_{Ab} = \frac{I_{Ab}}{J} = \frac{80.5}{1.15}\,mm^2 = 70\,mm^2$$

选择干线 Ac 的导线型号为 LJ-70，其单位长度阻抗 $r_1 + jx_1 = (0.46 + j0.345)\ \Omega/km$。

（3）选择支线 bd 的导线截面积。

$$I_{bd} = \frac{\sqrt{320^2 + 240^2}}{\sqrt{3} \times 10}\,A = 23.09\,A$$

$$S_{bd} = \frac{I_{bd}}{J} = \frac{23.09}{1.15}\,mm^2 = 20.08\,mm^2$$

选择支线 bd 的导线型号为 LJ-25，其单位长度阻抗 $r_1 + jx_1 = (1.28 + j0.377)\ \Omega/km$。

（4）校验。

1）机械强度校验：根据表 7-4 可知，所选导线截面积 $70\,mm^2$ 及 $25\,mm^2$ 均大于机械强度要求的最小允许截面积 $16\,mm^2$，故导线强度满足要求。

2）发热校验：LJ-70 导线的长期允许最大电流为 265A，其值大于干线 Ac 实际的最大负荷电流 80.5A，LJ-25 导线的长期允许最大电流为 135A，其值大于支线 bd 实际的最大负荷电流 23.09A，故满足发热条件。

3）电压损耗校验。

干线 Ac 的实际电压损耗为

$$\Delta U_{Ac} = (1160 \times 0.46 \times 4 + 774 \times 0.345 \times 4 + 360 \times 0.46 \times 6$$
$$+ 174 \times 0.345 \times 6) \div 10\,V = 455.63\,V$$

其值小于电力网的允许电压损耗（$5\% \times 10000V = 500V$）。

线路 Ad 的实际电压损耗为

$$\Delta U_{Ad} = (1160 \times 0.46 \times 4 + 774 \times 0.345 \times 4 + 320 \times 1.28 \times 5$$
$$+ 240 \times 0.377 \times 5) \div 10\,V = 570.3\,V$$

其值大于允许电压损耗 500V，应将支线 bd 的截面积加大一级，并重新校验 Ad 段线路的电压损耗。选支线 bd 为 LJ-35，其单位长度阻抗 $r_1 + jx_1 = (0.92 + j0.366)\ \Omega/km$，此时线路 Ad 的实际电压损耗为

$$\Delta U_{Ad} = (1160 \times 0.46 \times 4 + 774 \times 0.345 \times 4 + 320 \times 0.92 \times 5$$
$$+ 240 \times 0.366 \times 5) \div 10\,V = 511.4\,V$$

其值仍然大于允许电压损耗，应将支线 bd 的截面积再加大一级，选为 LJ-50，其单位长度阻抗 $r_1 + jx_1 = (0.64 + j0.355)\ \Omega/km$，此时线路 Ad 的实际电压损耗为

$$\Delta U_{Ad} = (1160 \times 0.46 \times 4 + 774 \times 0.345 \times 4 + 320 \times 0.64 \times 5$$

$$+ 240 \times 0.355 \times 5) \div 10V = 465.3V$$

其值小于允许电压损耗 500V，满足电压损耗的要求。

因此，干线 Ac 选 LJ-70，支线 bd 选 LJ-50。

三、按允许电压损耗选择导线截面积

在城市配电网和农村电力网中，电力线路的导线截面积一般按允许电压损耗来选择。其原因是：一方面，在地方电力网中一般没有特殊的调压设备，只有依靠适当的导线截面积来保证电力线路的电压损耗不超出允许值，从而保证各用户端的电压偏差在允许范围之内；另一方面，地方电力网导线的电阻较大，也有可能通过选择适当的导线截面积来降低电能损耗。

图 7-21 为一接有 n 个负荷的开式地方网，各段线路导线截面积相同，此电力网的电压损耗为

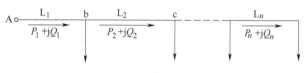

图 7-21　开式地方电力网

$$\Delta U = \frac{\sum_{i=1}^{n}(P_i R_i + Q_i X_i)}{U_N} = \frac{\sum_{i=1}^{n} P_i R_i}{U_N} + \frac{\sum_{i=1}^{n} Q_i X_i}{U_N} = \Delta U_R + \Delta U_X \tag{7-49}$$

$$\Delta U_R = \frac{\sum_{i=1}^{n} P_i R_i}{U_N} = \frac{\rho \sum_{i=1}^{n} P_i l_i}{S U_N} \tag{7-50}$$

$$\Delta U_X = \frac{\sum_{i=1}^{n} Q_i X_i}{U_N} \tag{7-51}$$

式中，P_i、Q_i 分别为各段线路中通过的有功、无功功率（kW、kvar）；U_N 为线路的额定电压（kV）；R_i、X_i 为各段线路的电阻、电抗（Ω）；ΔU_R、ΔU_X 分别为线路电阻、电抗中的电压损耗（V）；l_i 为各段线路的长度（km）；ρ 为导线的电阻率（$\Omega \cdot mm^2/km$）；S 为导线的截面积（mm^2）。

因导线截面积的变化对导线单位长度电抗值的影响很小，且对于由架空线路构成的地方网，线路单位长度的电抗值一般在 $0.35 \sim 0.42\Omega/km$。因此，通常可以对某一电压等级的线路在此范围取一个电抗值，然后由式(7-51) 计算出线路电抗上的电压损耗 ΔU_X，进而求出电阻上的电压损耗，有

$$\Delta U_R = \Delta U_y - \Delta U_X \tag{7-52}$$

式中，ΔU_y 为线路允许的电压损耗（V）。

根据式(7-50) 可写出求取导线截面积的计算公式，即

$$S = \frac{\rho \sum_{i=1}^{n} P_i l_i}{\Delta U_R U_N} \tag{7-53}$$

按式(7-53) 算出导线截面积以后，选择一个与之相近的标准截面积，然后用机械强度、发热条件及电压损耗加以校验。如果以上条件都满足，则所选导线截面积合适；如果有条件不满足，则应将导线截面积选大一级重新校验，直至以上条件都满足为止。

需要指出的是：在进行电压损耗校验时，应该用所选用的标准截面积导线的实际阻抗计算线路电压损耗，而不能用假设的电抗计算。

按照线路给定的允许电压损耗选择导线截面积的基本步骤可概括如下：

1）不计功率损耗作出电力网的功率分布。

2）在 $0.35 \sim 0.42\Omega/km$ 之间假设一线路单位长度电抗值 x_1，然后按式(7-51) 计算出线路电抗中的电压损耗 ΔU_X。

3）根据给定的允许电压损耗按式(7-52)算出电阻中的电压损耗 ΔU_R。

4）由式(7-53)计算出导线截面积 S，然后选择一个最接近计算截面积的标准截面积。

5）校验所选择的导线是否满足机械强度、发热条件及电压损耗条件。

【例 7-7】 有一额定电压为 10kV 的开式地方网，导线采用铝绞线，几何平均距离为 1m，全线路采用同一截面积的导线，线路允许电压损耗为 5%，各点负荷及各段线路的长度均在图 7-22 中标出。试按允许电压损耗选择导线截面积。

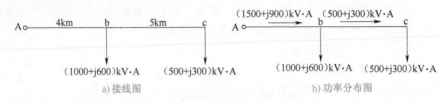

图 7-22　例 7-7 图

解：（1）不计线路功率损耗作出电力网的功率分布，如图 7-22b 所示。

（2）设线路单位长度电抗 $x_1 = 0.38\Omega/\mathrm{km}$，则线路电抗中的电压损耗为

$$\Delta U_X = \frac{\sum_{i=1}^{n} Q_i X_i}{U_N} = \frac{900 \times 0.38 \times 4 + 300 \times 0.38 \times 5}{10}\mathrm{V} = 193.8\mathrm{V}$$

（3）计算线路电阻中的电压损耗。线路允许的电压损耗为

$$\Delta U_y = 5\% U_N = 0.05 \times 10000\mathrm{V} = 500\mathrm{V}$$

线路电阻中的电压损耗为

$$\Delta U_R = \Delta U_y - \Delta U_X = (500 - 193.8)\mathrm{V} = 306.2\mathrm{V}$$

（4）线路导线截面积为

$$S = \frac{\rho \sum_{i=1}^{n} P_i l_i}{\Delta U_R U_N} = \frac{31.5 \times (1500 \times 4 + 500 \times 5)}{10 \times 306.2}\mathrm{mm}^2 = 87.44\mathrm{mm}^2$$

选择导线型号为 LJ-95，其单位长度阻抗 $r_1 + jx_1 = (0.34 + j0.334)\ \Omega/\mathrm{km}$

（5）校验所选择的导线。

1）机械强度校验：所选导线截面积为 95mm^2，大于机械强度要求的最小允许截面积 16mm^2，故机械强度合格。

2）发热校验：查得 LJ-95 型导线的长期允许通过电流为 330A，而线路首端的最大负荷电流为

$$I_{Ab} = \frac{\sqrt{1500^2 + 900^2}}{\sqrt{3} \times 10}\mathrm{A} = 101\mathrm{A} < 330\mathrm{A}$$

故发热条件满足。

3）电压损耗校验：由于所选导线的标准截面积大于按允许电压损耗要求计算出的截面积，且 LJ-95 型导线的实际电抗 $x_1 = 0.334\Omega/\mathrm{km}$，小于计算中所取的电抗 $0.38\Omega/\mathrm{km}$，故线路的实际电压损耗必小于题目给定的允许电压损耗（不能直观判断时，需通过实际计算来比较），故电压损耗也满足要求。

因此，所选导线 LJ-95 合格。

对于选择导线截面积的具体方法，可归纳如下：

1）对于 110kV 及以上电压等级的电力线路，一般用经济电流密度选择导线截面积，然后用机械强度、发热及电晕三个条件加以校验。

2）对于 35kV 及以下电压等级的电力线路，若电压质量能得到保证，则可按经济电流密度

选择导线截面积；若电压质量得不到保证，则按允许电压损耗选择导线截面积，然后用机械强度、发热及电压损耗三个条件加以校验。

3）对于工厂电力网，架空线路导线一般用经济电流密度选择导线截面积，然后用机械强度、发热条件加以校验；电缆线路则按允许持续电流选择其导线截面积。

4）对于户内配电线路，一般用发热和电压要求两个条件选择导线截面积。

习 题

7-1 什么是最大负荷利用时间和最大功率损耗时间？它们有何联系和区别？

7-2 什么叫闭式网的自然功率分布和经济功率分布？

7-3 什么叫发电机组的耗量特性和耗量微增率？电力系统各机组分配有功负荷的经济准则是什么？

7-4 降低电力网电能损耗的技术措施有哪些？

7-5 为什么区域电力网及有特殊调压设备的地方网线路的导线截面积按经济电流密度选择？而没有特殊调压设备的地方网线路的导线截面积按允许电压损耗选择？

7-6 某用户用电的年有功持续负荷曲线如图 7-23 所示。试求：

（1）全年平均负荷；

（2）全年消耗的电量；

（3）最大负荷利用时间。

7-7 有一条 110kV 的输电线路，长度为 120km，线路的单位长度参数为：$r_1 = 0.17\Omega/\mathrm{km}$，$x_1 = 0.406\Omega/\mathrm{km}$，$b_1 = 2.82 \times 10^{-6}\mathrm{S/km}$。线路末端最大负荷为（32 + j20）MV·A，$T_{\max} = 4500\mathrm{h}$，求线路全年的电能损耗。

7-8 有一电力网末端负荷的年有功持续负荷曲线如图 7-24 所示，已知电力网额定电压 $U_\mathrm{N} = 10\mathrm{kV}$，线路电阻 $R = 8\Omega$，平均功率因数 $\cos\varphi = 0.85$，试计算该电力网全年的电能损耗。

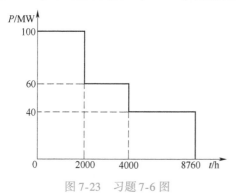

图 7-23 习题 7-6 图   图 7-24 习题 7-8 图

7-9 两台 SJL1-2000/35 型变压器并联运行，每台变压器的 $\Delta P_0 = 4.2\mathrm{kW}$，$\Delta P_k = 24\mathrm{kW}$，试根据负荷功率的变化合理安排变压器的运行方式。

7-10 两个火力发电厂并联运行，其燃料耗量特性及有功功率约束条件如下：

$$F_1 = 4 + 0.3P_{G1} + 0.0008P_{G1}^2 \qquad 200\mathrm{MW} \leqslant P_{G1} \leqslant 300\mathrm{MW}$$
$$F_2 = 3 + 0.33P_{G2} + 0.0004P_{G2}^2 \qquad 340\mathrm{MW} \leqslant P_{G2} \leqslant 560\mathrm{MW}$$

若系统总负荷为 850MW，试确定不计网络功率损耗时各发电厂负荷的经济分配。

7-11 有一 220kV 的架空电力线路，输送的最大负荷为 180MW，功率因数为 0.9，最大负荷利用时间为 5500h，采用钢芯铝绞线架设，试确定其导线截面积。

7-12 有一额定电压为 10kV 的架空线路，采用铝绞线架设，线间几何平均距离为 1m。各段线路长度及各点负荷均标于图 7-25 中，负荷的功率因数为 0.8，干线 Ad

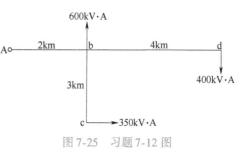

图 7-25 习题 7-12 图

用同一截面积的导线，允许电压损耗为5%，试按允许电压损耗选择干线 Ad 的导线截面积。

7-13 选择题（将正确的选项填入括号中）

1. 所谓电力网的线损率是指（　　）。
   A. 线损电量/供电量 　　　　　　　　B. 线损电量/用电量
   C. 线损电量/发电量 　　　　　　　　D. 线损电量/售电量

2. 按经济电流密度选择导线截面积后，需要校验的内容为（　　）。
   A. 导线的发热校验 　　　　　　　　B. 导线电晕校验
   C. 导线机械强度的校验 　　　　　　D. 导线电压损耗校验

3. 下列措施中，（　　）可以降低电力网线损。
   A. 改变负荷率 　　　　　　　　　　B. 提高用户的功率因数
   C. 超高压线路并联电抗器 　　　　　D. 配电网长线路串联电容器补偿

4. 所谓闭式环网的经济运行，即（　　）。
   A. 线路功率按电阻成正比分配 　　　B. 线路功率按电阻成反比分配
   C. 线路功率按阻抗成正比分配 　　　D. 线路功率按阻抗成反比分配

5. 电力系统火电厂之间有功功率按（　　）原则分配最经济。
   A. 机组容量比例分配 　　　　　　　B. 耗量等微增率分配
   C. 与负荷的远近分配 　　　　　　　D. 厂用电率高低分配

6. 所谓电力网的线损，包括（　　）。
   A. 线路有功损耗 　　　　　　　　　B. 变压器有功损耗
   C. 线路有功和无功损耗 　　　　　　D. 变压器有功和无功损耗

7. 所谓火力发电机组的耗量微增率即（　　）。
   A. 单位时间内，发电机组功率微增量/煤耗量微增量
   B. 单位时间内，发电机组煤耗量微增量/功率微增量
   C. 发电机组煤耗量微增量/电量微增量
   D. 发电机组电量微增量/煤耗量微增量

8. 下列措施中，（　　）可以提高用户功率因数。
   A. 合理选择变压器、异步电动机的额定容量
   B. 在用户处装设并联无功补偿装置
   C. 提高检修变压器、异步电动机的工艺水平
   D. 在用户处并联电抗器

7-14 判断题（正确的在括号内打"√"，错误的打"×"）

1. 用户功率因数越高，电力网线损越低。（　　）
2. 超高压电力网线损主要由变压器产生。（　　）
3. 变压器铁损包括磁滞损耗和涡流损耗。（　　）
4. 变压器铜损包括一次绕组和二次绕组的有功损耗，负荷越大，铜损越大。（　　）
5. 在配电网线路中串联电容器或并联电容器补偿均可调整电压，降低线损。（　　）
6. 改变导线截面积对降低高压线路线损率和电压损耗效果都比较好。（　　）
7. 并联运行的发电机组之间，机组容量越大分配的功率越多，即称为经济运行。（　　）
8. 调整电力网的运行电压也是降低线损的有效措施之一。（　　）

第八单元 电力系统稳定运行

学习内容

本单元主要介绍电力系统稳定性的基本概念、同步发电机的功角特性和转子运动方程，介绍分析电力系统静态稳定性和暂态稳定性的方法及失去稳定性后系统振荡的特征，重点介绍提高静态稳定性和暂态稳定性的措施。

学习目标

- 理解电力系统稳定性的概念并了解其分类。
- 重点掌握同步发电机的功角特性。
- 理解电力系统静态稳定性和暂态稳定性的分析方法及失去稳定性后系统振荡的特征。
- 重点掌握静态稳定性和暂态稳定性的判据、提高静态稳定性和暂态稳定性的措施。

课题一 概 述

电力系统中所有同步发电机都是并列同步运行的，发电机同步运行是电力系统正常运行的重要标志。在同步运行的情况下，表征运行状态的主要参数基本稳定不变，通常称此情况为稳定运行状态。但是，在电力系统运行中，不可避免地会出现不同程度的扰动，如大容量负荷的正常投切、短路故障对系统的巨大冲击等，这些扰动都有可能影响系统的同步运行。

我国现行的 GB 38755—2019《电力系统安全稳定导则》对电力系统稳定性做出了相关规定。所谓电力系统的稳定性，是指电力系统受到扰动后保持稳定运行的能力。通常根据动态过程的特征、参与动作的元件及控制系统，将稳定性的研究划分为功角稳定、电压稳定及频率稳定，功角稳定可分为静态功角稳定、暂态功角稳定和动态功角稳定。

1. 静态功角稳定

静态功角稳定是指电力系统受到小扰动后，不发生功角非周期性失步，自动恢复到起始运行状态的能力。

2. 暂态功角稳定

暂态功角稳定是指电力系统受到大扰动后，各同步发电机保持同步运行并过渡到新的或恢复到原来稳态运行方式的能力。暂态稳定通常指保持第一或第二个振荡周期不失步的功角稳定。

3. 动态功角稳定

动态功角稳定是指电力系统受到小扰动或大扰动后，在自动调节和装置的作用下，保持长过程功角稳定的能力。动态稳定的过程可能持续数十秒至几分钟，又称长过程动态稳定性。

4. 电压稳定

电压稳定是指电力系统受到小扰动或大扰动后，系统电压能够保持或恢复到允许范围内，不发生电压崩溃的能力。无功功率的分层分区供需平衡是电压稳定的基础。电压失稳可表现在静态小扰动失稳、暂态大扰动失稳及大扰动动态失稳或长过程失稳。电压失稳可以发生在正常工况、电压基本正常的情况下，也可能发生在正常工况、母线电压已明显降低的情况下，还可能发生在受到扰动以后。

对电力系统稳定性的分类，目前国际上一种主流的分类法是根据电力系统受扰动程度的大小，将系统的稳定性分为静态稳定和暂态稳定两大类。小扰动一般对系统有较小的冲击，如负荷的随机微小变化或汽轮机压力的波动等；大扰动一般对系统有较大的冲击，如系统各种类型的短路、投切大容量电机或者大型输变电设备、大容量负荷的突然变化等。大、小扰动只是相对而言，一般没有明显的界线。

现代电力系统的规模日趋扩大，逐渐形成了跨区域、跨地区、甚至跨国的大规模电力系统，现代大规模的联合电力系统具有显著的优越性，但是，随之而来的系统稳定性问题也显得更加突出和严重。系统一旦失去稳定性，将可能发生频率崩溃或电压崩溃，从而使系统瓦解，造成大规模的停电事故，给国民经济和人民生活造成极大危害。所以，研究电力系统稳定性、正确合理地运用提高电力系统稳定性的措施，对现代电力系统的安全、优质、经济运行有着十分重大的意义。

课题二 同步发电机的功角特性及转子运动特性

电力系统的稳定性问题主要与同步发电机的稳定运行有关，而同步发电机的稳定运行不仅与它的电磁特性有关，还与其机械特性有关。同步发电机电磁特性和机械特性的交织分析是分析电力系统稳定性的关键，也是分析的难点。

一、同步发电机的功角特性

电力系统中并列运行同步发电机输出的电磁功率与其本身结构有关，与其相连电力网的参数有关，特别是与并列运行同步发电机之间的功率角相关，这种关系称为同步发电机的功角特性。

下面以某一简单电力系统对功角特性进行分析。图8-1为某一典型的简单电力系统，为分析问题简单，假设此同步发电机为隐极式发电机，受电端为无限大容量系统，所以系统母线电压的大小和相位恒定不变。在稳定性问题的分析中，一般忽略各元件的电阻和导纳，只计各元件的电抗值，并用标幺制计算。

1. 保持 E_q 恒定不变时的功角特性

在正常运行或系统受到小扰动时，一般同步发电机的励磁电流不变，则同步发电机的空载电动势 E_q 也保持恒定不变。描述发电机的等效参数可用空载电动势 E_q 和直轴电抗 X_d。

在图8-1b中，同步发电机的空载电动势为 E_q、直轴电抗为 X_d，X_{T1}、X_{T2} 分别表示变压器 T1 和 T2 的等效电抗，X_L 为一回线路的等效电抗，则发电机到无限大容量系统的总电抗值 $X_{d\Sigma}$ 为

$$X_{d\Sigma} = X_d + X_{T1} + \frac{1}{2}X_L + X_{T2} \tag{8-1}$$

若回路中的电流相量为 $\dot{I}$，则可得

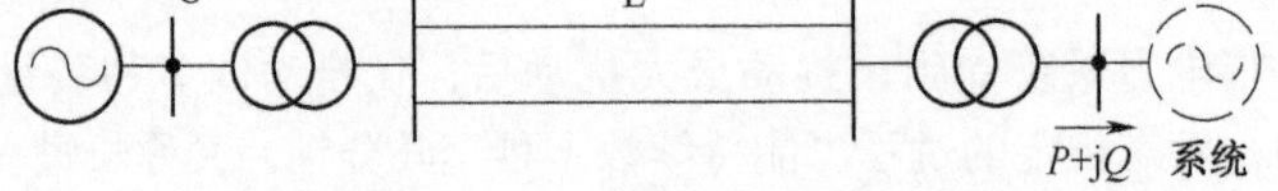

a) 接线图

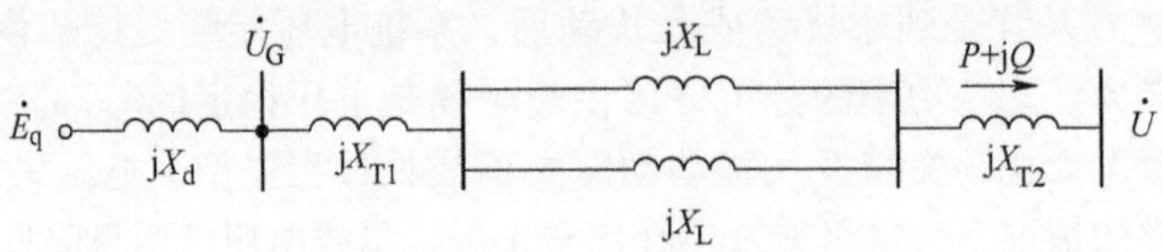

b) 等效电路图

图 8-1 某一典型的简单电力系统

$$\dot{E}_q = \dot{U} + j\dot{I}X_{d\Sigma} \tag{8-2}$$

正常情况下，发电机向系统输出正的有功功率和正的无功功率，则功率因数为正的 $\cos\varphi$。根据图 8-1b 做出式(8-2)的相量图，如图 8-2 所示。

根据图 8-2 可得

$$IX_{d\Sigma}\cos\varphi = E_q\sin\delta \tag{8-3}$$

式中，δ 表示发电机空载电动势 $\dot{E}_q$ 与受电端无限大容量系统母线电压 $\dot{U}$ 间的相位差，又称为功率角或者功角。

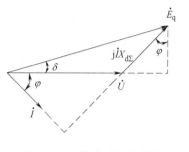

图 8-2 E_q 恒定时的相量图

将式(8-3)两边同乘以 $\dfrac{U}{X_{d\Sigma}}$，可得

$$UI\cos\varphi = \frac{E_qU}{X_{d\Sigma}}\sin\delta \tag{8-4}$$

而 $UI\cos\varphi$ 正是表示发电机向系统输出的有功功率。所以，保持 E_q 恒定不变时，发电机输出的有功功率 P_{Eq} 为

$$P_{Eq} = \frac{E_qU}{X_{d\Sigma}}\sin\delta \tag{8-5}$$

式(8-5)即为保持 E_q 恒定不变时的功角特性方程。

由式(8-5)可以看出，在其他参数不变的情况下，发电机输出的有功功率与功率角呈正弦规律变化。保持 E_q 恒定不变时的功角特性曲线如图 8-3 所示。

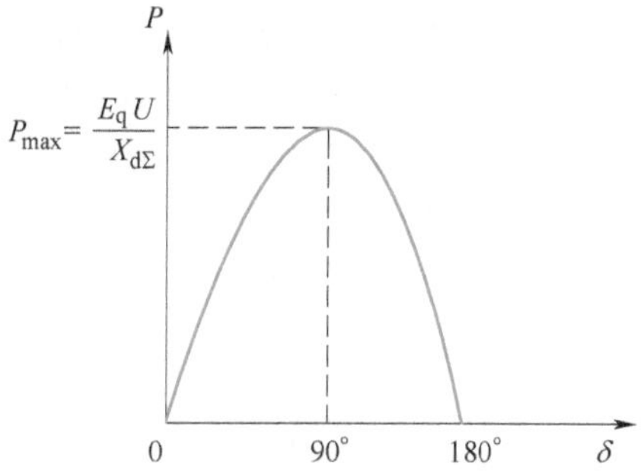

系统正常运行时，发电机输出的有功功率为正，因此，δ 的变化区间为 $0° \sim 180°$，当 $\delta = 90°$ 时，P_{Eq} 有最大值，此值称为发电机的功率极限，用 P_{max} 表示，则有

图 8-3 E_q 恒定不变时的功角特性曲线

$$P_{max} = \frac{E_qU}{X_{d\Sigma}} \tag{8-6}$$

发电机的功率极限表示发电机能够输出的最大有功功率，即 P_{max}，它不仅与发电机本身的结构有关，还与相连网络的参数 U、$X_{d\Sigma}$ 有关。

功率角 δ 在电力系统稳定性分析中具有特别重要的意义。δ 不仅可以表示发电机空载电动势 $\dot{E}_q$ 与受电端无限大容量系统母线电压 $\dot{U}$ 间的相位差，而且可以表示发电机组转子与系统等效发电机转子间的空间位置角。δ 随时间的变化反映了发电机转子间的相对运动，而发电机组转子间的相对运动规律恰好是判断发电机组是否同步运行的依据。理解图 8-4 所示并列运行发电机组转子间相对位置的示意图，对于理解功率角 δ 的物理意义有很大帮助。

图 8-4a 为发电机转子受力分析和电压方向示意图。正常运行时，发电机组输出的电磁功率为 P，发电机转子上作用着两个转矩（若不计摩擦等因素）：一个是原动机的转矩 M_T（$M_T \propto P_T$，用标幺值表示时，两者相等），它推动转子向正方向（图中表示为逆时针方向，实际为顺时针方向）旋转；另一个是与发电机输出电磁功率对应的电磁转矩 M_E（$M_E \propto P_E$，若用标幺值表示，两者相等），它阻止转子向正方向旋转，与 M_T 的方向相反。系统正常运行时，两者平衡，即 $P_T = P_E$，因而发电机转子以恒定转速正方向旋转，与受电端系统等效发电机的转速相同，都为同步转速 ω_N。若发电机转子 d 轴方向为励磁主磁通方向，则电动势 E_q 应该滞后 $90°$，在转子 q 轴上。

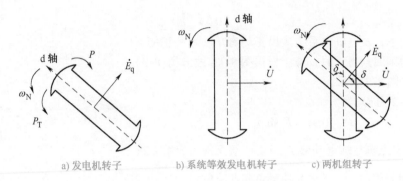

a) 发电机转子   b) 系统等效发电机转子   c) 两机组转子

图 8-4   并列运行发电机组转子间受力和电压相位角

系统等效发电机转子如图 8-4b 所示,分析同上。

如果设想把送电端发电机组和受电端系统等效发电机转子移到一起,如图 8-4c 所示,则可以看出:功率角 δ 既表示 $\dot{E}_q$ 与系统母线电压 $\dot{U}$ 间的相位差,又表示两个发电机转子间的相对空间位置角。

2. 保持 E'_q 恒定不变时的功角特性

当电力系统受大扰动时(通常称为暂态过程),发电机电枢绕组电流周期分量要突变,电枢绕组产生的合成磁动势随之突变。然而,根据磁链守恒原理,转子绕组产生的磁链不能突变,因此,转子励磁绕组就产生一个直流分量来抵消电枢绕组合成磁动势的突变量,发电机组的空载电动势 E_q 不再是恒定量。但是在暂态过程中,发电机的交轴暂态电动势 E'_q 的大小与转子励磁绕组的总合成磁链成正比。虽然在暂态过程中随着励磁绕组直流分量的衰减,E'_q 也将变化,但是励磁绕组直流分量的衰减时间常数较大,为便于分析,可以近似认为 E'_q 不变。

所以,在暂态稳定过程分析中,或者某些发电机组装有保持 E'_q 恒定的自动调节励磁装置的静态稳定分析中,常常以交轴暂态电动势 E'_q 和直轴电抗 X'_d 来描述发电机,系统等效电路如图 8-5 所示。

图 8-5   保持 E'_q 恒定时的系统等效电路

令 $X'_{d\Sigma} = X'_d + X_{T1} + \frac{1}{2}X_L + X_{T2}$,$E'_q$ 恒定时的相量图如图 8-6 所示。

发电机暂态电抗为 X'_d,令其对应的电动势为 E',由图 8-6 可得

$$\dot{E}' = \dot{U} + j\dot{I} X'_{d\Sigma} \tag{8-7}$$

由图 8-6 可见,$\dot{E}'$ 在交轴(q 轴)上的分量为 E'_q,然而 E' 与 E'_q 大小近似相等,相角接近。在工程实用计算中,为便于计算,对于隐极式发电机可用 E' 代替 E'_q。因此保持 E'_q 恒定不变时的功角特性方程为

$$P_{E'_q} = P_{E'} = \frac{E'U}{X'_{d\Sigma}}\sin\delta' \tag{8-8}$$

由图 8-6 可见,$\dot{E}'$、$\dot{U}$ 之间的功率角 δ' 与 $\dot{E}_q$、

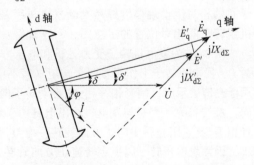

图 8-6   发电机暂态过程的电动势相量图

$\dot{U}$ 之间的功率角 δ 相差不大，为了方便起见，功角特性方程中的 δ' 可用 δ 替代，则式(8-8) 可表示为

$$P_{E'q} = P_{E'} = \frac{E'U}{X'_{d\Sigma}}\sin\delta \qquad (8\text{-}9)$$

其功率极限为

$$P_{max} = \frac{E'U}{X'_{d\Sigma}} \qquad (8\text{-}10)$$

3. 考虑自动调节励磁装置的发电机功角特性

并列运行的发电机组都装有各种类型的自动调节励磁装置，当负荷变化时，可以维持发电机端电压在一定的水平上。有的自动调节励磁装置可以维持 E'_q 或 E' 恒定不变，在稳定性的分析中，还可以近似认为某些自动调节励磁装置可以维持发电机端电压 U_G 恒定不变，则系统等效电路如图 8-7 所示。

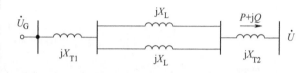

图 8-7 保持 U_G 恒定不变的系统等效电路

令发电机端电压 U_G 到系统之间的总电抗为 X_S，则有

$$X_S = X_{T1} + \frac{1}{2}X_L + X_{T2} \qquad (8\text{-}11)$$

保持发电机端电压 U_G 恒定不变的功角特性方程为

$$P_{UG} = \frac{U_G U}{X_S}\sin\delta \qquad (8\text{-}12)$$

功率极限为

$$P_{max} = \frac{U_G U}{X_S} \qquad (8\text{-}13)$$

显然，X_S 比 $X_{d\Sigma}$、$X'_{d\Sigma}$ 的值小得多，其功率极限 P_{max} 比前两种情况大得多，系统稳定性也要提高很多。

【例 8-1】 某电力系统接线如图 8-8 所示，相关参数标于图中，发电机输送到无限大容量电力网的功率 $P = 200\text{MW}$，$\cos\varphi = 0.99$。试分别计算发电机保持 E_q、E' 和 U_G 恒定不变时的功角特性和功率极限。

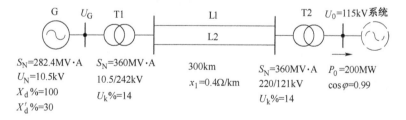

图 8-8 例 8-1 系统接线图

解：用标幺值计算，令 $S_B = 200\text{MV·A}$，U_B 取各段平均额定电压，忽略网络中的电阻和导纳，为了使变压器不出现非基准变比，各段基准电压分别为

令 110kV 电压等级的基准电压 $U_{BII} = 115\text{kV}$

220kV 电压等级的基准电压 $U_{BIII} = 115 \times \dfrac{220}{121}\text{kV} = 209\text{kV}$

10.5kV 电压等级的基准电压 $U_{BI} = 209 \times \dfrac{10.5}{242}\text{kV} = 9.07\text{kV}$

（1）求各元件电抗标幺值。

发电机：
$$X_{d*} = \frac{X_d\%}{100}\frac{S_B}{S_N}\frac{U_N^2}{U_{BI}^2} = \frac{100}{100} \times \frac{200}{282.4} \times \frac{10.5^2}{9.07^2} = 0.949$$

$$X'_{d*} = \frac{X'_d\%}{100}\frac{S_B}{S_N}\frac{U_N^2}{U_{BI}^2} = \frac{30}{100} \times \frac{200}{282.4} \times \frac{10.5^2}{9.07^2} = 0.285$$

变压器：
$$X_{T1*} = \frac{U_k\%}{100}\frac{S_B}{S_N}\frac{U_{T1}^2}{U_{BⅢ}^2} = \frac{14}{100} \times \frac{200}{360} \times \frac{242^2}{209^2} = 0.104$$

$$X_{T2*} = \frac{U_k\%}{100}\frac{S_B}{S_N}\frac{U_{T2}^2}{U_{BⅢ}^2} = \frac{14}{100} \times \frac{200}{360} \times \frac{220^2}{209^2} = 0.086$$

双回线路：
$$\frac{1}{2}X_{L*} = \frac{1}{2}x_1 l \frac{S_B}{U_{BⅢ}^2} = \frac{1}{2} \times 0.4 \times 300 \times \frac{200}{209^2} = 0.275$$

（2）求发电机到系统的总电抗。

保持 E_q 恒定时
$$X_{d\Sigma*} = X_{d*} + X_{T1*} + \frac{1}{2}X_{L*} + X_{T2*}$$
$$= 0.949 + 0.104 + 0.275 + 0.086 = 1.414$$

保持 E' 恒定时
$$X'_{d\Sigma*} = X'_{d*} + X_{T1*} + \frac{1}{2}X_{L*} + X_{T2*}$$
$$= 0.285 + 0.104 + 0.275 + 0.086 = 0.75$$

保持 U_G 恒定时
$$X_{S*} = X_{T1*} + \frac{1}{2}X_{L*} + X_{T2*}$$
$$= 0.104 + 0.275 + 0.086 = 0.465$$

（3）发电机电动势和机端电压的求取。

发电机输出有功功率的标幺值为
$$P_{0*} = \frac{P_0}{S_B} = \frac{200}{200} = 1$$

发电机输出无功功率的标幺值为
$$Q_{0*} = \frac{Q_0}{S_B} = \frac{P_0 \tan\varphi}{S_B} = \frac{200 \times \tan\varphi}{200} = 0.142$$

则 E_q、E' 和 U_G 的标幺值分别为
$$E_{q*} = \sqrt{\left(U_{0*} + \frac{Q_{0*}X_{d\Sigma*}}{U_{0*}}\right)^2 + \left(\frac{P_{0*}X_{d\Sigma*}}{U_{0*}}\right)^2}$$
$$= \sqrt{\left(1 + \frac{0.142 \times 1.414}{1}\right)^2 + \left(\frac{1 \times 1.414}{1}\right)^2} = 1.855$$

$$E'_* = \sqrt{\left(U_{0*} + \frac{Q_{0*}X'_{d\Sigma*}}{U_{0*}}\right)^2 + \left(\frac{P_{0*}X'_{d\Sigma*}}{U_{0*}}\right)^2}$$
$$= \sqrt{\left(1 + \frac{0.142 \times 0.75}{1}\right)^2 + \left(\frac{1 \times 0.75}{1}\right)^2} = 1.337$$

$$U_{G*} = \sqrt{\left(U_{0*} + \frac{Q_{0*}X_{S*}}{U_{0*}}\right)^2 + \left(\frac{P_{0*}X_{S*}}{U_{0*}}\right)^2}$$

$$= \sqrt{\left(1 + \frac{0.142 \times 0.465}{1}\right)^2 + \left(\frac{1 \times 0.465}{1}\right)^2} = 1.163$$

（4）求功角特性方程和功率极限。

1）保持 E_q 恒定时

功角特性方程为　　$P_{Eq*} = \frac{E_{q*}U_*}{X_{d\Sigma*}}\sin\delta = \frac{1.855 \times 1}{1.414}\sin\delta = 1.312\sin\delta$

功率极限为　　$P_{max*} = \frac{E_{q*}U_*}{X_{d\Sigma*}} = \frac{1.855 \times 1}{1.414} = 1.312$

2）保持 E' 恒定时

功角特性方程为　　$P_{E'*} = \frac{E'_*U_*}{X'_{d\Sigma*}}\sin\delta = \frac{1.337 \times 1}{0.75}\sin\delta = 1.783\sin\delta$

功率极限为　　$P_{max*} = \frac{E'_*U_*}{X'_{d\Sigma*}} = \frac{1.337 \times 1}{0.75} = 1.783$

3）保持 U_G 恒定时

功角特性方程为　　$P_{U_G*} = \frac{U_{G*}U_*}{X_{S*}}\sin\delta = \frac{1.163 \times 1}{0.465}\sin\delta = 2.501\sin\delta$

功率极限为　　$P_{max*} = \frac{U_{G*}U_*}{X_{S*}} = \frac{1.163 \times 1}{0.465} = 2.501$

分析上面的计算结果可知，若发电机没有装设自动调节励磁装置，功率极限 $P_{max*} = 1.312$；若发电机装设自动调节励磁装置保持 E' 或者 U_G 恒定时，功率极限分别为 $P_{max*} = 1.783$ 或 $P_{max*} = 2.501$。可见，自动调节励磁装置大大地提高了发电机的功率极限，这也极大地提高了系统的静态稳定性。

二、同步发电机转子运动方程

对电力系统稳定性进行分析，不仅要分析发电机的电磁特性，而且要分析发电机的机械特性。所以，建立适合电力系统稳定计算用的发电机转子运动方程很有必要。

根据旋转物体节的力学定律，可将同步发电机转子看成一个刚体，用转子机械运动的机械角位移（rad）、角速度（rad/s）及角加速度（rad/s²）表达的转子运动方程式为

$$\Delta M = J\alpha = J\frac{d\Omega}{dt} = J\frac{d^2\theta}{dt^2} \tag{8-14}$$

式中，α 为角加速度（rad/s²），$\alpha = d\Omega/dt$；Ω 为角速度（rad/s），$\Omega = d\theta/dt$；θ 为机械角位移（rad）；J 为转动惯量（kg·m·s²）；t 为时间（s）；ΔM 为不平衡转矩（N·m）。

其中，$\Delta M = M_T - M_E$，M_T 为原动机的转矩（即转子的驱动转矩），M_E 为发电机输出的电磁转矩（即转子的制动转矩）。

当转子为额定转速 Ω_N 时，其动能为

$$W_N = \frac{1}{2}J\Omega_N^2 \tag{8-15}$$

式中，W_N 为转子在额定转速时的动能。

将式(8-15)中的 J 代入式(8-14)，可得

$$\frac{2W_N}{\Omega_N^2}\frac{d\Omega}{dt} = \Delta M \tag{8-16}$$

用标幺制计算，令基准值 $\Omega_B = \Omega_N$，$S_B = M_B \Omega_B$，将式(8-16)两边同除以 M_B 后，可得

$$\left(\frac{2W_N}{\Omega_N^2} \frac{\mathrm{d}\Omega}{\mathrm{d}t} \right) \Big/ (S_B / \Omega_B) = \Delta M / M_B \tag{8-17}$$

式(8-17)可表示为

$$\frac{2W_N}{S_B \Omega_N} \frac{\mathrm{d}\Omega}{\mathrm{d}t} = \Delta M_* \tag{8-18}$$

由于机械角速度与电角速度存在以下关系

$$\Omega = \frac{\omega}{p}$$

则有

$$\Omega_N = \frac{\omega_N}{p}$$

式中，p 为发电机转子的磁极对数；ω_N 为转子电角速度（rad/s）。

式(8-18)可改写为

$$\frac{2W_N}{S_B \omega_N} \frac{\mathrm{d}\omega}{\mathrm{d}t} = \frac{T_J}{\omega_N} \frac{\mathrm{d}\omega}{\mathrm{d}t} = \Delta M_* \tag{8-19}$$

式中，T_J 为发电机转子惯性时间常数（s），$T_J = \frac{2W_N}{S_B}$，由发电机转子固有属性确定。

式(8-19)即为发电机组的转子运动方程。若用电角度和功率的形式表示，应先理解功率角 δ 与电角速度的关系，如图 8-9 所示，发电机组的 q 轴以电角速度 ω 旋转，无限大容量系统等效发电机转子以额定转速 ω_N 旋转，它们之间的夹角为 δ。当 $\omega \neq \omega_N$ 时，δ 不断变化，则有下列关系

$$\left. \begin{array}{l} \dfrac{\mathrm{d}\delta}{\mathrm{d}t} = \omega - \omega_N \\[2mm] \dfrac{\mathrm{d}^2\delta}{\mathrm{d}t^2} = \dfrac{\mathrm{d}\omega}{\mathrm{d}t} \end{array} \right\} \tag{8-20}$$

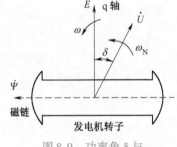

图 8-9 功率角 δ 与
电角速度 ω 的关系

将式(8-20)代入式(8-19)，可得

$$\frac{T_J}{\omega_N} \frac{\mathrm{d}^2\delta}{\mathrm{d}t^2} = \Delta M_* \tag{8-21}$$

一般发电机组的转子惯性比较大，机械角速度的变化速度较小，故可以近似认为转矩的标幺值近似等于功率的标幺值，即 $\Delta M_* = \Delta P_* = P_{T*} - P_{E*}$。为书写方便，省略下标"$*$"，则式(8-21)可表示为

$$\frac{T_J}{\omega_N} \frac{\mathrm{d}^2\delta}{\mathrm{d}t^2} = P_T - P_E \tag{8-22}$$

式(8-22)即为以电角度表示的发电机转子运动方程。当转子输入的机械功率大于发电机输出的电磁功率，电角度 δ 增加，加速度 $\dfrac{\mathrm{d}^2\delta}{\mathrm{d}t^2}$ 为正；反之，为负。

课题三 电力系统静态稳定性分析

电力系统运行的静态稳定性是研究系统在正常运行时受到小扰动后的稳定性问题。电力系统无时不受到小扰动的影响，如系统负荷的正常变化、系统参数变化及发电机组受到微小机械

振动等。因此，电力系统运行的静态稳定的实质是讨论系统在某运行状态下能否保持稳定的问题。

电力系统运行的静态稳定性问题一般可分为同步运行的功角稳定性和电压稳定性两个方面。两个稳定性同等重要，任何一个失去稳定性，系统都有可能瓦解。

一、同步发电机并联运行的静态稳定分析

（一）静态稳定过程分析

某一典型的简单电力系统如图 8-1 所示，正常运行时，如果不考虑发电机自动调节励磁装置的作用，发电机功角特性方程为

$$P_{Eq} = \frac{E_q U}{X_{d\Sigma}} \sin\delta$$

其功角特性曲线如图 8-10 所示。

假设原动机输入的有效机械功率为 P_T，发电机输出的电磁功率为 P_0，显然 $P_T = P_0$。由图 8-10 可见，当原动机输入的有效机械功率 P_T 给定后，在功角特性曲线上只有 a、b 两个保持有功功率平衡的运行点，这两个运行点对应的功率角分别为 δ_a 和 δ_b。

先分析 a 点的运行情况。若系统出现某种瞬时性小扰动后使功率角 δ_a 增加了一个微小增量 $\Delta\delta$，运行点到了 a' 点，则发电机输出的功率为 $P_{a'}$，而原动机输入的机械功率 P_T 仍保持不变，显然 $P_{a'} > P_T$。分析发电机转子受力情况

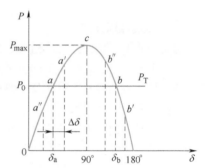

图 8-10　简单电力系统功角特性曲线

（见图 8-11）和转子运动方程（这种情况下的 P_a 即为 P_E）可知，发电机转子将减速，δ 将减小，运行点向 a 点运动，并最终稳定在 a 点。

同样，若系统出现某种瞬时性小扰动使功率角 δ_a 减小 $\Delta\delta$，发电机运行于功角曲线的 a'' 点，其对应的输出电磁功率为 $P_{a''}$（这种情况下的 P_a 即为 P_E），显然 $P_{a''} < P_T$，发电机转子将加速，δ 将增加，运行点向 a 点运动，并最终稳定在原始的 a 点。

综合上述两种情况的分析，若发电机运行于 a 点，当系统受到小扰动后都能自动恢复到原来的平衡状态，所以，此电力系统具有静态稳定性。

假设发电机运行于 b 点，对应功率角 $\delta_b > 90°$，若系统出现某种瞬时性小扰动使功率角 δ_b 增加一个微小增量 $\Delta\delta$，发电机

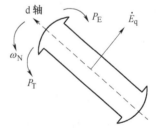

图 8-11　发电机转子受力示意图

运行到 b' 点，对应发电机输出的电磁功率 $P_{b'} < P_T$，分析转子的受力和转子运动方程可得发电机转子将加速，功率角 δ 将继续增大，运行点再也不可能回到 b 点。功率角 δ 的不断增大标志着发电机与无限大容量系统之间失去同步，系统也就失去了稳定性。

若系统在 b 点运行时受到小扰动影响使功率角 δ_b 减小，发电机运行到 b'' 点，对应发电机输出的电磁功率 $P_{b''} > P_T$，显然转子将减速，δ 将一直减小，最后稳定在 a 点。

分析这两种情况可知，发电机运行于 b 点，当系统受到小扰动后，不是稳定在 a 点，就是与系统失去同步。所以，系统在 b 点运行是不稳定的。

实际上，系统在受到小扰动后，功率角 δ 回到稳定运行点的过程是阻尼振荡的，功率角 δ 随时间变化的曲线如图 8-12 所示，此曲线称为 δ 的摇摆曲线。系统运行于 a 点时，受到小扰动后，功率角 δ 经过阻尼振荡，最后稳定在 a 点的过程如图 8-12a 曲线 1 所示；系统运行于 b 点时，受

到小扰动后，功率角 δ 不断增加，最后失去稳定的过程如图8-12b曲线2所示；曲线3表示系统运行于 b 点受到小扰动后使 δ 减小，最后稳定在 a 点的变化过程。

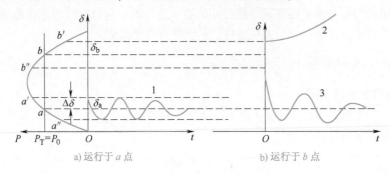

a) 运行于 a 点　　　　　　　　　　b) 运行于 b 点

图 8-12　小扰动后功率角的摇摆曲线

（二）静态稳定判据

分析图8-10功角特性曲线上 a、b 两个运行点的异同，便可找出判断系统静态稳定的判据。在曲线的上升部分，即 $0° < \delta < 90°$ 区间的任何一点，对小扰动的响应都与 a 点相同，系统都具有静态稳定性；在曲线的下降部分，即 $90° < \delta < 180°$ 区间的任何一点，对小扰动的响应都与 b 点相同，系统都不具有静态稳定性。

在功角特性曲线的上升部分，发电机输出的电磁功率增量 ΔP 与功率角增量 $\Delta \delta$ 具有相同的符号；在功角特性曲线的下降部分，发电机输出的电磁功率增量 ΔP 与功率角增量 $\Delta \delta$ 具有相反的符号。所以，可用 $\Delta P / \Delta \delta$ 的正负号来判断系统功角特性曲线运行点是否具有静态稳定性。

当 $\Delta P / \Delta \delta > 0$ 时，用微分形式表示为 $dP/d\delta > 0$，系统具有静态稳定性；当 $\Delta P / \Delta \delta < 0$ 时，用微分形式表示为 $dP/d\delta < 0$，系统不具有静态稳定性。所以，根据 $dP/d\delta$ 的正负，可以判断电力系统是否具有静态稳定性。

一般把判断静态稳定性的充要条件称为静态稳定判据，因此有

$$\frac{dP}{d\delta} > 0 \tag{8-23}$$

式(8-23)即为简单电力系统静态稳定的实用判据。

简单电力系统静态稳定实用判据的几何意义就是对功角特性曲线的运行点求导数，若导数大于0，则系统具有静态稳定性；若导数小于0，则系统不稳定。

当 $\delta = 90°$，即曲线上的 c 点，其 $dP/d\delta = 0$，该点是系统静态稳定的临界点，其对应的功率称为系统静态稳定极限值，用 P_{sl} 表示，即

$$P_{sl} = \frac{E_q U}{X_{d\Sigma}} \tag{8-24}$$

对于简单电力系统，它与发电机输出的电磁功率极限值 P_{max} 相等，即 $P_{sl} = P_{max}$。显然，发电机的功率极限与系统静态稳定极限的概念是有明显区别的。对于复杂电力系统，两者一般不等。

为了确保电力系统运行的稳定性，系统不应该在接近静态稳定的临界点 c 附近运行，而应保持一定的裕度，否则系统稍有扰动就可能失去稳定。衡量系统的稳定程度通常用静态稳定储备系数 K_p 描述，静态稳定储备系数定义为

$$K_p = \frac{P_{sl} - P_0}{P_0} \times 100\% \tag{8-25}$$

式中，P_0 为发电机实际输出的电磁功率。

系统运行所需要的静态稳定储备系数必须从安全、经济的角度综合考虑。若 K_p 取得过大，

则不利于充分利用系统的发电设备；若 K_p 取得太小，则系统的稳定性太低。我国现行标准 GB 38755—2019《电力系统安全稳定导则》规定：

1）正常运行方式下，K_p 为 15% ~ 20%；

2）故障后运行方式和特殊运行方式下，$K_p \geqslant 10\%$。

【例 8-2】 试求例 8-1 中保持 E_q、E' 和 U_G 恒定的系统的静态稳定储备系数。

解： 已知保持 E_q、E' 和 U_G 恒定时的发电机功角特性方程分别为

$$P_{Eq*} = 1.312\sin\delta$$

$$P_{E'*} = 1.783\sin\delta$$

$$P_{U_G*} = 2.501\sin\delta$$

对于简单电力系统，系统静态稳定极限 P_{sl} 与发电机的功率极限 P_{max} 相等，所以

（1）保持 E_q 恒定时，系统静态稳定储备系数为

$$K_p = \frac{P_{sl*} - P_{0*}}{P_{0*}} \times 100\% = \frac{1.312 - 1}{1} \times 100\% = 31.2\%$$

（2）保持 E' 恒定时，系统静态稳定储备系数为

$$K_p = \frac{P_{sl*} - P_{0*}}{P_{0*}} \times 100\% = \frac{1.783 - 1}{1} \times 100\% = 78.3\%$$

（3）保持 U_G 恒定时，系统静态稳定储备系数为

$$K_p = \frac{P_{sl*} - P_{0*}}{P_{0*}} \times 100\% = \frac{2.501 - 1}{1} \times 100\% = 150.1\%$$

由以上的计算结果可见，虽然发电机自动调节励磁装置不能改变发电机组输出的有功功率，但是它通过改变发电机的功角特性，提高了系统的静态稳定储备系数，也就提高了系统的静态稳定性。

二、电力系统电压稳定分析

所谓电压稳定性，是指电力系统受到小扰动后，引起母线电压变化，负荷的无功功率与电源的无功功率能否保持平衡或恢复平衡的问题。由于这种稳定性关注的是负荷点的电压变化，通常又把此稳定性称为负荷电压稳定性或负荷稳定性。

按无功功率平衡条件来分析电压稳定性，必须先知道电源和负荷的无功功率静态电压特性。所谓无功功率的静态电压特性，是指当系统正常运行时，在频率不变的情况下，无功功率随电压变化的规律，包括电源的无功功率静态电压特性和负荷的无功功率静态电压特性。

图 8-13a 为某一简单电力系统，两台发电机通过电力网向负荷供电。系统等效电路如图 8-13b 所示。系统等效发电机的空载电动势为 E_q，负荷点母线电压为 U，两者之间的功率角为 δ，系统等效发电机到负荷之间的总电抗为 $X_{d\Sigma}$，负荷的功率因数角为 φ。

由图 8-13c 可知，系统等效发电机无功功率特性可表示为

$$Q_G = UI\sin\varphi = \frac{U}{X_{d\Sigma}}IX_{d\Sigma}\sin\varphi = \frac{U}{X_{d\Sigma}}(E_q\cos\delta - U) = \frac{E_qU}{X_{d\Sigma}}\cos\delta - \frac{U^2}{X_{d\Sigma}} \tag{8-26}$$

系统负荷包括各种用电设备，因异步电动机占绝大多数，所以系统负荷的无功功率静态电压特性 Q_L 与异步电动机类似，其特性曲线如图 6-11 所示。

做出 Q_G 和 Q_L 静态电压特性曲线，如图 8-14 所示。由图可知，只有 a、b 两点满足无功功率平衡条件。用小扰动法分析，只有 a 点具有电压稳定性，而 b 点不稳定，具体分析如下。

当系统运行于 a 点时，对应母线电压为 U_G，若受小扰动影响电压下降了 ΔU，则 $Q_G > Q_L$，即发电机发出的无功功率大于负荷消耗的无功功率，电压将升高，运行点又回到 a 点；若受小扰

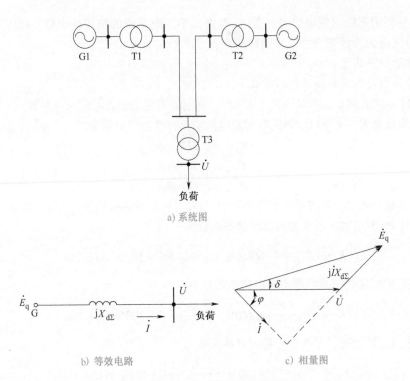

a) 系统图

b) 等效电路　　　　　　　　　　　　c) 相量图

图 8-13　简单电力系统及相量图

动影响，电压增加了 ΔU，则 $Q_G < Q_L$，即发电机发出的无功功率小于负荷消耗的无功功率，电压将降低，运行点也要回到 a 点。由此可得，在 a 点运行（母线电压为 U_a）具有静态稳定性。

当系统运行于 b 点时，对应母线电压为 U_b，情况就完全不同了。若受小扰动影响电压下降了 ΔU，这时 $Q_G < Q_L$，即发电机发出的无功功率小于负荷消耗的无功功率，则电压将继续降低，无功功率更不平衡，其结果将使系统发生电压崩溃；若受小扰动影响电压增加了 ΔU，这时 $Q_G > Q_L$，即发电机发出的无功功率大于负荷消耗的无功功率，则电压将继续升高，最终将稳定在 a 点。所以，在 b 点运行（母线电压为 U_b）不具有静态稳定性。

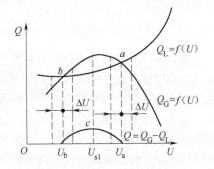

图 8-14　电力系统无功功率
静态电压特性曲线

令 $Q = Q_G - Q_L$，做出 $Q = f(U)$ 曲线，如图 8-14 所示。观察 a、b 两点运行情况，可发现：运行于 a 点时，$\dfrac{\Delta Q}{\Delta U} < 0$，运行于 b 点时，$\dfrac{\Delta Q}{\Delta U} > 0$。由此可以得出用微分形式表示的静态电压稳定判据为

$$\frac{\mathrm{d}Q}{\mathrm{d}U} < 0 \tag{8-27}$$

在 $Q = f(U)$ 曲线的 c 点，$\dfrac{\mathrm{d}Q}{\mathrm{d}U} = 0$，对应电压为 U_c，称为电压稳定的临界电压，是系统静态电压稳定的最低运行电压，此电压又称为电压稳定极限，用 U_{sl} 表示。显然，当运行电压高于 U_{sl} 时，系统具有电压稳定性；当运行电压低于 U_{sl} 时，系统不具有电压稳定性。

为了确保系统电压稳定，运行电压必须高于 U_{sl} 且保持一定的电压裕度，即电压稳定储备。电压稳定储备系数用 K_U 表示，定义 K_U 为

$$K_U = \frac{U_0 - U_{sl}}{U_0} \times 100\% \qquad (8\text{-}28)$$

式中，U_0 为负荷母线的实际运行电压。

GB 38755—2019《电力系统安全稳定导则》规定：

1）正常运行方式下，K_U 为 10% ~ 15%；

2）故障后运行方式和特殊运行方式下，$K_U \geqslant 8\%$。

课题四　电力系统暂态稳定性分析

电力系统运行的暂态稳定性是研究电力系统受到大扰动后并联运行的发电机组间能否继续保持同步运行的问题。当系统遭受大扰动后，各种运行参数（电流、电压和功率角等）会发生急剧变化，但是发电机组原动机的调速装置具有一定的惯性，它必须经过一定时间才能改变原动机的机械功率，然后出现较大的过剩转矩，发电机转子之间有相对运动，转速和功率角将发生较大变化。所以，大扰动引起的电力系统运行的暂态过程是一个电磁暂态过程和转子机械运动暂态过程交织在一起的复杂过程。由此可见，电力系统运行的暂态稳定性分析与静态稳定性分析有很大的区别。

精确计算发电机机电暂态过程的参数变化是非常复杂的，在实际工作中，为了便于解决工程中的实际问题，常采用一些简化方法。实践证明，在工程中采用一些假设条件，既能简化计算过程，又能满足工程技术要求。

一、分析暂态稳定性问题的基本假设条件

1. 一般以不对称短路分析电力系统的暂态稳定性

电力系统三相对称短路要比不对称短路对系统的扰动严重得多。但是，运行数据统计表明：三相短路的概率很小，如高压线路上三相短路只占短路总数的 7% 左右。从安全角度考虑，希望系统能够承受最严重的三相短路故障，但是，三相短路的概率很小，若要使系统能够承受这种短路的扰动而不失去稳定性，势必要求更多的投资，从经济角度来说这是不合理的。

分析电力系统运行的暂态稳定性，应综合考虑电力系统安全性和经济性两个方面的要求。因此，GB 38755—2019《电力系统安全稳定导则》规定：要在最不利地点发生金属性短路故障时校验系统的稳定性，分析各种不对称短路故障对系统稳定性的影响。所以，在电力系统暂态稳定分析中，一般以不对称短路故障作为扰动方式来分析暂态稳定性。

2. 发生不对称短路时，不计零序电流和负序电流对转子运动的影响

当电力系统发生不对称短路时，根据对称分量法可以将短路电流分解为正序、负序和零序分量（两相短路没有零序分量）。

发电机出线端的升压变压器采用三角形-星形联结，发电机接在三角形侧，发电机中性点不直接接地，因此，当系统发生接地短路故障时，零序电流不能通过发电机定子绕组。即使发电机侧流过零序电流，由于三相定子绕组在空间上对称，三相零序电流产生的合成磁动势也为零。所以，零序电流对转子运动没有影响。

负序电流在发电机气隙中产生电枢反应的合成磁动势的旋转方向与转子旋转方向相反，它与转子绕组直流电流相互作用所产生的转矩是以两倍同步频率做周期性变化的，一个 50 Hz 周期内的平均值接近于零。所以，负序电流对转子运动的影响可以不考虑。

综上所述，当系统发生不对称短路时，不计零序和负序电流的影响，只考虑正序电流的影响，这就使暂态稳定性的分析和计算大为简化。

当系统发生不对称短路时，根据正序等效定则，正序电流的 $I_{K(1)}^{(n)}$ 为

$$I_{K(1)}^{(n)} = \frac{E'}{X_{d\Sigma 1} + X_{\Delta}^{(n)}}$$

虽然零序电流和负序电流对转子运动没有影响，但是零序网络和负序网络参数对应的附加电抗 $X_{\Delta}^{(n)}$ 对正序电流是有影响的。

3. 发电机组的参数用暂态参数表示

由于发电机阻尼绕组的时间常数很小，只有百分之几秒，自由电流衰减很快，所以，在进行系统暂态稳定性分析时，可以不计次暂态自由直流分量的影响，隐极式发电机的参数用暂态电动势 E' 和暂态电抗 X_d' 表示。

4. 认为原动机在暂态过程中机械功率不变

由于发电机调速装置有一定的动作时间，原动机具有较大的动作惯性，所以，进行暂态稳定性分析时，在工程中可以近似认为原动机输出的机械功率不变。

二、暂态稳定过程的功角特性方程

图 8-15a 为某典型简单电力系统。系统正常运行时，发电机向无限大容量系统送电。若线路首端发生不对称短路故障，则故障线路继电保护装置动作跳开线路两侧断路器。若不考虑线路重合闸装置，发电机通过单回线路向系统送电。此过程系统受到两次大的扰动，整个过程中功角特性方程有所不同。

1. 系统正常运行时的功角特性方程

进行暂态稳定性分析时，发电机等效参数用暂态电动势和暂态电抗表示，系统等效电路如图 8-15a 所示。发电机到系统之间的总电抗为

$$X_{\mathrm{I}} = X_d' + X_{\mathrm{T1}} + \frac{1}{2}X_{\mathrm{L}} + X_{\mathrm{T2}} \tag{8-29}$$

则发电机的功角特性方程为

$$P_{\mathrm{I}} = \frac{E'U}{X_{\mathrm{I}}}\sin\delta \tag{8-30}$$

2. 发生故障瞬间的功角特性方程

若一回线路首端 f 点发生不对称短路故障，根据前面的分析，暂态稳定性分析只需考虑短路电流的正序分量即可。根据正序等效定则，f 点发生不对称短路故障的正序等效电路相当于三相对称短路在短路点接入附加电抗 $X_{\Delta}^{(n)}$，正序等效电路如图 8-15b 所示。

发电机到系统之间的转移电抗经星形-三角形变化后为

$$
\begin{aligned}
X_{\mathrm{II}} &= (X_d' + X_{\mathrm{T1}}) + \left(\frac{1}{2}X_{\mathrm{L}} + X_{\mathrm{T2}}\right) + \frac{(X_d' + X_{\mathrm{T1}})\left(\frac{1}{2}X_{\mathrm{L}} + X_{\mathrm{T2}}\right)}{X_{\Delta}^{(n)}} \\
&= X_{\mathrm{I}} + \frac{(X_d' + X_{\mathrm{T1}})\left(\frac{1}{2}X_{\mathrm{L}} + X_{\mathrm{T2}}\right)}{X_{\Delta}^{(n)}}
\end{aligned}
\tag{8-31}
$$

式中，$X_{\Delta}^{(n)}$ 为不同类型短路的附加电抗。

所以，短路故障瞬间发电机的功角特性方程为

$$P_{\mathrm{II}} = \frac{E'U}{X_{\mathrm{II}}}\sin\delta \tag{8-32}$$

3. 切除故障后的功角特性方程

短路故障发生后，故障线路的继电保护装置动作跳开两侧断路器，发电机通过单回线路向系统送电，系统等效电路如图 8-15c 所示。发电机到系统之间的总电抗为

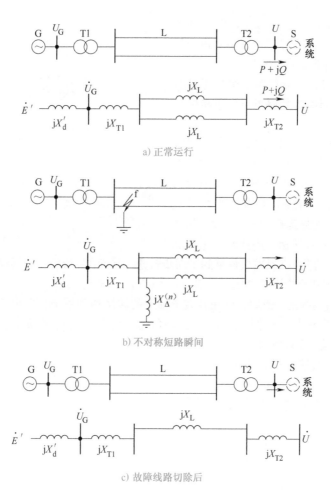

a) 正常运行

b) 不对称短路瞬间

c) 故障线路切除后

图 8-15　简单电力系统暂态过程的等效电路

$$X_{\text{III}} = X'_d + X_{\text{T1}} + X_L + X_{\text{T2}} \tag{8-33}$$

发电机的功角特性方程为

$$P_{\text{III}} = \frac{E'U}{X_{\text{III}}}\sin\delta \tag{8-34}$$

比较上述三种状态的功角特性方程，显然，$X_{\text{II}} > X_{\text{I}}$，$X_{\text{III}} > X_{\text{I}}$。一般情况下，$X_{\text{II}} > X_{\text{III}}$，所以，$X_{\text{I}}$、$X_{\text{II}}$ 和 X_{III} 的大小关系为

$$X_{\text{I}} < X_{\text{III}} < X_{\text{II}} \tag{8-35}$$

由式（8-35）可得，P_{III} 曲线的幅值介于 P_{I} 与 P_{II} 之间，P_{II} 的幅值最小。

三、暂态稳定的物理过程分析

系统在经历上述一组大的扰动后，能否稳定运行呢？现对其物理过程分析如下。

图 8-16 为简单电力系统在正常运行、不对称短路瞬间及故障线路切除后三种运行情况时的功角特性曲线。

由图 8-16 可见，系统在正常运行时的功角特性曲线为 P_{I}，发电机输出的有功功率 P_0 与原动机输入的机械功率 P_{T} 相等，发电机运行在 P_{I} 曲线上的 a 点，对应的功率角为 δ_0。

在一回线路首端发生短路故障的瞬间，系统从功角特性曲线 P_{I} 的 a 点变化到 P_{II} 的 b 点运行。因为转子运动具有惯性，功率角不能突变，b 点对应的功率角仍为 δ_0。若 b 点对应的电磁功率为 P_b，显然，$P_T > P_b$，根据转子运动方程式(8-22)，转子轴上出现过剩转矩，转子将加速，功率角开始增大，运行点从 b 点向 c 点运动。

当运行到 c 点时，故障线路的继电保护装置动作，断开线路两侧的断路器，发电机的功率角特性曲线变为 $P_Ⅲ$。由于功率角不能突变，系统运行点从 $P_Ⅱ$ 的 c 点跃变到 $P_Ⅲ$ 的 e 点。若 e 点对应的电磁功率为 P_e，显然 $P_T < P_e$，转子将减速，但是转子转速仍高于同步转速，因此功率角 δ 仍将继续增大，系统运行点将沿 $P_Ⅲ$ 曲线由 e 点向 f 点运动。如果运行到 f 点，发电机转子转速正好恢复到同步转速，则此时功率角达

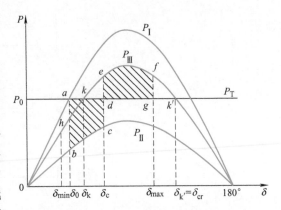

图8-16　三种运行情况时的功角特性曲线

到了最大值 δ_{max}。虽然在 f 点发电机恢复到了同步转速，然而 $P_T < P_f$，转子将继续减速，功率角 δ 开始减小，发电机工作点将沿 $P_Ⅲ$ 曲线由 f 点向 e 点运动。

当运动到达 $P_Ⅲ$ 曲线的 k 点时，作用在转子轴上的转矩达到平衡，但由于转子转速低于同步转速，功角 δ 将继续减小，一直运动到 h 点，功角达到最小值 δ_{min}。在 h 点，机械功率大于电磁功率，转子又将加速，δ 将增大。

以后的过程与上述一样，发电机的工作点将沿 $P_Ⅲ$ 在 δ_{max} 和 δ_{min} 之间来回振荡。考虑到振荡过程中的能量损失，振幅将逐渐减小，最后稳定在 k 点。功角 δ 随时间变化的曲线如图8-17a所示。由此可见，系统在上述大扰动后保持了暂态稳定。

如果线路的继电保护装置切除故障的时间较长，功角 δ 增大到 k' 点

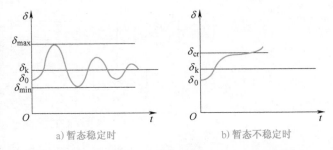

图8-17　大扰动后摇摆曲线

后，发电机转子仍未恢复到同步转速，则运行点将越过 k' 点。这时，运行情况将发生逆转，越过 k' 点之后，发电机输出电磁功率小于原动机输入机械功率 P_T，转子将会加速，而使功角 δ 越来越大，最后导致发电机失步，这就说明在此种情况下，系统是不稳定的。图8-17b所示的 δ 角随时间变化的曲线也可以说明失步的过程。k' 点对应的功角称为临界角，用 δ_{cr} 表示。

由上述分析还可以得出，快速切除故障是提高电力系统暂态稳定的重要措施。

四、等面积定则

通过以上分析发电机转子的摇摆过程，可定性地判断系统的暂态稳定性。如果要定量分析系统的暂态稳定性，可用等面积定则。

如图8-16所示，在功率角从 δ_0 变化到 δ_c 的过程中，原动机输入的能量大于发电机输出的能量，多余的能量将使发电机转速升高并转化为转子的动能；而当功率角从 δ_c 变化到 δ_{max} 的过程中，原动机输入的能量小于发电机输出的能量，不足的能量由发电机转速降低释放动能转化为电磁能来补充。由转子运动方程可知，用标幺值可表示为 $\Delta M \approx \Delta P$。

转子从 δ_0 变化到 δ_c 的过程中，过剩转矩所做的功即转子动能的增量为

$$W_{(+)} = \int_{\delta_0}^{\delta_c} \Delta M \mathrm{d}\delta \approx \int_{\delta_0}^{\delta_c} \Delta P \mathrm{d}\delta = \int_{\delta_0}^{\delta_c} (P_T - P_Ⅱ) \mathrm{d}\delta \qquad (8-36)$$

上式右边积分的几何意义就是图 8-16 中阴影部分 $abcd$ 所围成的面积。在此加速过程中，转子所获得的动能增量就等于此面积，所以称这块面积为加速面积。

当转子从 δ_c 变化到 δ_{max} 时，转子动能增量为

$$W_{(-)} = \int_{\delta_c}^{\delta_{max}} \Delta M \mathrm{d}\delta \approx \int_{\delta_c}^{\delta_{max}} \Delta P \mathrm{d}\delta = \int_{\delta_c}^{\delta_{max}} (P_T - P_{\mathrm{III}}) \mathrm{d}\delta \tag{8-37}$$

显然，上述积分为负值，即动能增量为负值，这就说明转子所储存的动能减小了，转速也下降了。此积分的大小为图 8-16 中阴影部分 $defg$ 所围成的面积，称其为减速面积。

如果有

$$W_{(+)} + W_{(-)} = \int_{\delta_0}^{\delta_c} (P_T - P_{\mathrm{II}}) \mathrm{d}\delta + \int_{\delta_c}^{\delta_{max}} (P_T - P_{\mathrm{III}}) \mathrm{d}\delta = 0 \tag{8-38}$$

则说明动能增量为零，即系统在暂态过程中，发电机转子在加速过程中所增加的动能在减速过程中全部释放。所以，系统具有暂态稳定性。

在暂态过程中，加速面积和减速面积相等，系统是暂态稳定的，这就是等面积定则。等面积定则为分析和判断系统受到大扰动时能否保持稳定提供了重要依据。

在图 8-16 中，根据等面积定则可知，在加速面积一定的情况下，使减速面积与加速面积相等的 f 点若位于 k' 点左边，则被加速的转子就能够回到同步速度，最后稳定在 k 点；若运行点到达 k' 点时，减速面积仍小于加速面积，则发电机的运行点将越过 k' 点，而使系统失去稳定性。

若定义

$$W_{(-)max} = \int_{\delta_c}^{\delta_{cr}} (P_T - P_{\mathrm{III}}) \mathrm{d}\delta \tag{8-39}$$

则 $W_{(-)max}$ 的大小为最大可能的减速面积，即 dek' 所围成的面积。判断系统暂态稳定的等面积定则可以等价为

$$|W_{(-)max}| \geqslant W_{(+)} \tag{8-40}$$

即最大可能的减速面积不小于加速面积，则系统具有暂态稳定性。在工程实用计算中，最大可能的减速面积更容易计算出来，因此，用 $W_{(-)max}$ 的大小判断系统的暂态稳定性也就更实用。

综上所述，最大可能的减速面积大于等于加速面积是保证系统暂态稳定的充要条件。如何减小加速面积，增大最大可能的减速面积是提高系统暂态稳定性的根本原则。

五、极限切除角和极限切除时间

进一步分析图 8-16 可发现：当快速切除故障即减小加速面积，相应最大可能的减速面积将增加；若切除故障时间过长，则相应最大可能的减速面积将减小。那么，一定有这样一个功率角，当在此功率角切除故障时，加速面积正好与最大可能的减速面积相等，称此功率角为暂态稳定的极限切除角 δ_{cm}，如图 8-18 所示。若切除故障对应的功率角 $\delta_c < \delta_{cm}$，加速面积肯定小于最大可能的减速面积，则系统稳定；若 $\delta_c > \delta_{cm}$，加速面积肯定大于最大可能的减速面积，则系统将失去稳定性。所以，极限切除角 δ_{cm} 对于系统的暂态稳定性是一个很重要的参数。那么，如何求出 δ_{cm} 呢？

根据等面积定则知，$W_{(+)} = -W_{(-)max}$，即

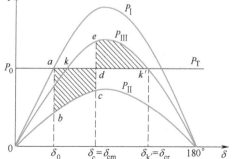

图 8-18　极限切除角和极限切除时间示意图

$$\int_{\delta_0}^{\delta_{cm}} (P_T - P_{\mathrm{II}}) \mathrm{d}\delta = \int_{\delta_{cm}}^{\delta_{k'}} (P_T - P_{\mathrm{III}}) \mathrm{d}\delta \tag{8-41}$$

对上式两边求定积分，整理后得

$$\delta_{cm} = \arccos \frac{P_T(\delta_{k'} - \delta_0) + P_{IIIm}\cos\delta_{k'} - P_{IIm}\cos\delta_0}{P_{IIIm} - P_{IIm}} \tag{8-42}$$

式中，δ_0 为初始功率角；δ_k 为临界功率角，$\delta_{k'} = \delta_{cr} = \pi - \arcsin\dfrac{P_T}{P_{IIIm}}$；$P_{IIm}$、$P_{IIIm}$ 分别表示 P_{II}、P_{III} 曲线的幅值。

极限切除角 δ_{cm} 在工程实用计算中使用不是很方便，而分析系统暂态稳定性最常用的参数是极限切除时间。所谓极限切除时间 t_{cm}，即转子从故障发生时刻开始，抵达极限切除角 δ_{cm} 所对应的时间，如图 8-18 所示。根据相应 $\delta(t) = f(t)$ 关系曲线可由 δ_{cm} 求出 t_{cm}。若继电保护装置切除故障的时间小于 t_{cm}，加速面积小于最大可能的减速面积，则系统是稳定的；反之，系统不稳定。

【例 8-3】 某简单电力系统如图 8-19a 所示，发电机 G1 与无限大容量系统相连，相关参数用标幺值表示。正常运行条件下，发电机送给系统的有功功率 $P_0 = 1$，发电机的功角特性方程为 $P_I = \dfrac{E'U}{X_I}\sin\delta = 1.72\sin\delta$。线路首端 f 点发生接地短路时的功角特性方程为 $P_{II} = \dfrac{E'U}{X_{II}}\sin\delta = 0.5\sin\delta$。当功率角 δ_c 分别为 57° 和 60° 切除故障线路时，若已知系统切除故障线路后的功角特性方程为 $P_{III} = \dfrac{E'U}{X_{III}}\sin\delta = 1.28\sin\delta$。（1）试用等面积定则判断系统的暂态稳定性；（2）求极限切除角。

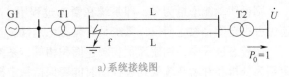

a) 系统接线图

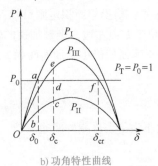

b) 功角特性曲线

图 8-19 某简单电力系统

解：（1）用等面积定则判断系统的暂态稳定性。

1）求加速面积。正常运行时，$P_I = \dfrac{E'U}{X_I}\sin\delta = 1.72\sin\delta$，$P_I = P_0 = 1$，因此对应的功率角 δ_0 为

$$\delta_0 = \arcsin\frac{1}{1.72} = 35.55°$$

当线路发生接地短路时，功角特性方程为 $P_{II} = \dfrac{E'U}{X_{II}}\sin\delta = 0.5\sin\delta$，暂态过程中的加速面积为

$$W_{(+)} = \int_{\delta_0}^{\delta_c}(P_T - P_{II})\mathrm{d}\delta = \int_{\delta_0}^{\delta_c}(1 - 0.5\sin\delta)\mathrm{d}\delta$$

当切除故障对应的功率角 δ_c 为 57° 时，加速面积为

$$W_{1(+)} = \int_{35.55°}^{57°}(1 - 0.5\sin\delta)\mathrm{d}\delta = \frac{57° - 35.55°}{180°}\pi + 0.5(\cos57° - \cos35.55°)$$

$$= 0.374 - 0.134 = 0.240$$

当功率角 δ_c 为 60° 时，加速面积为

$$W_{2(+)} = \int_{35.55°}^{60°}(1 - 0.5\sin\delta)\mathrm{d}\delta = 0.270$$

2）求最大可能的减速面积。已知系统切除故障线路后的功角特性方程为 $P_{III} = \dfrac{E'U}{X_{III}}\sin\delta = 1.28\sin\delta$，则暂态稳定的临界功率角为

$$\delta_{cr} = 180° - \arcsin \frac{1}{1.28} = 128.62°$$

当功率角 δ_c 为 57°时，最大可能的减速面积为

$$|W_{1(-)}| = \int_{\delta_c}^{\delta_{cr}} (P_{Ⅲ} - P_{T})d\delta = \int_{57°}^{128.62°} (1.28\sin\delta - 1)d\delta = 0.247$$

当功率角 δ_c 为 60°时，最大可能的减速面积为

$$|W_{2(-)}| = \int_{\delta_c}^{\delta_{cr}} (P_{Ⅲ} - P_{T})d\delta = \int_{60°}^{128.62°} (1.28\sin\delta - 1)d\delta = 0.242$$

由以上计算结果可知：

当功率角 δ_c 为 57°时，$W_{1(+)} < |W_{1(-)}|$，系统稳定；

当功率角 δ_c 为 60°时，$W_{2(+)} > |W_{1(-)}|$，系统不稳定。

（2）求极限切除角

由式（8-42）可得

$$\delta_{cm} = \arccos \frac{P_T (\delta_{k'} - \delta_0) + P_{Ⅲm}\cos\delta_{k'} - P_{Ⅱm}\cos\delta_0}{P_{Ⅲm} - P_{Ⅱm}}$$

$$= \arccos \frac{1 \times (128.62° - 35.55°) \frac{\pi}{180°} + 1.28 \times \cos128.62° - 0.50 \times \cos35.55°}{1.28 - 0.5}$$

$$= 57.68°$$

显然，也可以通过比较切除故障的功率角 δ_c 与极限切除角 δ_{cm} 的大小判断系统的暂态稳定性。当 δ_c 为 57°时，$\delta_c < \delta_{cm}$，系统具有暂态稳定性；当 δ_c 为 60°时，$\delta_c > \delta_{cm}$，系统不稳定。这与用等面积定则的判断结果一致。

课题五　电力系统的振荡

电力系统受到某些扰动后，稳定运行的条件不再满足，这将使并列运行的发电机与系统失去同步而转入异步运行状态。并列运行的发电机（或发电厂）与系统失去同步的情况称为振荡。具有励磁的同步发电机异步运行时会引起系统中的电压、电流和功率剧烈振荡，会给系统的安全、经济运行带来很大的危害。所以，当电力系统出现振荡时，一定要及时正确地处理，否则将会导致系统瓦解，造成大面积的停电事故。

a) 系统接线图

一、同步发电机失步后的运行情况

现以图 8-20a 所示简单电力系统受到大扰动而失去稳定为例，说明同步发电机失步后的运行情况。

系统受到的扰动方式为：一回输电线路首端发生瞬时性单相接地故障，继电保护装置经一定延时跳开线路两侧的断路器，再经一定延时自动重合闸动作，将两侧断路器重合成功。如图 8-20b 所示，因继电保护装置动作时间过长，最大可能的减速面积（defgh 所围成面积）小于加速面积（abcd 所围成面积），该系统失

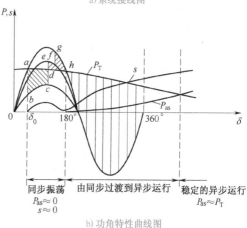

b) 功角特性曲线图

图 8-20　发电机失步后的运行情况

去稳定。

当运行点越过 h 点后，发电机即由同步运行状态过渡到异步运行状态。在进入异步运行状态后，功率角 δ 增大，发电机角速度也增大，则转差率 $\left(s = \dfrac{\omega - \omega_0}{\omega_0} \times 100\%\right)$ 逐渐增大，因而，发电机异步运行功率 P_{as} 也增加。同时，随着发电机转子转速的增大，调速器开始动作，逐渐减小原动机的输入机械功率 P_T，当两者相等时，发电机便进入稳定的异步运行状态。

发电机进入异步运行状态时，其输出的电磁功率除异步运行功率 P_{as} 外，还有同步运行功率 $P = \dfrac{E'U}{X_\Sigma}\sin\delta$。如图 8-21 所示，异步运行时，由于转子间存在相对运动，功率角 δ 和转差率 s 将不断变化，所以同步运行功率 P 仍然随着功率角 δ 按正弦规律变化，异步运行功率 P_{as} 随 s（围绕稳定转差率 s_{st}，在 s_{max} 和 s_{min} 之间）做周期性变化，发电机总的输出电磁功率 $(P + P_{as})$ 为一脉动功率。

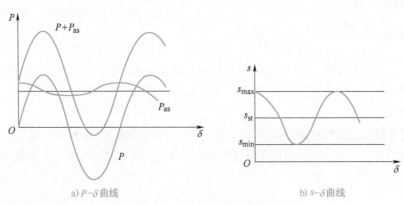

a) $P-\delta$ 曲线　　　　　　　　　b) $s-\delta$ 曲线

图 8-21　$P-\delta$ 和 $s-\delta$ 曲线

二、振荡特征

当发电机处于异步运行时，发电机电动势与系统母线电压之间就有了相对角位移，即系统发生了振荡。下面以图 8-20a 所示简单电力系统发生振荡为例，说明振荡的特征。

振荡特征

功率角 δ 随时间不断变化，相当于以系统母线电压 $\dot{U}$ 为参考方向不动，而发电机电动势 E' 绕着它以转差 $\Delta\omega$（$\Delta\omega = \omega_G - \omega_S$，$\omega_G$ 为发电机电角速度，ω_S 为系统电角速度）旋转，如图 8-22 所示。当功率角 δ 从 δ_0 到 180° 变化时，各点电压都有不同程度的降低。当 $\delta = 180°$ 时，各点电压降至最低，其中发电机至系统的电气中心点电压降至零，就好像该点发生瞬时三相短路一样，这一点称为振荡中心。当功率角 δ 继续增加到 180° ~ 360° 时，各点电压都有不同程度的回升。

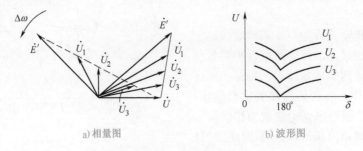

a) 相量图　　　　　　　　　　b) 波形图

图 8-22　振荡时电压的变化规律

为了分析更简单，假设 $E' = U$，线路中电流为 $\dot{I}$，则有

$$| \dot{I} | = \left| \frac{\dot{E}' - \dot{U}}{X_\Sigma} \right| = \frac{| \dot{E}' - \dot{U} |}{X_\Sigma} = \frac{2U\sin\dfrac{\delta}{2}}{X_\Sigma} \tag{8-43}$$

由于失步后，功率角 δ 不断变化，线路中电流（或功率）方向与大小出现振荡，发电机输出功率也发生周期性变化。

由上述分析可知，振荡的特征如下：

1）当系统发生振荡时，发电机与系统之间各节点电压大小发生周期性变化，其中电气中心点电压会周期性降到零，就好像该点周期性发生三相短路一样。因此，系统振荡时，电气设备会周期性地受到类似三相短路的冲击。

2）失去同步的发电机定子电流、有功功率及无功功率的大小与方向发生周期性变化。这很容易导致系统发生电压崩溃和频率崩溃。

3）失去同步的发电机转速随着发电机脉动功率的变化而变化，因此发电机侧频率表读数发生周期性变化。发电机脉动功率的周期性变化，会使发电机和机端升压变压器的机械平衡受到影响，所以发电机、变压器会发出不正常的有节奏的轰鸣声，很容易损坏发电机和变压器。

三、电力系统振荡的处理措施

发电机失步后引起系统振荡，会危及电力系统的安全运行，若不及时处理，将会造成大面积停电事故，甚至使系统瓦解。常用的处理措施有以下几种。

1. 再同步

在某些情况下，系统受到小的或大的扰动后，发电机经过短时间非同步运行后，再恢复到同步运行方式，此过程称为再同步。

所以，在此短时间内通过自动调节装置调节和运行人员的合理调度，可以使处于异步运行的发电机重新恢复同步运行，这对电力系统的安全运行和经济运行有着十分重大的意义。

2. 系统解列

如果异步运行的同步发电机不可能再同步，长时间的异步运行会导致系统瓦解，因此，为了防止事故的扩大，应该采取解列措施。所谓解列，就是把已经失去同步的系统在适当的地点（又称解列点），自动或手动地跳开某些断路器，使系统分解成几个独立的各自保持同步的部分。这样，系统解列后，各独立部分可以继续保持同步运行，当事故消除后，再将各部分恢复并列运行。

解列点的选择，应使振荡的系统之间分离，并保证在解列后各独立部分系统的功率尽量平衡，以防止解列后频率和电压发生大幅度变化。同时，也要考虑便于恢复同步的并列操作。

课题六 提高电力系统稳定性的措施

电力系统运行的稳定性，是电力系统安全、经济运行的基本前提。随着电力系统的发展和扩大，特别是大容量机组和远距离超高压、特高压输电线路的出现，电力系统的稳定性问题日益突出。可以说，电力系统的稳定性问题已成为当前交流电流系统发展的桎梏。所以，从电力系统的规划、设计到运行、维护都应进行系统稳定性的研究分析，并采取相应的提高和控制稳定运行的措施。

一、提高系统稳定性的一般原则

从静态稳定性的分析可知，若系统受到小扰动后具有较高的稳定极限，系统也就具有较高

的静态稳定性。从暂态稳定性的分析可知，在系统受到大扰动后，发电机转子轴上的不平衡转矩将使并联运行的发电机转子之间产生剧烈的相对运动，当发电机之间的功率角振荡超过一定限度时，发电机便会失去同步。因此，可以得出提高电力系统稳定性的一般原则：尽可能地提高系统的稳定极限，可提高系统的静态稳定性；尽可能减小加速面积而增大减速面积，可提高系统的暂态稳定性。

根据提高系统稳定性的一般原则，提高系统稳定性可采取的措施很多。但应该指出，无论采用哪种措施来提高系统的稳定性，除了需要考虑技术上实现的可能性之外，还要考虑经济上的合理性及多种措施的合理配合问题。此外，还要从电力系统高速发展的特点来考虑这些措施。

通过前面用等面积定则对简单电力系统进行系统暂态稳定性的分析可知，凡是提高发电机功率极限的措施，都有利用减小加速面积而增大减速面积的方法。所以，凡是提高系统静态稳定性的措施都可以提高系统暂态稳定性。

下面介绍目前电力系统中主要采用的一些提高系统静态稳定性和暂态稳定性的措施。

提高静态稳
定性的措施

二、提高系统静态稳定性的措施

由简单电力系统功角特性方程可知，发电机的功率极限为

$$P_{sl} = \frac{E_q U}{X_{d\Sigma}}$$

减小系统总电抗 $X_{d\Sigma}$、提高系统运行电压 U 等都可提高系统的稳定极限（简单电力系统的稳定极限等于功率极限）。下面介绍提高系统静态稳定性的措施。

（一）减小系统电抗

在图 8-1 所示简单电力系统中，系统总电抗 $X_{d\Sigma}$ 为

$$X_{d\Sigma} = X_d + X_{T1} + \frac{1}{2}X_L + X_{T2}$$

发电机电抗 X_d 在系统总电抗中所占的比例很大（一般占三分之一以上），但受制造成本和其他因素的限制，要想大幅度减小 X_d 是较困难的。变压器的电抗在系统总电抗中占有的比例较小。然而，在远距离超高压输电系统中，若已采取措施降低了发电机和输电线路的电抗后，减小变压器的电抗仍有一定的作用。例如，目前在远距离超高压输电系统中，广泛采用的自耦变压器，除了节省材料、价格较便宜外，还因为它的电抗值较小，对提高远距离超高压输电系统的静态稳定性仍有一定的意义。

输电线路的电抗在系统总电抗中占有较大的比例，特别是远距离输电线路，有的占将近一半。所以，减小输电线路的电抗，对提高系统的静态稳定性有着十分重要的意义。减小输电线路的电抗可以通过以下措施实现。

1. 采用分裂导线

高电压等级的输电线路常采用分裂导线，它不仅可以防止电晕发生，还可以减小线路的电抗值。例如，500kV 的架空线路，采用单根导线的电抗大约为 $0.42\Omega/km$，当采用二分裂、三分裂和四分裂导线时，电抗分别约为 $0.32\Omega/km$、$0.3\Omega/km$ 和 $0.29\Omega/km$，因此，采用分裂导线减小线路的电抗效果是比较明显的。但是，也可以看出，随着分裂数的增加，电抗值减小的幅度会逐渐减小。

2. 采用串联电容器补偿

电力线路中采用串联电容器补偿有两种情况：在较低电压等级的线路上采用串联电容器补偿主要是用于调压；在高电压等级的线路上采用串联电容器补偿主要是用于提高系统的稳定性。

采用串联电容器补偿后，线路电抗为

$$X = X_L - X_C$$

式中，X_L 表示线路的感抗；X_C 表示线路的容抗。

很显然，采用串联电容器补偿是大幅度减小线路电抗的有效措施。但是线路上采用串联电容器补偿后也带来了一些新的问题，如串联电容器的过电压和过电流保护、线路的继电保护及低频自发振荡等问题。总之，线路是否采用串联电容器补偿要综合考虑多方面问题。

图 8-23 为某 500kV 远距离输电线路串联电容器补偿接线图。各组成部分介绍如下。

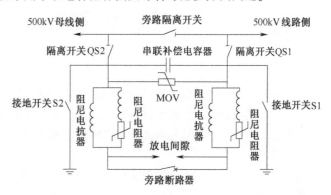

图 8-23　某 500kV 远距离输电线路串联电容器补偿接线图

串联补偿电容器：每个电容器单元内部由多个电容元件串并联而成。

金属氧化物压敏电阻器（MOV）：通过限制串联补偿电容器组的过电压及导通故障电流来保护电容器组的安全运行；在短时线路故障消除后，为串联补偿电容器组提供自动重投回路。

阻尼回路由阻尼电抗器和阻尼电阻器并联构成。阻尼电抗器为干式、空心电抗器；阻尼电阻器由线性电阻元件和非线性电阻元件构成。阻尼回路的作用是：限制电容器放电电流，保护电容器组、旁路断路器和火花放电间隙的安全运行。

串联电容器补偿设备投入顺序：断开接地开关 S1、S2，合上隔离开关 QS1、QS2，断开旁路隔离开关（检查，并确认旁路断路器在合闸位置），断开旁路断路器。

串联电容器补偿设备退出顺序：合上旁路断路器，合上旁路隔离开关（检查并确认旁路断路器在合闸位置），断开隔离开关 QS2、QS1，合上接地开关 S2、S1。

3. 提高输电线路的额定电压等级

输电线路的额定电压是影响线路输送能力的重要因素，它直接影响传输电能的质量和线路的电能损耗。从稳定性方面来考虑，提高线路的额定电压等级相当于减小线路的电抗，以图 8-1 所示简单电力系统为例分析如下。

简单电力系统的稳定极限为

$$P_{sl} = \frac{E_q U}{X_{d\Sigma}}$$

若将所有参数折算到发电机侧计算，将输电线路的额定电压等级提高，线路电抗折算到发电机侧的电压要大幅度减小。例如，已知发电机电动势为 11kV，输电线路的额定电压为 110kV，线路电抗为 100Ω，则折算到发电机侧的线路电抗值为 1Ω；若提高输电线路的额定电压到 220kV，则折算到发电机侧的线路电抗值为 0.25Ω。很显然，对输电线路额定电压进行升压改造，即使线路的电抗值不变，但是折算额定电压的标幺值却减小了，所以，总电抗标幺值也减小了。

虽然，提高输电线路的额定电压等级可提高系统的稳定性，但同时也要考虑建设投资也会随之增加。

（二）提高系统的运行电压

由简单电力系统的功角特性方程可知，功率极限与受端系统的电压 U 成正比。所以提高系统的运行电压水平，可以提高系统的稳定性。在电力系统的实际运行中，为了提高系统的稳定性，发电厂、变电站高压母线的运行电压在满足其他要求的前提下，一般都在额定电压的上位运行。但是，提高系统的运行电压水平，负荷所吸收的无功功率也大幅增加（$Q_L = U^2/X_L$），所以系统应具备充足的无功电源。

（三）发电机采用自动调节励磁装置及强行励磁

发电机的自动调节励磁装置不仅对电力系统的无功功率平衡和电压调整起主导作用，而且对提高电力系统的静态稳定性也起着十分重要的作用。当发电机没有采用自动调节励磁装置时，空载电动势 E_q 恒定，发电机的电抗为 X_d。当发电机装有自动调节励磁装置以后，发电机就可以使暂态电动势 E' 或机端电压 U_G 恒定。而 E' 恒定意味着发电机电抗由 X_d 减小到 X'_d，U_G 恒定则意味着 X_d 减小到几乎为零。由此可见，自动调节励磁装置对提高系统静态稳定性的效果是非常显著的。

由于自动调节励磁装置本身的价格相对于电力系统一次设备的投资来说是很小的，它和其他提高稳定性的措施相比，也经济得多。因此，发电机都应尽可能地装设高灵敏、性能完善的新型自动调节励磁装置，如具有电力系统稳定器（简称PSS）的自动调节励磁装置或微机型自动调节励磁装置等。

所谓强行励磁，即当系统发生故障使发电机端电压低于85%额定电压时应迅速大幅度地增加励磁，简称强励。由于实行强励极大地提高了发电机的电动势，提高了系统的稳定极限，从而使电力系统稳定性得到提高；同时，强励也使短路电流增大，有利于提高继电保护装置的灵敏性。强励倍数和励磁电压响应比为强励的重要指标，强励时间受发电机励磁绕组允许的过电流能力限制，一般时间不宜过长。实际中，发电机强励装置常与自动调节励磁装置配合使用。

三、提高系统暂态稳定性的措施

（一）快速切除故障

提高电力系统暂态稳定性的措施

快速切除故障是提高电力系统暂态稳定性最根本、最有效的措施。根据等面积定则，要使系统获得暂态稳定性，必须尽量减小加速面积，增大减速面积，这样才有可能使被加速的转子回到同步转速，使系统恢复正常的同步运行。而要减小加速面积，最直接的方法就是快速切除故障。若切除故障的时间过长，系统则可能会失去稳定性。用等面积定则对这两种情况进行分析，如图8-24所示。

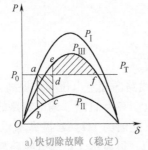

a) 快切除故障（稳定）　　　b) 慢切除故障（不稳定）

图8-24　切除故障时间对暂态稳定性的影响

切除故障的时间包括继电保护装置动作的时间和从断路器接到跳闸脉冲到触头分开、电弧熄灭为止的时间总和。因此，减小切除故障的时间应从改善断路器性能和提高继电保护装置的动作速度这两方面着手。目前，最快可以做到短路故障后约一个工频周期（即0.02s）切除故障；220kV及以上电压等级的电力网，一般可做到在2.5~5个工频周期内（即0.05~0.1s）切除故障。

（二）采用自动重合闸装置

输电线路上的短路故障绝大多数是瞬时性故障（如雷击线路、避雷器动作），当继电保护装置将故障线路两侧断路器断开，电弧熄灭后，绝缘又恢复到正常水平。在此情况下，若线路两侧都装有自动重合闸装置，则延时预约时间后，两侧重合闸装置能自动将两侧断路器分别重合；若为永久性故障，则两侧重合闸装置能加速再次跳开两侧断路器。运行统计资料表明，输电线路自动重合闸动作成功率在 60% ~ 90%，可见，自动重合闸的成功率很高。因此，GB/T 14285—2006《继电保护和安全自动装置技术规程》规定：3kV 及以上的架空线路及电缆与架空混合线路，在具有断路器的条件下，如用电设备允许且无备用电源自动投入时，应装设自动重合闸装置。高压线路的自动重合闸装置，不仅可提高供电的可靠性，更重要的是可提高系统的暂态稳定性。因此，自动重合闸装置对提高电力系统暂态稳定性起着十分显著的作用。

简单电力系统如图 8-25a 所示。当 f 点发生瞬时性短路故障时，图 8-25b 为线路两侧断路器装有自动重合闸装置且重合成功的功角特性曲线，图 8-25c 为线路两侧断路器未装自动重合闸装置的功角特性曲线。

a) 系统接线图

比较图 8-25b 和图 8-25c 可知，不装设自动重合闸装置时，加速面积（abcd）大于最大可能的减速面积（def），系统不能保证暂态稳定性；如果装设了自动重合闸装置，当运行点到 k 点时，重合闸装置动作成功，运行点从功角特性曲线 P_{III} 上的 k 点跃升到功角特性曲线 P_I 上的 g 点，增大了减速面积（增大的减速面积为 kghf 所围成的面积），系统就能够保持暂态稳定。

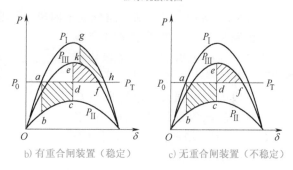

b) 有重合闸装置（稳定）　　c) 无重合闸装置（不稳定）

图 8-25　自动重合闸装置对系统暂态稳定性的影响

e 点到 k 点之间对应的时间就是重合闸装置的动作时间。从提高供电可靠性和暂态稳定性的角度分析，动作时间越短越好。但还要考虑故障点电弧熄灭的去游离时间和两侧断路器继电保护装置的配合问题，因此动作时间不能太短。对于三相自动重合闸，动作时间不宜低于 0.3s。

在高压线路中，发生单相接地短路故障的概率最大。若采用综合重合闸装置，当线路发生单相短路故障时，通过选相元件仅将故障相实现单相重合，非故障相照常运行，这样可以更好地提高电力系统的暂态稳定性，特别对于单回输电线路与系统连接的网络，则具有更重要的意义。

（三）设置开关站和采用强行串联电容器补偿

在远距离输电系统中，输电线路对提高系统的稳定性起着重要的作用。下面介绍改善线路结构提高系统稳定性的两种方法。

1. 设置开关站

当远距离输电线路的长度超过 300km，而沿途又没有中间变电站时，为了提高系统的稳定性，可以在输电线路中间设置开关站。

如图 8-26a 所示，当 f 点发生故障，若没有设置开关站，则需切除整条故障线路，线路总电抗将增大到故障前的 2 倍；若中间设置了开关站，如图 8-26b 所示，则只需切除一段线路，线路总电抗将增大到故障前的 1.5 倍。因此，线路中间设置开关站不仅提高了系统的暂态稳定性，也提高了故障后系统的静态稳

a) 无开关站

b) 有开关站

图 8-26　输电线路中间设置开关站

定性。但是，设置开关站要增加系统的投资费用和运行维护费用，开关站的设置要从技术和经济两方面综合考虑。开关站的地点尽可能设置在远景规划中拟建中间变电站的地方。开关站的接线布置应兼顾将来便于扩建为变电站的可能性。一般地，对于距离为 300 ~ 500km 的输电线路，开关站以一个为宜，对于距离为500 ~ 1000km 的输电线路，开关站以 2 ~ 3 个为宜。

例如，我国第一条 1000kV 晋东南-南阳-荆门特高压输电线路，全长 645km，为提高系统中长期静态稳定性，在南阳设置了开关站。

2. 采用强行串联电容器补偿

为了提高系统的静态稳定性，改善正常运行的电压质量，若已经在输电线路上设置了串联电容器补偿，为了提高系统的暂态稳定性和故障后的静态稳定性，以及改善故障后的电压质量，可以考虑采用强行串联电容器补偿。所谓强行串联电容器补偿，就是在切除故障线路的同时，切除部分串联电容器补偿装置内并联运行的电容器组。

采用强行串联电容器补偿

如图 8-27 所示，将双回线路分成了四段，串联电容器补偿装置分成三组，设置于线路中间。当线路首端 f 点发生短路故障，继电保护装置将该段线路切除，线路总电抗 X_L 增大。若在切除故障线段的同时强行将电容器组 C_3 切除，总并联电容量将减少而总的容抗（$X_C = 1/\omega C$）增加，这样就可以补偿线路总电抗的增加。

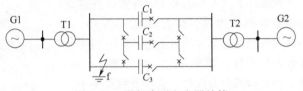
图 8-27 强行串联电容器补偿

在电力系统的规划设计中，强行串联电容器补偿应与开关站及串联电容器补偿统一考虑。例如，南方电网公司分别在广西平果和百色设置了 500kV 超高压输电线路串联电容器补偿站。平果可控串联电容器补偿站补偿容量为 2×800Mvar，投运后可提高西电东送能力 220MW；百色串联电容器补偿站建成投运的三套固定串联补偿装置的总补偿容量为 1812Mvar。

（四）采用电气制动和变压器中性点经小电阻接地

1. 电气制动

所谓电气制动，就是当系统发生故障时，若送电端发电机输出给系统的电磁功率急剧减小，在送电端发电机出线立即投入电阻负荷，吸收发电机因系统故障产生的过剩功率，抑制发电机转子加速，从而提高系统的暂态稳定性。

采用电气制动时，一般在发电机出线母线或升压变压器高压侧母线上加一个并联电阻，如图 8-28 所示。当线路 f 点发生短路故障时，发电机输出的电磁功率急剧减小，而机组调速装置动作需要时间，原动机的输入机械功率来不及减小，多余的能量将使转子加速，若此时立即合上断路器 QF，用电阻 R 来吸收多余的能量，则可抑制转子加速。

许多大型水力发电厂把电气制动作为提高系统暂态稳定性的重要措施，因为水力发电厂调节阀门及水流的惯性较大，远不如火力发电厂快速气门的调节速度。制动电阻的阻值选择要恰当，若选择的容量过小，则不足以抑制发电机转子的加速而失步；若选择的阻值过大，发电机虽然在发生故障时没有失步，但在切除故障和切除制动电阻后的摇摆过程中可能失去同步。例如，湖南柘溪水电厂和湖北丹江口水电厂分别设置 10 万 kW 和 15 万 kW 的制动电阻，投入时间分别为 0.3s 和 0.8s。

2. 变压器中性点经小电阻接地

变压器中性点经小电阻接地，实质上是在中性点直接接地系统发生接地短路时的电气制动。将小电阻接在发电机升压变压器星形侧中性点与大地之间，如图 8-29 所示。

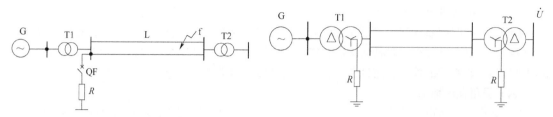

图 8-28　电气制动示意图　　　　　　图 8-29　变压器中性点经小电阻接地

　　在正常运行状态下，三相负荷电流对称，没有电流通过小电阻；当系统发生不对称接地短路时，接在变压器中性点的小电阻有零序电流通过，这时电阻中消耗的功率就起着电气制动的作用。所选择的中性点接地电阻不宜过大，若电阻过大，则消耗功率太大，有可能使发电机在第二个摇摆周期失去稳定。对典型系统的计算表明，电阻以变压器额定参数下阻抗的 4% 左右为宜。

（五）减小原动机输入的机械功率

　　当系统故障使送电端发电机输出的电磁功率突然减少时，可以通过减小原动机输入机械功率的办法抑制发电机转子的加速，从而提高系统的暂态稳定性。显然，此措施的原理比电气制动要好，下面介绍两种常用的方法。

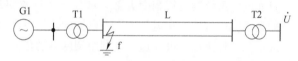

a) 系统接线图

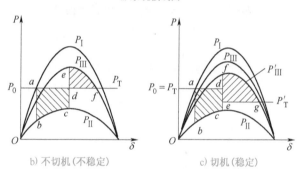

b) 不切机(不稳定)　　　c) 切机(稳定)

图 8-30　联锁切机对系统暂态稳定性的影响

1. 联锁切机

　　所谓联锁切机，就是在输电线路发生短路后，在切除故障线路的同时（或重合闸不成功时），联锁切除线路送电端发电厂的部分发电机组。用简单电力系统的功角特性曲线可说明联锁切机提高系统暂态稳定性的原理，如图 8-30 所示。

　　如图 8-30b 所示，若不采用联锁切机，正常运行时，发电机运行在 P_I 曲线的 a 点。当一回输电线路的首端 f 点发生短路故障时，运行点从 a 点转移到 P_{II} 曲线的 b 点，然后由 b 点向 c 点转移；当运行到 c 点时，故障线路被切除，运行点由 c 点转移到 P_{III} 曲线上的 e 点。因为 $abcd$ 所围成的加速面积大于 def 所围成的减速面积，所以系统不稳定。若在切除故障线路的同时切除发电厂的部分机组，使原动机输出的机械功率由 P_T 减少到 P_T'，如图 8-30c 所示，这时与功角特性曲线 P_{III}'（切机部分机组后系统阻抗增大，P_{III}' 曲线低于 P_{III} 曲线）相交的减速面积显然增大，因而提高了系统的暂态稳定性。

2. 快速控制调速气门

　　现在的大容量汽轮发电机组都是高温、高压具有中间再热的机组，而且都配置了反应较快的阀门控制系统。因此，在系统故障期间，这种机组能够做到快速关闭气门，降低原动机的输入功率，提高系统的暂态稳定性。

　　图 8-31 为某简单电力系统采用快速控制调速气门提高系统暂态稳定性的示意图。在 f 点，快速控制调速气门作用，使原动机的机械功率由 P_T 减小到 P_T'，显然减速面积增大了。从 d 点到 f 点所对应的时间就是快速控制调速气门的动作时间，可见，动作时间越短，效

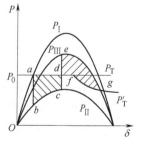

图 8-31　快速控制调速气门
提高系统暂态稳定性

果越好，但是调节难度越大。

采用快速控制调速气门，可以在故障后不切机的情况下，抑制发电机的加速，提高系统的暂态稳定性；同时，可以在故障被切除后，使发电机能很快地恢复原来的出力。所以，采用快速控制调速气门提高系统的暂态稳定性是一种有效而又经济的措施。

（六）采用直流输电

直流输电是将送电端的交流电经升压、整流后，通过高压直流线路送到受电端，然后在受电端将直流电逆变成交流电后，送入交流电力系统。由于直流输电传输的功率与频率无关，两端交流系统可以在不同的频率下通过直流输电线路连在一起运行，所以，两个交流系统之间不存在功角稳定性问题。此外，还可以利用直流输电的快速调整能力提高两侧交流系统的稳定性。

但是，直流输电存在换流站造价较高、谐波干扰较大及运行方式不灵活等缺点，因此，是否采用直流输电要在技术上和经济上与交流输电进行综合比较。

（七）利用调度自动化提供的信息及时调整运行方式

目前电力系统的运行调度大部分都使用了计算机调度自动化系统，很多都配备安全、经济分析的高级应用软件。在运行中，应根据此软件提供的安全分析信息随时调整系统的运行方式，以保证系统的稳定性。可以预言，利用调度自动化提供的信息及时调整运行方式，从而提高电力系统的稳定性，将有划时代的意义。

我国提出建立坚强智能电网，智能化提高系统稳定性是其重要内容之一。

习　题

8-1　何谓电力系统的稳定性？一般可将电力系统的稳定性分为哪几类？

8-2　什么叫同步发电机的功角特性？功率角 δ 有哪些含义？

8-3　同步发电机的转子运动方程如何表示？各符号的意义是什么？

8-4　自动调节励磁装置对同步发电机的功角特性有哪些影响？

8-5　电力系统静态稳定性的实用判据是什么？如何分析系统是否具有静态稳定性？

8-6　什么叫负荷的静态稳定性？其实用判据是什么？它与同步发电机并联运行的稳定性有何关系？

8-7　某简单电力系统的等效电路如图8-32所示。经统一归算后的各参数标幺值如下：无限大容量系统的母线电压 $U = 1.0$，额定运行时，发电机送给系统的功率 $P_N = 1.0$、$\cos\varphi = 0.85$，$X_d = 0.8$，$X_{T1} = X_{T2} = 0.1$，$X_L = 0.4$。求功率极限 P_{max}、额定运行时的功率角 δ_0 及静态稳定储备系数 K_p。

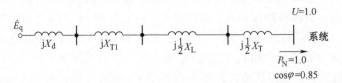

图 8-32　题 8-7 图

8-8　分析电力系统运行的暂态稳定性时，为什么可以忽略短路电流的零序分量和负序分量，而要考虑零序电抗和负序电抗？

8-9　为什么用等面积定则可以判断系统的暂态稳定性？

8-10　什么叫极限切除角？什么叫极限切除时间？

8-11　某简单电力系统如图8-33所示，正常运行条件下，发电机送给系统的有功功率 $P_0 = 1$，发电机的功角特性方程为 $P_I = \dfrac{E'U}{X_I}\sin\delta = 1.72\sin\delta$。若线路首端 f 点发生三相短路，当功率

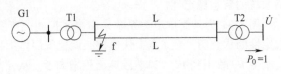

图 8-33　题 8-11 图

角 δ 分别为50°和60°切除故障线路时，若已知系统切除故障线路后的功角特性方程为 $P_{\mathrm{III}} = \dfrac{E'U}{X_{\mathrm{III}}}\sin\delta = $ 1.35$\sin\delta$，（1）试用等面积定则判断系统的暂态稳定性；（2）求极限切除角。

8-12　电力系统发生振荡时，会出现哪些振荡特征？振荡后的处理措施有哪些？

8-13　提高电力系统静态稳定性的一般原则是什么？简述提高静态稳定性的各项措施。

8-14　提高电力系统暂态稳定性的一般原则是什么？简述提高暂态稳定性的各项措施。

8-15　为什么说提高系统静态稳定性的措施都可以提高暂态稳定性？

8-16　为什么说发电机出线端变压器中性点经小电阻接地实质上是系统在发生不对称接地短路时的电气制动？

8-17　选择题（将正确的选项填入括号中）

1. 若作用于发电机转子的机械功率大于电磁功率，发电机转子转速将（　　）。

A. 增加　　　　　　B. 减小　　　　　　C. 不变　　　　　　D. 先减小后增加

2. 简单电力系统静态稳定性的实用判据为 $\mathrm{d}P/\mathrm{d}\delta$（　　）。

A. >0　　　　　　B. <0　　　　　　C. ≥0　　　　　　D. ≤0

3. 当电力系统在同一地点发生不同类型的短路时，相对而言，对电力系统稳定运行影响最小的故障为（　　）。

A. 单相接地　　　　　　　　B. 两相接地短路

C. 三相短路　　　　　　　　D. 两相短路

4. 在简单系统暂态稳定性分析中确定极限切除角依据的定则是（　　）。

A. 等面积定则　　　　　　　B. 等耗量微增率定则

C. 能量守恒定则　　　　　　D. 正序等效定则

5. $K_{\mathrm{p}} = \dfrac{P_{\mathrm{sl}} - P_0}{P_0}\times100\%$ 为电力系统静态稳定储备系数，GB 38755—2019《电力系统安全稳定导则》规定在正常运行方式和故障方式下，以下说法中正确的是：（　　）。

A. 故障后的运行方式下不小于20%

B. 正常运行方式下不小于10% ~15%

C. 正常运行方式下不小于15% ~20%

D. 故障后的运行方式下不小于10%

6. 简单系统的输送功率极限为200MW，若目前输送功率为100MW，则静态稳定储备系数为（　　）。

A.40%　　　　　　B.50%　　　　　　C.60%　　　　　　D.100%

7. 电力系统失去稳定，发生振荡，采取的措施包括（　　）。

A. 再同步　　B. 解列　　C. 调节励磁　　D. 紧急停机

8. 下列措施中，（　　）可以提高电力系统暂态稳定性。

A. 故障的快速切除　　　　　B. 自动重合闸的应用

C. 减小发电机输出的电磁功率　　D. 减小原动机输入的机械功率

8-18　判断题（正确的在括号内打"√"，错误的打"×"）

1. 减少发电机与系统间的联系阻抗可以提高发电机的静态稳定性。（　　）

2. 快速切除故障是提高系统暂态稳定性的根本措施。（　　）

3. 重合闸动作成功增加了减速面积，所以系统的暂态稳定性提高了。（　　）

4. 对于序阻抗 $x_{\Sigma(1)} = x_{\Sigma(2)} = x_{\Sigma(0)}$ 的电力系统，当发生单相接地短路时，流过故障相的短路电流大小与三相短路相同，因此单相短路对电力系统并列运行暂态稳定性的影响也与三相短路相同。（　　）

5. 系统稳定分析中的极限切除角和极限切除时间有严格的对应关系。（　　）

6. 系统发生振荡后，振荡中心的电压会周期性下降到0。（　　）

7. 系统发生振荡后，联络线路的距离保护测量阻抗会周期性变化。（　　）

附　　录

附录 A　导线的技术参数

表 A-1　导线的型号和名称

型号	名称
JL	铝绞线
JLHA1、JLHA2、JLHA3、JLHA4	铝合金绞线
JL/G1A、JL/G2A、JL/G3A、JL1/G1A、JL1/G2A、JL1/G3A、JL2/G1A、JL2/G2A、JL2/G3A、JL3/G1A、JL3/G2A、JL3/G3A	钢芯铝绞线
JL/G1AF、JL/G2AF、JL/G3AF、JL1/G1AF、JL1/G2AF、JL1/G3AF、JL2/G1AF、JL2/G2AF、JL2/G3AF、JL3/G1AF、JL3/G2AF、JL3/G3AF	防腐型钢芯铝绞线
JLHA1/G1A、JLHA1/G2A、JLHA1/G3A、JLHA2/G1A、JLHA2/G2A、JLHA2/G3A、JLHA3/G1A、JLHA3/G2A、JLHA3/G3A、JLHA4/G1A、JLHA4/G2A、JLHA4/G3A	钢芯铝合金绞线
JLHA1/G1AF、JLHA1/G2AF、JLHA1/G3AF、JLHA2/G1AF、JLHA2/G2AF、JLHA2/G3AF、JLHA3/G1AF、JLHA3/G2AF、JLHA3/G3AF、JLHA4/G1AF、JLHA4/G2AF、JLHA4/G3AF	防腐型钢芯铝合金绞线
JL/LHA1、JL1/LHA1、JL2/LHA1、JL3/LHA1、JL/LHA2、JL1/LHA2、JL2/LHA2、JL3/LHA2	铝合金芯铝绞线
JL/LB14、JL1/LB14、JL2/LB14、JL3/LB14、JL/LB20A、JL1/LB20A、JL2/LB20A、JL3/LB20A	铝包钢芯铝绞线
JLHA1/LB14、JLHA2/LB14、JLHA1/LB20A、JLHA2/LB20A	铝包钢芯铝合金绞线
JLHA1/LB14F、JLHA2/LB14F、JLHA1/LB20AF、JLHA2/LB20AF	防腐型铝包钢芯铝合金绞线
JG1A、JG2A、JG3A、JG4A、JG5A	钢绞线
JLB14、JLB20A、JLB27、JLB35、JLB40	铝包钢绞线

表 A-2　几种常用架空线的规格

标称截面积/mm²	JL型(铝绞线)					JL/G1A型(钢芯铝绞线)						JLHA1型(钢芯铝合金绞线)					JLB14型(铝包钢绞线)				
	单线根数 n	计算外径/mm	计算截面积/mm²	单位长度质量/(kg/km)	额定拉断力/kN	单线根数 铝	钢	计算外径/mm	计算截面积/mm²	单位长度质量/(kg/km)	额定拉断力/kN	单线根数 n	计算外径/mm	计算截面积/mm²	单位长度质量/(kg/km)	额定拉断力/kN	单线根数 n	计算外径/mm	计算截面积/mm²	单位长度质量/(kg/km)	额定拉断力/kN
16	7	5.13	15.89	43.5	3.05	6	1	5.55	18.82	65.2	6.13	7	5.13	16.1	44.0	5.22					
25	7	6.39	25.41	69.6	4.49	6	1	6.96	29.59	100.7	9.10	7	6.39	24.9	68.3	8.11					
35	7	7.50	34.36	94.1	6.01	6	1	8.16	40.67	140.9	12.55	7	7.56	34.9	95.6	11.35	7	7.50	34.4	248.0	54.63
50	7	9.00	49.48	135.5	8.41	6	1	9.60	56.29	195.0	16.81	7	9.06	50.1	137.3	16.30	7	9.00	49.5	357.9	78.67
70	7	10.80	71.25	195.1	11.40	6	1	11.40	79.39	275.0	23.36	7	10.07	70.1	191.9	22.07	7	10.80	71.3	515.4	108.30
95	7	12.42	94.23	258.0	15.22	7	7	13.87	113.96	408.5	37.24	7	12.50	95.1	260.5	29.97	7	12.50	95.1	688.2	137.10
120	19	14.30	121.21	333.5	20.61	26	7	15.07	134.49	466.4	42.26	19	13.90	115	317.3	37.48	19	14.30	121	811.0	192.70
150	19	15.75	148.07	407.4	24.43	26	7	17.10	173.11	600.5	53.67	19	15.90	150	412.6	48.74	19	15.80	148	1076.2	229.50
185	19	17.50	182.80	503.0	30.16	26	7	18.88	210.93	732.0	64.56	19	17.60	184	505.9	57.91	19	17.50	183	1328.7	283.30
240	19	20.00	238.76	656.9	38.20	26	7	21.66	277.75	963.5	83.76	19	20.10	240	660.3	75.59	19	20.00	239	1735.4	362.90
300	37	22.40	297.57	820.4	49.10	30	7	25.20	376.61	1400.6	127.20	37	22.50	299	825.9	97.32	37	22.40	298	2168.0	461.20
400	37	25.90	397.83	1097.0	64.00	30	19	29.14	501.02	1857.9	171.60	37	26.00	400	1103.2	126.00	37	25.90	398	2898.4	604.70
500	37	29.12	502.90	1387	80.46							37	29.10	500	1380.4	157.70	37	29.10	503	3663.9	764.40
630	61	32.67	631.30	1669	101.00							61	32.70	631	1743.8	198.90	61	32.70	631	4606.2	911.60

注：本表按基准环境温度为25°C，风速为0.5m/s，辐射系数及吸热系数为0.5，海拔为1000m的条件计算。

表 A-3　LJ、TJ 型架空线路导线的电阻及感抗　　　　　　（单位：Ω/km）

铝导线型号	电阻（LJ）	几何平均距离/m										电阻（TJ）	铜导线型号
		0.6	0.8	1.0	1.25	1.5	2.0	2.5	3.0	3.5	4.0		
		感抗											
LJ-16	1.98	0.358	0.377	0.391	0.405	0.416	0.435	0.449	0.46			1.2	TJ-16
LJ-25	1.28	0.345	0.363	0.377	0.391	0.402	0.421	0.435	0.446			0.74	TJ-25
LJ-35	0.92	0.336	0.352	0.366	0.380	0.391	0.410	0.424	0.435	0.445	0.453	0.54	TJ-35
LJ-50	0.64	0.325	0.341	0.355	0.365	0.380	0.398	0.413	0.423	0.433	0.441	0.39	TJ-50
LJ-70	0.46	0.315	0.331	0.345	0.359	0.370	0.388	0.399	0.410	0.420	0.428	0.27	TJ-70
LJ-95	0.34	0.303	0.319	0.334	0.347	0.358	0.377	0.390	0.401	0.411	0.419	0.20	TJ-95
LJ-120	0.27	0.297	0.313	0.327	0.341	0.352	0.368	0.382	0.393	0.403	0.411	0.158	TJ-120
LJ-150	0.21	0.287	0.312	0.319	0.333	0.344	0.363	0.377	0.388	0.398	0.406	0.123	TJ-150

表 A-4　LGJ 型架空线路导线的电阻及感抗　　　　　　（单位：Ω/km）

导线型号	电阻	几何平均距离/m														
		1.0	1.5	2.0	2.5	3.0	3.5	4.0	4.5	5.0	5.5	6.0	6.5	7.0	7.5	8.0
		感抗														
LGJ-35	0.85	0.366	0.385	0.403	0.417	0.429	0.438	0.446								
LGJ-50	0.65	0.353	0.374	0.392	0.400	0.418	0.427	0.435								
LGJ-70	0.45	0.343	0.364	0.382	0.396	0.408	0.417	0.425	0.433	0.440	0.446					
LGJ-95	0.33	0.334	0.353	0.371	0.385	0.397	0.406	0.414	0.422	0.429	0.435	0.44	0.445			
LGJ-120	0.27	0.326	0.347	0.365	0.379	0.391	0.400	0.408	0.416	0.423	0.429	0.433	0.438			
LGJ-150	0.21	0.319	0.340	0.358	0.372	0.384	0.398	0.401	0.409	0.416	0.422	0.426	0.432			
LGJ-185	0.17				0.365	0.377	0.386	0.394	0.402	0.409	0.415	0.419	0.425			
LGJ-240	0.132				0.357	0.369	0.378	0.386	0.394	0.401	0.407	0.412	0.416	0.421	0.425	0.429
LGJ-300	0.107										0.399	0.405	0.410	0.414	0.418	0.422
LGJ-400	0.08										0.391	0.397	0.402	0.406	0.410	0.414

表 A-5　LGJQ 与 LGJJ 型架空线路导线的电阻及感抗　　　　　　（单位：Ω/km）

导线型号	电阻	几何平均距离/m						
		5.0	5.5	6	6.5	7.0	7.5	8.0
		感抗						
LGJQ-300	0.108		0.401	0.406	0.411	0.416	0.420	0.424
LGJQ-400	0.08		0.391	0.397	0.402	0.406	0.410	0.414
LGJQ-500	0.065		0.384	0.390	0.395	0.400	0.404	0.408
LGJJ-185	0.17	0.406	0.412	0.417	0.422	0.426	0.433	0.437
LGJJ-240	0.131	0.397	0.403	0.409	0.414	0.419	0.424	0.428
LGJJ-300	0.106	0.390	0.396	0.402	0.407	0.411	0.417	0.421
LGJJ-400	0.079	0.381	0.387	0.393	0.398	0.402	0.408	0.412

表 A-6　LGJ、LGJQ 与 LGJJ 型架空线路导线的电纳　（单位：×10⁻⁶S/km）

表 A-6　LGJ、LGJQ 与 LGJJ 型架空线路导线的电纳　（单位：$\times 10^{-6}$S/km）

导线型号		几何平均距离/m														
		1.5	2.0	2.5	3.0	3.5	4.0	4.5	5.0	5.5	6.0	6.5	7.0	7.5	8.0	8.5
		电纳														
LGJ	35	2.97	2.83	2.73	2.65	2.59	2.54									
	50	3.05	2.91	2.81	2.72	2.66	2.61									
	70	3.12	2.99	2.88	2.79	2.73	2.68	2.62	2.58	2.54						
	95	3.25	3.08	2.96	2.87	2.81	2.75	2.69	2.65	2.61						
	120	3.31	3.13	3.02	2.92	2.85	2.79	2.74	2.69	2.65						
	150	3.38	3.20	3.07	2.97	2.90	2.85	2.79	2.74	2.71						
	185			3.13	3.03	2.96	2.90	2.84	2.79	2.74						
	240			3.21	3.10	3.02	2.96	2.89	2.85	2.80	2.76					
	300								2.86	2.81	2.78	2.75	2.72			
	400								2.92	2.88	2.83	2.81	2.78			
LGJJ 或 LGJQ	120						2.8	2.75	2.70	2.66	2.63	2.60	2.57	2.54	2.51	2.49
	150						2.85	2.81	2.76	2.72	2.68	2.65	2.62	2.59	2.57	2.54
	185						2.91	2.86	2.80	2.76	2.73	2.70	2.66	2.63	2.60	2.58
	240						2.98	2.92	2.87	2.82	2.79	2.75	2.72	2.68	2.66	2.64
	300						3.04	2.97	2.91	2.87	2.84	2.80	2.76	2.73	2.70	2.68
	400						3.11	3.05	3.00	2.95	2.91	2.87	2.83	2.80	2.77	2.75
	500						3.14	3.08	3.01	2.96	2.92	2.88	2.84	2.81	2.79	2.76
	600						3.16	3.11	3.04	3.02	2.96	2.91	2.88	2.85	2.82	2.79

表 A-7　220～500kV 架空线路导线的电阻及感抗　（单位：Ω/km）

导线型号	220kV				330kV（双分裂）		500kV（四分裂）	
	单导线		双分裂					
	电阻	电抗	电阻	电抗	电阻	电抗	电阻	电抗
LGJ-185	0.17	0.41	0.085	0.315				
LGJ-240	0.132	0.432	0.066	0.310				
LGJQ-300	0.107	0.427	0.054	0.308	0.054	0.321		
LGJQ-400	0.08	0.417	0.04	0.303	0.04	0.316	0.02	0.289
LGJQ-500	0.065	0.411	0.0325	0.300	0.0325	0.313	0.0163	0.287
LGJQ-600	0.055	0.405	0.0275	0.297	0.0275	0.310	0.0138	0.286
LGJQ-700	0.044	0.398	0.022	0.294	0.022	0.307	0.011	0.284

注：计算条件为

电压/kV	110	220	330	500
线间距离/m	4	6.5	8	14
线分裂距离/cm		40	40	40
导线排列方式		水平二分裂	水平二分裂	正四角四分裂

表 A-8 110 ~ 750kV 架空线路导线的电容（μF/100km）及充电功率（MV·A/100km）

导线型号	110kV		220kV				330kV（双分裂）		500kV（三分裂）		750kV（四分裂）	
			单导线		双分裂							
	电容	功率	电容	功率	电容	功率	电容	功率	电容	功率	电容	功率
LGJ-50	0.808	3.06										
LGJ-70	0.818	3.14										
LGJ-95	0.84	3.18										
LGJ-120	0.854	3.24										
LGJ-150	0.87	3.3										
LGJ-185	0.885	3.35			1.14	17.3						
LGJ-240	0.904	3.43	0.837	12.7	1.15	17.5	1.09	36.9				
LGJQ-300	0.913	3.48	0.848	12.9	1.16	17.7	1.10	37.3	1.18	94.4		
LGJQ-400	0.939	3.54	0.867	13.2	1.18	17.9	1.11	37.5	1.19	95.4	1.22	215
LGJQ-500			0.882	13.4	1.19	18.1	1.13	38.2	1.2	96.2	1.23	217
LGJQ-600			0.895	13.6	1.20	18.2	1.14	38.6	1.205	96.7	1.235	218
LGJQ-700			0.912	14.8	1.22	18.3	1.15	38.8	1.21	97.2	1.24	219

附录 B 油浸式电力变压器技术参数

表 B-1 6kV、10kV 级 30kV·A ~ 2500kV·A 三相双绕组无励磁调压配电变压器

额定容量/（kV·A）	电压组合及分接范围			联结组标号	空载损耗/kW	负载损耗/kW	空载电流（%）	短路阻抗（%）
	高压/kV	高压分接范围（%）	低压/kV					
30					0.100	0.630/0.600	1.5	
50					0.130	0.910/0.870	1.3	
63					0.150	1.09/1.04	1.2	
80					0.180	1.31/1.25	1.2	
100					0.200	1.58/1.50	1.1	
125				Dyn11 Yzn11 Yyn0	0.240	1.89/1.80	1.1	4.0
160					0.280	2.31/2.20	1.0	
200	6 6.5 10 10.5	±2×2.5 ±5	0.4		0.340	2.73/2.60	1.0	
250					0.400	3.20/3.05	0.90	
315					0.480	3.83/3.65	0.90	
400					0.570	4.52/4.30	0.80	
500					0.680	5.41/5.15	0.80	
630					0.810	6.20	0.60	
800					0.980	7.50	0.60	4.5
1000				Dyn11 Yyn0	1.15	10.3	0.60	
1250					1.36	12.0	0.50	
1600					1.64	14.5	0.50	
2000					1.94	18.3	0.40	5.0
2500					2.29	21.2	0.40	

注：1. 对于额定容量为 500kV·A 及以下的变压器，表中斜线上方的负载损耗值适用于 Dyn11 或 Yzn11 联结组，斜线下方的负载损耗值适用于 Yyn0 联结组。

2. 当变压器年平均负载率介于 35% ~ 40% 之间时，采用表中的损耗值可获得最高运行效率。

表 B-2　6kV、10kV 级 200kV·A ~ 2500kV·A 三相双绕组有载调压配电变压器

额定容量/ (kV·A)	电压组合及分接范围			联结组 标号	空载损耗/ kW	负载损耗/ kW	空载电流 （%）	短路 阻抗 （%）
	高压/ kV	高压分接范围 （%）	低压/ kV					
200	6 6.5 10 10.5	±4×2.5	0.4	Dyn11 Yyn0	0.380	2.90	1.0	4.0
250					0.440	3.42	0.90	
315					0.530	4.10	0.90	
400					0.640	4.95	0.80	
500					0.760	5.89	0.80	
630					0.960	7.26	0.60	4.5
800					1.12	8.89	0.60	
1000					1.36	10.4	0.60	
1250					1.56	12.3	0.50	
1600					1.92	14.7	0.50	
2000					2.27	18.6	0.40	5.0
2500					2.68	21.6	0.40	

注：当变压器年平均负载率介于 35% ~ 40% 之间时，采用表中的损耗值可获得最高运行效率。

表 B-3　35kV 级 50kV·A ~ 2500kV·A 三相双绕组无励磁调压配电变压器

额定容量/ (kV·A)	电压组合及分接范围			联结组 标号	空载损耗/ kW	负载损耗/ kW	空载电流 （%）	短路 阻抗 （%）
	高压/ kV	高压分接范围 （%）	低压/ kV					
50	35 38.5	±2×2.5 ±5	0.4	Dyn11 Yyn0	0.160	1.20/1.14	1.3	6.5
100					0.230	2.01/1.91	1.1	
125					0.270	2.37/2.26	1.1	
160					0.280	2.82/2.68	1.0	
200					0.340	3.32/3.16	1.0	
250					0.400	3.95/3.76	0.95	
315					0.480	4.75/4.53	0.95	
400					0.580	5.74/5.47	0.85	
500					0.680	6.91/6.58	0.85	
630					0.830	7.86	0.65	
800					0.980	9.40	0.65	
1000					1.15	11.5	0.65	
1250					1.40	13.9	0.60	
1600					1.69	16.6	0.60	
2000					1.99	19.7	0.55	
2500					2.36	23.2	0.55	

注：1. 对于额定容量为 500kV·A 及以下的变压器，表中斜线上方的负载损耗值适用于 Dyn11 联结组，斜线下方的负载损耗值适用于 Yyn0 联结组。

　　2. 当变压器年平均负载率介于 30% ~ 36% 之间时，采用表中的损耗值可获得最高运行效率。

表 B- 4　35kV 级 630kV·A ~ 31500kV·A 三相双绕组无励磁调压电力变压器

额定容量/ (kV·A)	电压组合及分接范围			联结组 标号	空载损耗/ kW	负载损耗/ kW	空载电流 (%)	短路 阻抗 (%)
	高压/ kV	高压分接范围 (%)	低压/ kV					
630	35	±2 ×2.5 ±5	3.15 6.3 10.5	Yd11	0.830	7.86	0.65	6.5
800					0.980	9.40	0.65	
1000					1.15	11.5	0.65	
1250					1.40	13.9	0.55	
1600					1.69	16.6	0.45	
2000					2.17	18.3	0.45	
2500					2.56	19.6	0.45	
3150	35 ~ 38.5	±2 ×2.5 ±5	3.15 6.3 10.5		3.04	23.0	0.45	7.0
4000					3.61	27.3	0.45	
5000					4.32	31.3	0.45	
6300					5.24	35.0	0.45	
8000	35 ~ 38.5	±2 ×2.5	3.15 3.3 6.3 6.6 10.5	YNd11	7.20	38.4	0.35	8.0
10000					8.70	45.3	0.35	
12500					10.0	53.8	0.30	
16000					12.0	65.8	0.30	
20000					14.4	79.5	0.30	
25000					17.0	94.0	0.25	10.0
31500					20.2	112	0.25	

注：1. 对于低压电压为 10.5kV 的变压器，可提供联结组标号为 Dyn11 的产品。

　　2. 额定容量为 3150kV·A 及以上的变压器，-5% 分接位置为最大电流分接。

　　3. 当变压器年平均负载率介于 35% ~45% 之间时，采用表中的损耗值可获得最高运行效率。

表 B- 5　35kV 级 2000kV·A ~ 31500kV·A 三相双绕组有载调压电力变压器

额定容量/ (kV·A)	电压组合及分接范围			联结组 标号	空载损耗/ kW	负载损耗/ kW	空载电流 (%)	短路 阻抗 (%)
	高压/ kV	高压分接范围 (%)	低压/ kV					
2000	35	±3 ×2.5	6.3 10.5	Yd11	2.30	19.2	0.50	6.5
2500					2.72	20.6	0.50	
3150	35 ~ 38.5	±3 ×2.5	6.3 10.5		3.23	24.7	0.50	7.0
4000					3.87	29.1	0.50	
5000					4.64	34.2	0.50	
6300					5.63	36.7	0.50	
8000	35 ~ 38.5	±3 ×2.5	6.3 6.6 10.5	YNd11	7.87	40.6	0.40	8.0
10000					9.28	48.0	0.40	
12500					10.9	56.6	0.35	
16000					13.1	70.3	0.35	
20000					15.5	82.7	0.35	
25000					18.3	97.8	0.30	10.0
31500					21.8	116	0.30	

注：1. 对于低压电压为 10.5kV 的变压器，可提供联结组标号为 Dyn11 的产品。

　　2. 最大电流分接为 -7.5% 分接位置。

　　3. 当变压器年平均负载率介于 35% ~45% 之间时，采用表中的损耗值可获得最高运行效率。

表 B- 6　66kV 级 630kV·A ~ 63000kV·A 三相双绕组无励磁调压电力变压器

额定容量/ （kV·A）	电压组合及分接范围		联结组 标号	空载损耗/ kW	负载损耗/ kW	空载电流 （%）	短路 阻抗 （%）
	高压及分接范围/ kV	低压/ kV					
630				1. 20	7. 10	1. 1	
800				1. 50	8. 50	1. 0	
1000				1. 70	9. 80	1. 0	
1250	63 ±5	6. 3	Yd11	2. 00	11. 9	1. 0	
1600	66 ±5	6. 6		2. 40	14. 0	1. 0	8
2000	69 ±5	10. 5		2. 80	16. 6	0. 96	
2500				3. 40	19. 6	0. 88	
3150				4. 00	23. 0	0. 84	
4000				4. 80	27. 3	0. 80	
5000				5. 70	30. 7	0. 68	
6300				7. 30	34. 2	0. 60	
8000				8. 90	40. 5	0. 60	
10000				10. 5	47. 8	0. 56	
12500				12. 4	56. 8	0. 56	
16000	63 ± 2 × 2.5	6. 3	YNd11	15. 0	69. 8	0. 52	
20000	66 ± 2 × 2.5	6. 6		17. 6	84. 6	0. 52	9
25000	69 ± 2 × 2.5	10. 5		20. 8	100	0. 48	
31500				24. 6	120	0. 44	
40000				29. 4	141	0. 44	
50000				35. 2	167	0. 40	
63000				41. 6	198	0. 36	

注：1. 额定容量为 3150kV·A 及以上的变压器，－5% 分接位置为最大电流分接。

2. 当变压器年平均负载率介于 35% ~40% 之间时，采用表中的损耗值可获得最高运行效率。

表 B- 7　66kV 级 6300kV·A ~ 63000kV·A 三相双绕组有载调压电力变压器

额定容量/ （kV·A）	电压组合及分接范围		联结组 标号	空载损耗/ kW	负载损耗/ kW	空载电流 （%）	短路 阻抗 （%）
	高压及分接范围/ kV	低压/ kV					
6300				8. 00	34. 2	0. 60	
8000				9. 60	40. 5	0. 60	
10000				11. 3	47. 8	0. 56	
12500				13. 4	56. 8	0. 56	
16000	63 ± 8 × 1.25	6. 3	YNd11	16. 1	69. 8	0. 52	9 ~ 11
20000	66 ± 8 × 1.25	6. 6		19. 2	84. 6	0. 52	
25000	69 ± 8 × 1.25	10. 5		22. 7	100	0. 48	
31500				26. 9	120	0. 44	
40000				32. 2	141	0. 44	
50000				38. 0	167	0. 40	10 ~ 12
63000				44. 9	198	0. 36	

注：1. 除用户另外有要求外，－10% 分接位置为最大电流分接。

2. 当变压器年平均负载率介于 35% ~40% 之间时，采用表中的损耗值可获得最高运行效率。

表 B-8 110kV 级 6300kV·A ~ 180000kV·A 三相双绕组无励磁调压电力变压器

额定容量/ (kV·A)	电压组合及分接范围		联结组 标号	空载损耗/ kW	负载损耗/ kW	空载电流 (%)	短路 阻抗 (%)
	高压及分接范围/ kV	低压/ kV					
6300				7.40	35.0	0.62	
8000				8.90	42.0	0.62	
10000				10.5	50.0	0.58	
12500				12.4	59.0	0.58	
16000		6.3		15.0	73.0	0.54	
20000		6.6		17.6	88.0	0.54	10.5
25000	110 ± 2 ×2.5%	10.5		20.8	104	0.50	
31500	115 ± 2 ×2.5%		YNd11	24.6	123	0.48	
40000	121 ± 2 ×2.5%			29.4	148	0.45	
50000				35.2	175	0.42	
63000				41.6	208	0.38	
75000		13.8		47.2	236	0.33	
90000		15.75		54.4	272	0.30	
120000		18		67.8	337	0.27	12 ~ 14
150000		21		80.1	399	0.24	
180000				90.0	457	0.20	

注：1. -5% 分接位置为最大电流分接。

2. 对于升变压器，宜采用无分接结构。如运行有要求，可设置分接头。

2. 当变压器年平均负载率介于 42% ~46% 之间时，采用表中的损耗值可获得最高运行效率。

表 B-9 110kV 级 6300kV·A ~ 63000kV·A 三相三绕组无励磁调压电力变压器

额定容量/ (kV·A)	电压组合及分接范围			联结组 标号	空载损耗/ kW	负载损耗/ kW	空载电流 (%)	短路阻抗（%）	
	高压及分接范围/ kV	中压/ kV	低压/ kV					升压	降压
6300					8.90	44.0	0.66		
8000					10.6	53.0	0.62		
10000					12.6	62.0	0.59	高-中	高-中
12500			6.3		14.7	74.0	0.56	17.5 ~ 18.5	10.5
16000	110 ± 2 ×2.5%	36	6.6		17.9	90.0	0.53	高-低	高-低
20000	115 ± 2 ×2.5%	37	10.5	YNYn0d11	21.1	106	0.52	10.5	18 ~ 19
25000	121 ± 2 ×2.5%	38.5	21		24.6	126	0.48	中-低	中-低
31500					29.4	149	0.48	6.5	6.5
40000					34.8	179	0.44		
50000					41.6	213	0.44		
63000					49.2	256	0.40		

注：1 高、中、低压绕组容量分配为（100/100/100）% 。

2. 根据需要联结组标号可为 YNd11y10。

3. 根据用户要求，中压可选用不同于表中的电压值或设分接头。

4. -5% 分接位置为最大电流分接。

5. 对于升压变压器，宜采用无分接结构。如运行有要求，可设置分接头。

6. 当变压器年平均负载率为 45% 左右时，采用表中的损耗值可获得最高运行效率。

表 B-10　110kV 级 6300kV·A ~ 63000kV·A 三相双绕组有载调压电力变压器

| 额定容量/ (kV·A) | 电压组合及分接范围 | | 联结组 标号 | 空载损耗/ kW | 负载损耗/ kW | 空载电流 (%) | 短路 阻抗 (%) |
	高压及分接范围/ kV	低压/ kV					
6300				8.00	35.0	0.64	
8000				9.60	42.0	0.64	
10000				11.3	50.0	0.59	
12500				13.4	59.0	0.59	
16000	110 ± 8 × 1.25%	6.3 6.6 10.5 21	YNd11	16.1	73.0	0.55	10.5
20000				19.2	88.0	0.55	
25000				22.7	104	0.51	
31500				27.0	123	0.51	
40000				32.3	156	0.46	
50000				38.2	194	0.46	12 ~ 18
63000				45.4	232	0.42	

注：1. 有载调压变压器，暂提供降压结构产品。
　　2. 根据用户要求，可提供其他电压组合的产品。
　　3. -10% 分接位置为最大电流分接。
　　4. 当变压器年平均负载率介于 45% ~ 50% 之间时，采用表中的损耗值可获得最高运行效率。

表 B-11　110kV 级 6300kV·A ~ 63000kV·A 三相三绕组有载调压电力变压器

| 额定容量/ (kV·A) | 电压组合及分接范围 | | | 联结组 标号 | 空载损耗/ kW | 负载损耗/ kW | 空载电流 (%) | 短路 阻抗 (%) |
	高压及分接范围/ kV	中压/ kV	低压/ kV					
6300					9.60	44.0	0.76	
8000					11.5	53.0	0.76	
10000					13.6	62.0	0.71	
12500					16.1	74.0	0.71	高-中 10.5
16000		36	6.3		19.3	90.0	0.67	
20000	110 ± 8 × 1.25%	37	6.6	YNyn0d11	22.8	106	0.67	高-低 18 ~ 19
25000		38.5	10.5 1		27.0	126	0.62	中-低
31500					32.1	149	0.62	6.5
40000					38.5	179	0.58	
50000					45.5	213	0.58	
63000					54.1	256	0.53	

注：1. 有载调压变压器，暂提供降压结构产品。
　　2. 高、中、低压绕组容量分配为 (100/100/100)%。
　　3. 根据需要联结组标号可为 YNd11y10。
　　4. -10% 分接位置为最大电流分接。
　　5. 根据用户要求，中压可选用不同于表中的电压值或设分接头。
　　6. 当变压器年平均负载率为 47% 左右时，采用表中的损耗值可获得最高运行效率。

表 B-12　110kV 级 6300kV·A ~ 63000kV·A 三相双绕组低压为 35kV 无励磁调压电力变压器

额定容量/ (kV·A)	电压组合及分接范围		联结组 标号	空载损耗/ kW	负载损耗/ kW	空载电流 (%)	短路 阻抗 (%)
	高压及分接范围/ kV	低压/ kV					
6300				8.00	37.0	0.67	
8000				9.60	44.0	0.67	
10000				11.2	52.0	0.62	
12500				13.1	62.0	0.62	
16000	110 ±2 ×2.5%	36		15.6	76.0	0.57	
20000	115 ±2 ×2.5%	37	YNd11	18.5	94.0	0.57	10.5
25000	121 ±2 ×2.5%	38.5		21.9	110	0.53	
31500				25.9	133	0.53	
40000				30.8	155	0.49	
50000				36.9	193	0.49	
63000				43.6	232	0.45	

注：1. –5% 分接位置为最大电流分接。

　　2. 对于升压变压器，宜采用无分接结构。如运行有要求，可设置分接头。

　　3. 当变压器年平均负载率介于 44% ~ 47% 之间时，采用表中的损耗值可获得最高运行效率。

表 B-13　220kV 级 31500kV·A ~ 420000kV·A 三相双绕组无励磁调压电力变压器

额定容量/ (kV·A)	电压组合及分接范围		联结组 标号	空载损耗/ kW	负载损耗/ kW	空载电流 (%)	短路 阻抗 (%)
	高压及分接范围/ kV	低压/ kV					
31500		6.3 6.6 10.5		28.0	128	0.56	
40000				32.0	149	0.56	
50000				39.0	179	0.52	
63000				46.0	209	0.52	
75000		10.5 13.8		53.0	237	0.48	
90000				61.0	273	0.44	
120000				75.0	338	0.44	
150000	220 ±2 ×2.5%	10.5 13.8 15.75 18 20	YNd11	89.0	400	0.40	12 ~ 14
160000	242 ±2 ×2.5%			93.0	420	0.39	
180000				102	459	0.36	
240000				128	538	0.33	
300000				151	641	0.30	
360000		15.75 18 20		173	735	0.30	
370000				176	750	0.30	
400000				187	795	0.28	
420000				193	824	0.28	

注：1. 根据要求也可提供额定容量/小于 31500kV·A 的变压器及其他电压组合的变压器。

　　2. 根据要求也可提供低压为 35kV 或 38.5kV 的变压器。

　　3. 优先选用无分接结构。如运行有要求，可设置分接头。

　　4. 当变压器年平均负载率介于 45% ~ 50% 之间时，采用表中的损耗值可获得最高运行效率。

表 B-14　220kV 级 31500kV·A ~ 300000kV·A 三相三绕组无励磁调压电力变压器

额定容量/(kV·A)	电压组合及分接范围			联结组标号	空载损耗/kW	负载损耗/kW	空载电流(%)	短路阻抗(%)	
	高压及分接范围/kV	中压/kV	低压/kV					升压	降压
31500	220±2×2.5% 230±2×2.5% 242±2×2.5%	69 115 121	6.3 6.6 10.5 21 36 37 38.5	YNyn0d11	32.0	153	0.56	高-中 22~24 高-低 12~14 中-低 7~9	高-中 12~14 高-低 22~24 中-低 7~9
40000					38.0	183	0.50		
50000					44.0	216	0.44		
63000					52.0	257	0.44		
90000			10.5 13.8 21 36 37 38.5		68.0	333	0.39		
120000					84.0	410	0.39		
150000			10.5 13.8 15.75 21 36 37 38.5		100	487	0.33		
180000					113	555	0.33		
240000					140	684	0.28		
300000					166	807	0.24		

注：1. 表中负载损耗的容量分配为（100/100/100）%。升压结构的容量分配可为（100/50/100）%，降压结构的容量分配可为（100/100/50）% 或（100/50/100）%。
　　2. 根据要求也可提供额定容量小于 31500kV·A 的变压器及其他电压组合的变压器。
　　3. 根据要求也可提供低压为 35kV 的变压器。
　　4. 优先选用无分接结构。如运行有要求，可设置分接头。
　　5. 当变压器年平均负载率为 45% 左右时，采用表中的损耗值可获得最高运行效率。

表 B-15　220kV 级 31500kV·A ~ 240000kV·A 三相三绕组无励磁调压自耦电力变压器

额定容量/(kV·A)	电压组合及分接范围			联结组标号	升压组合			降压组合			短路阻抗(%)	
	高压及分接范围/kV	中压/kV	低压/kV		空载损耗/kW	负载损耗/kW	空载电流(%)	空载损耗/kW	负载损耗/kW	空载电流(%)	升压	降压
31500	220±2×2.5% 230±2×2.5% 242±2×2.5%	115 121	6.6 10.5 21 36 37 38.5 10.5 13.8 15.75 18 21 36 37 38.5	YNa0d11	20.0	111	0.45	17.0	94.0	0.40	高-中 12~14 高-低 8~12 中-低 14~18	高-中 8~10 高-低 28~34 中-低 18~24
40000					23.0	136	0.45	20.0	114	0.40		
50000					27.0	161	0.40	24.0	136	0.34		
63000					32.0	190	0.40	28.0	162	0.34		
90000					40.0	262	0.34	36.0	222	0.28		
120000					49.0	323	0.34	44.0	273	0.28		
150000					58.0	384	0.28	52.0	324	0.28		
180000					67.0	439	0.28	60.0	367	0.26		
240000					79.0	545	0.26	71.0	478	0.20		

注：1. 升压结构的容量分配为（100/50/100）%，降压结构的容量分配为（100/100/50）%。
　　2. 表中短路阻抗为 100% 额定容量时的数值。
　　3. 根据要求也可提供低压为 35kV 的变压器。
　　4. 优先选用无分接结构。如运行有要求，可设置分接头。
　　5. 当变压器年平均负载率为 40% 左右时，采用表中的损耗值可获得最高运行效率。

表 B-16　220kV 级 31500kV·A ~ 240000kV·A 三相双绕组有载调压电力变压器

额定容量/（kV·A）	电压组合及分接范围		联结组标号	空载损耗/kW	负载损耗/kW	空载电流（%）	短路阻抗（%）
	高压及分接范围/kV	低压/kV					
31500		6.3		30.0	128	0.57	
40000		6.6 10.5		36.0	149	0.57	
50000		21		43.0	179	0.53	
63000		36 37		50.0	209	0.53	
90000		38.5		64.0	273	0.45	
120000	220 ± 8 × 1.25% 230 ± 8 × 1.25%	10.5	YNd11	79.0	338	0.45	12 ~ 14
150000		21 36		92.0	400	0.41	
180000		37		108	459	0.38	
120000		38.5		81.0	337	0.45	
150000				96.0	394	0.41	
180000		66 69		112	451	0.38	
240000				140	560	0.30	

注：1. 根据要求也可提供低压为 35kV 的变压器。

2. 当变压器年平均负载率为 50% 左右时，采用表中的损耗值可获得最高运行效率。

表 B-17　220kV 级 31500kV·A ~ 240000kV·A 三相三绕组有载调压电力变压器

额定容量/（kV·A）	电压组合及分接范围			联结组标号	空载损耗/kW	负载损耗/kW	空载电流（%）	容量分配（%）	短路阻抗（%）
	高压及分接范围/kV	中压/kV	低压/kV						
31500			6.3		35.0	153	0.63		
40000			6.6 10.5 21		41.0	183	0.60		
50000			36 37 38.5		48.0	216	0.60		高-中 12 ~ 14
63000	220 ± 8 × 1.25% 230 ± 8 × 1.25%	69 115 121		YNyn0d11	56.0	257	0.55	100/100/100 100/50/100 100/100/50	高-低 22 ~ 24
90000					73.0	333	0.44		中-低 7 ~ 9
120000			10.5 21		92.0	410	0.44		
150000			36		108	487	0.39		
180000			37 38.5		124	598	0.39		
240000					154	741	0.35		

注：1. 表中所列数据适用于降压结构产品，根据需要也可提供升压结构产品。

2. 根据要求也可提供低压为 35kV 的变压器。

3. 当变压器年平均负载率介于 45% ~ 50% 之间时，采用表中的损耗值可获得最高运行效率。

表 B-18　220kV 级 31500kV·A ~ 240000kV·A 三相三绕组有载调压自耦电力变压器

额定容量/ (kV·A)	电压组合及分接范围			联结组 标号	空载损耗/ kW	负载损耗/ kW	空载电流 (%)	容量分配 (%)	短路 阻抗 (%)
	高压及分接范围/ kV	中压/ kV	低压/ kV						
31500			6.3 6.6 10.5 21 36 37 38.5		20.0	102	0.44		
40000					24.0	125	0.44		
50000					28.0	149	0.39		
63000	220 ± 8 × 1.25% 230 ± 8 × 1.25%	115 121		YNa0d11	33.0	179	0.39	100/100/50	高-中 8 ~ 11 高-低 28 ~ 34 中-低 18 ~ 24
90000					40.0	234	0.33		
120000			10.5 21 36 37 38.5		51.0	292	0.33		
150000					60.0	346	0.28		
180000					68.0	398	0.28		
240000					83.0	513	0.24		

注：1 表中所列数据适用于降压结构产品。

　　2. 根据要求也可提供低压为 35kV 的变压器。

　　3. 当变压器年平均负载率介于 40% ~ 45% 之间时，采用表中的损耗值可获得最高运行效率。

表 B-19　330kV 级 90000kV·A ~ 720000kV·A 三相双绕组无励磁调压电力变压器

额定容量/ (kV·A)	电压组合及分接范围		联结组 标号	空载损耗/ kW	负载损耗/ kW	空载电流 (%)	短路 阻抗 (%)
	高压及分接范围/ kV	低压/ kV					
90000				68.0	274	0.44	
120000				85.0	340	0.44	
150000				101	402	0.41	
180000	345 345 ± 2 × 2.5% 363 363 ± 2 × 2.5%	10.5 13.8 15.75 18 20	YNd11	116	461	0.38	14 ~ 15
240000				145	572	0.34	
360000				198	802	0.34	
370000				202	818	0.30	
400000				214	867	0.30	
720000				332	1347	0.20	

注：1. 根据用户要求，低压可选择表中任一电压。

　　2. 优先选用无分接结构。如运行有要求，可设置分接头。

表 B-20 330kV 级 90000kV·A ~ 240000kV·A 三相三绕组无励磁调压电力变压器

额定容量/ (kV·A)	电压组合及分接范围			联结组 标号	空载损耗/ kW	负载损耗/ kW	空载电流 (%)	短路阻抗 (%)	容量分配 (%)
	高压及分接范围/ kV	中压/ kV	低压/ kV						
90000					77.0	335	0.46		
120000					96.0	415	0.46	高-中 24 ~ 26 高-低 14 ~ 15 中-低 8 ~ 9	100/100/ 100
150000	330 ± 2 × 2.5% 345 ± 2 × 2.5%	121	10.5 13.8 15.75	YNyn0d11	114	491	0.43		
180000					130	563	0.43		
240000					162	699	0.40		

注：1. 表中所列数据适用于升压结构产品。

2. 升压结构的容量分配也可为 (100/50/100)%。

3. 根据要求可提供降压结构产品，其短路阻抗：高-低为24% ~ 26%；高-中为14% ~ 15%；中-低为8% ~ 9%。其容量分配可为 (100/100/50)% 或 (100/50/100)%。

4. 表中短路阻抗为100% 额定容量时的数值。

5. 优先选用无分接结构。如运行有要求，可设置分接头。

表 B-21 330kV 级 90000kV·A ~ 360000kV·A 三相三绕组无励磁调压自耦电力变压器 (串联绕组调压)

额定容量/ (kV·A)	电压组合及分接范围			联结组 标号	空载损耗/ kW	负载损耗/ kW	空载电流 (%)	短路阻抗 (%)	容量分配 (%)
	高压及分接范围/ kV	中压/ kV	低压/ kV						
90000					45.0	263	0.36		
120000					56.0	324	0.36	高-中 10 ~ 11 高-低 24 ~ 26 中-低 12 ~ 14	100/100/ 30
150000	330 ± 2 × 2.5%	121	10.5 11 35 38.5	YNa0d11	68.0	385	0.32		
180000					77.0	440	0.32		
240000					96.0	547	0.28		
360000					130	742	0.28		

注：1. 表中所列数据适用于降压结构产品。

2. 根据要求可提供升压结构产品，其短路阻抗：高-低为 10% ~ 11%；高-中为24% ~ 26%；中-低为12% ~ 14%。

3. 表中短路阻抗为100% 额定容量时的数值。

4. 优先选用无分接结构。如运行有要求，可设置分接头。

5. 当变压器年平均负载率为40% 左右时，采用表中的损耗值可获得最高运行效率。

表 B-22 330kV 级 90000kV·A～360000kV·A 三相三绕组有载调压自耦电力变压器
（串联绕组末端调压）

额定容量/（kV·A）	电压组合及分接范围			联结组标号	空载损耗/kW	负载损耗/kW	空载电流（%）	短路阻抗（%）	容量分配（%）
	高压及分接范围/kV	中压/kV	低压/kV						
90000					47.0	261	0.40		
120000					59.0	324	0.40	高-中 10～11 高-低 24～26 中-低 12～14	100/100/30
150000	330±8×1.25% 345±8×1.25%	121	10.5 11 35 38.5	YNa0d11	69.0	383	0.36		
180000					79.0	440	0.36		
240000					99.0	547	0.32		
360000					134	742	0.32		

注：1. 表中所列数据适用于降压结构产品，根据要求也可提供升压结构产品。

2. 表中短路阻抗为100%额定容量时的数值。

3. 当变压器年平均负载率为42%左右时，采用表中的损耗值可获得最高运行效率。

表 B-23 330kV 级 90000kV·A～360000kV·A 三相三绕组无励磁调压自耦电力变压器
（中压线端调压）

额定容量/（kV·A）	电压组合及分接范围			联结组标号	空载损耗/kW	负载损耗/kW	空载电流（%）	短路阻抗（%）	容量分配（%）
	高压/kV	中压及分接范围/kV	低压/kV						
90000					23.0	293	0.32		
120000					29.0	363	0.28		
150000	330 345	230±2×2.5% 230±3×2.5% 242±2×2.5% 242±3×2.5%	10.5 11 35 38.5	YNa0d11	34.0	431	0.24	高-中 10～11	100/100/30
180000					39.0	494	0.24		
240000					49.0	613	0.20		
360000					67.0	836	0.20		

注：1. 表中所列数据适用于降压结构产品，根据要求也可提供升压结构产品。

2. 表中短路阻抗为100%额定容量时的数值。

3. "高-低"和"中-低"的短路阻抗由制造方与用户协商确定。

4. 优先选用无分接结构。如运行有要求，可设置分接头。

5. 当变压器年平均负载率为30%左右时，采用表中的损耗值可获得最高运行效率。

表 B-24　500kV 级 100MV·A ~ 484MV·A 单相双绕组无励磁调压电力变压器

额定容量/ (MV·A)	电压组合		联结组 标号	空载损耗/ kW	负载损耗/ kW	空载电流 (%)	短路 阻抗 (%)
	高压/ kV	低压/ kV					
100		13.8, 15.75		61.0	225	0.20	
120		15.75, 18, 20		70.0	260	0.20	
200		15.75, 18, 20, 24		114	380	0.15	
223	500/√3	18		124	412	0.15	14
240	525/√3	18, 20, 24	Ii0	131	435	0.15	
260	535/√3	18, 20		140	460	0.15	
380	550/√3			186	610	0.15	
400		24, 27		193	633	0.15	16 或 18
410				197	645	0.15	
484				223	730	0.15	

注：1. 优先选用无分接结构。如运行有要求，可设置分接头。

2. 根据用户的特殊要求，也可带分接，分接范围由用户与制造方协商确定。

3. 当变压器年平均负载率为 55% 左右时，采用表中的损耗值可获得最高运行效率。

表 B-25　500kV 级 120MV·A ~ 1170MV·A 三相双绕组无励磁调压电力变压器

额定容量/ (MV·A)	电压组合		联结组 标号	空载损耗/ kW	负载损耗/ kW	空载电流 (%)	短路 阻抗 (%)
	高压/ kV	低压/ kV					
120				75.0	395	0.25	
160		13.8, 15.75		90.0	490	0.20	
240				125	665	0.20	
300		13.8, 15.75, 18		145	785	0.20	14
370		15.75, 18, 20		170	900	0.15	
400		18, 20, 24		175	950	0.15	
420	500	15.75, 18, 20		185	955	0.15	
480	525	15.75, 18, 20	YNd11	200	1060	0.15	14 或 16
600	550	15.75, 18, 20, 24		260	1335	0.15	
720		18, 20, 24		305	1535	0.10	
750		20, 22		315	1580	0.10	
780				320	1630	0.10	
860		22		345	1750	0.10	16 或 18
1140				430	2165	0.10	
1170		27		440	2200	0.10	

注：1. 优先选用无分接结构。如运行有要求，可设置分接头。

2. 根据用户的特殊要求，也可带分接，分接范围由用户与制造方协商确定。

3. 当变压器年平均负载率为 45% 左右时，采用表中的损耗值可获得最高运行效率。

表 B-26　500kV 级 120MV·A～400MV·A 单相三绕组无励磁调压自耦电力变压器（中压线端调压）

额定容量/(MV·A)	高压/kV	中压及分接范围/kV	低压/kV	联结组标号	空载损耗/kW	负载损耗/kW	空载电流/(%)	短路阻抗/(%)	容量分配/(MV·A)
120					50.0	230	0.20	高-中 12 高-低 34~38 中-低 20~22	120/120/40
167					60.0	275	0.20		167/167/40
									167/167/60
250					85.0	370	0.15		250/250/60
									250/250/80
334					105	475	0.10		334/334/100
400					120	545	0.10		400/400/120
120	500/√3 525/√3 550/√3	230/√3 230/√3±2×2.5% 242/√3±2×2.5%	35 36 37 38.5 63 66	Ia0i0	50.0	245	0.20	高-中 12 高-低 42~46 中-低 28~30	120/120/40
167					60.0	290	0.20		167/167/60
250					85.0	395	0.15		250/250/60
									250/250/80
334					105	510	0.10		334/334/80
									334/334/100
400					120	580	0.10		400/400/120
120					50.0	245	0.20	高-中 14~15 高-低 42~46 中-低 28~30	120/120/40
167					60.0	290	0.20		167/167/60
250					85.0	395	0.15		250/250/80
334					105	510	0.10		334/334/80
									334/334/100
400					120	580	0.10		400/400/120

注：1. 短路阻抗为 100% 额定容量时的数值。

　　2. 当变压器年平均负载率介于 45%～48% 之间时，采用表中的损耗值可获得最高运行效率。

表 B-27　500kV 级 120MV·A～400MV·A 单相三绕组有载调压自耦电力变压器（中压线端调压）

额定容量/(MV·A)	高压/kV	中压及分接范围/kV	低压/kV	联结组标号	空载损耗/kW	负载损耗/kW	空载电流/(%)	短路阻抗/(%)	容量分配/(MV·A)
120					50.0	230	0.20	高-中 12 高-低 34~38 中-低 20~22	120/120/40
167					60.0	285	0.20		167/167/40
									167/167/60
250					85.0	380	0.15		250/250/40
									250/250/80
334					110	490	0.10		334/334/100
400					150	560	0.10		400/400/120
120	500/√3 525/√3 550/√3	230/√3 ±8×1.25%	35 36 37 38.5 63 66	Ia0i0	50.0	250	0.20	高-中 12 高-低 42~46 中-低 28~30	120/120/40
167					60.0	300	0.20		167/167/60
250					85.0	405	0.15		250/250/60
									250/250/80
334					110	530	0.10		334/334/80
									334/334/100
400					130	610	0.10		400/400/120
120					50.0	250	0.20	高-中 14~15 高-低 42~48 中-低 28~30	120/120/40
167					60.0	300	0.20		167/167/60
250					85.0	405	0.15		250/250/80
334					110	530	0.10		334/334/80
									334/334/100
400					130	610	0.10		400/400/120

注：1. 短路阻抗为 100% 额定容量时的数值。

　　2. 当变压器年平均负载率介于 45%～50% 之间时，采用表中的损耗值可获得最高运行效率。

附录 C　干式并联电抗器技术参数

表 C-1　三相干式铁心并联电抗器技术性能参数

额定容量/ kvar	电压等级/ kV	额定电压/ kV	最高工作 电压/kV	绕组 联结方式	额定总损耗（115°C）		声级水平/dB（A）	
					对应 K 值	损耗值/kW	声压级	声功率级
2000					0.050	15.0	55	71
2500					0.0495	17.5	55	72
（3000）					0.049	20.0	55	72
3150						20.5		
4000					0.048	24.0	56	73
5000		6			0.047	28.0	56	74
6300	6 10	6.3 10 10.5 11	7.2 12	Y	0.046	32.5	57	75
8000					0.044	35.0	58	76
10000					0.043	43.0	59	77
12500					0.042	50.0	59	78
（15000）					0.040	53.0	60	79
16000						55.5		
2500					0.052	18.5	55	73
（3000）					0.051	20.5	56	74
3150						21.5		
4000					0.050	25.0	56	74
5000					0.049	29.0	57	75
6300	35	35 38.5	40.5	Y	0.048	34.0	57	75
8000					0.046	39.0	58	76
10000					0.045	45.0	59	77
12500					0.043	51.0	59	78
（15000）					0.042	57.0	60	79
16000						60.0		

注：1. 括号内的额定容量为非优先值。

　　2. 本表的总损耗值适应于绝缘耐热等级为 F 级的产品（其他等级暂无规定）。

　　3. 总损耗按 $P = K \cdot S^{0.75}$（K 值随容量 S 的增加而递减），其他容量下的总损耗可参考本表取值计算。

　　4. 声级水平应以声功率级为准，声压级仅作参考。

表 C-2　单相干式铁心并联电抗器技术性能参数

额定容量/ kvar	电压等级/ kV	额定电压/ kV	最高工作 电压/kV	绕组 联结方式	额定总损耗（115℃）		声级水平/dB（A）	
					对应 K 值	损耗值/kW	声压级	声功率级
2000	6 10	6/√3 6.3/√3 10/√3 10.5/√3 11/√3	7.2/√3 12/√3	Y	0.048	14.5	55	71
2500					0.0475	17.0	55	72
(3000)					0.047	19.0	55	72
3150						20.0		
4000					0.046	23.0	56	73
5000					0.045	27.0	56	74
6300					0.044	29.5	57	75
8000					0.043	35.5	58	76
10000					0.041	41.0	59	77
12500					0.040	46.0	59	78
(15000)					0.038	51.5	60	79
16000						54.0		
2000	35	35/√3 38.5/√3	40.5/√3	Y	0.050	15.0	55	72
2500					0.0495	17.5	55	73
3150					0.049	20.0	56	74
(3340)						20.5		
4000					0.048	24.0	56	74
5000					0.047	28.0	57	75
6300					0.046	32.5	57	75
8000					0.044	35.0	58	76
10000					0.043	43.0	59	77
12500					0.042	50.0	59	78
(15000)					0.040	53.0	60	79
16000						55.5		

注：1. 括号内的额定容量为非优先值。

　　2. 本表的总损耗值适应于绝缘耐热等级为 F 级的产品（其他等级暂无规定）。

　　3. 总损耗按 $P = K \cdot S^{0.75}$（K 值随容量 S 的增加而递减），其他容量下的总损耗可参考本表值计算。

　　4. 声级水平应以声功率级为准，声压级仅作参考。

表 C-3　单相干式空心并联电抗器技术性能参数

额定容量/kvar	电压等级/kV	额定电压/kV	最高工作电压/kV	绕组联结方式	额定总损耗（75℃）		声级水平/dB（A）	
					对应 K 值	损耗值/kW	声压级	声功率级
2000					0.050	15.0	51	69
2500					0.0495	17.5	51	69
(3000)					0.049	20.0	52	70
3150						20.5		
4000		$6/\sqrt{3}$			0.048	24.0	52	70
5000		$6.3/\sqrt{3}$			0.047	28.0	52	70
6300	6 10	$10/\sqrt{3}$ $10.5/\sqrt{3}$	$7.2/\sqrt{3}$ $12/\sqrt{3}$	Y	0.046	32.5	53	71
8000		$11/\sqrt{3}$			0.044	35.0	54	72
10000					0.043	43.0	55	73
12500					0.042	50.0	55	74
(15000)					0.040	53.0	56	75
16000						55.5		
3150					0.051	21.5	53	72
(3340)						22.5		
4000					0.050	25.0	53	72
5000					0.049	29.0	53	72
6300					0.048	34.0	54	73
(6670)						35.5		
8000					0.046	39.0	54	73
10000	35	$35/\sqrt{3}$ $38.5/\sqrt{3}$	$40.5/\sqrt{3}$	Y	0.045	45.0	55	74
12500					0.044	51.0	55	74
(15000)					0.042	57.0	56	75
16000						60.0		
20000					0.040	65.5	57	76
25000					0.038	75.5	59	78
31500					0.036	85.0	61	80
40000					0.033	93.5	62	81

注：1. 括号内的额定容量为非优先值。

2. 总损耗按 $P = K \cdot S^{0.75}$（K 值随容量 S 的增加而递减），其他容量下的总损耗可参考本表取值计算。

3. 声级水平应以声功率级为准，声压级仅作参考。

附录 D　短路电流运算曲线

汽轮发电机及水轮发电机短路电流运算曲线见图 D-1 ~ 图 D-9。

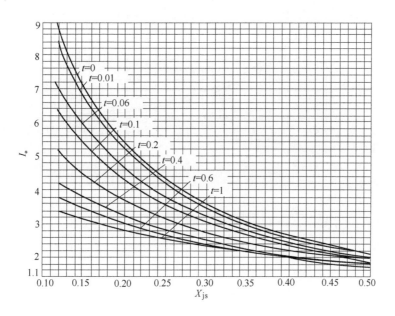

图 D-1　汽轮发电机短路电流运算曲线（一）（$X_{js} = 0.12 \sim 0.50$）

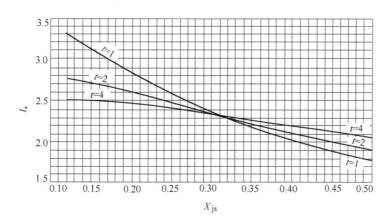

图 D-2　汽轮发电机短路电流运算曲线（二）（$X_{js} = 0.12 \sim 0.50$）

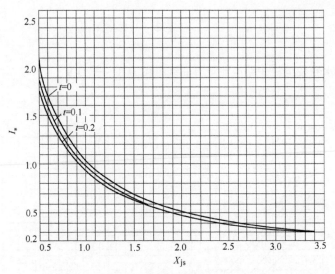

图 D-3　汽轮发电机短路电流运算曲线（三）（$X_{js}=0.50\sim3.45$）

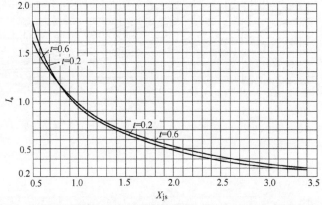

图 D-4　汽轮发电机短路电流运算曲线（四）（$X_{js}=0.50\sim3.45$）

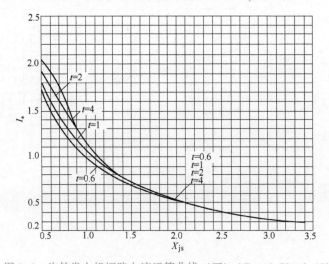

图 D-5　汽轮发电机短路电流运算曲线（五）（$X_{js}=0.50\sim3.45$）

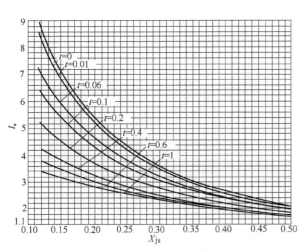

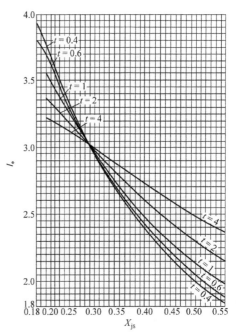

图 D-6　水轮发电机短路电流运算曲线（一）
（$X_{js} = 0.18 \sim 0.56$）

图 D-7　水轮发电机短路电流运算曲线（二）
（$X_{js} = 0.18 \sim 0.56$）

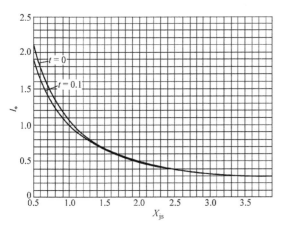

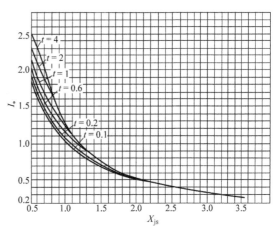

图 D-8　水轮发电机短路电流运算曲线（三）
（$X_{js} = 0.50 \sim 3.50$）

图 D-9　水轮发电机短路电流运算曲线（四）
（$X_{js} = 0.50 \sim 3.50$）

参 考 文 献

[1] 韦钢：电力系统分析基础 [M]. 北京：中国电力出版社，2019.

[2] 刘天琪. 现代电力系统分析理论与方法 [M]. 2 版. 北京：中国电力出版社，2016.

[3] 李梅兰，卢文鹏. 电力系统分析 [M]. 2 版. 北京：中国电力出版社，2010.

[4] 杜文学. 电力系统 [M]. 2 版. 北京：中国电力出版社，2017.

[5] 于永源，杨绮雯. 电力系统分析 [M]. 3 版. 北京：中国电力出版社，2018.

[6] 陈珩. 电力系统稳态分析 [M]. 4 版. 北京：中国电力出版社，2018.